V&R

Zur Erinnerung an

Carl Friedrich v. Weizsäcker (1912–2007)

Thomas Görnitz / Brigitte Görnitz

Die Evolution des Geistigen

Quantenphysik – Bewusstsein – Religion

2. Auflage

Vandenhoeck & Ruprecht

Mit 45 Abbildungen

Bibliografische Information der Deutschen Nationalbibliothek

Die Deutsche Nationalbibliothek verzeichnet diese Publikation in der Deutschen Nationalbibliografie; detaillierte bibliografische Daten sind im Internet über http://dnb.d-nb.de abrufbar.

ISBN 978-3-525-56717-3

Printed in Germany.
Druck und Bindung: ⊕ Hubert & Co, Göttingen.

Gedruckt auf alterungsbeständigem Papier.

Inhalt

Vorwort

Für das Verstehen des Menschen und seines Bewusstseins sowie seiner Einbettung in die Evolution des Lebens und schließlich in das kosmische Geschehen ist eine neue theoretische Basis erforderlich, die die bisherigen Ansichten revolutioniert.

Möglich wird eine solche neue naturwissenschaftliche Sicht auf unsere Welt durch die Quantentheorie, die sich als eine ›universelle Physik der Beziehungen‹[1] erweist. Mit ihr wird neben Materie und Energie die Quanteninformation als dritte fundamentale Basiserscheinung der physikalischen Weltbeschreibung erkennbar und zugleich eine Äquivalenz dieser drei Entitäten ermöglicht. Damit kann etwas Lebendes als ein informationsgesteuertes instabiles System beschrieben werden und das Bewusstsein als sich selbst erlebende und kennende Information.

Da der innere Beziehungscharakter eines Quantensystems nur bei dessen Isolierung aus seiner Umwelt deutlich wird, ist für eine möglichst gute Naturbeschreibung weiterhin auch die klassische Physik nötig, die es erlaubt, die Welt so zu beschreiben, dass sie in einzelne Objekte zerlegt erscheint. Diese mathematisch verschieden strukturierten Beschreibungsformen ergeben die ›Schichtenstruktur‹. Sie ermöglicht sowohl das Erfassen der Zufälligkeiten im Weltablauf, die an der Quantentheorie erkennbar werden, als auch das Beschreiben der über große Bereiche des Naturgeschehens weitgehend determiniert erscheinenden Abläufe der makroskopischen Umwelt.

So wie sich in der Tiefe der Natur ein Wechselspiel von Zufälligem und Gesetzmäßigem erkennen lässt, so können wir Menschen auch aus unserem Leben ähnliche Erfahrungen anführen. Wir erleben den Zufall mit daraus erwachsenden neuen Möglichkeiten, dann wieder Regelhaftes bis Gesetzmäßiges und wiederum sich ergebende neue Möglichkeiten.

Auch meine wissenschaftliche Laufbahn wurde mehrmals durch einen Zufall mitbestimmt.

Kurz vor dem Abitur erfuhr ich zufällig durch meine Schwester, dass in Leipzig eine Mathematikolympiade stattfinden würde. Von der Schule hatte ich derartiges nicht erfahren, obwohl mein Mathematiklehrer meine Fähigkeiten erkannt und ich in seinem Unterricht meinen Interessen nachgehen durfte. Ich ging zu dem Wettbewerb, den ich gewann, wie dann im Bezirk

---

[1] GÖRNITZ, TH., Quanten.

und der DDR. In Budapest wurde ich der erste deutsche Preisträger bei einer internationalen Mathematikolympiade. Dieser Zufall – die Möglichkeit, meine mathematischen Fähigkeiten zu erproben –, und die Erfolge brachten mir einen Direktstudienplatz für Physik ein.

Dies war ein großes Glück, denn trotz meiner auch in anderen Fächern guten schulischen Leistungen war mir bereits eine körperliche Tätigkeit in einem Braunkohlentagebau zugewiesen worden. Nach einer solchen ein- oder mehrjährigen Arbeit, die als ›Bewährung in der sozialistischen Produktion‹ deklariert wurde, konnte man die Hoffnung auf einen Studienplatz haben. Später sollte ich noch genug körperliche Arbeit als Totengräber leisten, bei der es keine anderen Hilfsmittel gab als Hacke und Spaten. Aber das war ein paar Jahre später, als ich die DDR verlassen wollte, und erst einmal konnte ich nach vielen Wochen eines langen Landeinsatzes studieren. Ich lernte Kommilitonen kennen, die bei all unseren verschiedenen Denkweisen etwas Ähnliches anstrebten wie ich. Wir wollten solide physikalische Kenntnisse erwerben und uns auch philosophischen und sozialen Fragen öffnen. Wir wollten die Welt in ihren Grundzügen verstehen und strebten einen demokratischen, einen freieren und gerechteren Staat an.

Einer der aktivsten meiner Studienfreunde, der nach einem öffentlichkeitswirksamen politischen Protest über das Schwarze Meer geflohen war, eröffnete mir eine weitere schicksalhafte – zufällige – Möglichkeit. Als wir 1979 in den ›Westen‹ übersiedeln konnten, hatte er für mich bei Carl Friedrich v. Weizsäcker, seinem ehemaligen Doktorvater, ein sechswöchiges Gastwissenschaftlerstipendium organisiert. Weizsäcker war damals gemeinsam mit Jürgen Habermas Direktor am Max-Planck-Institut zur Erforschung der Lebensbedingungen der wissenschaftlich-technischen Welt in Starnberg.

C.F. v. Weizsäcker plante, sich nach seiner Emeritierung wieder mit voller Kraft den Grundfragen der Physik zu widmen, und wollte mich schon nach kurzer Zeit der Zusammenarbeit für eine längere Mitarbeit gewinnen. Er hoffte, dass ich zustimme, aber warnte fairerweise davor, sich darauf einzulassen, da es seiner Erfahrung nach einer wissenschaftlichen Karriere hinderlich sei, sich mit grundlegenden oder gar interdisziplinären Fragen zu beschäftigen. Man müsse über diese lange nachdenken und könne dabei nicht sofort rechnen. In der Zeit, die dies koste, würde man für eine Karriere im Mainstream der Physik sehr viel mehr erreichen. Es war mein Wunsch, mich diesen grundsätzlichen Fragen zuzuwenden. Weizsäcker erzählte über diese Unterredung später öfters, dass ich gesagt hätte, die Karriereprobleme und die sich daraus ergebende Unsicherheit würden mir nichts ausmachen. Ich hatte immer die Absicht gehabt, mich genau solcher Forschung zu widmen. Nach meinen DDR-Jahren bekam ich jetzt mich überwältigende Möglichkeiten von Literatur, Kongressen und Tagungen –

alles was ich mir lange erträumt hatte. Aus der damaligen Zusage wurde eine viele Jahre andauernde Zusammenarbeit und Freundschaft.

Worum geht es bei Weizsäckers Vision und worum kreiste meine wissenschaftliche Arbeit in den folgenden Jahrzehnten?

Die größte gedankliche Schwierigkeit besteht darin, eine jahrtausendalte Konzeption über die Grundstrukturen der Welt zu überwinden und eine grundlegend neue Basis für die Naturwissenschaften zu begründen.

Bilder und Vorstellungen, die die Realität der Welt auf allein das einschränken, was als Materie bezeichnet wird und was mit Undurchdringlichkeit und Widerständigkeit gegen Veränderung verbunden ist, sind unzureichend. Wir können statt dessen auf Anschauungen zurückgreifen, die wir Menschen mit unserer Erfahrung als lebende, geistig tätige und empfindende Wesen auch in uns wahrnehmen.

Ein besonderer Glücksumstand war es, dass ich für alles über die reine Mathematik und Physik Hinausgehende meine Frau zu einer intensiven Mitarbeit gewinnen konnte. Vor allem bei der Erweiterung der Untersuchungen hin zum Lebendigen hat sie als approbierte psychologische Psychotherapeutin und approbierte Tierärztin und nicht zuletzt als Mutter von fünf Kindern viele der wissenschaftlichen und lebensweltlichen Aspekte in unsere gemeinsame Forschungsarbeit eingebracht. Sie waren unabdingbar, um die mathematisch-naturwissenschaftlichen Perspektiven abzurunden und zu ergänzen.

Wir werden gemeinsam in diesem Buch zeigen, dass und wie eine abstrakte und noch bedeutungsfreie Quanteninformation zur Grundlage einer naturwissenschaftlichen Beschreibung der Welt wird. Um die Abstraktionsarbeit zu erleichtern, haben wir für sie einen neuen Begriff eingeführt: Protyposis.

Materielle Objekte lassen sich als spezielle Zustände dieser Quanteninformation beschreiben. Das neue Konzept, das die Materie als ›in Raum und Zeit lokalisierte Protyposis‹ und Energie als ›in der Zeit lokalisierte Protyposis‹ erweist, schlägt die bisher fehlende Brücke zwischen den verschiedenen Ebenen, mit denen Mensch und Welt beschrieben werden.

Wenn die modernste Physik, die Quantentheorie und speziell die Protyposis in ihrer Eigenschaft als abstrakte Quanteninformation als Grundlage einbezogen wird, kann auch die Basis für ein Erklären des Ich-Bewusstseins gelegt werden. Damit wird es möglich, das sogenannte ›Leib-Seele-Problem‹ naturwissenschaftlich zu lösen.

Mit der Protyposis wird das Bewusstsein naturwissenschaftlich erklärbar als Quanteninformation, die sich selbst erlebt und selbst kennt.

Reflektierendes Bewusstsein ist fähig, die Strukturen der Welt zu erkennen. Andererseits kann eine solche Beschreibung des Bewusstseins für die Realität und Einheit des Geistigen in der Welt, für den spirituellen Aspekt der Wirklichkeit offen werden.

Möglich wird diese neue Sicht und Beschreibung durch die dynamische Schichtenstruktur aus Quantentheorie und klassischer Physik, die sowohl die Realität des Möglichen als auch die des Faktischen ernst nimmt. Zugleich wird eine neue Einheit des Materiellen und des Geistigen deutlich, die beides auch aus naturwissenschaftlicher Sicht als gleichermaßen real aufweist.

Wir wissen aus eigener Erfahrung, wie schwierig es auch in der Wissenschaft ist, allseits als selbstverständlich erachtete Ansichten zu hinterfragen und neu zu bedenken. Dem, was wir hier vorstellen, sind Jahrzehnte wissenschaftlicher Arbeit vorausgegangen. Wir laden unsere Leser zu einer Reise in ein interessantes Gebiet der Wissenschaften ein, die nicht immer nur einfach sein kann, die ihnen aber vielfach neue Sichtweisen eröffnen wird. Die bisherigen Erfolge der Natur- und Geisteswissenschaften werden keineswegs für überflüssig erklärt oder gar geleugnet.

Unser neuer Zugang erlaubt es aber, die Zusammenhänge zwischen diesen teilweise sehr disparat erscheinenden Bereichen des menschlichen Wissens zu erkennen und zu verstehen.

Hinter den Phänomenen, die uns im Alltag begegnen, verbirgt sich eine Einheit, die aber nicht auf irgendwelchen ›Atomen‹ beruht, sondern letztlich auf einer abstrakten Quanteninformation, die als eine ›geistige Einheit‹ verstanden werden kann. Die mannigfachen Erscheinungen in der Welt müssen sich aus dieser Einheit herausbilden und ausdifferenzieren.

Wir meinen, dass seit dem Beginn der kosmischen Entwicklung bereits ein Potential an Möglichkeiten angelegt ist, das sich nach Regeln entwickelt und aus dem sich die Fakten ergeben. Aus allen naturwissenschaftlichen Erkenntnissen folgt aber, dass die Fakten selbst keineswegs seit dem Anbeginn des Kosmos gesetzmäßig festgelegt worden sind.

Die Welt, das Universum, als eine Einheit verstehen zu wollen, heißt, die Erscheinungen miteinander in eine wissenschaftlich fundierte und begründete Verbindung zu bringen. Die Vielfalt der Evolution muss an einem roten Faden bis zum Menschen, ja bis zum Bewusstsein des Menschen nachvollziehbar werden.

Bisher reflektieren die Naturwissenschaften kaum darüber, dass das einzig wirklich Gewisse für jeden von uns Menschen die bewussten Gedanken in seinem Bewusstsein sind. Meine Sinne und meine Wahrnehmungen können mich vielfach täuschen, aber gleichgültig, ob ich etwas wahrnehme, phantasiere oder über eine Formel reflektiere – darüber, dass diese bewussten Gedanken gegenwärtig in meinem Bewusstsein sind, kann ich mich nicht täuschen.

Wissenschaft kann als der Versuch betrachtet werden, diese Gewissheit so gut wie möglich auch auf den Zusammenhang zwischen den Gedanken und denjenigen Entitäten auszudehnen, worüber mit diesen Gedanken gedacht wird – oder anders ausgedrückt, auf den Zusammenhang zwischen der Realität und ihrer gedanklichen Erfassung durch uns Menschen. Mit dem durch die Protyposis verstehbar gemachten Begriff von Materie und der damit zugleich für die Naturwissenschaften leichter sichtbar werdenden Realität des Geistigen können jetzt auch Verbindungen zu menschlichen Erfahrungen hergestellt werden, die unter dem bisherigen Paradigma ignoriert werden mussten. Die Quantentheorie lässt mit ihrer universellen Gültigkeit deutlich werden, dass sowohl die Vorstellung einer durchgängigen Kausalität alles faktischen Geschehens als auch die einer alleinigen und ausschließlichen Realität des Materiellen wissenschaftlich unhaltbar ist.

Die Evolution des Kosmos besteht in erster Linie in einem Anwachsen der Menge an Quanteninformation. Im Wechselspiel zwischen Potentialität und Faktizität wächst mit der Zunahme der Protyposis auch die Fülle der Gestalten, zu denen sie sich ausformen kann. Mit der wachsenden Zahl immer neuer Formen von materiellen und geistigen Gestalten wird die Einheit des Ganzen weniger offensichtlich. Sie kann aber wieder in das Blickfeld geraten, wenn die Protyposis – z.B. im Menschen – zu einer Gestalt von reflexivem Bewusstsein gelangt. Wir werden zeigen, welche Konsequenzen sich daraus auch für den weiten menschlichen Erfahrungsbereich ergeben, der mit den Begriffen von Spiritualität oder Religion nur recht nüchtern umrissen wird.

Solche Erfahrungen können zugänglich werden, wenn man sich in seinem Bewusstsein meditativ der Fülle des Möglichen öffnet und sich vom Zwang des Allein-Faktischen löst. In dieser Öffnung zum Ganzen kann etwas von der Einheitserfahrung spürbar werden, die in den verschiedenen Kulturen und Religionen zwar mit unterschiedlichen Metaphern verdeutlicht wird, die aber im Kern stets das Gleiche – das Nichtaussagbare – meint.

Mit sehr vielen Menschen teilen wir beide die Meinung, dass unserer Kultur eine neue Sicht auf Mensch, Kosmos, Spiritualität und bis hin zu einem neuen Erspüren des Göttlichen nottut. So freut es uns, dass wir zu dem hier von uns vorgestellten Rahmen des Fragens und Denkens eine wachsende Zustimmung und eine sich verbreiternde Übernahme der vorgestellten Ideen und Konzepte erkennen können. Die im 19. Jahrhundert unüberbrückbar erscheinende Trennung zwischen den Naturwissenschaften, den Geisteswissenschaften und speziell den Wissenschaften, die sich wie die Theologie der Religion und ihrer begrifflichen Durchdringung zuwenden, lässt sich jetzt mindern und wohl sogar überwinden.

In einer damit erreichbaren Einheitserfahrung wird wieder etwas von der Ungeteiltheit des kosmischen Anfangs spürbar, in der die Strukturiertheit der späteren Entwicklung noch nicht den Blick auf das Zugrundeliegende verdeckt. Wenn in dem Manifest der Hirnforscher formuliert wird: »Geist und Bewusstsein sind nicht vom Himmel gefallen, sondern haben sich in der Evolution der Nervensysteme allmählich herausgebildet. Das ist vielleicht die wichtigste Erkenntnis der modernen Neurowissenschaften«,[2] so ist dies eine Verkürzung des tatsächlichen Geschehens.

Heute kann man feststellen, dass die Evolution der Nervensysteme erst einer der letzten Schritte in der Entwicklung des Kosmos ist, der die Protyposis, die abstrakte Quanteninformation, konkret werden lässt und letztlich in die Lage versetzt, über sich selber reflektierend nachzudenken.

München, im August 2007 Thomas Görnitz

2 Manifest, 33.

1. Naturwissenschaft – der Weg ins Neue

Die großen Erfolge, die die Menschen bei der Anwendung der modernen Wissenschaft erzielen, haben vor allem den Naturwissenschaften eine entscheidende Rolle bei der Erklärung der Welt und des Menschen zukommen lassen.

In immer größer werdenden Bereichen, wie beispielsweise in der Medizin, wird bemerkbar, wie die auf der Naturwissenschaft beruhende Technologie vieles möglich macht, was noch vor kurzem undenkbar erschien. Gleichzeitig wirkt die Technik auf die Entwicklung der Natur- und natürlich auch der Geisteswissenschaften zurück. Heute gibt es Menschen, die aufgrund des Fortschritts im Bereich der Medizin bereits mehr als zwei Jahrzehnte mit einem transplantierten Herzen leben. Herzschrittmacher sind nichts Besonderes mehr, von künstlichen Gelenken ganz zu schweigen, und eine breite Palette von Psychopharmaka kann manches psychische Leiden erträglicher machen.

1.1 Entwicklung von Wissenschaft und Technik

Die Entwicklung der Technik hatte aber nicht nur Auswirkungen auf die Gesellschaft, sondern wiederum auch Rückwirkungen auf die Wissenschaft. Immer bessere und immer genauere Experimente wurden möglich. Und diese Verbesserungen zeigten immer deutlicher auf, dass die Konzepte der sogenannten klassischen Physik umso schlechter zu den Resultaten passten, je bessere Experimente gemacht werden konnten und je gründlicher deren Ergebnisse theoretisch durchdrungen wurden.

In weiten Bereichen haben allerdings bisher die Naturwissenschaften ein Bild von der Welt und vom Menschen entworfen, das so starr und mechanisch erscheint, dass sich viele Menschen mit ihren eigenen Erfahrungen darin nicht wirklich wiederfinden können. Hierzu darf man beispielsweise an Thesen über den Menschen denken, die in der Hirnforschung der letzten Jahre vertreten wurden. Nach denen sollte es keine Freiheit des Willens geben oder danach wäre das eigene Ich eine Illusion. So wird hinter den großen technologischen Erfolgen, die aus den Naturwissenschaften resultieren, für viele Menschen spürbar, dass in den geistigen Grundlagen der Wissenschaften etwas fehlt. Dieses Gefühl eines notwendigen Umdenkens wird oft in eher wissenschaftsfernen Teilen der Gesellschaft formuliert, die es dann schwer haben, mit der Wissenschaft ins Gespräch zu kommen.

Das Festhalten an den alten Konzepten wird vor allem durch die Erfolge der mathematischen Naturwissenschaften des 19. Jahrhunderts bestärkt. Sie bewirkten aber auch die Einseitigkeit eines Materiebegriffes, der im Wesentlichen noch immer auf Vorstellungen von ›Bausteinchen‹ beruht, von Atomen oder von einigen Variationen dieser Vorstellung. Das daraus folgende ›Lego-Weltbild‹ zu überwinden war eine der Aufgaben, der wir uns gestellt haben.

Bis heute wird in der öffentlichen Meinung noch wenig wahrgenommen, dass die angesprochene Notwendigkeit einer korrigierenden Ergänzung der naturwissenschaftlichen Konzepte ganz wesentlich in der wissenschaftlichen Erfahrung selbst deutlich geworden ist. Wir möchten zeigen, wie aus der Naturwissenschaft selbst die notwendigen Korrekturen erwachsen. Sie ermöglichen es uns heute, auch aus naturwissenschaftlichen Gründen jahrhundertealte begriffliche Konzepte so zu verändern oder zu ergänzen, dass sie zu der Wirklichkeit passen, in der sich die Menschen erleben.

Der grundsätzliche konzeptionelle Mangel aller bisherigen Vorstellungen über ›Materie‹ und über deren Verhalten wurde in sehr genauen experimentellen und theoretischen Untersuchungen erkennbar. Da es um die Grundlagen geht, also um das, was überall zum Tragen kommt und auf dem alle komplexen Vorgänge aufbauen, ist es nicht überraschend, dass die Physik hierzu den entscheidenden Anstoß gibt. Die Physik beschäftigt sich mit dem Einfachsten und damit dem Grundlegenden für alle Naturwissenschaften.

Die Physik hatte in der Vergangenheit – genauer gesagt in der sich seit der Renaissance entwickelnden Moderne – durch ihre damaligen Erkenntnisse wesentlich dazu beigetragen, dass die Beschreibung der Wirklichkeit im Wesentlichen immer mehr auf das reduziert worden ist, was heute üblicherweise unter dem Begriff der ›Materie‹ zusammengefasst wird. Die Gesetze der Mechanik und bald darauf die der Wärmelehre und der Elektrodynamik haben zu einem Aufschwung der technologischen Entwicklung geführt, der die Oberfläche der Erde so wie noch nie in der Menschheitsgeschichte verändert hat. Immer mehr schwere Arbeit wurde durch Maschinen geleistet, und die gesellschaftliche Entwicklung hatte Mühe, sich den technologischen Erfolgen anzupassen. So sind beispielsweise die Konzepte einer allgemeinen Kranken- und Rentenversicherung in Europa nicht viel älter als ein Jahrhundert. Die größte Herausforderung besteht gegenwärtig darin, einerseits dafür zu sorgen, dass mit der Übernahme der Ergebnisse der naturwissenschaftlich-technischen Entwicklung überall auf der Erde auch eine entsprechende gesellschaftliche Entwicklung verbunden wird, und zum anderen, die ökologischen Schäden zu begrenzen und nach Möglichkeit zu reduzieren, die diese technische Entwicklung bisher zur Folge hatte. Dabei bleibt es weiterhin wichtig, dass die Gesellschaft die Wissenschaftler dabei unterstützt, dass ihre Erkenntnisse zum Wohle der Menschen eingesetzt werden und nicht zur Vernichtung. Die Verbesserung des Miteinanders der Menschen, eine wachsende Akzeptanz der Vielfältigkeit von kulturellen Entwicklungen, aber auch die gegenseitige Toleranz und Rücksichtnahme bekommen parallel zu den wachsenden wissenschaftlichen Einsichten eine zunehmende Bedeutung. Glücklicherweise zeichnet sich heute eine Entwicklung in diese Richtung ab, die von Einzelnen, von Gruppen und von Ländern getragen wird. Wir sind davon überzeugt, dass ein noch stärkeres Bewusstwerden der Einheit, d.h. des universellen Zusammenhanges dessen, was in der Religion als Schöpfung bezeichnet wird und den die Naturwissenschaft jetzt aufzeigen kann, dazu beitragen wird, diese Sicht zu verstärken.

Die Naturwissenschaft des 20. Jahrhunderts wurde durch Quantentheorie und Allgemeine Relativitätstheorie in Umwälzungen gestürzt, die erst heute allmählich von den anderen Wissenschaftsbereichen erkannt und aufgegriffen werden. So beruhen beispielsweise die großen experimentellen Erfolge der Neurowissenschaften, die es heute erlauben, dem ›Gehirn beim Denken zuzuschauen‹, fast ausschließlich auf Verfahren und Geräten, die quantenphysikalische Erkenntnisse und Prozesse nutzen. Es ist daher anzunehmen, dass die grundlegende Rolle der Quantentheorie für das Verstehen des Gehirns und seines Wirkens zunehmend erkannt werden wird.

Gegenwärtig wird oft vom »Jahrhundert der Information« gesprochen. Wir werden zeigen, dass diese Behauptung sehr viel grundlegender ist, als ihren Verkündern gegenwärtig bewusst sein dürfte. Heutzutage wird die Quanteninformationstheorie als ein besonders interessanter Teilbereich der allgemeinen Nachrichtenübermittlungstechnik angesehen. Man hat erkannt, dass mit ihrer Hilfe einerseits eine dichtere Packung bei der Codierung von Information möglich wird und andererseits, dass mit ihr abhörsichere Nachrichtenkanäle konstruierbar werden. Dabei werden aber über das Wesen der Quanteninformation, über deren ontologischen Status im Verhältnis zu Materie und Energie keine Betrachtungen angestellt. Man hält sich noch an die alte These von Norbert Wiener: »Information ist Information, weder Materie noch Energie.«[1] Heute muss man nicht mehr dabei stehen bleiben. Aus einem Zusammenführen von Ergebnissen der Quantentheorie mit der Allgemeinen Relativitätstheorie und der Kosmologie können wir herleiten, dass die Quanteninformation als die eigentliche Grundlage des Seienden angesehen werden muss. Materie und Energie erweisen sich somit als spezielle Zustände einer abstrakten, kosmologisch begründeten Quanteninformation und damit als äquivalent zu dieser.

---

1 WIENER, N., Kybernetik, 192.

1.2 Protyposis

Eine sehr große Verständnishürde für dieses neue Konzept von Materie besteht darin, bei der Quanteninformation von Sender, Empfänger und sogar auch von Bedeutung abstrahieren zu müssen. Um das Verstehen zu erleichtern und die fast unvermeidbare Assoziation von ›Information‹ zu ›Bedeutung‹ zu unterbinden, haben wir für diese, so abstrakt gemeinte Quanteninformation auf Vorschlag des Altphilologen R. Schüßler einen neuen Namen gewählt: Protyposis (προτύποσις). Der griechische Wortstamm (τυπόω – eindrücken, prägen, προτυπόω, eine Vorstellung von etwas Zukünftigem geben) soll deutlich machen, dass sich der Protyposis eine Form einprägen kann, nämlich dann, wenn sie sich zu Materie gestaltet hat. ›Protyposis‹ ist also mögliche Gestalt (nicht notwendig von Materiellem, sondern z.B. auch von Gedanklichem), ist eine Entität, die möglicherweise bedeutungsvoll wird.

Wir werden später zeigen, dass die Protyposis als die eigentliche Grundsubstanz alles Seienden angesehen werden kann, denn sie kann in speziellen Zuständen zu all dem ›kondensieren‹, was in der Physik unter Energie- und Materiequanten (den sogenannten Elementarteilchen) verstanden wird.

Man bedenke, dass uns Menschen Information – zumindest in der Form unserer bewussten Gedanken – als etwas bekannt ist, das seinem Wesen nach verstanden werden kann. Information kann sogar definiert werden als diejenige Entität, von der es möglich ist, dass sie gewusst werden könnte. Damit wird es zum ersten Male in der Geschichte der Naturwissenschaften möglich, Materie begrifflich auf etwas zurückzuführen, das tatsächlich verstehbar ist – nämlich auf abstrakte Quanteninformation.

Hingegen hat der Versuch, Materie dadurch zu verstehen, dass man sie theoretisch in immer kleinere Stücke von Materie, in ›Teilchen‹ zerlegt, zu immer komplizierteren und begrifflich immer weniger klaren Theorien geführt. Es wird nur selten darauf hingewiesen, dass eine praktische, d.h. tatsächliche Zerlegung der Materie in solche hypothetischen Teilchen wie die Quarks prinzipiell unmöglich ist. Das ändert allerdings nichts an dem Erkenntnisnutzen, der trotzdem aus diesen Modellen erwachsen ist. Genauso, wie ein Magnet ohne die Vorstellungen der Pole unverstehbar wäre – die selbst auf keine Weise aus einem Magneten herausgebrochen werden können –, sind auch die Protonen und Neutronen in ihrem Verhalten ohne die Quarks unverstehbar – die ebenfalls nicht aus den Protonen oder Neutronen herausgeschossen werden können.

Dass ›immer kleiner‹ nicht mit ›immer einfacher‹ einhergeht, wird am sogenannten Standardmodell der Elementarteilchen recht deutlich, der Theorie der Wechselwirkung der Quarks und Gluonen. Es dürfte gegenwärtig die mathematisch anspruchsvollste Theorie sein, mit der tatsächlich noch praktisch überprüfbare Resultate erzielt werden können. Dass aber selbst mit ihr die Materie bisher noch nicht vollständig verstanden ist, machen die großen Anstrengungen deutlich, auch die achtzehn Konstanten zu erklären, die sie für ihre Resultate benötigt und noch nicht berechnen kann.

Wir weisen bereits schon hier darauf hin, dass mit der Äquivalenz von Information, Energie und Materie auch ein ganz neuer Zugang zum Menschen und zum Verstehen seiner geistig-seelischen Aspekte möglich wird. Zum einen dürfen wir Menschen unseren Gedanken als Quanteninformation den gleichen Realitätsgrad zubilligen wie Quantenteilchen im Gehirn, wie beispielsweise den Protonen, deren Verteilung mit der Kernmagnetresonanztomographie (MNR), auch als Kernspintomographie bekannt, beobachtet werden kann.

Mit der somit auch aus naturwissenschaftlicher Sicht gegebenen Realität des Seelischen kann zugleich das Hauptproblem der gegenwärtigen Hirnforschung und der noch dem deterministisch-materialistischen Denken verhafteten Philosophie des Geistes gelöst werden, ohne dass man deswegen eine dualistische Weltsicht postulieren müsste. Eine gegenseitige Wechselwirkung zwischen dem Seelischen und dem Körperlichen ist letztlich eine Wechselwirkung der Protyposis mit sich und daher nichts, wogegen die Naturwissenschaften Einwände erheben müssten.

Die ersten Erwägungen für eine Begründung der Physik auf der Basis von abstrakten, quantisierten binären Alternativen stammen von C.F. v. Weizsäcker, der bereits in den 1950er Jahren erstmals in diese Richtung gedacht hatte.[2] Er hat die später von ihm als »Ur-Alternativen«, als »Ure«, bezeichneten Qubits (Quantenbits, Einheiten der Quanteninformation) als universelle Grundlage auch für Materie und Energie betrachtet. Er postuliert: »Materie ist Form. Bewegung ist Form. Masse ist Information. Energie ist Information.«[3]

Werner Heisenberg schreibt über Weizsäcker's Konzept, dass die Durchführung dieses Programmes »ein Denken von so hoher Abstraktheit erfordert, wie sie bisher, wenigstens in der Physik, nie vorgekommen ist.« Ihm, Heisenberg, »wäre das sicher zu schwer«, aber Weizsäcker solle es mit seinen Mitarbeitern unbedingt versuchen.[4]

Ich habe mich für diese Idee begeistert und in dem Feld eines fundamentalen Verstehens der Physik den Schwerpunkt meiner wissenschaftlichen Arbeit gesehen. Seit 1992 bin ich Vorsitzender der Carl Friedrich v. Weizsäcker-Gesellschaft, die u.a. das Ziel verfolgt, der Öffentlichkeit weiterhin Weizsäckers Gedanken und Ziele zu vermitteln.

---

2 WEIZSÄCKER, C.F. V., Komplementarität I, II; SCHEIBE, E. /SÜSSMANN, G. /WEIZSÄCKER, C.F. V., Mehrfache Quantelung.

3 WEIZSÄCKER, C.F. V., Einheit, 361.

4 HEISENBERG, W., Teil, 332.

Als 1985 Weizsäckers »Aufbau der Physik« erschien, war diese geforderte Abstraktheit wohl der Grund dafür, dass nur die naturphilosophischen Teile ein gutes Echo fanden. Die Ur-Anzahlen (Qubits), die Weizsäcker genial (aber damals kaum nachvollziehbar) vorgeschlagen hatte, überforderten die Phantasie der Physikergemeinde zu sehr, und sie blieb auf Distanz. Weizsäcker verglich sich mit Moses, der vom Berge Nebo das gelobte Land sah, aber nicht hinein konnte. Als Resümee über sein Lebenswerk meinte er einmal zu mir:

> Am wichtigsten waren nicht diese speziellen Feststellungen – wie die Energieerzeugung in der Sonne –, sondern der allgemeine Überblick über das, was man Physik nennt. Ohne Physik wären Politik und Ethik bodenlos.

Außerdem stand die im »Aufbau« rudimentäre Kosmologie im Widerspruch zur Allgemeinen Relativitätstheorie. Für meine Arbeit bedeutete das, zuerst diese Unvereinbarkeit mit der Allgemeinen Relativitätstheorie zu beheben. Das gelang mir bereits früh mit einem kosmologischen Modell, welches nicht mehr im Widerspruch zur Einsteinschen Theorie steht.[5] Allerdings waren die meisten Physiker zu dieser Zeit der festen Überzeugung, dass ein geschlossener Kosmos wieder kollabiert, so dass mein Modell eines konstant mit Lichtgeschwindigkeit expandierenden geschlossenen Kosmos damals wenig Resonanz gefunden hat.

Jetzt, mehr als 20 Jahre später, sind dauerhaft expandierende geschlossene Universen nicht mehr außerhalb jeder Vorstellungsfähigkeit und es beginnen sich auch die immer genauer werdenden Beobachtungsdaten meinem Modell anzunähern.

Begrifflich wesentlich schwieriger war es, über Weizsäckers Diktum »Ein ›absoluter‹ Begriff der Information hat keinen Sinn.«[6] hinauszugehen. Denn nur, wenn man diesen Begriff so abstrakt fasst, dass dabei weder Sender noch Empfänger und vor allem auch keine Bedeutung mitgedacht werden, ist es möglich, Information zu einer absoluten Größe und damit auch zur Basis der Materie werden zu lassen. Der Begriff ›absolut‹ ist hier im mathematisch-naturwissenschaftlichen und nicht im philosophisch-religiösen Sinne gemeint. Er bedeutet, dass es für eine bestimmte physikalische Größe sinnvoll ist, von einem ›Wert Null‹ zu sprechen und dass diese Festlegung nicht willkürlich geschieht.

Der ›absolute Nullpunkt‹ der Temperatur ist ein Beispiel dafür. Null Grad Kelvin bedeutet, es gibt keine interne Bewegung mehr – und weniger als keine Bewegung ist unmöglich. Da ›keine Energie‹ oder ›keine Masse‹ sinnvolle physikalische Aussagen sind, muss das Gleiche auch von einer Information gefordert werden, wenn sie zu diesen beiden Größen äquivalent

---

5 GÖRNITZ, Th., New Look; ders., Abstract Quantum Theory I, II.

6 WEIZSÄCKER, C.F. v., Aufbau, 172.

werden soll. Diese wichtige Feststellung wird von vielen Physikern bisher nicht bedacht, die jetzt zunehmend beginnen, die Überlegungen über die grundlegende Rolle der Quanteninformation aufzugreifen.[7]

Der Weg zur Lösung dieses Problems, den ich in den 1980er Jahren beschritten habe, führte in weitere – damals unpopuläre – Bereiche der Physik und wurde daher wenig beachtet. In dieser Zeit, als es noch viele einflussreiche Physiker gab, die ›Schwarze Löcher‹ als fixe Idee einiger Theoretiker ansahen, erkannte ich, dass bei den Schwarzen Löchern die Lösung zu finden war. Für mein kosmologisches Modell musste eine theoretisch-physikalische Verbindung mit dem bereits damals existierenden Bereich einer Quantentheorie der Schwarzen Löcher mathematisch begründet werden, nämlich mit deren Bekenstein-Hawking-Entropie.[8]

Erst damit wurde es dann möglich, das Konzept einer ›absoluten‹ Quanteninformation zu entwickeln. Und nur mit dieser, der Protyposis, kann die abstrakte Quanteninformation als fundamentale Substanz gedacht werden und kann die Einsteinsche Äquivalenz von Materie und Energie erweitert werden zu einer Äquivalenz dieser beiden Größen mit dieser Quanteninformation. An Reaktionen auf unsere zahlreichen Vorträge und Veröffentlichungen in den letzten Jahren nehme ich wahr, dass die Grundideen jetzt auch von Menschen aufgegriffen werden, die diesem Theoriegebäude früher sehr reserviert gegenüberstanden.

Wenn der Urgrund des Seienden letztlich als Information qualifiziert werden kann und wenn zum Wesen des Seienden das Entstehen von Fülle gehört, dann wird die Menge möglicher Information im Kosmos wachsen. Dies wäre eine neue Sprechweise für den Sachverhalt, der heute in der Naturwissenschaft als ›Expansion des Kosmos‹ bezeichnet wird.

Information ist außerdem etwas, das auch durch eine unauflösliche Verbindung zur ›Codierung‹ gekennzeichnet werden kann. Codierung ist Information über Information, macht also den grundlegenden selbstbezüglichen Charakter der Information deutlich.

Information ist zu interpretieren durch ein ihr in der kosmischen Evolution eingeprägtes Streben nach Selbstkenntnis.

Damit muss die kosmische Entwicklung nicht mehr als eine ›ziellose Angelegenheit‹ erscheinen, wie manche Entwicklungsbiologen meinen. Ernst Mayr, einer der Hauptvertreter der Synthetischen Theorie, schreibt ausdrücklich, dass ein »finalistischer Faktor« bei der Verursachung des evolutiven Wandels »kompromisslos« zurückgewiesen wird.[9] Jeder innere richtunggebende Mechanismus oder jedes zweckgerichtete Prinzip wird abge-

---

7 Z.B. ZEILINGER, A., Einsteins, 221ff.

8 BEKENSTEIN, J.D., Black Holes; HAWKING, W., Black Holes.

9 MAYR, E., Growth, 417.

lehnt.[10] Auch Stephen Jay Gould erklärt, Evolution sei ungerichtet.[11] Diese Meinung wird bis heute vielfach vertreten.

Mit unserem neuen Konzept wird jetzt die Vorstellung möglich, dass Evolution eine fortlaufende Veränderung im Kosmos von einfachen Systemen hin zu immer komplexeren ist, zu solchen, die schließlich in die Lage kommen, über diese Evolution und ihren möglichen Sinn nachzudenken. Damit zielt die kosmische Evolution auf ›Systeme‹, in denen die abstrakte Quanteninformation zu bedeutungsvoller Information über Information werden kann – wie im Menschen – und die biologische und geistige Entwicklung erscheint auf natürliche Weise in die kosmische Evolution eingebunden zu sein.

Wenn also die moderne Naturwissenschaft es ermöglicht, aufbauend auf empirischen Erfahrungen, langgehegte Vorurteile über die Welt und ihre Beschaffenheit, insbesondere über die Materie, zu relativieren, so kann dadurch auch in ihrem Begriffssystem das ›Geistige‹ den ihm gebührenden Platz erhalten und eine Einheit von Geist und Natur erscheint als etwas Natürliches.

Viele kosmologisch arbeitende Naturwissenschaftler möchten sich aber nicht auf das empirisch Zugängliche beschränken. Sie erstellen mathematische Modelle für etwas, das außerhalb des Geltungsbereiches der Naturwissenschaft liegt, nämlich ›vor‹ der Existenz der Zeit und des Kosmos. Gern wird dabei die notwendige und prinzipielle Grenze der naturwissenschaftlichen Erkenntnis, der ›Beginn der Zeit‹ und damit des empirisch Zugänglichen, durch eine mathematische Transformation in eine unendlich ferne Vergangenheit verschoben. Damit scheint auch die Frage nach dem Grund und dem Sinn des Weltganzen vermieden werden zu können. Mit einer solchen Überdehnung der Naturwissenschaften werden aber zugleich die wichtigsten empirischen Erkenntnisse der naturwissenschaftlichen Kosmologie vernachlässigt, die alle auf ein endliches Alter des Kosmos verweisen.

Das Konzept der Protyposis ermöglicht es nun, sich von der Naturwissenschaft her auf andere Weise als bisher diesem Problemkreis zu nähern. Zugangsweisen zur Wirklichkeit, die nicht auf einer objektivierbaren Empirie, sondern auf spirituellen und religiösen Erfahrungen beruhen, müssen nicht mehr als unüberwindlicher Gegensatz zur Naturwissenschaft angesehen werden. Natürlich fehlt ihnen die Beweiskraft und Machtförmigkeit eines naturgesetzlichen Zusammenhanges, aber man sollte nicht vergessen, dass die gesamte Evolution durch Einzelereignisse geprägt wird, die von den Naturwissenschaften als zufällig bezeichnet werden müssen, die also nicht als Fakten determiniert sind.

---

10 A.a.O., 425.

11 GOULD, ST. J., Illusion.

Eine naturwissenschaftliche Betrachtung der Welt kann aus sich heraus nicht leisten, die Existenz der Welt zu begründen und ihr einen Sinn zu geben.

Manche Wissenschaftler ziehen daraus den Schluss einer vollkommenen Sinnlosigkeit alles Seienden.

Wir sind der Meinung, dass mit dem Begriff der ›Schöpfung‹ eine vorwissenschaftliche Wahrheit ausgedrückt werden kann, die dem Seienden einen Sinn geben kann.

2. Zugang zur Welt – unmittelbar und durch Wissenschaft

Die Wirklichkeit ist ein ungeheuer komplexes Geschehen. Viele Menschen sehen auch die Wissenschaft als mindestens ebenso komplex und schwer verstehbar an. Aber sie ist vielmehr der Versuch, durch Ausschnitte aus der Wirklichkeit eine Vereinfachung zu erreichen und damit für einen solchen Ausschnitt eine möglichst gute Beschreibungsmöglichkeit zu eröffnen. Eine solche Ausschnitt-Auswahl birgt die Gefahr, dass der Gesamtzusammenhang aus dem Blick gerät oder gar gänzlich verloren geht. Im vorliegenden Buch soll dieser Zusammenhang wieder hergestellt werden und ein schlüssiges Bild des Ganzen erstellt werden. Das bedeutet, all die vielen Beziehungsmuster zwischen den Strukturen in der Welt zumindest im Grunde zu berücksichtigen.

Wenn auch die Fülle der Wirklichkeit in den Einzeldisziplinen unter jeweils verschiedenen Gesichtspunkten untersucht wird, so muss sich aber letztendlich daraus wieder ein Gesamtbild der einen Wirklichkeit ergeben. Als anschauliches Bild kann die bekannte Tatsache dienen, dass beispielsweise die gesamte Erdoberfläche nur sehr verzerrt als ein einziges Kartenbild dargestellt werden kann. Einzelne Länder hingegen lassen sich recht gut auf einer Landkarte erfassen, ohne dass dabei deren Gestalt zu sehr entstellt werden muss. Der Atlas zeigt schließlich, wie die einzelnen Karten zusammenzupassen sind und dass der Übergang von einer Karte zu einer anderen keine unüberbrückbaren Lücken aufweisen darf. Verschiedene Sichtweisen auf das Ganze sind nötig, denn man kann nicht alles auf einmal erfassen. Es muss aber auch deutlich werden, auf welchem Wege und mit welchen Übergängen man von einem Standpunkt zu einem anderen gelangen kann.

Unsere Theorie lässt wieder mehr Raum und Vorstellungsfreiheit auch für die geistige Seite des Wirklichen. Sie verdeutlicht das Wesen des Bewusstseins und ermöglicht neue Interpretationen und damit ein neues Verständnis von Mensch und Welt. Sie erlaubt nicht zuletzt ein wirkliches Begreifen dessen, was unter dem bislang unverstandenen Begriff der ›Materie‹ zu verstehen ist. Wenn man versucht, die Erfassung der Wirklichkeit auf den Begriff der Materie zu stützen, so wird dabei oft vergessen, dass von dieser heute eigentlich nur noch ›Bewegung‹ und ›leerer Raum‹ als positive Bestimmungsstücke verblieben sind. Die Theorie, die wir vorstellen, basiert auf den Ergebnissen und Erfolgen der Forschung des vorigen Jahrhunderts – auf der Quantentheorie. Sie führt uns erstaunlicherweise zum Beginn der Welt, also in die Kosmologie, und lässt uns dann den Bogen spannen vom Anfang der Welt bis zum Bewusstsein.

In zahlreichen unserer Veranstaltungen in den letzten Jahren haben wir einerseits bereits viel von dem vorgestellt, was wir hier ausführen, andererseits haben wir von unseren Hörern viele Anstöße erhalten, die uns geholfen haben, den schwierigen Stoff möglichst verständlich darzustellen. Das größte Problem bei der Darstellung besteht in der Vernetztheit des Stoffes. Ein Buch ist eine lineare Anordnung, eine Seite folgt auf die nächste. Das, was wir hier vorstellen, ist nicht weniger als eine Darstellung der Fülle der Wirklichkeit in all ihren Zusammenhängen. Wenn wir uns also der Realität in ihrer ganzen Komplexität nähern wollen, so werden wir immer wieder Vor- und Rückgriffe unternehmen müssen. Der modernste Teil der Physik, die Quantentheorie, hat Auswirkungen in alle Bereiche, die überhaupt naturwissenschaftlich erfasst werden können. Somit ist es unvermeidlich, immer wieder auf diese Theorie Bezug zu nehmen – und dies bereits bevor ihre ausführlichere Darstellung erfolgen kann.

2.1 Die Entwicklung der Wissenschaften

Wir erfahren tagtäglich, wie sich unsere Lebensumwelt mit einer ungeheuren Geschwindigkeit verändert. Weniger bewusst ist uns zumeist, welche wissenschaftlichen Ergebnisse die Ursache dieser Veränderungen sind. Es ist weitgehend unbekannt, dass bereits etwa 25 % unseres Bruttosozialproduktes auf der Basis von Anwendungen der Quantentheorie erwirtschaftet werden. Man kann erkennen, dass dieser Anteil weiter wachsen wird. Handy, Laser und Computer wären ohne Quantentheorie unmöglich. Dies ist für viele Menschen keineswegs offensichtlich.

Die Wissenschaft ist aber nicht nur für die Wirtschaft von Bedeutung, auch unser Denken über uns selbst und über die Welt wird recht weitgehend von ihr bestimmt. So fordert man auch in der Politik zumeist eine wissenschaftliche Erklärung, wenn Erscheinungen genau und objektiv dargelegt werden sollen.

Das ist verständlich, denn die Wissenschaft hat sich im Laufe der Menschheitsgeschichte aus gutem Grund herausgebildet. Es zeigte sich, dass die magischen und mythischen Vorstellungen nicht immer erfolgreich angewendet werden konnten. In der Frühzeit sahen die Menschen für die Naturvorgänge Götter und Dämonen als verantwortlich an. Ein erster Schritt zur Rationalität wird im Alten Testament sichtbar, wenn die Himmelskörper von Göttern – die sie für die Nachbarreligionen bedeuten – zu bloßen Lampen degradiert werden. Diese Entwicklung ist immer weiter vorangeschritten, immer mehr wurde versucht, aus den Erfahrungen und den Beobachtungen Regeln herauszufiltern. Sie eröffnen ihrerseits eine wachsende Einwirkungsmöglichkeit des Menschen auf die Naturabläufe.

Im Alltag begegnet uns viel Regelhaftes. Regeln erlauben uns, bestimmte Erscheinungen so weit zu verstehen, dass wir ihre Entwicklung vorhersagen können. Um diese Regeln handhabbar zu machen, wurden Gründe für sie gesucht. Von konkreten Erscheinungen führte der Weg zu immer abstrakteren Vorstellungen, die deshalb auch allgemeiner sind. Man suchte, welche Gesetzmäßigkeiten in der ›Tiefe der Natur‹ wirken. Die systematische Suche nach solchen Regeln hat im Laufe der Geschichte zu dem geführt, was wir heute als Naturwissenschaft bezeichnen.

Das Erfassen solcher zugrunde liegender regelhafter Abläufe hat auch geholfen, immer besser mit den Geschehnissen des Lebens umgehen zu können, die uns – solange eine Regelhaftigkeit nicht erkennbar ist – als Überraschungen erscheinen müssten. Regeln vermitteln also Sicherheit und auch Handlungsanweisungen, so wie beispielsweise die Kalender mit der Abfolge der Jahreszeiten auch die Zeiten für Aussaat und Ernte vorgeben.

Allerdings, je lebendiger etwas ist, desto weniger regelhaft fassbar wird es für uns. Man kann zwar Planetenbewegungen für Jahrtausende vorhersagen, nicht aber die Entwicklung eines Bienenvolkes über Jahrzehnte. Das Verhalten von Lebewesen lässt sich viel weniger gut prognostizieren als das von unbelebten Gegenständen. Das betrifft nicht nur das menschliche Tun und das Verhalten der Tiere, von dem wir immer wieder überrascht werden, auch bei den Pflanzen kann man sich immer wieder wundern. Die eine erblüht nach langem Siechtum, eine andere geht innerhalb weniger Tage ein, ohne dass unser Bemühen etwas dagegen bewirken kann.

Wir suchen dann normalerweise nach logischen Erklärungen, nach einer Ursache-Wirkungs-Struktur. Wenn eine solche nicht gefunden wird, so erwächst zumeist die Vermutung, dass dies lediglich deshalb geschieht, weil noch nicht genug Daten erfasst sind oder weil das Zusammenspiel der einzelnen Faktoren noch nicht genau genug bekannt ist. Mit immer besseren Methoden und Geräten versuchen wir Menschen, Zusammenhänge zu ergründen, die unseren Sinnesorganen und vor allem auch unserem jeweils erreichten Grad des Verstehens noch verborgen sind.

Auf jeden Fall ist sich wohl heute jedermann bewusst, dass hinter den Erscheinungen, die wir mit unseren Sinnesorganen wahrnehmen, noch vieles liegt, das vor ihnen verborgen bleibt. Mit immer besser ausgefeilten Geräten erschließen sich die Menschen Schritt für Schritt Bereiche, die einer Wahrnehmung durch unsere natürlichen Sinnesorgane nicht zugänglich sind. Durch die Geräte werden unsere Sinne gleichsam erweitert. Diese Erweiterung führt erstens in die Phänomene des immer Kleineren, hinab bis zu den Atomen und sogar in diese hinein. Zweitens eröffnen die Teleskope den Blick in die kosmischen Weiten mit den Abermilliarden von Sternen und Galaxien. Und drittens werden mit Röntgenstrahlung, Ultraschall und ähnlichen Verfahren Dinge sichtbar gemacht, die bislang für unsere Augen hinter undurchsichtigen Oberflächen verborgen geblieben waren. All dies wird heute selbstverständlich den Ergebnissen der Naturwissenschaften zugeordnet.

Aber es gibt noch einen anderen Bereich des Nichtoffensichtlichen, einen, vor dem die Naturwissenschaft bisher die Augen verschlossen hat. Er schließt eine Fülle von persönlichen Erfahrungen ein, die für diejenigen, denen sie zugestoßen sind, große Bedeutung haben. So berichten z.B. Menschen von einer Ahnung eines nahen Unglücks und treten dann beispielsweise eine Reise nicht an – und das Flugzeug, mit dem man eigentlich geflogen wäre, stürzt ab. Wegen ihres grundsätzlich subjektiven Charakters können solche Erfahrungen nicht mit den bisherigen Konzepten der Naturwissenschaften wirklich untersucht oder in ein naturwissenschaftliches Weltbild sinnvoll eingeordnet werden. Und wegen dieses Widerstreites mit den herrschenden naturwissenschaftlichen Konzepten werden sie in der wissenschaftlichen Öffentlichkeit meist unter eine Art von Quarantäne gestellt.

Aber in einem vertrauensvollen Gespräch kann man immer wieder Erlebnisse erfahren, die u.a. auch Wissenschaftlern zugestoßen sind und bei denen es denjenigen, die davon berichten – und vielleicht auch jedem wachen Verstand – widerstrebt, das wohlfeile und stets zulässige, aber nichts erklärende Argument ›Zufall‹ zu akzeptieren. Andererseits kennt wohl jedermann auch die marktschreierische und damit völlig unglaubwürdige Darstellung solcher Phänomene in Massenmedien, die sich bald darauf als Schwindel oder zumindest als Irrtum entlarven. Offenheit und Skepsis zugleich sind daher bei all diesen subjektiven Schilderungen gleichermaßen bedeutsam. Aber auch die seriösen Berichte über Erlebnisse solcher Zufälle haben bisher nicht in das Bild der etablierten Wissenschaften gepasst.

Bevor wir uns aber den Zufällen widmen, soll es zuerst um das Regelhafte gehen, denn Regelhaftes hat erst die Grundlage für eine Möglichkeit von Naturwissenschaft eröffnet.

Das Regelhafte als das ›Objektive‹

Die Vorstellung von etwas Regelhaftem ist lediglich sinnvoll für etwas, das wiederholbar ist. Tatsächlich Einmaliges kann logischerweise unter keine Regel fallen. Die stabilsten Vorgänge, die sich regelmäßig wiederholen und die auch Auswirkungen auf der Erde haben, finden am sichtbaren Himmel statt. Daher ist dasjenige, worüber die Menschen am längsten etwas in Form fester Regeln gelernt haben, dieser Bereich. Die Erkenntnisse über Tag und Nacht, der Monatszyklus des Mondes sowie die Jahreszeiten wurden bereits in den frühen Hochkulturen in Form von Kalendern von einer Generation zur nächsten übermittelt. Die bronzene Himmelsscheibe von Nebra ist wahrscheinlich einer der ältesten Kalender, die bisher gefunden worden sind. Auf ihm geben spezielle Konstellationen von Mond und Plejaden sehr wahrscheinlich Hinweise auf Aussaat- und Erntetermine.

Dass es jahreszeitliche Rhythmen für Aussaat und Ernte gibt und dass die Aufzucht von Nachwuchs besser in eine Jahreszeit mit gutem Nahrungsangebot fällt, das kann man gut verstehen. Diese Abhängigkeit von der Stellung der Sonne lässt sich leicht naturwissenschaftlich erklären. Aber dafür, dass die Frauen mit ihrem hormonellen Rhythmen auch in einer körperlichen Angepasstheit an den 28-tägigen Rhythmus des Mondumlaufes um die Erde stehen, ist uns gegenwärtig kein naturwissenschaftlicher Begründungszusammenhang bekannt.

Die Vorgänge am Himmel umfassen aber nicht allein Sonne und Mond und die Fixsterne. Früher, als es noch kein künstliches Licht und kein Fernsehen gab, sie also viel öfter gesehen und beobachtet wurden, war den Menschen viel deutlicher als heute bekannt, dass im Gegensatz zu den Fixsternen die Planeten am Nachthimmel eine recht eigenwillige Bewegung vollführen.

Diese schwer vorhersehbare Bewegung der Planeten führte dazu, sie als beseelt anzusehen und ihnen daher den Status von Göttern zu verleihen. Daraus ergab sich dann die Vorstellung, dass das Geschehen am Himmel, also die Bewegung der Götter, auch das wichtige Geschehen auf der Erde bestimmen sollte, nämlich die Geschichte der Staaten und die Geschicke ihrer Herrscher. So erreichte bereits vor etwa 5000 Jahren die beobachtende Astrologie bei den Sumerern und Babyloniern eine erste Blütezeit.

Überlieferungen und Aufzeichnungen über viele Generationen hinweg hatten erkennen lassen, dass diese Himmelserscheinungen doch keiner reinen Willkür unterlagen. Um dann auf der Basis dieser astrologischen Vorstellungen etwas von der Zukunft vorhersehen zu können, waren fortwährende genaue Beschreibungen der Bewegungen der Himmelskörper notwendig. Solche Beobachtungen und Aufzeichnungen bildeten den Grundstock für das, was wir heute als Naturwissenschaft kennen. Immer mehr zeigte sich, dass solche Himmelserscheinungen über die Astrologie hinaus für Seefahrt, Landwirtschaft und anderes bedeutsam wurden. Immer mehr wurde dabei von Individuellem abgesehen und die Daten erhielten einen immer objektiveren Charakter. Darüber hinaus waren die Ereignisse im Planetensystem so regelmäßig, dass sie sich sogar bereits im Altertum mathematisch modellieren ließen.

Am Beginn der Neuzeit wurde die Erfahrung mit den Himmelskörpern auch auf das irdische Geschehen, auf die Erfassung von Einzelerscheinungen ausgedehnt, die unter Regeln zusammengefasst wurden. Damit wurde die Grundlage für das geschaffen, was heute in der Natur in einer Art ›neutraler Beobachtung‹ als Naturgesetz bezeichnet wird. Je mehr dabei Gefühle und Empfindungen ausgeblendet wurden, desto mehr erhielt man Daten, die als ›objektiv‹ bezeichnet werden können. Auf solche objektiven Daten können sich alle einigen, und im Prinzip kann jeder, der das notwendige Rahmenwissen besitzt, prüfen, ob sie zutreffend sind. So wird 3·7 immer 21 sein, gleichgültig wie es einem geht und wie man sich fühlen mag.

›Objektives Wissen‹ entsteht dadurch, dass sehr viel von der Lebenswirklichkeit ausgeblendet wird.

Der verbleibende, von Subjektivem ›gereinigte‹ objektive Rest hat den großen Vorteil, dass sich alle Sachkundigen darüber einigen können. Durch das Ausblenden von viel Subjektivem entstehen Situationen, die durch dieses Ausblenden für alle Menschen als gleichartig erscheinen können und die damit die Basis dafür liefern, dass für dieses ›Gleiche‹ Regeln und sogar Gesetze aufgestellt werden können.

2.2 »Was die Welt im Innersten zusammenhält«

Es ist interessant, dass dieses Goethe-Zitat, das dieser dem suchenden Faust in den Mund legt, beinahe als die Kennzeichnung von Naturwissenschaft verstanden wird. Meistens wird es heute so vorgestellt, als würde es sich auf Atome oder Elementarteilchen beziehen. Faust jedoch spricht dies aus, nachdem er alle Wissenschaften seiner Zeit, darunter auch Medizin – d.h. die damalige Naturwissenschaft – studiert hatte. Er hatte in ihnen das von ihm Gesuchte gerade nicht finden können. Faust möchte sich daher nun der Magie ergeben, um endlich mit deren Hilfe zu erkennen, was »die Welt im Innersten zusammenhält«.

Goethe, der in seiner Zeit ein bedeutender Naturforscher gewesen war, war selbst kein Freund der Atomvorstellungen: »Damit konnte ich mich nicht befreunden, weil ich, auch mit dem besten Willen, nicht ein atomistisches Atom an mir dulden könnte.«[1]

Wenn wir die Geschichte der Naturwissenschaft betrachten, so wäre der Schritt zur Magie zugleich ein Schritt zurück. Trotzdem geht es in beiden, in Magie und in Naturwissenschaft, nicht nur um Erkennen, sondern auch um den Versuch, der Natur unseren Willen aufzuzwingen. Wir erkennen,

---

1 GOETHE, J.W. V., Brief an Leonhard.

dass der Ansatz der Naturwissenschaft, unsere Umgebung in unserem Sinne und nach unseren Wünschen zu beeinflussen und zu verändern, unermesslich erfolgreicher wurde als alle Magie. Goethe lässt denn auch Faust schließlich am Erdgeist scheitern, dem er seinen Willen nicht aufzwingen kann und der ihn zurückweist: »Du gleichst dem Geist, den du begreifst, nicht mir!«

Sicher würde Goethe sich mit der durch die Quantentheorie heute ermöglichten Relativierung der Atomvorstellung eher anfreunden als mit den ›Klötzchen-und-Häkchen-Darstellungen‹, die seit den griechischen Atomisten und bis in seine Zeit hinein vertreten wurden.

Wie ist es aber gekommen, dass die Vorstellung von ›kleinsten Bausteinen‹ schließlich so erfolgreich wurde?

Für kleine Kinder und auch für die Naturwissenschaftler ist es eine vielfach bewährte Erfahrung, dass man eine Sache dadurch verstehen kann, dass man sie auseinander nimmt. Dies gilt auf jeden Fall für mechanisches Spielzeug oder für technische Geräte, aber vor allem dann, wenn es sich wieder zusammensetzen lässt. Insofern kann die Naturwissenschaft als Weiterentwicklung des dem Menschen angeborenen Interesses für ein Erfassen der Umwelt angesehen werden.

Neugier und Interesse sind Affekte, die bereits bei Säuglingen ausgeprägt sind. Die Motivation, die Lebensumwelt zu verstehen, ist bei allen Menschen genetisch angelegt und wird natürlich später familiär und kulturell überformt und in bestimmte Richtungen gelenkt. In der frühkindlichen Entwicklung soll sich ein Gefühl von Sicherheit und Vertrauen herausbilden können. Auf dieser Grundlage bedarf es dann auch offener Möglichkeiten, diesen ›Forscherdrang‹ beibehalten und ausleben zu können. Dazu könnte beispielsweise gehören, auch in Ruhe beobachten zu dürfen, sei es um z.B. die Interferenzmuster von ins Wasser geworfenen Steinen oder das Verhalten von Tieren und Pflanzen zu verinnerlichen. Es ist wichtig, Derartiges selbst erleben zu können und es nicht lediglich durch Medien vermittelt zu bekommen.

Gute Schulen und gute Lehrer zeichnen sich dadurch aus, dass sie den Kindern viel von dieser angeborenen Neugier erhalten oder sogar nach Möglichkeit ausbauen. Die Förderung von Motivation, Anstrengungswillen und von geistiger Vorstellungsfähigkeit sind Voraussetzungen für eine erfolgreiche Aneignung naturwissenschaftlicher Kenntnisse.

Aber sehen wir zu, wie es zu der Vorstellung eines ›inneren Aufbaus‹ der Materie gekommen sein kann.

Weniges ist so einfach wie ein Ziegelstein. Wohl etwa zur gleichen Zeit, in der der Mensch begann, feste Behausungen zu bauen, hat er auch die Ziegel erfunden. Von den Sumerern wird berichtet, dass diese einen ›Ziegelgott‹ hatten und dass der König selbst den ersten Ziegel für einen Tempel formte. Nach der Sintflut begannen – so das Alte Testament – die Menschen den Wiederaufbau mit Ziegeln. Da alle Ziegel mit der gleichen Schablone geformt werden, sind sie alle gleich – zumindest, wenn man sie nicht sehr genau betrachtet – und dennoch lassen sich aus ihnen vollkommen verschiedene Gebäude errichten: Hütten und Paläste, Tempel und Ställe. Und wenn durch Gewalteinwirkungen ein Gebäude zerstört wird, zerfällt es wieder in die Ziegel, die danach vielleicht zum Teil wieder verwendet werden können.

Eine solche Jahrtausende alte Erfahrung lässt vermuten, dass dieses Bild von ›Bausteinen‹ auch verwendet wurde, um die ›objektiven Vorgänge‹ zu verstehen. Das bedeutet, die Welt in ihrem Aufbau so zu verstehen, wie es die Kinder bei ihren Lego-Steinen machen – nur dass wir die ›Bausteine‹ in der Wissenschaft sehr viel kleiner denken. Bis heute wird in den Naturwissenschaften von ›elementaren Bausteinen‹ gesprochen, mit denen man alle Vorgänge in der Welt erklären möchte.

Es ist unwahrscheinlich, dass eine immer weiter voranschreitende Zerlegung der Welt in immer kleinere und immer noch kleinere Teile tatsächlich etwas erklären würde. Wenn die Zerteilung immer weiter gehen könnte, bliebe am Ende nichts übrig, und aus Nichts kann man nichts aufbauen. Dann aber bleibt nur noch die Alternative übrig, dass es letzte, unteilbare und fundamentale Bausteine der Wirklichkeit geben müsse. Aus diesen ›kleinsten Bausteinen‹ muss dann alles Größere zusammengesetzt sein. Also sollte irgendwann mit dem Zerlegen Schluss sein – und das wären dann die ›innersten Teile‹. Das haben bereits die alten Griechen erfunden, denn ›a-tomos‹ kommt aus dem Griechischen und bedeutet ›un-teilbar‹.

Seit etwa zweieinhalb Jahrtausenden gibt es dieses Bild von kleinsten unteilbaren Bausteinen der Wirklichkeit. Bis heute ist diese Vorstellung von ungebrochener Vitalität und wird in der Physik noch immer als fundamental betrachtet. Allerdings werden diese ›letzten Bausteine‹ heute als ›Quarks‹ oder als ›Strings‹ bezeichnet und sind sehr viel kleiner als das, was heutzutage den Namen ›Atom‹ trägt. Ist die Vorstellung von kleinsten Bausteinen deshalb so verlockend, weil sie so gut handhabbar ist und weil z.B. die gesamte Chemie sehr erfolgreich auf dieser Vorstellung aufbaut?

In der Tat erlaubt eine ›Atomvorstellung‹, sehr vieles in der Natur zu erklären. Es ist richtig, dass ohne das Atommodell die gesamte Chemie ein unerklärliches Mysterium bliebe. Nur mit der Vorstellung von Atomen lassen sich die Regelhaftigkeiten bei den chemischen Verbindungen und bei ihrer Zerlegung erklären. Dass sich Stoffmengen immer in gleichen Verhältnissen verbinden, ist mit der Atomvorstellung eine notwendige Folgerung und bliebe ohne sie ein unbegreifliches Wunder.

Und auch in der Biologie ist diese Vorstellung bisher recht nützlich gewesen. Man denke nur an die Bilder von der Doppelhelix, die als die

Grundlage der Genetik angesehen wird. Die ›Molekül-Klötzchen‹ passen genau aneinander und erzeugen diese grazile Struktur. Das Wesen von Mutation oder die Vermischung des Genmaterials der Eltern beim Befruchtungsvorgang lassen sich damit sehr anschaulich darstellen. Auch für die Beschreibung der Vorgänge in lebenden Zellen findet man viele bunte Bilder, in denen dargestellt wird, wie Moleküle oder Ionen wie kleine Kügelchen mittels Pumpen transportiert werden.

Wie für jedes regelhafte Verhalten ist es auch hierbei sinnvoll, die hinter ihm stehenden Regeln und Gesetzmäßigkeiten in einer reproduzierbaren Weise zu untersuchen und zu versuchen, sie in Zusammenhänge zu setzen. Derartige genormte und überprüfbare Verfahren, die in ihren Inhalten und Abläufen nachvollziehbar sein müssen, definieren gerade dasjenige, was heute als die ›naturwissenschaftliche Methode‹ verstanden wird. Mit ihr ist es möglich geworden, dass sich Menschen aus völlig verschiedenen Kulturen und mit einem vollkommen verschiedenem privaten Hintergrund über bestimmte Sachverhalte einigen können – die dann als objektiv bezeichnet werden –, ohne dass sie dabei wirtschaftliche, politische oder andere Druckmittel anwenden müssten. Wir wollen trotzdem nicht vergessen, dass nicht nur Goethe etwas anderes vorschwebte als die Atome – ›kleinste Teilchen‹ – als letzte und tiefste Konzepte der Welterklärung.

Wie kann man eine wissenschaftliche Beschreibung der Welt entwerfen, die weitergehende Vorstellungen, tiefere Regeln und Gesetze findet und die über die gängigen Bilder von ›Elementarteilchen‹ hinausgelangen kann?

Eine mögliche Ablösung oder zumindest Relativierung des Bausteinbildes, dessen Begrenztheit in allen Bereichen der Naturwissenschaft heutzutage immer mehr deutlich wird, hängt vor allem mit der Frage zusammen, wie die naturwissenschaftlichen Ergebnisse gedeutet werden. In diesem Zusammenhang ist daran zu erinnern, dass es bereits schon bei der Einführung der Mechanik ein Ringen um Deutungen gegeben hatte. So war z.B. der Begriff der ›lebendigen Kraft‹, der später in Energie und Impuls differenziert wurde, hoch umstritten. Dies ist heute weithin in Vergessenheit geraten. Stattdessen wird fälschlich die Meinung vertreten, lediglich die Quantentheorie bedürfe einer Deutung.

2.3 Der Unterschied zwischen ›Genau‹ und ›Exakt‹

In der Schule ist uns allen schon als Kindern beigebracht worden, dass die Naturgesetze die Grundlage für alles Verhalten von Gegenständen bilden und dass sie jeden Ablauf von Naturprozessen steuern.

Dass alles aus den Naturgesetzen folgt und alle Erscheinungen aus ihnen ableitbar sind, ist eine den Naturwissenschaften vorausgehende Hypothese, die natürlich nicht aus den Naturgesetzen selbst folgen kann. Diese Annahme wird auf Grund der erfolgreichen Anwendung derjenigen Naturgesetze postuliert, die wir bereits kennen, und wegen unserer ungeheuren Fülle an empirischen Erfahrungen, die dieses Postulat stützen.

Aristoteles hatte bereits über die Annahmen nachgedacht, mit denen man die Gültigkeit von Naturgesetzen begründen kann. Da man das Buch mit diesen Überlegungen des Aristoteles in der Zählreihenfolge seiner Werke hinter sein Buch über die Physik eingeordnet hatte, wurde dieses ganze Gebiet des Nachdenkens über die Wirklichkeit als Metaphysik bezeichnet (Griech. ›meta‹ = ›danach‹). Heute versteht man darunter den Bereich der Erkenntnis, der in der einen oder anderen Weise über die Physik und damit über das empirisch Prüfbare hinausreicht, z.B. weil die Grundlagen der Physik betrachtet werden und die Voraussetzungen untersucht werden, deren Erfüllung Naturwissenschaft erst ermöglicht.

Die mit den sogenannten Naturgesetzen vorliegende Form der Naturwissenschaft ist so ungeheuer erfolgreich, dass nur sehr selten darüber nachgedacht wird, wie Naturgesetze gefunden werden und was im Zusammenhang mit ihrer Verwendung auch sonst noch bedacht werden sollte.

Ein Gesetz ist seinem Wesen nach eine Regel, die für alle Fälle gelten soll, die in ihren Geltungsbereich fallen. Die alte juristische These: »Vor dem Gesetz sind alle gleich« drückt dieses Verständnis besonders klar aus. Nun ist das im gesellschaftlichen Bereich ein anzustrebendes Ziel, das aber leider nicht immer erfüllt werden kann. Wie ist es jedoch in der Natur, wenn nicht alles gleich ist? Vom Alltag her wissen wir schließlich, dass fast alles, was uns begegnet, untereinander verschieden ist.

Je genauer etwas betrachtet wird, um so eher unterscheidet es sich vom ›gleichen‹ Stück derselben Sorte. Dies gilt für alle Lebewesen und für alle Gegenstände, die wir in der Natur finden können. Aber auch bei industriell gefertigten Dingen erkennen wir Unterschiede, wenn wir nur genau genug nachforschen. Erst wenn man weniger genau hinsieht, dann werden in der Nacht ›alle Katzen grau‹. Erst für derart Gleich-Gewordenes werden aus Regeln schließlich Gesetze.

Wir erkennen also, je genauer wir eine Sache untersuchen, desto weniger stimmt sie mit Anderem überein und desto weniger wird es sinnvoll und möglich, sie mit Gesetzen zu beschreiben. Andererseits gilt, je mehr wir an Konkretem ignorieren, desto mehr Unterschiedliches wird gleich und desto sinnvoller wird es, für dieses Gleiche auch Regeln und Gesetze aufzustellen. Je mehr ignoriert wird, desto einfacher wird auch das Betrachtete und desto einfachere Regeln – im günstigen Falle exakte mathematische Gesetze – kann man dafür formulieren.

Damit eröffnet sich eine wichtige Unterscheidung zwischen ›genau‹ und ›exakt‹, die auch wir bisher nicht so klar formuliert hatten.

Je mehr von konkreten Einzelheiten aus einer Beschreibung ausgeschlossen werden – die damit ungenauer wird – desto exaktere mathematische Gesetze kann man aufstellen.

Die klassische Physik liefert die exakteste Struktur einer Naturbeschreibung, die wir kennen. Deshalb wird sie bis heute von sehr vielen Physikern als die ideale Richtschnur für jede Naturbeschreibung angesehen. Die mit ihr verbundene Zerlegung der Welt in getrennte Objekte und Kräfte zwischen diesen erlaubt es, eine deterministische Beschreibung für deren faktisches Verhalten zu erhalten.[2]

Im Vorgriff auf das Kapitel über Quantentheorie wollen wir bereits hier darauf verweisen, dass diese eine genauere Beschreibung der Welt als die klassische Physik liefert. Daher erscheint die Quantentheorie auch weniger exakt. Sie ignoriert nicht mehr wie die klassische Physik den Beziehungscharakter der Wirklichkeit. Diese genauere Erfassung hat zur Folge, dass künftige Fakten nicht mehr exakt vorhergesagt werden können, sondern nur noch die Entwicklung von Wahrscheinlichkeiten einer deterministischen mathematischen Gleichung unterliegt. Das erscheint als weniger exakt als die strenge Vorhersage von Fakten.

Wenn aber alles, was wir im Alltag kennen lernen können, bei sehr genauer Betrachtung voneinander verschieden ist, wieso bewähren sich dann die Naturgesetze so unwahrscheinlich gut?

Um diese Frage beantworten zu können, müssen wir erst ein wenig tiefer in die Physik eindringen. In der Mitte des 17. Jahrhunderts hatte der Philosoph Leibniz einmal die Damen am Hofe in Hannover damit unterhalten, dass er ihnen die scheinbar leichte Aufgabe stellte, im Schlosspark zwei gleiche Blätter zu finden. Man weiß, wie es ausgehen musste: Wenn man genau genug beobachtete, war jedes Blatt von jedem anderen verschieden. Aber auch jeder Planet und jeder Stein ist von jedem anderen verschieden – hier ist keine Lösung zu finden. Leibniz hatte daraus geschlossen, dass es überhaupt nichts geben solle, was identisch sei und dennoch in einer Mehrzahl auftreten könnte. Wenn Leibniz tatsächlich und in aller Strenge Recht hätte, dann stünde es schlecht um die ›Gleichheit vor dem Gesetz‹.

Wenn es um solche besonders schwierigen und grundsätzlichen Fragen geht, zeigt es sich stets, dass die Natur sich nicht nach unserem Wunsche richtet, eine logisch geschlossene und zugleich einfache und widerspruchsfreie Beschreibung zu ermöglichen. Zwar erfassen wir sie mit unseren Modellen immer besser – dies zeigt sich an den Erfolgen, mit technischen Mitteln auf die Natur gezielt und erfolgreich einwirken zu können –, aber

[2] In der klassischen Physik bleiben Objekte (zumindest die fundamentalen) als Objekte unverändert, im Gegensatz dazu sind Beziehungen dadurch charakterisiert, alles in Beziehung stehende zu verändern.

immer nur in Ausschnitten. Und wenn diese Ausschnitte zu eng gezogen werden, dann können die unerwarteten ›Nebenwirkungen‹ die geplanten und erhofften Erfolge zunichte machen.

Wenn aber die Naturgesetze die Natur so gut erfassen, dann muss es doch mindestens einen Bereich geben, in dem die geforderte ›Gleichheit vor dem Gesetz‹ sehr gut angenähert wird.

Dies ist tatsächlich der Fall, und zwar bei dem, was die Chemiker heute als Atome bezeichnen. Zwei Atome eines chemischen Elementes besitzen definitionsgemäß die gleiche Atomhülle und damit die gleichen chemischen Eigenschaften. Sie werden sich daher in ihrem chemischen Verhalten nicht unterscheiden. Aber ihre Atomkerne können sich eventuell noch in einem gewissen Maße – nämlich in ihrer Masse – unterscheiden. Die chemischen Eigenschaften werden letzten Endes durch die elektrische Ladung des Kerns bestimmt, d.h. durch die Zahl der Protonen in ihm, aber die Zahl der Neutronen im Kern kann sich immer noch ein wenig unterscheiden. Als ›Isotope‹ werden die Atome eines chemischen Elementes bezeichnet, die eine verschiedene Neutronenanzahl haben. Diese kann man mit physikalischen Methoden unterscheiden, so z.B. Wasserstoff, Deuterium und Tritium. Alle drei, die chemisch als Wasserstoff auftreten, erscheinen im physikalischen Periodensystem als drei verschiedene Isotope.

Heute weiß man, dass in all den Fällen, in denen man überhaupt sinnvoll von einer Mehrzahl von Atomen sprechen kann, es zugleich prinzipiell unmöglich ist, zwei Atome des gleichen Isotops auf irgendeine Art voneinander zu unterscheiden. Hier haben wir eine ›Gleichheit vor dem Gesetz‹, die nach allen unseren Kenntnissen nicht aufgehoben werden kann.

Damit kann man leicht verstehen, wieso Naturgesetze eine so erfolgreiche Entdeckung sein können. Wenn es gelingt, für die Atome, die alle gleich sind und von denen es ungeheuer viele gibt, Gesetze zu finden, die festlegen, wie sie sich verhalten, dann sollte damit das Naturgeschehen weitgehend durch solche Gesetze beschreibbar sein. Die Atome wären damit die identischen und grundlegenden ›Bausteine der Natur‹ – und der Rest wäre eine Fleißaufgabe für die mathematische Physik.

Zwei Atome der gleichen Sorte können auf keine Weise voneinander unterschieden werden. Bei ihnen ist Gleichheit tatsächlich realisiert.

Wenn Atome auf keine Weise voneinander unterschieden werden können, auch nicht – wie die Quantenmechanik später gezeigt hat – durch ihren Ort, so sollte es nach Leibniz wegen der von ihm postulierten ›Identität des Nichtunterscheidbaren‹ lediglich ein einziges Exemplar von jeder Atomsorte geben.[3] Denn wenn wir ein zweites fänden, so wüssten wir wegen der Ununterscheidbarkeit nicht, ob es nicht doch das erste ist.

---

[3] LINHARD, F., spirits.

Im Alltag ist – wie oben erwähnt – Leibniz' These vollkommen zutreffend, dass es nichts Identisches gibt, aber im atomaren Bereich und im Rahmen einer Beschreibung durch die Quantenmechanik ist dies falsch, dort gibt es absolut Identisches. In diesem Sinne geht die Physik erst einmal über Leibniz hinaus. Nun kann man sich fragen, wieso wir ihn dann überhaupt erwähnen. Wir wollen dazu zeigen, dass die Angelegenheit durch die Quantentheorie noch verzwickter wird.

Wir finden Abstufungen in der Naturbeschreibung, wenn wir uns auf verschiedene Genauigkeitsgrade einlassen. Die Quanten*mechanik* konstatiert, dass Atome nicht unterschieden werden können. Andererseits zeigt die Quanten*feldtheorie*, dass die Antwort auf die Frage, ob z.B. ein einzelnes Atom vorliegt, verschieden ausfällt, je nach dem, wie genau man ist. Je kürzer die Zeitspanne ist, auf die sich die Untersuchung bezieht, desto mehr wird das Ergebnis durch ›virtuelle Teilchen‹ beeinflusst, desto unbestimmter wird die Energie und umso eher kann man zum Atom beispielsweise zusätzliche virtuelle Elektron-Positron-Paare finden. Genaue Untersuchungen zeigen also, dass die Atome keineswegs so ähnlich wie Lego-Steine vorgestellt werden dürfen. Sie stellen als Modell eine gute Näherung dar, aber die Wirklichkeit ist immer noch etwas reichhaltiger.

Bei sehr genauer Untersuchung zeigt die Quantentheorie die Existenz getrennter Atome als unzureichende Näherung auf. Bei einer sehr prinzipiellen und gründlichen Untersuchung oder bei einer sehr starken Wechselwirkung wird die Sprechweise von einer ›Mehrzahl von Atomen‹ unzulässig. In diesen speziellen Fällen zeigt sich, dass sich eine neue Ganzheit bildet, die die Interpretation nicht zulässt, dass eine Vielzahl vorliegen würde.

Auf diesem sehr hohen Niveau der Diskussion, die ganz in die Tiefe der Naturbeschreibung eindringt, kann man daher die Position von Leibniz wieder neu interpretieren. ›Zwei Atome‹ wären eine ungenaue Beschreibung eines Systems, das man als ›ein Diatom‹ bezeichnen müsste. Dies ist eine quantentheoretische Beschreibung, die nicht mit einer Molekülbildung verwechselt werden darf, sondern die darauf beruht, dass es keine zwei vollkommen wechselwirkungsfreien Atome gibt und etwas Wechselwirkendes ein Ganzes bildet, in dem die Ausgangsteile ihre Eigenexistenz verlieren. Dies tritt umso deutlicher hervor, je stärker die Wechselwirkung ist. Dann wäre Leibniz schließlich wieder gerechtfertigt.

Wenn wir das Augenmerk auf die praktischen Anwendungen und weniger auf philosophische Überlegungen richten, können wir als Resümee sagen, dass in der – sehr guten – näherungsweisen physikalischen Beschreibung der Welt, in der man sinnvollerweise von Atomen sprechen kann, zwei gleiche Atome auch völlig ununterscheidbar sind.

Die Physik im 17. Jahrhundert, zur Zeit von Leibniz und von dessen Zeitgenossen Newton, konnte dieses Wissen aus der Quantentheorie über die Problematik des Atommodells noch nicht besitzen, und so hat sie eine naive Atomstruktur für die Natur angenommen – und war damit erst einmal sehr erfolgreich. In dieser Physik, die wir gegenwärtig die klassische nennen, setzt man im Grunde einfach voraus, dass es so etwas wie stabile, unzerstörbare Atome gibt. Den positiven Aspekt dieses Modells kann man heute dadurch erkennen, dass man – mittels aufwendiger Vorkehrungen – in sogenannten Atomfallen einzelne Atome über längere Zeit aufbewahren kann. Man kann sie dann sogar sehen. Aber nach den Gesetzen der klassischen Physik allein könnte es – wie wir noch zeigen werden – überhaupt keine stabilen Atome geben.

Wenn wir dies noch einmal mit anderen Worten formulieren wollen, so können wir sagen, dass die klassische Physik mit Gegenständen sehr erfolgreich umgeht, die nach ihren eigenen Gesetzen gar nicht existieren dürften. Die Gründe für Nichtexistenz der Atome in der klassischen Theorie sind darin begründet, dass die elektrisch negativ geladenen Elektronen gemäß dieser Theorie gezwungen wären, unter Abstrahlung elektromagnetischer Wellen in den positiv geladenen Kern zu stürzen.

Daher gab es auch bedeutende Vertreter der klassischen Physik mit einer anderen Meinung. Sie haben nämlich den Atombegriff in Bausch und Bogen abgelehnt, so beispielsweise der Philosoph und Physiker Ernst Mach, der eine ganze Generation von Physikern, unter ihnen den jungen Einstein, entscheidend beeinflusst hat. Aber die antiatomistischen Vorstellungen haben sich nicht lange durchsetzen können, zu stark waren die Hinweise auf eine Existenz von Atomen. Diese werden, wie gesagt, als unveränderlich gedacht, und zwischen diesen wirken Kräfte, die die Anordnungen und Abstände der Atome beeinflussen. Solche Veränderungen zwischen den Atomen ist nach dieser Vorstellung alles, was in der Welt überhaupt passieren kann.

Der berühmte Physiologe Emil DuBois-Reymond, der mit dem Wiener Arzt und Physiologen Ernst Wilhelm von Brücke 1845 und anderen Wissenschaftlern die Physikalische Gesellschaft in Berlin gegründet hatte, hat in seinem Vortrag von 1872 sehr klar diese Auffassung ausgedrückt:

> Naturerkennen – genauer gesagt naturwissenschaftliches Erkennen oder Erkennen der Körperwelt mit Hilfe und im Sinne der theoretischen Naturwissenschaft – ist Zurückführen der Veränderungen in der Körperwelt auf Bewegungen von Atomen, die durch deren von der Zeit unabhängige Zentralkräfte bewirkt werden oder Auflösen der Naturvorgänge in Mechanik der Atome. Es ist psychologische Erfahrungstatsache, daß, wo solche Auflösung gelingt, unser Kausalitätsbedürfnis vorläufig sich befriedigt fühlt. Die Sätze der Mechanik sind mathematisch darstellbar und tragen in sich dieselbe apodiktische Gewißheit wie die Sätze der Mathematik. Indem die Veränderungen in der Körperwelt auf eine konstante Summe von Spannkräften und lebendigen Kräften, oder von potentieller und kinetischer Energie zurückgeführt werden,

welche einer konstanten Menge von Materie anhaftet, bleibt in diesen Veränderungen selber nichts zu erklären übrig.[4]

Diese Vorstellung gibt eine Meinung wieder, die nicht nur wegen der ›Befriedigung des Kausalitätsbedürfnisses‹, also wegen einer deutlichen Ursache-Wirkungs-Kette, sondern vor allem wegen ihres großen praktischen Erfolges und Nutzens bis heute in allen Naturwissenschaften anzutreffen ist. Allerdings kann man nicht bei dieser Auffassung stehen bleiben.

2.4 Unsichtbare Kräfte – sichtbare Wirkungen

Überall im Unbelebten wie auch im Lebendigen finden wir Bewegungen. Damit sich etwas in Bewegung setzt, muss es mit einer Kraft angestoßen werden. Bei den alten Griechen gab es noch die Vorstellung einer ›natürlichen Bewegung‹. Nach dieser hätten die Elemente Erde und Wasser den ›natürlichen Drang‹ zum Mittelpunkt der Welt und die Elemente Luft und Feuer weg von diesem. Damit konnte erklärt werden, wieso die Erde mit dem Wasser eine Kugel um den Mittelpunkt der Welt geformt hat. Für alle sonstigen Bewegungen war eine ›Seele – Psyche‹ notwendig. Damit sich ein Krug oder ein Sack bewegte, bedurfte es eines Tieres oder Sklaven.

Kräfte sind unsichtbar, lediglich über ihre Wirkungen können sie als eigenständige Ursachen wahrgenommen werden. Es hat in der Beschreibung naturwissenschaftlicher Vorgänge eine lange Zeit gedauert, ehe man die Kraft als eine eigenständige physikalische Kategorie erkennen und vor allem auch definieren konnte.

Wieso kann der Mensch überhaupt etwas ›Unsichtbares‹ als eine eigenständige Kategorie erkennen und benennen?

Der Mensch gehört zu den ganz wenigen Lebewesen, dic in der Lage sind, sich in gewissem Maße in einen Artgenossen hineinversetzen zu können und damit bei diesem auch unsichtbare und möglicherweise sogar unbewusste Motive und Absichten wahrzunehmen. Diese Fähigkeit wird als Empathie bezeichnet. Sie ist eine Errungenschaft, die sich erst allmählich in der Individualentwicklung herausbildet und die bedeutet, dass man in der Lage ist, bei einem anderen Menschen hinter der sichtbaren Oberfläche das Wesentliche erkennen zu können, dasjenige, das für sein Tun und Lassen bedeutsam ist. Mit Empathie kann man sich mit einer gewissen Annäherung in die Lage des anderen versetzen und ihn so verstehen. Zugleich ermöglicht eine solche ›theory of mind‹, die eigene Beziehung zu den Anderen und zwischen den Anderen zu begreifen und das Anderssein des Anderen zu akzeptieren.

---

4 DuBois-Reymond, E., Grenzen.

Mit dieser Fähigkeit, hinter das Äußere zu sehen, konnten die Menschen das komplexeste Sozialsystem aufbauen, das wir bisher kennen. Zum einen erleichtert es den sozialen Umgang ungemein, wenn man sich auf Absichten und Vorhaben der anderen einstellen kann, andererseits kann man – wie von einigen Biologen betont wird – besser täuschen. Den Menschen erleichtert diese Befähigung des Verstehens beispielsweise auch, die Befindlichkeiten ihres Nachwuchses zu erkennen, bevor dieser sprechen kann.

Wir meinen, dass eine wichtige Konsequenz dieser geistigen Fähigkeit für das wissenschaftliche Denken darin besteht, dass der Mensch mit ihr fähig wird, von sich und von einer allein selbstbezogenen Sichtweise zu abstrahieren und sich damit den Übergang zu einem objektivierenden Denken zu eröffnen. Darauf aufbauend kann er auch Erscheinungen und Verhaltensweisen erkennen, die für ihn neu sind.

Wenn die Menschen im Laufe der Evolution mehr und mehr gelernt haben, hinter die Oberfläche der Phänomene schauen zu können, so war zu erwarten, dass sie diese Erkenntnisfähigkeit auch über den sozialen Bereich hinaus ausdehnten. Der Mensch lernte immer besser zu verstehen, dass auch in der unbelebten Natur hinter den Phänomenen Kräfte wirken, die das eigentlich Bedeutsame darstellen.

So gesehen ist es bereits in unseren biologischen Fähigkeiten angelegt, neben psychischen Absichten, die unsichtbar ins Soziale wirken, auch unsichtbare natürliche Ursachen, d.h. Kräfte in der Natur, zu erkennen. Heute stehen hinter Wind und Blitz für uns nicht mehr unzufriedene Götter, sondern wir kennen die Kräfte, die durch Luftdruckunterschiede oder durch die Trennung von elektrischen Ladungen bewirkt werden und die diese Erscheinungen hervorrufen. Ähnlich wie in der Individualentwicklung, wo es eines Zeitrahmens von mehr als vier Jahren bedarf, hat es auch in der Wissenschaft einer langen Zeit der Entwicklung für eine solche Erkenntnis des Unsichtbaren bedurft.

Wenn es um den Gebrauch unserer Muskeln geht, dann ist sehr wohl klar, was Kraft ist und wie man sie einsetzen muss, um etwas zu verändern. Aber was versteht man eigentlich in der Physik genau unter Kraft?

Newtons große Entdeckung war die Erkenntnis, dass Kräfte diejenige Entität sind, die die Geschwindigkeit von Körpern ändern, während bis dahin die Vorstellung herrschte, dass Kräfte die Orte von Körpern verändern. Aber bleibt nicht ohne Kraftwirkung alles liegen? Und bleibt nicht schließlich alles Bewegte einmal stehen wenn jede Kraft aufhört? Dieser Einwand trifft natürlich vollkommen zu. Newtons Entdeckung erlaubte es nämlich, eine stets vorhandene und bis dahin nicht wissenschaftlich beachtete Kraft als eigenständig zu erkennen und zu definieren: die Reibung. Wenn man sich einen idealen Zustand vorstellt, der gänzlich ohne Reibung bleiben würde, dann müsste ein einmal angestoßener Körper sich immer weiter fortbewegen. Aber das kann man nur angenähert beobachten, weil, wie gesagt, die Reibung allgegenwärtig ist.

Was für eine Vorstellung hatte man damals davon, ›wer oder was‹ zum ersten Mal anstößt?

Bei Newton ist es noch so, dass Gott das Sonnensystem in Gang setzt. Newton konnte dessen Entstehung noch nicht erklären und benötigte dafür noch – wie auch Aristoteles – einen ›ersten Beweger‹. Kant und Laplace versuchten als erste, eine naturwissenschaftliche Herleitung der Entstehung des Sonnensystems zu geben, ohne dafür eine außerweltliche Macht in Anspruch zu nehmen. Später wurde besonders von C.F. v. Weizsäcker diese Theorie weiterentwickelt.

Heute hat man eine recht gute Vorstellung, wie ein Planetensystem entsteht und sich entwickelt. Dazu werden in der Gas- und Staubwolke, die den Ausgangszustand für die Entstehung eines Planetensystems darstellt, neben den gravitativen Wirkungen auch die Turbulenz- und Reibungseffekte berücksichtigt. Da wir gegenwärtig bereits über 200 Planetensysteme kennen, kann man beginnen diese Theorien an den Beobachtungen zu prüfen. Zugleich wird damit die Frage nach einer ersten Ursache aus dem Bereich der Planetensysteme bis an den tatsächlichen Beginn der Welt, an den Urknall zurückverschoben. Auf dieses Problem werden wir später zurückkommen.

Newtons große Leistung war damals, den Begriff der Momentangeschwindigkeit erstmals mathematisch zu erklären. Die Kraft ist gleich der Masse mal der Änderung der Momentangeschwindigkeit, und so muss eine Änderung den momentanen Zustand betreffen und nicht einen fiktiven Durchschnittswert.

Dieses Konzept hat Newton in der Mathematik zu dem geführt, was unter dem Namen Differential- und Integralrechnung viele Abiturienten unnötigerweise verschreckt. Die heute verwendete Schreibweise stammt allerdings von Leibniz, der den Differential- und Integralkalkül unabhängig von Newton entdeckt hatte.

Da dies so grundlegend ist, sollte man das Wesentliche daran auch einfach darstellen.

Die Grundprinzipien lassen sich in der Tat leicht verdeutlichen. Um die Geschwindigkeit in einem Augenblick zu erhalten, muss man sich vorstellen, die üblicherweise als ›Weg durch Zeit‹ definierte Geschwindigkeit in immer kürzer werdenden Zeitabschnitten zu messen. Und wenn dieser Zeitabschnitt nur noch ein Augenblick lang ist, dann haben wir die Augenblicks- oder Momentangeschwindigkeit. Dass die Mathematiker gute Gründe dafür haben, dies alles auch sehr viel komplizierter definieren zu können, braucht uns hier nicht zu bedrücken. Wichtig für die weiteren Überlegungen ist das, was diese mathematische Struktur für die Physik bedeutet.

Man macht sich leicht klar, wie wichtig dies für die technischen Wissenschaften und Ähnliches ist. Warum aber soll dies für uns alle und für unser Weltbild bedeutsam sein?

Dass die Geschwindigkeit, die Bewegung, etwas mit der Zeit und mit ihrem Ablauf zu tun hat, ist evident. Die Physik zielt nun in ihren wesentlichen Strukturen darauf ab, aus einem gegenwärtigen Zustand den Zustand in allen künftigen Zeitpunkten vorherzusagen, also die zeitliche Entwicklung der Systeme zu erfassen. Für die Systeme der klassischen Physik gilt, dass ihre zeitliche Entwicklung durch Differentialgleichungen beschrieben wird. Das Wesen einer Differentialgleichung lässt sich anschaulich charakterisieren, und zwar durch ein Bild von Gleisen ohne jede Haltestelle und ohne jede Weiche. Die Feststellung einer Momentangeschwindigkeit an einem Ort würde in diesem Bild bedeuten, dass man in diesem Moment auf den dahinfahrenden Zug aufspringt und dann für alle Zeiten auf dieses Gleis festgelegt bleibt. Wenn die Bedingungen einmal erfasst sind, dann verhält sich das System so überraschungslos wie eine Anfänger-Spielzeugeisenbahn. Manche Spielzeuggeschäfte hatten früher solche Eisenbahnen ohne Weiche in der Auslage – eine Bahn, die vollkommen vorhersehbar im Schaufenster herumfuhr. Lange konnte man damit kein Kind fesseln – Weniges ist so eintönig wie eine Eisenbahn ohne Weichen und ohne Geschwindigkeitsregelung.

2.5 Ist die Welt langweilig?

Als ähnlich eintönig und somit schnell langweilig werdend erweist sich auch das Bild von der Welt und von dem, was in ihr ist, das sich aus der klassischen Physik ergibt. Deren mathematische Struktur zwingt allem einen Determinismus auf, in dem seit dem Anbeginn des Kosmos bereits alles Geschehen festgelegt sein würde. Die ganze Welt erscheint damit wie ein bereits fertig gedrehter Film, bei dem ebenfalls bereits vor der Vorführung alle Bilder auf der Rolle sind. Wenn das tatsächlich zutreffend wäre, dann müsste man sich den philosophischen Konsequenzen des Determinismus anschließen, die vor rund 200 Jahren der zu seiner Zeit weltweit führende und bis heute bedeutsame französische Mathematiker und Physiker Pierre Laplace mit seiner Kreation, dem nach ihm benannten Laplaceschen Dämon, dargestellt hat.

Laplace hat mit dieser Figur die Konsequenzen der klassischen Physik sehr deutlich herausgearbeitet: Wenn es einen Dämon mit überragender Intelligenz geben würde, der fähig wäre, von jedem Atom im Kosmos für einen einzigen Augenblick dessen Ort und Geschwindigkeit zu kennen, so würde die gesamte Vergangenheit und Zukunft des Weltalls wie ein offenes

Buch vor seinen Augen liegen. Diese Vorstellung eines vollkommen determinierten Weltgeschehens ist im Rahmen der klassischen Physik mathematisch vollkommen korrekt.

In dieses Korsett wäre natürlich auch der Mensch vollständig einbezogen. Das würde bedeuten, alles, was ich tue und sage, ist schon vorherbestimmt, ich weiß es nur noch nicht. Jegliche Freiheit, und wäre sie auch noch so eingeschränkt, und jede Selbstbestimmung wäre dann unmöglich. Diese Ansicht von einer faktisch-deterministischen Grundstruktur der Welt wird bis heute von vielen Naturwissenschaftlern und manchen Philosophen geteilt – von manchen sogar mit großer emotionaler Anteilnahme. So liest man beispielsweise beim Hirnforscher Gerhard Roth:

> Die Entthronung des Menschen als freies denkendes Wesen – das ist der Endpunkt, den wir erreichen. [...] Nach Kopernikus, Darwin und Freud erleben wir hier den letzten großen Angriff auf unser traditionelles Bild vom Menschen.[5]

Das ist eine konsequente Schlussweise aus derjenigen mathematischen Struktur, die für diesen Problembereich als alleingültig behauptet wird, und steht im Widerspruch zu den grundlegenden naturwissenschaftlichen Erkenntnissen der letzten hundert Jahre, die mit der Quantentheorie gefunden worden sind.

Ein anderes Problem mit dem Determinismus besteht gegenwärtig darin, dass aus der wohlbestimmten mathematischen Struktur eben dieser klassischen Physik philosophische Folgerungen gezogen werden, die aber dann mit dieser Struktur in Widerspruch geraten, wenn zugleich die Möglichkeit eines irgendwie gearteten freien Verhaltens postuliert wird. Man kann sich nicht auf die Naturwissenschaften berufen und erklären, wir würden in einer determinierten Welt leben, und gleichzeitig die zugrundeliegende Mathematik ignorieren (aus der allein diese Determiniertheit folgt), indem man trotzdem Freiheit behauptet. Dies dürfte jedermann einsehbar sein.

Anders als im wissenschaftlichen Verständnis meint die Alltagsvorstellung von ›determiniert‹ allerdings lediglich ›ziemlich gut festgelegt‹. So fahren wir über Brücken in der unausgesprochenen Gewissheit, dass diese halten, und wir erwarten, wenn ein Glas auf die Fliesen fällt, dass dieses zerschellt. Dennoch stürzen manchmal Brücken ein und manchmal kann ein Glas heil bleiben. Die pragmatische Alltags-Ansicht wird auch in vielen wissenschaftlichen Werken gefunden. Von manchen Wissenschaftlern wird das menschliche Verhalten mit dem Begriff der Determiniertheit bezeichnet, auch wenn sie – wie z.B. Freud – mit der Veränderungsfähigkeit, d.h. der geistigen Freiheit des Menschen arbeiteten. Sie alle gebrauchen ›determiniert‹ nicht in einem mathematischen Sinne. Es ist aber nötig, bei einer

---

5 ROTH, G., Eingemachte, 72 f.

genauen wissenschaftlichen Arbeit auch die dahinter liegenden mathematischen Strukturen zu sehen und vor allem auch, diese ernst zu nehmen. Sonst ist es unmöglich, die Natur und ihre Gesetzmäßigkeiten in ihrem Wirken zu erkennen.

Andere Wissenschaftler wiederum berufen sich auf ein deterministisches Weltbild und versuchen zugleich, diese Vorstellung dadurch wieder etwas aufzuweichen, indem sie lediglich immer nur für eine gewisse Zeitspanne am Determinismus festhalten möchten und ihn so je nach Lage der Dinge auch wieder unterbrechen können. Nach dieser Vorstellung könnte man also selbst in Freiheit bestimmte Ausgangspunkte festlegen, die dann wieder eine neue determinierte Entwicklung eröffnen.

Wenn man sich in einer solchen pragmatischen Weise die Freiheit nimmt, die Gültigkeit der mathematischen Strukturen immer wieder eigenhändig zu beginnen und zu beenden, dann führt man damit per Hand die Freiheit implizit ein, die von der Mathematik ausgeschlossen wird. Dann kann man auch nicht nachempfinden, dass sich im Grunde bei dem Ernstnehmen der gesetzmäßigen theoretischen Strukturen der klassischen Physik die Notwendigkeit neuer Konzepte für eine bessere Naturbeschreibung geradezu aufdrängen muss.

Erst wenn man erkennt, dass der unpräzise Gebrauch von ›determiniert‹ mit der verwendeten theoretischen Struktur der klassischen Physik unvereinbar ist, wird die Notwendigkeit deutlich, zu einer Quantenbeschreibung überzugehen. Erst deren Berücksichtigung erlaubt es, das von manchen Philosophen Gemeinte – eine ›Determiniertheit mit Freiheit‹ – tatsächlich in eine zutreffende Theorie einzubetten. Und auch die Freiheit des Geistes wird erst durch das Einbeziehen der Quantentheorie naturwissenschaftlich erklärbar.

Wenn eine quantentheoretische Beschreibung eingeschlossen wird, dann wird es tatsächlich möglich, immer wieder lediglich nur für eine gewisse Zeitspanne am klassischen Determinismus festzuhalten und ihn je nach Lage der Dinge auch wieder zu unterbrechen. Erst eine Beschreibung mit der Quantentheorie kann zeigen und naturwissenschaftlich modellieren, dass wir lediglich ›ziemlich festgelegt‹ sind.

Mit einer solchen Modellierung, die auf der Schichtenstruktur beruht, die die Übergänge zwischen quantischer und klassischer Beschreibung erfasst, kann man bestimmte Zeitpunkte festlegen, die dann wieder einen neuen Strang einer determinierten Entwicklung eröffnen können, falls diese weitere Entwicklung hinreichend gut mit klassischer Physik erfasst wird. Oder man kann verschiedene mögliche deterministisch erscheinende Entwicklungsstränge nebeneinander haben und könnte durch die Umschaltmöglichkeiten zwischen den verschiedenen möglichen Verläufen eine gewisse Freiheit modellieren. Solche auf der Schichtenstruktur basierenden Vorstellungen beschreiben die Wirklichkeit recht gut. Denn auch für Krankheiten wie starke Zwänge, bei denen ein Handeln in zu starrer Weise erfolgt, oder für gewisse automatisierte Verhaltensweisen gibt es Möglichkeiten der Änderung. So kann ein Mensch zum Beispiel von einem Waschzwang befreit werden, der zuvor sein Verhalten vollständig festzulegen schien.

Manche Wissenschaftler wiederum verkennen das philosophische Problem des Determinismus gänzlich und meinen, dass lediglich eine Nichtvorhersagbarkeit wichtig sei. So postulieren sogar einige Wissenschaftler eine deterministische Struktur für das Gehirn und wollen ihre Leser dann trotzdem beruhigen, indem sie lediglich mit der Komplexität des Gehirns argumentieren:

> Auch wenn das Gehirn deterministisch funktioniert, ist es in seiner Komplexität niemals vollständig beschreib- und verstehbar.[6]

Zu all dem ist noch einmal eindeutig festzustellen, dass die mathematische Struktur der klassischen Physik eine Abweichung vom Determinismus nicht zulässt. Aus ihr würde zwingend folgen, dass seit dem ›Urknall‹ bereits feststehen würde, dass dieser Satz von uns geschrieben und jetzt von Ihnen in diesem Moment gelesen werden müsste.

Jede scheinbare Zufälligkeit wäre lediglich Unkenntnis über bereits feststehende Tatsachen.

Dies ist also keine zu weitgehende oder zu starre Erklärung, sondern die zwingende Konsequenz aus einer mathematischen Struktur, die keinerlei Freiheit, nicht einmal Lockerheit im Weltgeschehen zulässt. Wir vermuten, dass die wenigsten Menschen eine solche Konsequenz für sich als vertretbar ansehen können.

Wieso aber erfreut sich die Vorstellung eines determinierten Weltablaufes dennoch einer so großen Akzeptanz?

Immer dann, wenn es nicht um das Bewusstsein, um das Verhalten von etwas Lebendigem oder um das wirklich tiefe Verstehen von Zusammenhängen in der Natur geht, machen wir die Erfahrung, dass die deterministischen Vorstellungen der klassischen Physik die meisten Vorgänge hinreichend gut beschreiben. So wird der Ingenieur, der eine Bücke oder einen Automotor bauen will, seine Berechnungen im Rahmen der klassischen Mechanik durchführen.

Allerdings wird er dabei die Materialeigenschaften, wie z.B. Festigkeit und Elastizitätsmodule, durch geeignete ›Materialkonstanten‹ berücksichti-

---

[6] RÖSLER, F., Manifest, 32.

gen. Diese findet er beispielsweise in DIN-Normen oder in den Datenblättern der Anbieter – und genau dies sind die Stellen, in denen das verborgene Wirken der Quantentheorie ins Große reicht. Sämtliche Materialeigenschaften überhaupt lassen sich erst durch die Quantentheorie verstehen, sie erst kann modellieren, dass feste Körper fest bleiben – zumindest über einen gewissen Belastungsbereich.

Die Quantentheorie zeigt, dass die klassische Physik eine gute Näherung ist, die allerdings keineswegs uneingeschränkt gültig ist, sondern die bei genauer Untersuchung stets durch die Quantentheorie ergänzt und korrigiert wird. Immer, wenn es genau wird, zeigt sich durch die quantischen Einflüsse, dass die Fiktion einer durchgängig klassisch-deterministischen Entwicklung unhaltbar ist.

Da aber die Bedeutung der Quantentheorie weithin nicht verstanden wird, gibt es bis heute darüber sehr viele Missverständnisse. Die Wissenschaftler, die die deterministischen Vorstellungen vom Gehirn vertreten, sind natürlich der Meinung, dass die Quantentheorie für dieses Feld und auch für das Bewusstsein bedeutungslos ist. Hierzu darf man sich an ein Schopenhauer zugesprochenes Bonmot anlehnen, gemäß dem

> neue Erkenntnisse zuerst ignoriert oder belacht werden, dann werden sie vehement bekämpft, um danach von den gleichen Leuten als selbstverständlich hingestellt zu werden.

So wurde beispielsweise die Bedeutung des Unbewussten in vielen Bereichen der naturwissenschaftlichen Forschung und auch in der Hirnforschung erst spät anerkannt, nachdem 100 Jahre zuvor die Strukturen des Unbewussten von Freud erstmals wissenschaftlich untersucht worden waren.

Vieles, was einmal einen Fortschritt bedeutete, kann zu einem Rückschritt mutieren, wenn es zu undifferenziert auf alles und jedes angewendet wird. Mit der klassischen Physik wurden zwar die Kräfte zwischen den Dingen sehr zutreffend beschrieben, aber die darüber hinausgehenden Beziehungen zwischen ihren Gegenständen wurden völlig aus dem Blick verloren.

Die Entfernung der aristotelischen Psyche, der Seele, aus der Naturwissenschaft begann mit der Mechanik und mit dem modernen Kraftbegriff. Nach der Elimination des Psychischen aus der Mechanik war es dann nicht mehr weit, auch Religiöses abzutrennen und zu ignorieren. Dies geschah gegen Newtons eigene Intentionen, der selbst umfangreiche theologische Studien betrieben hatte. Da er aber die amtskirchliche Lehre von der Trinität Gottes als Vater, Sohn und Heiliger Geist ablehnte, achtete er auch selbst darauf, dass dieser Bereich seiner Interessen für lange Zeit nicht in die Öffentlichkeit gelangte. Auch seine umfangreichen alchimistischen Forschungen und Schriften sind bis heute kaum bekannt.

Man erhält den Eindruck, die großen Erfolge der Naturwissenschaften verführen regelmäßig dazu, einen bestimmten historischen Stand als abschließend anzusehen und zu meinen, dass damit alles überhaupt Erklärungsmögliche auch bereits erklärt sei. So begann es am Ende des 18. Jahrhunderts, als die gewaltigen Erfolge der Mechanik dazu führten, dass man meinte, mit der damit erfassten ›Materie‹ alles erklären zu können.

Damals konnten sich die Naturwissenschaftler vorstellen, nicht nur die Tiere, sondern auch den Menschen wie eine Maschine beschreiben und verstehen zu können. Man glaubte, mit der Materie, für die man ziemlich unreflektiert einen atomaren Aufbau aus ›kleinsten Bausteinen‹ voraussetzte, einen vollständigen Erklärungsansatz für das Sein gefunden zu haben. Damit wird es aus heutiger Sicht einsichtig, wieso in der damaligen Zeit Vorstellungen von einer darüber hinausgehenden Transzendenz oder gar von religiösem Gedankengut vielfach als überflüssig erachtet wurden.

Wenn die Laplacesche Determiniertheit als wahr empfunden wird, eröffnet sich denjenigen, die die wissenschaftliche Einsicht besitzen, ein – wahrscheinlich unbewusstes – Gefühl von umfassendem Wissen um das gesetzmäßige Wirken und einer daraus folgenden hypothetischen Machtfülle. Derartige Allmachtsphantasien können eine große Faszination ausüben. Außerdem enthebt der Determinismus, da er keine Freiheit zulässt, jeden von der Verantwortung für sein Handeln, so dass man theoretisch tun und lassen könnte, was man will.

Allerdings folgte in der Geschichte auf den Höhenflug der Mechanik bald wieder eine gewisse Ernüchterung. Nach der Entdeckung der Elektrodynamik lieferte das mechanistische Denken nicht einmal mehr im Bereich der damaligen Physik eine ausreichende Erklärungsgrundlage.

Der Grund dafür lag in der Entdeckung der elektromagnetische Wellen. So entdeckte man zum Beispiel, dass elektromagnetische Wellen polarisierbar sind, sie müssen senkrecht zur Ausbreitungsrichtung schwingen – so wie das Licht, welches sich als spezieller Bereich ihres Spektrums erwies.

Im Rahmen der Mechanik kann es solche Wellen höchstens in Festkörpern geben; in Gasen und Flüssigkeiten ist eine mechanische Schwingung, d.h. eine Schallwelle, nicht polarisierbar. Da das Licht von der Sonne zur Erde kommt, würde man also einerseits einen festen Körper benötigen, den sogenannten Äther, dessen Schwingungen dann die polarisierbaren Lichtwellen wären. Andererseits müsste dieser feste Körper so durchlässig sein, dass die Planeten in ihm ohne jede Reibung laufen könnten.

Dies ist in Kürze das berühmte ›Äther-Problem‹, das erst durch Einstein und sein Photonen-Modell entschärft werden konnte. Die Spezielle Relativitätstheorie geht davon aus, dass es keinen Äther gibt, und die Photonen fliegen durch das Vakuum, ohne dass deswegen etwas Mechanisches mitschwingen müsste.

2.6 Der Weg zu neuen Lösungen

Vor den Entdeckungen von Planck, Einstein, Bohr, Heisenberg und den anderen Quantenphysikern konnte man sich weder erklären, wieso die Atome stabil sind, und sah erst recht keine Beziehung zum Bewusstsein. Im Angesicht dieser Probleme war es nicht mehr sehr weit bis zu der Vorstellung, dass bestimmte Phänomene einer naturwissenschaftlichen Untersuchung unzugänglich sind und unzugänglich bleiben werden. So konnte gegen Ende des 19. Jahrhunderts der bereits oben zitierte Physiologe Emil DuBois-Reymond in seiner berühmten Rede konstatieren:

> Welche denkbare Verbindung besteht zwischen bestimmten Bewegungen bestimmter Atome in meinem Gehirn einerseits, andererseits den für mich ursprünglichen, nicht weiter definierbaren, nicht wegzuleugnenden Tatsachen: ›Ich fühle Schmerz, fühle Lust; ich schmecke Süßes, rieche Rosenduft, höre Orgelton, sehe Roth‹ [...]
>
> Es ist eben durchaus und für immer unbegreiflich, daß es einer Anzahl von Kohlenstoff-, Wasserstoff-, Stickstoff, Sauerstoff- usw. Atomen nicht sollte gleichgültig sein, wie sie liegen und sich bewegen, wie sie lagen und sich bewegten, wie sie liegen und sich bewegen werden. Es ist in keiner Weise einzusehen, wie aus ihrem Zusammensein Bewußtsein entstehen könne.[7]

Diesen Aussagen von DuBois-Reymond konnte man bis in die Gegenwart erst einmal zustimmen. Mit den Konzepten, die bis heute von der Hirnforschung angeboten worden sind, ist es tatsächlich vollkommen uneinsichtig, wie Bewusstsein aus Atomen oder aus Nervenzellen entstehen könnte.

Eine Kenntnis über stärkere oder weniger starke Aktivität in verschiedenen Hirnregionen ersetzt nicht die Notwendigkeit einer grundsätzlichen konzeptionellen Neuorientierung. Diese wird mit dem Protyposis-Konzept möglich.

Bisher hatte man zwei grundsätzlich verschiedene aber gleichermaßen unzureichende Lösungsversuche vorgeschlagen.

Der eine bestand darin, prinzipiell unerklärliche Übergänge in der Natur zu postulieren. Dieser Ansatz betont vor allem die Unterschiede zwischen Unbelebten, Belebten und Bewusstem. Damit konnte man sich von der Notwendigkeit befreien, in der Natur einen durchgehenden Zusammenhang von den Atomen bis zum Leben und zum Bewusstsein verstehen zu müssen, obwohl die kosmische Evolution keinen Anlass bietet, an diesem Zusammenhang zu zweifeln. Diese Ansätze werden heute mit dem Begriff der ›Emergenz‹ (Lat.: ›emergere‹ = ›auftauchen‹) bezeichnet, als ein ›überraschendes Auftauchen‹ und damit als eine unerklärliche neue Qualität.[8]

---

7 DuBois-Reymond, E., Grenzen, 71.
8 Clayton, Ph., Emergence.

Der andere Lösungsversuch gab sich mit den Atomen zufrieden und versuchte, einer Erklärung des Bewusstseins mit verschiedenen Argumenten auszuweichen, indem man es beispielsweise als ›Epiphänomen‹ und damit als bedeutungslos deklarierte. Die Atome (oder heute Elementarteilchen) werden vorgestellt als letzte und kleinste Objekte, die unveränderlich und voneinander getrennt sind und die lediglich durch Kräfte miteinander wechselwirken. Sie haben untereinander keine Beziehungen, denn Beziehungen würden letztendlich bedeuten, dass die Ausgangsteile, die eine Beziehung eingehen, in Strenge nicht mehr vorhanden sind.

In der Beschreibung der klassischen Physik stehen die Atome miteinander nur in Wechselwirkung, während die Atome in der Quantentheorie in Beziehungen stehen.

Von den Kräften zu den Beziehungen

Wir wollen bereits hier darauf verweisen, dass man den Unterschied zwischen der klassischen Physik und der Quantenphysik am Beziehungsaspekt festmachen kann. Wenn Atome in der klassischen Physik beschrieben werden, so stehen diese lediglich miteinander durch Kräfte in Wechselwirkung. Werden Atome quantentheoretisch beschrieben, so tritt dabei neben der Kraftwirkung auch zusätzlich zutage, dass jede Wechselwirkung eine Beziehung begründet.

Um das zu verstehen, ist es sinnvoll, die unterschiedlichen Situationen von stabilen und instabilen Systemen zu unterscheiden.

Ein System nennen wir stabil, wenn es allein durch Kräfte gebunden ist. Unter einer Quantenbeschreibung wird dann der Beziehungscharakter umso ausgeprägter sein, je stärker diese Kräfte sind. So wachsen die Bindungskräfte beispielsweise von der Chemie über die Atomkerne zu den Elementarteilchen enorm an. Je stärker die Bindungskräfte sind, desto weniger ist eine Aussage über ein ›Bestehen aus‹ noch sinnvoll.

Anders ist es bei einem instabilen System – vor allem, wenn es wie die Lebewesen durch Informationsverarbeitung stabilisiert wird. Bei diesen ist wegen dieser Steuerung der Beziehungscharakter selbst dann deutlich ausgeprägt, wenn die Kräfte nur von relativ geringer Stärke sind.

Dazu ein paar Beispiele: Die Kräfte, die im Rahmen der Chemie wirken, sind so gering, dass in ihrem Gültigkeitsbereich der Beziehungscharakter der Quantentheorie nicht immer bereits deutlich wird. Die Aussage, ›das Molekül besteht aus Atomen‹, ist somit fast nie wirklich falsch. Schwach gebundene Objekte – wie z.B. Moleküle – sind auch wieder leichter in genau die Teile zerlegbar, aus denen sie zusammengesetzt wurden, und eine Zerlegung in Teile, die von den Ausgangsteilen wesentlich verschieden sind, wird sich schwer realisieren lassen. So wird in der Chemie ein Molekül immer wieder nur in die Ausgangsatome zerlegt und niemals in etwas anderes. Dies ändert sich, wenn wir zu den Atomkernen übergehen.

Die Kräfte, die den Atomkern zusammenhalten und damit das Atom in seiner Existenz festlegen, sind etwa Millionen Mal so stark wie die, die die Moleküle binden. Daher wird der Fehler, den man macht, wenn man behaupten würde, ›der Atomkern besteht aus Protonen und Neutronen‹ sehr viel größer sein als bei einer analogen Behauptung über ein Molekül. ›Bestehen aus‹ würde bedeuten, dass der Kern lediglich die Summe seiner Ausgangsteile sein würde, und das ist beim Atomkern nicht mehr wahr. Er ist ein neues Ganzes, das durch eine sehr viel stärkere Kraft als die Moleküle in der Chemie zusammengehalten wird. Aus dem Atomkern können daher auch andere Teilchen als Protonen und Neutronen herausgeschossen werden, z.B. Mesonen. Noch krasser liegt der Fall bei den Protonen und den Neutronen selbst. Da würde eine Behauptung, sie ›bestehen aus den Quarks‹ vollkommen falsch sein. Die Quarks lassen sich unter keinerlei Umständen aus diesen Elementarteilchen herauslösen.

Bei instabilen Systemen, wenn also die Ganzheit dynamisch ist und diese vor allem durch Eigensteuerungsvorgänge stabilisiert wird, dann wird sich auch bei schwachen Bindungskräften eine deutliche Ganzheit herausbilden können, in der den ›Teilen‹ eine getrennte Existenz nicht sinnvoll zugesprochen werden kann. Eine solche Situation finden wir vor allem bei der Beschreibung von Lebewesen vor.

Als Beispiel für ein stabiles System denken wir an eine mechanische Uhr. Diese kann von einem versierten Uhrmacher nicht nur in ›ihre Teile‹ zerlegt werden, sondern auch wieder zusammengesetzt werden. Oftmals geht sie danach besser als zuvor. In diesem Falle ist die Rede von einer ›Existenz der Zahnräder‹ kaum fehlerhaft.

Vollkommen anders liegt der Fall einem instabilen System wie einem Frosch, den vielleicht ein Student ›zerlegen‹ muss, und der keineswegs aus den dabei erzeugten Frosch-Teilen oder aus präparierbaren Zellen ›besteht‹. Obwohl manche Schraubverbindung in der Uhr viel schwerer zu trennen sein mag als die Gewebe des Frosches, ist in diesem Fall die Stärke der Kraft allein nicht ausreichend, um eine engere und eine weniger enge Beziehung zu unterscheiden.

Der Beziehungscharakter möglicher Teile eines Objektes und damit dessen Zerlegbarkeit hängen nicht allein von der Wechselwirkungsstärke ab.

Immer dann, wenn uns im Alltag einleuchtend ist, dass eine Ganzheit vorliegt, reicht eine Kenntnis der Teile allein nicht aus. Wenn in den frühen Zeiten des Buchdruckes eine fertig gesetzte Seite herunterfiel und die Lettern auf dem Boden verstreut waren, genügte es natürlich nicht, alle Buchstaben nur wieder aufzulesen. Oder wenn wir heute ein Bild einscannen, dann ist die Menge der Farbpunkte allein ebenfalls ohne jede Aussagekraft. In beiden Fällen kommt es auf die Beziehungen an, die aus diesen Teilen ein neues und qualitativ anderes Ganzes werden lassen.

Unter den Modellen von Naturbeschreibungen, die die Quantentheorie außer Acht lassen möchten, kann man auch noch am Beginn des 21. Jahrhunderts beide Vorstellungen, die mechanistisch-monistische und die emergentistische, auf einem jetzt moderneren Niveau wiederfinden.

Zum einen gibt es eine große Zahl von wissenschaftlichen Arbeiten, die den Menschen immer noch wie eine Maschine verstehen möchten. Natürlich denkt man dabei nicht an ein simples Uhrwerk wie vor zweihundert Jahren, aber doch an so etwas Ähnliches wie einen sehr ausgefeilten Computer oder wie ein neuronales Netz. Wenn derartige Vorstellungen tatsächlich als zutreffend angesehen würden, so hätte dies große Auswirkungen auf das Menschenbild und auch auf das kulturelle Selbstverständnis der Gegenwart. Dann wäre auch jede Vorstellung eines ethischen Verhaltens illusionär, denn dieses ist ohne einen freien Willen undenkbar, weil ein Konzept von Ethik die Möglichkeit eines Anders-Handeln-Könnens voraussetzt. Ethik ist keine Kategorie für etwas Determiniertes, wie es z.B. ein Computer ist.

Ein durchgängig faktischer Determinismus, der ja aus den Naturgesetzen heraus begründet werden soll, ließe sich allerdings lediglich durch ein Außerkraftsetzen von bestimmten und sehr bewährten Naturgesetzen modellieren. Wenn Science-Fiction-Autoren darüber sinnieren, ab welchem Intelligenzgrad auch die Waschmaschinen ›Menschenrechte‹ erhalten müssten, ist dies noch belustigend, nicht aber dann, wenn es mit Realität oder mit möglicher Realität verwechselt wird. Wir werden später noch ausführlicher auf diese Fragen eingehen.

Die andere Vorstellungsmöglichkeit, die emergentistische, wird vor allem von geisteswissenschaftlicher Seite vertreten. Man weist darauf hin, welche bisherigen naturwissenschaftlichen Modelle bestimmte qualitative Unterschiede nicht erklären können und dass es Übergänge zwischen Strukturen in der Natur gibt, die sich mit den bisher bekannten Methoden nicht vorhersagen lassen und die auch bisher nicht experimentell überbrückt werden konnten.

Die wichtigsten dieser Übergänge sind das Entstehen von Leben aus unbelebter Materie und das Auftauchen von Bewusstsein in der biologischen Evolution aus solchen vorhergehenden Lebensformen, die nach all unserem Wissen noch kein Bewusstsein besitzen.

Es ist eine alte pädagogische Weisheit, dass ein staunendes Fragen die Basis aller Entdeckungen ist. Daher soll man sich durchaus wundern über das, was wir in der Welt vorfinden. Man soll aber nicht beim Wundern stehen bleiben, sondern versuchen, die Zusammenhänge zu verstehen und zu erklären.

Manche Wissenschaftler scheinen aber nur dann eine Hoffnung auf ein unzerstörbares Refugium für geisteswissenschaftliche Überlegungen zu haben, wenn es tatsächlich in der Natur solche letztendlich unerklärlichen Übergänge geben würde. Derartiges würde dann auf Dauer dem als ›imperialistisch‹ empfundenen Zugriff der Naturwissenschaften entzogen bleiben. So wichtig und erklärlich die ökonomischen und sozialen Gründe für diese Haltung sein mögen, so wenig ist sie von der Sache her gerechtfertigt.

Auch in einem Klima der stetigen Kürzungen von Forschungsmitteln, das dazu verführen kann, dass jeder Wissenschaftsbereich nur sich selbst der Nächste wird und jeder andere wie ein gefährlicher Konkurrent um die knappen Drittmittel erscheint, sollte eine notwendige Zusammenarbeit zwischen den verschiedenen Bereichen der Wissenschaft nicht unterbleiben.

Außerdem stellt der Versuch einer Absicherung des eigenen Bereiches mit Hilfe von gegenwärtigen Erklärungslücken eine sehr unsichere Verteidigungsstrategie dar. Man sollte vielmehr verdeutlichen, wie sehr gerade die Erfolge der Naturwissenschaften einer Reflexion bedürfen.

Wir finden es gut, dass zunehmend auch von Naturwissenschaftlern erkannt wird, wie wichtig eine Hilfe von Seiten der Geisteswissenschaften zum Verstehen der Bedeutung naturwissenschaftlicher Resultate ist.

2.7 Reduktionismus und was er bedeutet

So sehr von manchen Geisteswissenschaftlern die Emergenz gemocht wird, so wenig scheint sie bei den Naturwissenschaftlern beliebt zu sein. Ist es aber nicht so, dass beide Einstellungen mit ihrer Sicht auch etwas Wichtiges erkannt haben? Ist nicht deshalb etwas Neues notwendig – eine neue Gedankenstruktur, welche die Mängel von beiden Auffassungen ausräumt?

Wir teilen die Auffassung, dass das Geistige eine Realität ist, die keineswegs als bloße ›Funktionalität‹ oder gar als ›Epiphänomen‹ einzuschätzen ist, sondern dass erst mit dieser Anerkennung eine zutreffende Beschreibung der Wirklichkeit möglich wird. Andererseits sehen wir es als Aufgabe der Naturwissenschaft an, die Entwicklungen im Kosmos in all ihren Zusammenhängen zu erklären.

Wir werden zeigen, dass das Konzept einer reduktionistischen Erklärung grundlegend für die Naturwissenschaften ist, dass aber der bisherige Versuch einer ›Reduktion auf kleinste materielle Bausteine‹ heute vor allem auch im Hinblick auf eine Erklärung des Bewusstseins unhaltbar geworden ist. Stattdessen werden wir auf Seite 134f darlegen, wie eine naturwissenschaftliche Reduktion von Materie und Bewusstsein auf eine abstrakte Quanteninformation – Protyposis – durchgeführt werden kann.

In Anbetracht der kosmischen Evolution, an der an keiner Stelle ein tatsächlicher Grund für eine Einführung verschiedener Substanzen zu erkennen ist, und auch hinsichtlich der Individualentwicklung der Lebewesen wird keine Notwendigkeit geliefert, eine dualistische Weltsicht zu erfinden.

Die Erfolge der Naturwissenschaft im letzten Jahrhundert sind auch mit dem Prinzip erzielt worden, dass es keine Wechselwirkungen gibt, die lediglich in einer Richtung wirken, nicht aber auch zurück in die andere. Wir sehen heute in den Naturwissenschaften, dass jede Einflussnahme auf ein Etwas auch eine Rückwirkung auf dasjenige bewirkt, welches den Einfluss ausübt.

Aus unseren sozialen Kontakten ist uns Menschen dies wohlbekannt, und aus der allgemeinen Relativitätstheorie wissen wir, dass selbst zwischen der Materie einerseits und der Struktur von Raum und Zeit eine solche gegenseitige Beeinflussung besteht. So zeigt es sich, dass die Struktur der Raumzeit festlegt, wie sich die Materie bewegt – und andererseits legt die lokale Verteilung der Materie fest, welche Struktur die Raumzeit besitzt.

Die bisher vorgestellten dualistischen Modelle für eine Erklärung des Bewusstseins erscheinen heute inakzeptabel. Beispielsweise wurde von den beiden in den Adelsstand erhobenen Wissenschaftlern Sir John Eccles und Sir Karl Popper ein derartiges Einwegkonzept vertreten. Bei diesem sollte der ›Geist‹ physikalische Wirkungen ausüben können, ohne aber seinerseits physikalischen Wirkungen zu unterliegen.

Deshalb wird im Rahmen der Naturwissenschaften an einer monistischen Weltsicht festgehalten. Dieser Grundsatz darf aber weder dazu führen, das Geistige als gleichsam nichtexistent zu definieren oder andererseits das Bewusstsein einer naturwissenschaftlichen Betrachtung entziehen zu wollen. Die Beibehaltung eines Monismus (also einer einzigen Grundsubstanz) und die Erklärung von Bewusstsein, von Geist, aus dieser Grundsubstanz sind im Rahmen der Naturwissenschaften zu leisten. Die Frage nach dem Bewusstsein steht auch in einem direkten Zusammenhang mit der Möglichkeit des freien Willens und damit mit der Verantwortung der Menschen für ihr Tun.

Ein weiteres damit in enger Beziehung stehendes Forschungsgebiet betrifft die ›künstliche Intelligenz‹. Dies meint heutzutage mehr als lediglich Maschinen, die regelgeleitete Handlungen nach vernünftigen Vorgaben durch intensives Rechnen steuern können, so wie Schachspielen oder eine Bearbeitung von Werkstücken.

Die eigentliche Frage im Zusammenhang mit der KI ist aber, ob sich künstliche Systeme erstellen lassen, die bewusstseinsfähig werden könnten. Dieser Aspekt scheint stärker ins Zentrum der Diskussion zu streben. So gibt es beispielsweise einige Autoren, die durchaus ernst genommen werden wollen und die darüber räsonieren, dass im Grunde die Roboter die besseren Menschen seien und dass diese recht bald in der Evolution unsere Spezies ablösen würden. Filme, wie beispielsweise »Artificial Intelligence« von Steven Spielberg oder »Matrix«, der eine Zeitlang vor allem für Jugendliche zu einem Kultfilm avancierte, haben diese Themen aufgegriffen.

Es ist sehr berechtigt darauf zu verweisen, wie groß in den bisherigen Konzepten der konventionellen Naturwissenschaft die Erklärungslücken noch sind, die zu einem naturwissenschaftlichen Verstehen des Wichtigsten gehört, das den Menschen ausmacht – eines Bewusstseins, das fähig ist zu reflektieren.

Mit den bislang üblicherweise verwendeten Modellen kann – und wird – weder für Computer noch für neuronale Netze erklärt werden, was Bewusstsein ist und wie Bewusstsein zustande kommt. Solange Naturwissenschaft meint, allein mit einem Begriff von Materie arbeiten zu können, der letztlich auf einem räumlichen Atombegriff beruht, verbleibt sie in einem Zustand einer ›selbstverschuldeten Unmündigkeit‹.

Das Sichtbarwerden des Geistigen in der Evolution bedarf also einer tatsächlich neuen naturwissenschaftlichen Erklärung. Nicht sehr viel besser steht es bislang um das naturwissenschaftliche Verständnis des Übergangs vom Unbelebten zum Lebendigen. Auch hier hatte es bisher zwar eine Vielzahl von Versuchen gegeben, aber keiner hatte bereits einen tatsächlichen Erfolg erreichen können.

Verstehen und Erklären

Im Unterschied zum Verstehen, das auf einen Einzelfall gerichtet ist, möchte Naturwissenschaft Zusammenhänge erklären. Erklären kann man so definieren, dass etwas bisher Unverstandenes durch etwas bereits Verstandenes ausgedrückt wird, dass etwas Unbekanntes auf etwas Bekanntes zurückgeführt wird. Erklären meint auch, etwas Komplexes durch Einfacheres darzustellen. In diesem Sinne ist und muss Naturwissenschaft zurückführend – reduktionistisch – sein, denn dies ist das Grundprinzip für jegliches Erklären.

Erklären ist eine Reduktion von Unverstandenem auf Verstandenes, von Unbekanntem auf Bekanntes, von Komplexem auf Einfacheres.[9]

Bei der Darstellung des Reduktionismus durch solche Wissenschaftler, die ihn ablehnen, wird oftmals der Eindruck erweckt, Reduktion meine, das

9 Lat.: ›reductio‹, die Zurückführung.

bereits Verstandene, also das, worauf man reduzieren möchte, genüge bereits für eine vollständige Erklärung. Damit könnte man tatsächlich überhaupt nichts Neues erfassen.

Die Arbeitsweise der Naturwissenschaften ist aber nicht so simpel. Reduktion in dem Sinne, wie sie tatsächlich gesucht wird, meint etwas anderes. Man hat einen Bereich von Phänomenen, die empirisch bekannt sind, aber noch nicht theoretisch erfasst sind. Für diesen neuen Bereich, der noch nicht erklärt ist, sucht man nun eine einsichtige und verstehbare – also im Prinzip mathematische – Struktur, mit deren Hilfe ein Anschluss an bereits bekannte Theorien möglich wird. Diese mathematische Struktur reduziert das Neue auf das Bekannte. So sieht man beispielsweise, dass die Sonne scheint. Dann hat man kernphysikalische Prozesse untersucht und theoretisch erklärt. Danach kann man durch Hinzunahme einiger astrophysikalischer Strukturen, die aus der Masse der Sonne den Druck im Inneren erklären, die Energieerzeugung der Sonne auf die Kernphysik zurückführen.

Reduktion versteht sich stets als Hinzunahme einer neuen, aber zugleich einsichtigen mathematischen Struktur zu bereits bekannten Theorien.

Die neu hinzukommende Struktur muss kompatibel zum bereits Bekannten sein, wird aber nicht zwingend aus ihm folgen. Deshalb kann eine Reduktion – wie auch der Begriff sprachlich vermittelt – lediglich nachträglich und nicht prognostisch sein.

Aus der Quantentheorie kann man lernen, dass es tatsächlich Neues gibt. Dieses lässt sich – wegen der Realität des Zufalls – nicht mit Gewissheit vorhersagen, aber es muss möglich sein, das Entstehen des Neuen hinterher erklären zu können.

Uns ist durchaus bewusst, dass es besonders in der Physik immer wieder Bestrebungen gibt, eine einzige endgültige, abschließende Theorie zu finden. Es ist ebenfalls klar, dass dies eine große intellektuelle Herausforderung darstellt und damit auch einen wichtigen Motivationsfaktor für wissenschaftliche Arbeit. Allerdings hat Chaitin[10] in einer Weiterführung von Gödelschen Erkenntnissen bewiesen, dass es selbst in der Mathematik immer wieder wahre Sätze gibt, die in dem Sinne zufällig sind, dass sie aus den vorhandenen Axiomen allein nicht hergeleitet werden können. Bei der Mathematik kann man den Eindruck haben, dass sie die geordnetsten Strukturen behandelt, die man sich vorstellen kann. Sie haben genau diejenigen Eigenschaften, die man ihnen mit den betreffenden Axiomen zugesprochen hat. Wenn das Auftreten von unvorhersehbaren Wahrheiten – also von zufälligen wahren Sätzen – bereits für die Mathematik zutrifft, so wird es sehr viel mehr auf die Strukturen zutreffen, die durch einen Abstraktions-

---

10 CHAITIN, G., Unknowable.

prozess aus der Realität erzeugt werden und für die die Geltung von Gesetzen viel weniger sicher ist als für mathematische Strukturen.

Natürlich werden durch das Auftreten solcher neuer Strukturen die bisherigen Erkenntnisse nicht hinfällig. Durch die Anbindung an die Empirie hat Naturwissenschaft eine kumulierende Struktur. Gefundene richtige Ergebnisse werden in der Regel nicht außer Kraft gesetzt, sondern in manchen Situationen ergänzt oder etwas korrigiert.

Aber auch wenn die gefundenen Erklärungen einen stetig wachsenden Bereich der Realität erfassen und immer besser beschreiben werden, kann dennoch allzeit wieder eine Situation auftreten, in der auch neue Erklärungen einfordert werden müssen. Nicht nur in der Mathematik, auch in der realen Natur ist immer wieder mit Überraschungen zu rechnen, die aus den bis dahin gefundenen Gesetzen nicht gefolgert werden können. Mit einer Erweiterung der axiomatischen Basis bzw. mit einer Hinzunahme von neuen mathematischen – d.h. wohlverstandenen – Strukturen muss dann gezeigt werden, wie die neuen Ergebnisse mit den bereits bekannten Gesetzmäßigkeiten zu verbinden sind, wie also eine Reduktion durchgeführt werden kann.

Bei unserer Definition von Reduktion haben wir aber eine weitere Annahme ausgelassen, die in den sonstigen Darstellungen über das ›Erklären‹ implizit fast immer ebenfalls vorausgesetzt wird, nämlich die Definition von Erklären als eine Reduktion auf das ›Kleine‹. Das war eine Vorstellung von alters her, die zu den verschiedenen Atomvorstellungen geführt hatte. Damit wären wir wieder beim bereits Gesagten und Erläuterten, bei den ›kleinsten Bausteinen‹.

In der Vermittlung der Physik an Schule und Universität wird bis heute das naturwissenschaftliche Erklären durch eine Reduktion auf das ›Kleine‹, auf Atome oder Elementarteilchen definiert. Dies ist im Bereich der klassischen Physik durchaus vernünftig und hilfreich. Beispielsweise werden – wie gesagt – die Moleküle chemischer Verbindungen gedanklich in Atome zerlegt und mit dieser Vorstellung kann sehr viel erklärt werden. Natürlich ist in diesem Bereich auch jede Zerlegung damit verbunden, dass die Teile eine kleinere Ausdehnung als das Zerteilte besitzen. Aber dennoch ist diese Einschränkung auf das räumlich Kleine keine Notwendigkeit, sondern führt, wie wir zeigen werden, spätestens im Bereich innerhalb der Atomkerne in immer größere Schwierigkeiten. Aber auch sonst würde sich die Naturwissenschaft unnötige Fesseln auferlegen, wenn sie Erklären mit einer Reduktion auf ›kleinste Bausteine‹ gleichsetzen würde.

Erklären bedeutet nicht notwendig eine Zurückführung auf das räumlich Kleine!

Man könnte also sagen, dass die Atome der Chemie diejenigen ›Bausteine‹ der Natur sind, die es noch erlauben, diesen Begriff mit praktischem Nutzen zu verwenden. Man kann es als eine Ironie der Physikgeschichte ansehen, dass die Atome, die als die kleinsten Bausteine gedacht wurden, als erste entlarven, dass ein solches Bild über die Natur letztlich falsch ist.

Wenn wir daran festhalten, dass es zum Wesen der Naturwissenschaften gehört, in einer reduktionistischen Weise die Welt zu erklären, so sind die verschiedenen reduktionistischen Konzepte noch einmal deutlich zu erläutern und in ihrer Verschiedenheit darzustellen, denn jedes Zeitalter wird und muss den seiner Entwicklung angepassten Begriff von naturwissenschaftlicher Reduktion entwickeln.

Am Beginn der Naturwissenschaften standen die ungeheuren Erfolge der Mechanik, die auch im gesellschaftlichen Raum, besonders in der Technik, eine gewaltige Veränderung zur Folge hatten. Aus dieser Zeit stammt die bis heute noch wirksame Vorstellung einer ausschließlichen Reduktion der Wirklichkeit auf ›letzte, und damit kleinste Bausteine‹. Dieser Ansatz war, wie erwähnt, auch sehr erfolgreich für ein beginnendes Verstehen chemischer Strukturen und in gewisser Weise sogar noch für den Versuch, den Aufbau der Atome zu begreifen.

Die logische Analyse der Wirklichkeit mit den Gesetzen der klassischen Physik führt durch ihre Erfolge zu der Vorstellung einer entsprechenden klassisch-logischen Struktur der Wirklichkeit. Die räumlich-zerlegende und die logisch-zerlegende Sicht auf die Welt wurden immer mehr als eine identische und als alleinig zutreffende Beschreibung der Wirklichkeit verinnerlicht. Mit ihr ist die Ansicht gewachsen, dass mit dieser Zerlegung der Welt in Objekte und mit dem Beschreiben von deren Verhalten mit den Naturgesetzen der klassischen Physik die Welt bereits vollkommen verstanden sei. Wir können vermuten, dass die rasante Entwicklung der Computertechnologie in der Gegenwart mit all ihren Begleiterscheinungen auch eine Folge dieser geistig-kulturellen Entwicklung ist. Dass die Gesetze der Physik auf Computerprogramme abgebildet und mit diesen die Realität sehr erfolgreich weitgehend simuliert werden kann, lässt wenig Raum für Dasjenige sichtbar werden, was dabei verloren geht.

Die meisten Menschen erreichen im Verlaufe ihrer Individualentwicklung eine Sichtweise, in der sie beginnen, die eher alltagspraktisch orientierte Vorstellung einer Zerlegung der Wirklichkeit in einfache Bausteine einzuschränken. Auch wenn solche Vorstellungen vielleicht durch die Schulphysikausbildung verstärkt worden waren, werden diese bei den meisten Menschen ergänzt durch eine mehr strukturell orientierte Erfassung der Realität, die es ermöglicht, die große Bedeutung von Beziehungen zu erkennen – und dies nicht allein im Bereich des Sozialen. Heute steht auch die Naturwissenschaft vor einer analogen Entwicklung, in der das Erfassen der dynamischen Beziehungen zwischen den Objekten immer wichtiger wird – so wie es die Quantentheorie aufzeigt.

2.8 Überall Chaos – und trotzdem nichts Neues

Oft wird die Chaostheorie dargestellt als der Bereich der Naturwissenschaften, der Unvorhergesehenes und Überraschendes und damit auch Neues beschreiben kann. Der Begriff hat eine große Attraktivität, da er für jeden Menschen mit den verschiedensten Assoziationen verbunden werden kann. Als Beispiel für ein Naturereignis, das als chaotisch bezeichnet wird, kennen wir das Wetter. Es ist so schwer vorhersehbar, und wenn es doch gut prognostiziert werden kann, dann höchstens für die nächsten Tage.

Vielfach wird argumentiert, dass zu viele Einflüsse nicht nur dazu führen, dass wir das Resultat ihrer Einwirkungen nicht vorhersehen können – was zutrifft –, sondern dass mit einer Vielzahl von Einflüssen auch eine neue Struktur in der Wirklichkeit erfasst wird. Letzteres ist unzutreffend. Eine bloße Anhäufung von mehr des Gleichen, also von noch mehr derselben Qualität von Einwirkungen, schafft nichts Neues. Das, was in der Physik als Chaos bezeichnet wird, ist zu verstehen als ein Ablauf von Fakten, der vollkommen deterministischen Gesetzen folgt, und der daher überhaupt nichts erzeugen kann, was nicht schon bereits seit Beginn festgelegt wäre. Das Chaotische liegt allein im Auge des Betrachters, der die Systementwicklung nicht überblicken kann, denn die Vorherberechnung von chaotischen Systemen erfordert einen immer schneller wachsenden Rechenaufwand, so dass schließlich jeder Rechner zu langsam ist, um der realen Entwicklung eines chaotischen Systems noch vorauslaufen zu können.

Chaos in der Mechanik

In der Mechanik tritt bereits bei der Beschreibung von lediglich drei Massenpunkten Chaos auf, also der Effekt, dass deren Bewegung in der Regel nicht mehr für beliebig lange Zeiten vorhergesagt werden kann. Das ist eine verblüffende Aussage, weil doch die Mechanik, so wie die restliche klassische Physik, als streng deterministisch vorgestellt worden war. Der scheinbare Widerspruch lässt sich aber auflösen. Eine deterministische Bewegung bedeutet, dass sich das System wie auf einem Gleis ohne Weiche und Haltestelle bewegt und damit vollkommen und für alle Zeiten festgelegt ist. Das hat aber keineswegs auch zur Folge, dass man etwa den gesamten Gleisverlauf überschauen könnte. Lediglich die einfachsten Systeme – d.h. zwei Massepunkte – haben ›solche Gleise‹, die für alle Zeit gut überschaubar sind. In allen anderen Fällen kann der Gleisverlauf so unübersichtlich werden, dass es immer schwieriger wird, eine weit entfernte Stelle tatsächlich zu berechnen. Da eng benachbarte Bahnkurven in den meisten Fällen später immer weitläufiger auseinanderlaufen, müssen die Anfänge immer exakter festgelegt werden. Eine nicht absolut exakte Anfangsbestimmung umfasst immer ein ganzes Bündel von Lösungen. Diese streben später in der Regel weit auseinander, und wenn man nicht weiß, welches die tatsächliche Bahn ist, werden die Prognosen immer wertloser. In der Realität wird man nach einiger Zeit nachprüfen, auf welcher ›Bahn‹ man sich befindet, und dann mit diesen Daten eine neue Prognose beginnen – so wie z.B. bei einer Wettervorhersage.

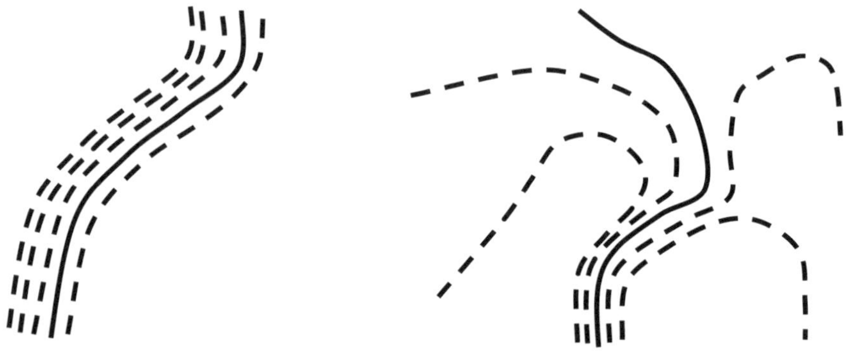

Abb. 1: Veranschaulichung von Differentialgleichungen:
Für beliebige Zeiten berechenbares (links) bzw. chaotisches Verhalten (rechts).
Die ›wirkliche‹ Bahn —— und fiktive Bahnen - - - - (lediglich mathematisch möglich).
In beiden Fällen Gleise ohne Weichen und ohne Haltestellen.

Mit kleinen Eingriffen von außerhalb des Systems wird man daher in chaotischen Systemen auch von einer Bahnkurve zu einer eng benachbarten gelange können, die später in einen vollkommen anderen Zustand führt.

Als Beispiel für die positive Nutzung von chaotischen Situationen sei die Umwandlung eines Satelliten, der ursprünglich der Beobachtung des Sonnenwindes gedient hatte, in eine Kometensonde gezeigt. Dieser Satellit, der sehr verdünnte Gasströmungen analysieren konnte, blieb viel länger intakt als ursprünglich gedacht worden war und hatte auch noch eine geringe Treibstoffreserve. Mit diesem wenigen verbliebenen Steuerungstreibstoff konnte er schließlich in eine völlig andere Bahn bugsiert werden, die ihn durch zwei Kometenschweife geführt hat.

Im Jahre 1978 war die Sonde von der Erde gestartet worden und hatte dann über 5 Jahre den Sonnenwind gemessen, d.h. die Teilchen, die von der Sonne in ihre Umgebung geblasen werden. Die sich anschließende komplizierte Kurve ab 1982 zeigt, wie dann – fast ohne Treibstoffeinsatz und durch sehr genaue Umsteuerungen – eine Bahn erreicht wurde, die die Teilchen in den beiden Kometenschweifen zu messen erlaubte. Dazu wurde mehrmals an den richtigen Stellen durch einen kurzen Raketenimpuls der Satellit von einer Bahn auf eine direkt danebenliegende gewechselt.

Man nutzte dazu Vorbeiflüge am Mond und an der Erde aus, die je nach der gewählten Nähe und Richtung die Bahn auch immer wieder verändert haben. Nachdem man den Satellit fast zwei Jahre seine genau berechneten und immer wieder korrigierten Kapriolen um Erde und Mond hatte vollführen lassen, war dieser schließlich auf eine Bahn gelangt, die ihn wiederum zwei bzw. drei Jahre später in ein völlig anderes Gebiet führte, nämlich weit weg von der Erde durch die Schweife zweier Kometen. Von dort aus wird er weiter auf einer sehr weiten Bahn um die Sonne fliegen und im Jahre 2012 wieder zurück in die Nähe der Erde kommen. Durch diesen Eingriff der Ingenieure, die von der Erde aus neue Informationen an den Satelliten übermittelten und die Steuerungstriebwerke gezielt gezündet haben, wurde jedesmal die mechanisch-naturgesetzliche chaotische Bewegung durchbrochen. Erst dieses Durchbrechen einer chaotischen Determiniertheit ermöglicht es, dass etwas Neues entstehen kann.

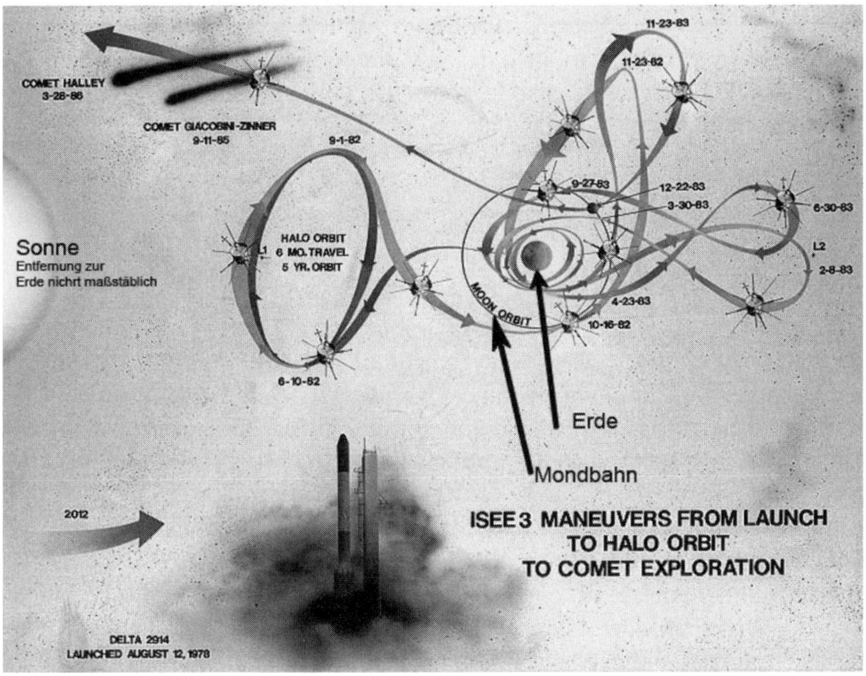

Abb. 2: Ausnutzen des Chaos.

Neben diesem Resultat, dass aus fast gleichen Stellen auf eng benachbarten Bahnen die unterschiedlichsten späteren Verläufe folgen, gibt es auch den umgekehrten Effekt. Ein Zustand, in den hinein ein System aus vollkommen unterschiedlichen Anfangszuständen gelangen kann, nennt man Attraktor. Solche Attraktoren können recht unterschiedlich sein, im einfachsten Fall kann es eine Ruhelage sein, die das System einnimmt, wie die tiefste Lage bei der Schüssel von Abb. 3.

Neben den Attraktoren gibt es in chaotischen Systemen eine weitere Klasse von ausgezeichneten Zuständen, die ebenfalls einfach zu verstehen sind, die sogenannten Bifurkationsstellen. Das sind Systemzustände, an denen sich der Verlauf der Bahnkurven in einer entscheidenden Weise auftrennt. Oft wird dies fälschlich so verstanden, als ob dort das System so etwas wie eine ›Wahlmöglichkeit‹ besitzen würde und sich dann in zufälliger Weise in die eine oder andere Richtung weiterentwickeln könnte.

Das ist eine mathematisch vollkommen unzutreffende Ansicht.

Denn wie erwähnt gibt es keinerlei Möglichkeiten, dass eine Bahnkurve sich von sich aus verzweigen könnte, es gibt keine Weichen. Wenn das System tatsächlich in einen Bifurkationspunkt hineinläuft, so wird es dort – nach der klassischen Theorie – auf Dauer verbleiben müssen. Bevor wir uns aber ansehen wollen, was in der Natur tatsächlich passiert, soll noch ein kurzer Blick auf Systemzustände geworfen werden, die als ›Gleichgewichte‹ etwas Dauerhaftes bezeichnen.

2.9 Formen des Gleichgewichts

Wenn ein reales System (das bedeutet, dass man auch Reibung mit berücksichtigt und somit eine mögliche Abstrahlung von Wärme, d.h. einen Energieverlust) von aller äußerer Energiezufuhr abgeschnitten ist, so wird es nach einiger Zeit in einen Zustand übergegangen sein, in dem nichts Wesentliches mehr passiert und alles bleibt, wie es ist. Man spricht dann von einem Gleichgewichtszustand, an dem höchstens noch kleine Schwankungen vorkommen können.

In anschaulichen Bildern lassen sich drei unterschiedliche Formen des Gleichgewichtes verdeutlichen.

Materielle Objekte in einer Ruhelage können sich in einem stabilen Gleichgewicht befinden. Dann ist für eine Veränderung eine gewisse Mindestenergie notwendig, kleine Störungen bewirken keine dauerhafte Veränderung. Die Kugel im Bild wird an die tiefste Stelle der Schüssel rollen und dort bleiben. Ein Schütteln der Schüssel wird sie etwas hin und her rollen lassen, aber um sie aus der Schüssel springen zu lassen, ist sehr viel Aufwand nötig.

Ein indifferentes Gleichgewicht wird unter einer Störung in einen äquivalenten Zustand übergehen. Wenn also die Kugel auf der Ebene eine kleine

Störung erfährt, so wird sie in einen benachbarten Zustand gelangen, der vom gegenwärtigen nicht durch etwas Wesentliches unterschieden ist.

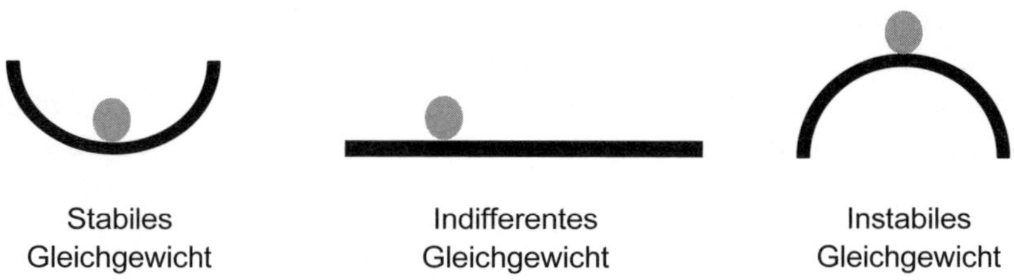

Abb. 3: Formen des Gleichgewichts.

Ein instabiles Gleichgewicht wird bereits durch die kleinste Störung verändert. Solche Stellen werden in der Sprache des deterministischen Chaos als Bifurkationspunkte bezeichnet. Wenn Kugeln sich von oben auf unsere Schüssel hin bewegen, so werden sie, je nachdem ob sie rechts oder links vom ›Pol‹ eintreffen, nach dem Herunterrollen an sehr verschiedenen Stellen landen, auch wenn sie zuvor sehr nahe beieinander gewesen sind.

Wenn eine Kugel genau auf der obersten Stelle der Schüssel landet, so wird sie für alle Zeiten dort verbleiben – so jedenfalls die Theorie der klassischen Physik. Daran ändert auch das Wort ›Chaos‹ nichts. Dass unsere alltägliche Erfahrung aber anders ist, kann als wichtiger Hinweis darauf verstanden werden, dass die Abstraktionen der klassischen Physik meist zu weit gehen und mit ihr zuviel Realität aus der Wirklichkeit ausgeblendet wird.

Bifurkation als Einwirkungsstelle der Quantentheorie ins Makroskopische

Die Bifurkationsstellen sind die Bereiche innerhalb der klassischen Physik, an denen man die dahinterliegende und genauere Beschreibung der Quantentheorie nicht mehr sinnvoll ausblenden kann.

An diesen Stellen kann der Einfluss der Quanten makroskopisch in Erscheinung treten. Um dies zu verdeutlichen soll bereits jetzt ein kleiner Vorgriff auf die Quantentheorie erfolgen. Wenn die Kugel genau auf dem Pol der Schüssel liegen würde, so wäre die Unbestimmtheit des Ortes gleich Null. Wenn sie ruht, wäre außerdem auch die Unbestimmtheit der Geschwindigkeit ebenfalls Null. Nun weiß man von der Heisenbergschen Unbestimmtheitsrelation, dass beides zusammen unmöglich ist, deshalb wird man reale Systeme nicht an einem ihrer Bifurkationspunkte verbleibend antreffen.

Lebewesen sind Systeme, die sich dadurch auszeichnen, dass sie sich fernab von einem stabilen Gleichgewicht befinden. Die physikalische Bezeichnung ist ›Fließgleichgewicht‹, denn die äußere Stabilität eines Lebewesens wird gerade dadurch gewährleistet, dass in ihm ein ständiger Durchsatz von Energie und Material geschieht. Erst im Tod des Lebewesens endet dieser Austausch mit der Umwelt.

Die instabilen Gleichgewichte sind vor allem im Lebendigen die Stellen, an denen die Quanten ins Makroskopische hineinwirken.

Bei den Lebewesen liegen also immer wieder Zustände eines instabilen Gleichgewichts vor, in denen stets auch quantische Einflüsse wirksam werden können. Das ist der Grund, warum Lebendiges nicht nur durch materielle und energetische Einflüsse gesteuert werden kann, sondern auch und ganz wesentlich durch Information.

Dass im Bereich des Lebendigen und noch vielmehr in dem des Sozialen die Vorstellungen von Determiniertheit oder gar Planbarkeit ohne Grundlage sind, wird von geisteswissenschaftlicher Seite wieder und wieder betont. Eine sehr eingängige Passage haben wir beispielsweise bei Hans-Jürgen Heinrichs gefunden, wenn dieser schreibt: [11]

Der Glaube an die Vorhersehbarkeit von Entwicklungen und die sich darauf stützende Planung hängen aufs engste mit einer Weltanschauung und einer Idee von Wissenschaft zusammen, die von ehernen Gesetzen und Gesetzmäßigkeiten ausgehen. Isaiah Berlin hat einen solchen Glauben eine »Spielart metaphysischen Wahns« genannt.

Wir werden jetzt zeigen, dass aus der Naturwissenschaft selbst heraus einem solchen Glauben die Basis genommen wird.

---

[11] HEINRICHS, H.-J., Zukunft, 25.

3. Quanten – der einzige Weg zu etwas Neuem

Wir wollen im folgenden Unterkapitel noch einmal verdeutlichen, in welcher Weise das Betreiben von Physik auf Abstraktion beruht. Dabei wird es sich zeigen, dass der höchste Abstraktionsgrad, bei dem also in ihrem Rahmen am meisten ausgeklammert wird, mit der klassischen Physik erreicht wird. Die Quantentheorie hingegen wird sich als viel näher an der Lebenswirklichkeit und vor allem an unserem Bewusstsein erweisen.

3.1 Abstraktion und Lebenswirklichkeit

Wir hatten gesagt, dass durch ein Erzeugen von Gleichem aus Regelhaftem Gesetze werden können. Dieses Erzeugen von Gleichem geschieht durch Weglassen. Die Gesetze werden in den Naturwissenschaften aus Beobachtungen erschlossen.

Wenn wir die in der Naturwissenschaft notwendigen Abstraktionsleistungen genauer betrachten, so erkennen wir zuerst eine weitgehende Abstraktion von Eigenschaften und von der konkreten Situation. Das Beispiel 2+3=5 gilt für Äpfel, Bäume, Nüsse usw., obwohl beispielsweise jeder Apfel von jedem anderen verschieden ist. Wenn von der konkreten Information abstrahiert wird, kann die abstrakte Struktur (2+3=5) auf beliebig viele andere Situationen übertragen werden, z.B. auch auf Schafe und Menschen.

Durch die Abstraktion von Eigenschaften werden folglich identische Objekte geschaffen und für diese werden Gesetze möglich. Je abstrakter die Beschreibung wird, je mehr also Konkretes ignoriert wird, desto deterministischer kann und wird die Beschreibung werden. Zu dieser Erfahrung passt es, dass die klassische Physik vollkommen deterministisch Fakten beschreibt.

Die Bildung von Zahlen könnte relativ leicht als Form von Abstraktion wahrgenommen werden, aber in unserer Kultur ist es so naheliegend, dass man zählen kann, dass die damit verbundene Abstraktionsleistung meist nicht als solche erkannt wird.

Weit weniger wird eine noch grundlegendere Form der Abstraktion als eine solche wahrgenommen, nämlich die Zerlegung der einen Wirklichkeit in eine Menge von getrennten Objekten. Bei Tischen und Stühlen bedarf es zugegebenermaßen einer extremen Genauigkeit, um deren unklare Grenzen erkennen zu können. Dort ist die Näherung des Getrenntseins so gut, dass es normalerweise nicht möglich ist, diese Näherung als Näherung zu akzeptieren. Wenn wir zu der Modellvorstellung der Atome übergehen wird es einfacher, die Schwierigkeit zu verdeutlichen. Ob beispielsweise Atome an der Oberfläche eines Körpers noch zu diesem oder bereits zur Umgebung gehören, ist oft nicht zu entscheiden. Im sozialen Raum ist der Beziehungscharakter der Individuen offensichtlich.

Die grundlegende Abstraktion der Zerlegung der einen Wirklichkeit in getrennte Objekte wird kaum als Abstraktionsleistung wahrgenommen.

Für alle Menschen ist es im Alltag evident, dass die Umwelt aus getrennten Objekten besteht. Natürlich ist es ebenfalls evident, dass dieses Zerlegen der Welt in Teile bestimmte Grenzen hat. Wenn ich von ›meiner Hand und meinem Fuß‹ spreche, so wird diese Trennung vom Körper lediglich gedanklich vorgenommen. Die Ganzheit meines Körpers wird dabei unbewusst stets noch mitgedacht. Diese Zerlegung ignoriert aber in gewisser Weise die Beziehungen innerhalb meines Körpers. Eine Abstraktion von Beziehungen erzeugt Teile, sie schafft im Grunde erst Objekte bzw. Begriffe. Dass diese Trennungen bereits für unseren Körper nicht so problemlos sind, wie man denken mag, wird bereits an einem kleinen Gedankenexperiment deutlich. Der Speichel in meinem Mund gehört zu mir. Wenn ich über ihn nachdenke, wird er bereits von mir getrennt, ich werde ihn aber immer noch problemlos schlucken. Wenn ich ihn aber in ein sauberes Glas laufen lasse, so ist mir als Erwachsenem bereits die Vorstellung unangenehm, ihn ›als meinen Speichel‹ daraus wieder in den Mund zu nehmen.

Während es für die Alltagswirklichkeit in der Regel keine Probleme bereitet, Objekte von ihrer Umwelt zu trennen, wird es, wenn man sehr genau wird, für alle phänomenal gegebenen Objekte schwierig, deren Grenzen tatsächlich zu bestimmen.

Wenn beispielsweise die Bahnen des Planetensystems betrachtet werden, so werden die Planeten dabei als die letztendlichen Teile des Sonnensystems angesehen. Sie haben in diesem Bild dann ihrerseits keine weiteren Teile mehr. Natürlich kann man sich aber für mehr als nur die Bahnen interessieren, und dann ist es vernünftig, die Struktur der Planeten selbst zu betrachten und sie weiter zu zerlegen, beispielsweise in Gestein, Flüssigkeit und Atmosphäre.

Wenn auf dem Wege einer fortwährend weitergehenden Zerlegung immer weiter vorangeschritten wird, so werden in einer höchsten Stufe nur noch fundamentale Teile bzw. Objekte verbleiben. Diese müssen dann schließlich unveränderlich sein. Alle in der Natur vorkommenden Veränderungen werden in dieser Vorstellung dadurch ermöglicht und bewirkt, dass zwischen diesen Fundamentalobjekten Kräfte wirken und sie damit bewegen. Eine Veränderung der Anordnung dieser letzten Objekte erzeugt dann letztendlich jede mögliche Veränderung. Das ist wieder das bekannte Weltbild der klassischen Physik. Für klassische Systeme liegen somit die Teile fest, aus denen sie bestehen. Eine Ganzheit kann es da nicht geben.

Abstraktion von Beziehungen erzeugt Teile, im Grunde genommen schafft sie erst die Objekte.

Wir hatten bereits oben darlegt: je abstrakter und damit ungenauer eine Beschreibung wird, desto schärfere Gesetze werden möglich. Im ersten Moment mag es verwunderlich klingen, dass eine schärfere mathematische Beschreibung einhergehen soll mit einer ungenaueren Erfassung der Wirklichkeit. Aber natürlich ist es einsichtig, dass etwas verloren geht, wenn von etwas Konkretem abstrahiert wird. Wenn ich beispielsweise von einem konkreten Menschen abstrahiere zu ›Mann‹ oder ›Frau‹ oder zu ›Mensch allgemein‹ geht mir etwas verloren, nämlich alles, was zu dem konkreten Menschen gehört, sein Name, sein Alter, sein Aussehen usw. Den konkreten Menschen kann ich verstehen, über ›Menschen im Allgemeinen‹ kann ich andererseits eine scharfe Statistik machen.

Während in der klassischen Physik von allen Beziehungen abstrahiert wird, besteht die Struktur der Quantentheorie und die Kunst der Experimentatoren darin, wesentliche Beziehungen zu berücksichtigen. Im Vorgriff kann darauf verwiesen werden, dass die Quantentheorie daher nicht dieselbe Schärfe der Prognosen ermöglicht, sondern nur künftige Wahrscheinlichkeiten vorhersagt, die aber gerade deswegen eine genauere Beschreibung liefern können, weil aus der Wirklichkeit weniger als ›unwesentlich‹ weggelassen wird.

Wie kann man die Wahrscheinlichkeit in die Physik einordnen?

Erfunden wurde die Wahrscheinlichkeitstheorie, um bei Glücksspielen das Risiko besser abschätzen zu können. Wahrscheinlichkeitsaussagen werden dann gemacht, wenn ein genaues Wissen über ein Ereignis nicht vorliegt.

Es gibt zwei Möglichkeiten für ein solches Nichtwissen. Einmal kann es sein, dass das unbekannte Ereignis als feststehend angesehen wird, entweder, weil es schon geschehen ist, wie beim Würfel, der bereits gefallen unter dem Becher liegt, oder weil es naturgesetzlich determiniert ist und damit schon bereits festliegt, wie es eintreten muss und wird. Für beide Ereignisse kann es nun sein, dass man es nicht wissen kann – wie beim Würfel unter dem Becher – oder nicht wissen will, weil ein zu genaues Wissen uninteressant ist.

Dem letzteren Bereich wird beispielsweise in der Physik die statistische Thermodynamik zugerechnet. Man hat ein Modell von sehr vielen Teilchen, die sich zwar alle gemäß der klassischen Mechanik streng determiniert verhalten, deren einzelnes Verhalten aber belanglos ist.

In diesen beiden Fällen haben wir ein subjektiv begründetes Unwissen vorliegen, aus dem natürlich nichts über objektive Tatbestände folgen kann und das durch genauere Untersuchung korrigiert werden könnte. Für diese nichtgewussten Fakten wird die klassische Wahrscheinlichkeitstheorie verwendet, die mit reellen Zahlen rechnet. Für die Fakten an einem Ort gilt notwendig, dass für je zwei von ihnen das eine Faktum entweder früher, gleichzeitig oder später als das andere sein muss. Die Mathematiker nennen eine solche Menge ›Archimedisch geordnet‹. Sie kann durch die reellen Zahlen modelliert werden.

Es kann aber auch sein, dass ein untersuchter Prozess nicht vollständig determiniert ist und es somit dafür einen tatsächlichen Zufall gibt. Für diese echten Möglichkeiten kann man nicht mehr behaupten, sie müssten genauso wie die Fakten eine linear angeordnete Menge bilden. Für noch nicht zu Fakten gewordene Möglichkeiten bleibt es unklar, was eigentlich ›früher‹ oder ›später‹ bedeuten soll.

Mit den echten Möglichkeiten gelangen wir in den Bereich der Quantentheorie. Dort nun wird die Wahrscheinlichkeitsrechnung so durchgeführt, dass man über die reellen Zahlen hinausgeht und mit komplexen Zahlen arbeitet. Diese Erweiterung der Zahlen wird durch die Hinzunahme der imaginären Einheit ›i‹ gewonnen, der Wurzel aus ›-1‹. Damit kann in der Quantentheorie berücksichtigt werden, dass diese echten Möglichkeiten, die objektiv sind und nicht lediglich auf Unwissen beruhen, sich gegenseitig beeinflussen können. So kann beispielsweise eine Zunahme an Möglichkeiten dazu führen, dass zuvor mögliche Fakten nun unmöglich werden. Dies wird weiter unten am Beispiel des Doppelspaltes verdeutlicht werden.

Mit reellen Wahrscheinlichkeiten kann derartiges nicht modelliert werden.

Ein bloßes privates Unwissen über Fakten, die dann umgangssprachlich auch als ›Möglichkeiten‹ bezeichnet werden, kann natürlich keine Auswirkungen auf die Realität haben. Daher ist in diesen Fällen im Gegensatz zu den echten Möglichkeiten die klassische Wahrscheinlichkeitstheorie ausreichend. Dass es darüber hinaus noch eine Mischform gibt, die als Quantenstatistik bezeichnet wird, ist für das grundsätzliche Verstehen nicht wesentlich.

Prüfen kann man Wahrscheinlichkeiten natürlich nur an vielen gleichen Fällen. Für ein einzelnes Ereignis kann man lediglich sagen, dass etwas Unwahrscheinliches nicht eintreten wird, z.B. dass man mit einem Würfel bei einem Wurf sieben Augen erzielt.

Zum Wahrscheinlichkeitsaspekt der Quantentheorie

Möglicherweise war der Wahrscheinlichkeitsaspekt der Quantentheorie der Grund für Richard Feynman, der so viel für die Weiterentwicklung der Quantentheorie geleistet hat, diese als einen ›Rückschritt‹ zu bezeichnen. Man könne zwar hinter diesen nicht zurück, aber er würde unserem Ideal, die Natur zu beschreiben, widersprechen – wie er selber meint.[1] Mit einer solch problematischen Einstellung zur Quantentheorie stand Feynman keineswegs allein. Sie wurde von Planck über Einstein und Schrödinger, Gründervätern der Quantentheorie, bis zu Bell und Bohm geteilt. Das waren allesamt Physiker, die sehr bedeutende Beiträge zur Weiterentwicklung der Quantentheorie geleistet haben. Und noch bis heute teilen viele Physiker diese Einstellung. Wir sehen uns stattdessen viel mehr auf der Seite von Bohr, Heisenberg, Pauli und Weizsäcker, die den ungeheuren Erkenntnisfortschritt begrüßten, den die Quantentheorie mit ihrer viel besseren Erfassung der Wirklichkeit mit sich gebracht hat.

Bei allen Abstraktionen ist zu beachten, dass eine konkrete Eigenschaft in einer Hinsicht belanglos, aber in anderen Zusammenhängen wesentlich sein kann. Wir wollen als ein triviales Beispiel die Farbe betrachten. Als Erwachsener würde man meinen, dass bei einer roten und grünen Kinderschaufel die Farbe eigentlich belanglos ist – selbst wenn Kinder dies manchmal anders sehen. Bei einem roten und grünen Apfel mag die Farbe mit der Reife gekoppelt sein und kann damit Bedeutung erhalten. Und wenn ein roter und ein grüner Halmastein auf dem Brett stehen, dann ist die Farbe das einzige Wichtige an ihnen.

Die höchste Abstraktion bedeutet die größte Ungenauigkeit. Sie ermöglicht zugleich die schärfste mathematische Beschreibung und bewirkt eine vollständige Determiniertheit.

Es sei nochmals zusammengefasst, dass die höchste Abstraktion einerseits die schärfste Mathematik ermöglicht, die ihrerseits eine vollständige Determiniertheit der faktischen Entwicklung als die zutreffende Beschreibung zur Folge hat. Andererseits ist zugleich diese weitgehende Abstraktion mit einer großen Ungenauigkeit bei der Erfassung der konkreten Situation verbunden. Eine gewisse Ungenauigkeit ist zumeist fürs Überleben hinreichend gut, gerade deshalb erscheint oftmals die klassische Physik als so ›natürlich‹ und als so passend für unsere äußere Umwelt.

Die Wahrnehmung im Alltag ist normalerweise ungenau, denn Genauigkeit ist ›teuer‹, weil sie viel Aufwand bedeutet und vor allem, weil sie viel Zeit benötigt. In einer gefährlichen Umwelt kann aber Schnelligkeit das

---

[1] FEYNMAN, R., Lectures, 1–14.

Überleben bedeuten. Wir werden somit weitgehend unsere äußere Umwelt in der Weise der klassischen Physik wahrnehmen, weil dies schneller geschieht.

Die Beziehungen, in denen die äußeren Objekte stehen, und deren genaue Betrachtung werden im ersten Anlauf ignoriert. Es ist beispielsweise wichtig, eine Schlange schnell zu erkennen, danach kann dann immer noch Zeit sein, um zu sehen, ob sie giftig ist oder nicht. Für die Weiterverarbeitung der Information wird dann im Gehirn wiederum die höhere Geschwindigkeit genutzt, die durch eine Quantenverarbeitung ermöglicht wird.

Wie wir später noch genauer beschreiben, ist diese Unterteilung aber nicht starr zu verstehen, sondern das Wesen der dynamischen Schichtenstruktur von klassischer und quantischer Physik besteht gerade in einem lebendigen gegenseitigen Ablösen beider Beschreibungsweisen.

Bei allen Erfolgen der klassischen Beschreibung ist aber dennoch eine Zerlegung in unabhängige Teile oft zu inadäquat, vor allem dann, wenn es Lebendiges betrifft. Wenn O. Sacks den Tag beschreibt, an dem sein eigenes »Bein fortging«,[2] und er die Wahrnehmung hatte, dass sein Körper von diesem Bein tatsächlich getrennt sei, so wird das zu Recht als schwere Erkrankung angesehen.

Noch viel deutlicher wird die Unzulänglichkeit einer Zerlegung in getrennte Objekte bei unseren Gedanken und Empfindungen. Sie sind selten klar voneinander getrennt und sie sind selten eindeutig. Jeder Erwachsene kennt die Ambivalenz als eine Grunderfahrung psychischer Prozesse. Ein eventuelles Aussprechen oder Aufschreiben macht Gedanken scharf – aber zumeist auch ungenauer – und alles, was vorher gedanklich und gefühlshaft mitgeschwungen hat, ist nicht mehr voll präsent.

Naturgesetze sollen deterministisch sein, damit sie eine Kausalität widerspiegeln. Das Aufstellen von Ursache-Wirkungs-Prinzipien ist ihr Ziel. Die klassische Physik determiniert die Fakten, indem sie die Beziehungen ignoriert, die in der Realität existieren.

Wie kann man genauer werden, ohne zugleich jede Determiniertheit zu verlieren?

Wenn die strenge Determiniertheit der Fakten gelockert wird, dann wird es so etwas wie ›Unvorhergesehenes‹ geben. Zwei Bereiche der Physik handeln von etwas Unvorhergesehenem, die Chaostheorie und die Quantentheorie.

Dass die Chaostheorie zwar Unvorhergesehenes aber nichts Zufälliges beschreibt, haben wir im vorhergehenden Kapitel gezeigt. Wenn wir genauer als mit der klassischen Physik arbeiten wollen, so haben wir uns der Quantentheorie zuzuwenden.

---

[2] SACKS, O., Bein.

3.2 Der unausweichliche Weg zur Quantenphysik

Nachdem man entdeckt hatte, dass die Atome in Teile zerlegt werden können, d.h. in Elektronen und Kern, konnte man ausrechnen, wie diese sich verhalten müssten. Wie bei einem Planetensystem könnte man die Elektronen um den Kern kreisen lassen, damit sie – genau wie die Planeten – nicht in das Kraftzentrum stürzen. Allerdings würde dann ein Atom, wenn es nur durch die Schwerkraft zusammengehalten würde, auch astronomische Ausmaße annehmen. Eine stärkere Kraft ist notwendig, um eine engere Bindung zu erzielen, und da man die elektrischen Ladungen der Elektronen und der Atomkerne erkannt hatte, war sie als elektromagnetische Kraft auch gefunden. Die Elektronen der Hülle und die Protonen im Kern besitzen entgegengesetzte elektrische Ladungen und ziehen sich damit an. Sie können somit nicht zueinander in Ruhe verbleiben, da sie in diesem Falle sofort ineinander stürzen würden. Aber der Ausweg von Planetenbahnen wie bei Newtons Beschreibung der Schwerkraft ist hier verschlossen. Ladungen auf gekrümmten Bahnen müssen elektromagnetische Wellen abstrahlen. Damit würden die Teilchen ständig Energie verlieren und dann würden die Elektronen doch in den Kern stürzen.

Die Idee von Bohr, die zum sog. Bohrschen Atommodell führte, war es, einfach durch Beschluss die vielfach bewährte klassische Physik außer Kraft zu setzen. Ein solches willkürliches Verbot ist aber in der Physik im Grunde inakzeptabel, deshalb suchte man eine stichhaltigere Erklärung. Diese wurde dann durch die Quantenmechanik gefunden.

Die Elektronen im Atom haben mögliche, aber keine faktischen Orte, somit müssen sie sich auch nicht ›bewegen‹.

Als erstes hat diese Theorie unsere Alltagsvorstellungen von faktisch lokalisierten Objekten als zu eng aufgezeigt. So ›sind‹ die Elektronen zugleich an einer Fülle möglicher Orte und faktisch an keinem, so dass sie keine Bewegung benötigen, damit sie nicht in den Kern stürzen. Wie wir später sehen werden, wird der Sachverhalt noch einfacher, weil im Grunde das Atom vor einer Zerlegung überhaupt noch keine Teile besitzt und somit auch keine verschiedenen Ladungen umeinander laufen müssen. Da seine möglichen Teile erst im Prozess der Zerlegung wahrnehmbar werden, ist ein Atom zuvor tatsächlich teilelos. Erst mit den stabilen Atomen konnte erklärt werden, wieso es Gase, Flüssigkeiten und feste Körper geben kann. All die damit verbundenen Probleme wurden durch die Quantentheorie in Ordnung gebracht. Sie erst ist in der Lage, die Stabilität der Atome und deren Verbindungen zu chemischen Molekülen, das Verhalten von Gasen und Flüssigkeiten und die ungezählten Variationen der Eigenschaften von festen Körpern tatsächlich zu erklären.

3.3 Quantentheorie als Physik der Beziehungen

Das häufigste Urteil über die Quantentheorie lautet, sie sei unverständlich und den Nichtphysikern nicht zu erklären. Es ist ein wichtiges Anliegen, hier diesem Missverständnis abzuhelfen. Einerseits muss man natürlich die mathematischen Strukturen der Quantentheorie gründlich verstehen, andererseits muss man sie mit Vorstellungen aus der Alltagswelt verbinden, um die Struktur den mathematischen Laien zu verdeutlichen. Wir sehen in der Charakterisierung der Quantentheorie als einer ›Physik der Beziehungen‹, die 1999 erstmals publiziert worden war,[3] den entscheidenden Schritt dazu. Diese Konzeption wird jetzt zunehmend auch von anderen aufgegriffen.

Wir erinnern noch einmal an das Zitat, in dem es Faust darum geht, zu erkennen, was die Welt im Innersten zusammenhält. Faust suchte diese Erkenntnis im Bereich des Magischen. Heute wird das Zitat hingegen zumeist so interpretiert, als ob es den Bereich der Atome betreffen würde.

Goethe, der die Idee der Atome rundweg abgelehnt hat, hatte mit seinen Vorstellungen mehr Recht, als er wohl ahnen konnte. Das Innerste der Welt oder besser gesagt das Innerste der Materie besteht – wie wir heute wissen – nicht aus ›kleinen Bausteinen‹ der Materie. Denn im ›Inneren‹ der Materie, im Bereich der Atome, wurde etwa ein Jahrhundert nach der Vollendung des Faust-Dramas die Quantentheorie als wesentlicher Bestandteil der Physik offenbar. Diese Theorie, die von Einstein mit der Bezeichnung der »spukhaften Fernwirkung« gekennzeichnet worden ist, ist derjenige Bereich der Naturwissenschaften, der in gewisser Hinsicht einen Anteil am ›Magischen‹ zu verkörpern scheint.

Wie kommt es, dass Einstein eine solche Meinung äußern konnte – und wieso ist diese sogar in einer bestimmten Weise zutreffend?

Um das zu verdeutlichen ist zu erklären, was ›des Pudels Kern‹, was das Wesen der Quantentheorie ausmacht. Am leichtesten wird dies in einem Vergleich mit der klassischen Physik möglich. Die klassische Physik hat die Abstraktion, also das Weglassen von ›Unwesentlichem‹, so weit geführt, dass man nicht nur von Eigenschaften, sondern wie erwähnt, vor allem auch von den Beziehungen absieht. Damit wird die Wirklichkeit in getrennte Objekte zerlegt, zwischen denen es Wechselwirkungen gibt.

Wie beschreibt die Physik die Objekte, mit denen sie arbeitet?

Einerseits werden sie durch unveränderliche Größen gekennzeichnet. Für ein Teilchen in der Mechanik könnten das Masse und Ladung sein. Würde eine dieser beiden Größen geändert, so würde man von einem anderen Objekt sprechen. Andererseits spricht man von dem, was sich an diesem Objekt ändern kann. So verändern sich der Ort oder die Geschwindigkeit

---

3 GÖRNITZ, TH., Quanten.

eines Teilchens – und es ist immer noch dasselbe. Solche veränderlichen Eigenschaften, die für die Beschreibung des Objektes wesentlich sind, fasst man unter der Bezeichnung ›Zustand‹ zusammen. In der Mechanik gehört beispielsweise die Farbe nicht zu den Zustandsgrößen, weil die Farbe für die mechanischen Eigenschaften eines Teilchens bedeutungslos ist. Betreibt man hingegen Optik, so ist die Farbe natürlich eine wesentliche Zustandsgröße – hingegen ist es in diesem Zusammenhang die Masse nicht.

Für komplexe Objekte hat man die Vorstellung entwickelt, dass man Veränderungen der Objekte selbst – also nicht eine Orts- oder Geschwindigkeitsveränderung des ganzen Objektes, sondern beispielsweise eine Verbiegung – dadurch erklären kann, dass man sie als zusammengesetzt aus kleineren Objekten beschreibt. Dann würde die Verbiegung des Ganzen aus einer Änderung der Zustände der Teile resultieren, die beispielsweise ihre gegenseitigen Abstände verändern.

Beziehungen ernst nehmen

Die bisherige Vorstellung war: Durch das Postulieren der Existenz ›letzter‹ und damit fundamentaler Objekte sollten alle Veränderungen in der Welt auf eine relative Lageveränderung dieser Fundamentalobjekte zurückgeführt werden können. Die Lageveränderung der Fundamentalobjekte ist das Herzstück jeder Idee von ›Atomen‹, wie sie seit der Antike in der Naturwissenschaft bis heute noch zu finden ist. Die Vorstellung von der durchgängigen und unveränderlichen Identität solcher ›letzter und damit auch unteilbarer Objekte‹ ist in dieser Beschreibung der Natur grundlegend.

Im Gegensatz zu einer bloßen Wechselwirkung ist nun aber eine Beziehung etwas, was die beteiligten Teilsysteme grundlegend verändert. Sie sind nicht mehr die gleichen wie ohne diese Beziehung. Im sozialen Bereich ist allseits bekannt: Eine wirkliche Beziehung lässt die Beteiligten nicht unverändert, so kann beispielsweise aus einer Beziehung zwischen Frau und Mann eine Familie werden.

Die Quantentheorie führt in ihrem Geltungsbereich dazu, dass durch eine Beziehung die Teilsysteme in einem strengen Sinne sogar ihre Eigenexistenz verlieren. Das Gesamtsystem ist dann fast immer in solchen Zuständen, die mit der Vorstellung einer gesonderten Existenz der Teilsysteme im Widerspruch stehen. Die Teile gehen im Ganzen in einer solchen Weise auf, dass sie erst durch einen massiven Eingriff wieder eine eigene Wirklichkeit erhalten können. Da aber auch eine Zerlegung dieses Ganzen in etwas vollkommen Anderes als die Ausgangsteile möglich ist, erweist sich die aus dem Atomkonzept stammende Vorstellung eines verborgenen Weiterbestehens dieser Teile als unzutreffend.

Quantentheorie nimmt Beziehungen genauso wichtig wie die Teile, damit wird mit ihr zum ersten Male in der Physik ›ein Ganzes mehr als die Summe der Teile‹.

Da hinter der Quantentheorie sowohl ein fundierter mathematischer Apparat als auch eine millionenfach bewährte experimentelle Erfahrung steht, liegt bei den Quanten weit mehr vor als lediglich eine im Alltag häufig gebrauchte Redensart. Die dahinterstehende mathematische Struktur wird als ›Tensorprodukt der Zustandsräume‹ bezeichnet. Wenn dieses sehr abstrakte Gebilde veranschaulicht werden soll, so bieten sich die nachfolgenden Bilder an.

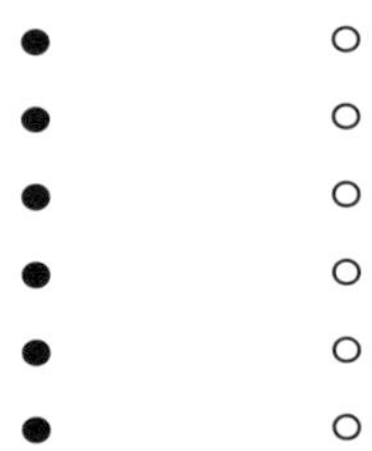

Abb. 4: Zusammensetzung eines klassischen Systems.

Ein klassisches System kann aus zwei Teilsystemen in der Weise zusammengesetzt werden, dass die Zustände des einen zu denen des anderen addiert werden. Der Zustandsraum des Gesamtsystems ist die direkte Summe der Zustandsräume der beiden Teilsysteme. Wenn die Zustände des einen Systems mit schwarzen und die des anderen mit weißen Kreisen gekennzeichnet werden sollen, so sind die Zustände des Gesamtsystems durch beide Punktesorten gemeinsam erfasst. So wird in der Mechanik ein Teilchen mit 3 Orts- und 3 Geschwindigkeitskoordinaten beschrieben, zwei Teilchen werden mit 6 Orts- und 6 Geschwindigkeitskoordinaten und drei Teilchen mit je 9 von ihnen erfasst.

Für ein Quantensystem, das aus zwei Teilsystemen zusammengesetzt wird, könnte eine Veranschaulichung des Tensorproduktes der Teilzustandsräume wie in Abb. 5 aussehen. Wenn die Zustände der Teilsysteme durch die jeweils 6 Punkte gekennzeichnet werden, so ergeben sich 6·6 Beziehungspfeile. Diese Beziehungen werden dann als die 36 neuen Zustände des Gesamtsystems interpretiert.

Mit der Umwandlung der ›Beziehungen zwischen den Zuständen der Teile‹ in die ›Zustände des neuen zusammengesetzten Systems‹ wird zugleich auch der Unterschied zwischen Zuständen (sprich Eigenschaften) und Beziehungen relativiert. Wir können der Ganzheit also Eigenschaften zusprechen, die es vorher überhaupt nicht geben konnte. Die 36 neuen Zustände des Ganzen können auf keine Weise einem der Ausgangsteile allein zugesprochen werden. Somit haben wir hiermit zugleich auch eine Veranschaulichung für die mathematische Struktur des ›Tensorproduktes der Zustandsräume‹, bei dem deren Dimensionszahlen multipliziert werden.

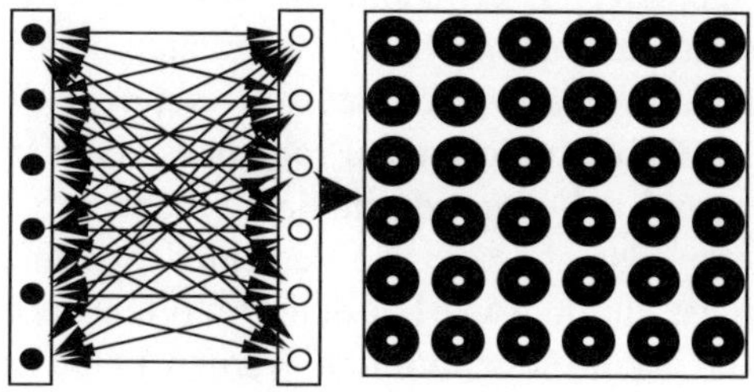

Abb. 5: Zusammensetzung eines Quantensystems aus zwei Ausgangsteilen zu einer neuen Ganzheit.

Quantentheorie beschreibt wie Neues entstehen kann: Es gibt neue Ganzheiten und diese können sich außerdem wieder in etwas Anderes als die Ausgangsteile zerlegen.

Ein mathematisch relativ einfaches und trotzdem physikalisch wichtiges Beispiel für die multiplikative Struktur der Quantenzusammensetzung wird mit dem Spin bereitgestellt. Da die Spinzustände endlich sind, wird an ihnen die multiplikative Zusammensetzung deutlich, während Ort oder Impuls von Quantenteilchen durch einen unendlichdimensionalen Zustandsraum dargestellt werden und daher bei ihnen der Unterschied zwischen Addition und Multiplikation nicht ohne weiteres deutlich wird.[4]

Was versteht man unter Masse und Spin?

Die Quantentheorie zeigt, dass alle Quanten-Teilchen mindestens durch zwei unveränderliche Eigenschaften gekennzeichnet werden, die bei den Bewegungen im Raume und während des Ablaufs der Zeit unverändert bleiben. Diese beiden Bestimmungsstücke sind die Größe der Ruhmasse und die Größe des Spins. Eine Änderung von einer dieser beiden Größen würde ein anderes Objekt bedeuten.

Einfache Quantenobjekte werden durch Masse und Spin gekennzeichnet.

---

[4] Am Unendlichen lässt sich der Unterschied zwischen Addition und Multiplikation nicht verdeutlichen, denn es gilt: Unendlich + Unendlich = Unendlich · Unendlich = Unendlich. Aber wenn man über zwei Spin-½-Zustände mit ihren zweidimensionalen Hilberträumen hinausgeht (dort ist auch noch $2+2=2\cdot 2$), dann ist die Summe $a+b$ kleiner und damit verschieden von dem Produkt $a\cdot b$.

Die Ruhmasse ist das, was sich an einem ruhenden Objekt als Widerstand gegen eine Veränderung unter der Wirkung einer Kraft erweist und was im Schwerefeld als Gewicht spürbar wird. Während sich unter Bewegungen die Energie eines Objektes ändern kann, bleibt die Ruhmasse, da sie für die Ruhelage definiert ist, auch unter allen Bewegungen invariant.

Der Spin eines Teilchens drückt aus, wie ›schnell‹ die ›Eigenrotation‹ dieses Teilchens ist. Dabei besteht das Problem für eine (natürlich nur bildlich gemeinte) Veranschaulichung darin, dass Quantenobjekte nur der Möglichkeit nach rotieren, das aber um die verschiedenen möglichen Drehachsen zugleich. (Das ist ähnlich wie bei den Orten eines Teilchens, die auch nur der Möglichkeit nach eingenommen werden.) Bei den Gegenständen, die wir im Alltag wahrnehmen, ist das unmöglich. Denn wenn diese rotieren, so rotieren sie faktisch und haben damit eine eindeutige Drehachse.

Die Masse kann alle Werte zwischen 0 und ∞ annehmen. Der Spin hat als mögliche Größe das Wirkungsquantum multipliziert mit einer der Zahlen 0, 1/2, 1, 3/2 usw. (Dies ist ein mathematisches Resultat aus der Darstellungstheorie der Drehgruppe.)

Die Quantenteilchen mit halbzahligem Spinwert unterliegen dem Pauli-Prinzip und konstituieren die ›Materie‹. Bei einem Zusammenfügen zu einem größeren Gebilde können sich niemals zwei von ihnen im gleichen Zustand befinden, z.B. nicht am gleichen Ort. Das daraus folgende ›Abstoßen‹ erklärt den Widerstand der Materie gegen Kompression und letztlich ihre Stabilität.

Die ganzzahligen Spinwerte charakterisieren die Elementarteilchen der Kräfte, die Bosonen. Zu diesen Teilchen gehören neben den Photonen, die die elektromagnetische Kraft übertragen, auch die Mesonen der Kernkraft und die sogenannten W- und Z-Bosonen des radioaktiven Zerfalls (der schwachen Wechselwirkung). Für diese alle gibt es keine solche Einschränkung wie beim Pauli-Prinzip, so dass z.B. in keinem Zustand eine Grenze für die Anzahl der Teilchen existiert, also beliebig viele von ihnen in diesen Grundzustand ›kondensieren‹ können.

Der Spin, die Eigenrotation, kann als ein kosmisches Erbe angesehen werden. Er ist ein Ausdruck dafür, dass im Kosmos als Ganzem keine Richtung ausgezeichnet ist. Der Betrag des Spins eines Teilchens ist als eine feste Größe anzusehen, ebenso wie seine Masse. Als Eigenschaft oder Quantenzustand kann die Richtung betrachtet werden, in die der Spin präpariert ist. (Bei einer Nachprüfung kann auch ein anderer Zustand gefunden werden, wie in Abb. 8 gezeigt wird.) Ein ›Spin 1‹ beispielsweise hat drei prinzipiell verschiedene Richtungszustände und wird daher mit einem dreidimensionalen Zustandsraum beschrieben. In der klassischen Physik würden dann zwei solcher Spin-1-Objekte in einem 3+3=6-dimensionalen Raum erfasst werden. Sie würden keine Beziehung eingehen und ihre Eigenständigkeit beibehalten, der Zustand des einen hätte nichts mit dem des anderen zu tun. Als Quantenobjekte werden sie jedoch in einem 3·3=9-dimensionalen Raum beschrieben und nicht in einem 6-dimensionalen, wie man es in der klassischen Physik erwarten würde.

Das zusammengesetzte und damit neue Quantenobjekt kann demnach in einem Spin-2-Zustand (5-dimensional) oder in einem Spin-1-Zustand (3-dimensional) oder in einem Spin-0-Zustand (1-dimensional) gefunden werden. Die ursprünglichen Teile sind im Ganzen aufgegangen und damit gleichsam ›verschwunden‹.

Aus der mathematischen Struktur der Quantentheorie folgt, dass alle Objekte, die miteinander in Wechselwirkung stehen, tatsächlich eine Beziehung eingehen. Allerdings zeigt dann die experimentelle Erfahrung, dass es engere und losere Beziehungen gibt. Das ist ähnlich wie im richtigen Leben, im privaten, sozialen und politischen Bereich gibt es ebenfalls engere und weniger enge Beziehungen.

Ein triviales Beispiel könnte ein Haufen von Blechdosen liefern. Solange diese keine Beziehung eingehen und lediglich aufeinander liegen, bleibt es ein Haufen einzelner Dosen – unabhängig davon, ob es Zehn, Hundert oder Millionen von ihnen sind. Dabei bleibt die Wechselwirkung so schwach, dass der Beziehungscharakter in keiner Weise sichtbar werden kann. Wird aber die Wechselwirkung so stark gemacht, dass das Blech beginnen kann zu schmelzen, dann werden die Beziehungen der Dosen so stark, dass sie auch äußerlich sichtbar ihre bisherige Existenz aufgeben. Die sich herausbildende Flüssigkeit ist ein Quantenzustand des Eisens, der von dem Blech des Festkörpers deutlich unterschieden ist.

Nun gibt es in der modernen Kunst auch die Möglichkeit, dass ein Haufen von Blechdosen als Kunstwerk gestaltet wird. Dann erhebt sich die Frage, ob dies damit auch bereits ›ein Ganzes‹ wird.

Aus Sicht der Quantentheorie kann dies bejaht werden, denn das Ganze des Kunstwerks ist eine ideelle Gestalt – physikalisch gesagt Information – die zerstört werden würde, wenn Teile verändert oder entfernt werden würden. Deshalb ist es den Besuchern – oder den Putzfrauen – in den Museen untersagt, an solchen Objekten Veränderungen vorzunehmen. (Wer ein anders Verständnis von Kunst hat, möge an ein Gedicht denken, aus dem auch nicht willkürlich Worte ausgeschnitten werden können.)

Zur Alltagserfahrung gehört zum Beispiel, dass man aus Zucker, Mehl und Hefe tatsächlich etwas Neues, einen Kuchen, erhalten kann. In der Argumentation der klassischen Physik die auf Atomen als elementaren Bausteinen basiert, wäre der Kuchen aber lediglich eine andere Anordnung der vorhandenen Atome als zuvor und damit nichts tatsächlich Neues. Unsere Sinne vermitteln uns jedoch ohne jeglichen Zweifel, dass der Kuchen völlig andere Eigenschaften hat als die Ausgangssubstanzen. Doch erst durch die Quantentheorie wird physikalisch beschreibbar, dass er tatsächlich etwas Neues ist. Sie erst erklärt den chemischen Prozess, der einen Haufen von Molekülen zu einem neuen Ganzen, den ›Festkörper‹ des Kuchens werden lässt (Auch ein lockerer Kuchen ist sogar am Werktag im physikalischen Sinne ein Festkörper). Mit ihrer Hilfe können wir verstehen, wie aus denselben Atomen ein neues Ganzes werden kann, das Eigenschaften besitzt, die den einzelnen Atomen in keiner Weise zukommen.

Die Quantentheorie erzeugt Ganzheiten

Wie in Abb. 5 verdeutlich worden ist, erzeugt Quantentheorie im Gegensatz zur klassischen Physik Ganzheiten, die zwar in Teile zerlegt werden können, die aber vor der Zerlegung diese Teile noch nicht besitzen. Das widerstrebt der in unserer Kultur als gültig angenommenen Vorstellung, dass die Welt aus ›elementaren Bausteinen‹ aufgebaut ist, deren Existenz bereits vor einer möglichen Zerlegung außer Frage steht.

Daher können wir die Bilder und Vorstellungen für ein quantisches Wirken in der Natur besser bei und in uns Menschen finden als in den Objekten der Außenwelt, der Objekte von Ziegelsteinen und Tischen und Stühlen. Unsere Gedanken, Empfindungen und Träume und auch unsere innere Dynamik zeigen viel mehr an ›typisch quantischen Erscheinungsweisen‹ als die Außenwelt. Sie sind, da sie mehr der Lebenswirklichkeit mit den Beziehungen entsprechen, eher hier zu finden als in der unbelebten Natur. Dort können sie natürlich experimentell erschlossen werden.

Ausgedehnte Ganzheiten gibt es lediglich als Quantensysteme. Wir selbst nehmen uns in sehr guter Näherung als Ganzheiten wahr, dies ist auch deshalb ein anschauliches Beispiel, weil die Ganzheiten, die die Quantentheorie beschreibt, keineswegs »mikroskopisch klein« sein müssen. Heute können bereits Quantenganzheiten in der Größenordnung von hundert Kilometern experimentell erzeugt und kontrolliert werden. Das Problem mit ihnen besteht darin, dass sie sich ›auflösen‹, wenn sie in Wechselwirkung mit ihrer Umgebung geraten, wenn sie also nicht mehr gut genug abgeschirmt von anderen Einflüssen sind. Ohne die Abtrennung sind sie nicht mehr nachweisbar.

Die Beziehungen der Quantentheorie bewirken, dass die Eigenexistenz von Teilen aufgehoben wird und damit ein neues und qualitativ anderes Ganzes entstehen kann.

Wenn eine solche Ganzheit an einer beliebigen Stelle eine Einwirkung erfährt, so wird sie als Ganzheit augenblicklich und über ihre gesamte Ausdehnung verändert. Als kurz nach der Entdeckung der Quantenmechanik dieser Sachverhalt deutlich wurde, erregte dies verständlicherweise Einsteins Widerwillen. Die von ihm entdeckte Relativitätstheorie ist nämlich mit einer Wirkungsausbreitung schneller als mit Lichtgeschwindigkeit unvereinbar, und da Einstein die Vorstellung hatte, die Physik müsse ›die Realität‹ beschreiben, die er ausschließlich als faktisch verstand, meinte er, auch jede Zustandsänderung müsste ein faktischer Vorgang sein.

Ein solch enger Begriff von Realität wie der von Einstein ist aber mit den experimentellen Erfahrungen in den Naturwissenschaften unvereinbar.

Die Quantentheorie zeigt, dass es wichtig ist, auch die Realität des Möglichen zu beachten. Die Welt ist reichhaltiger in ihren Strukturen, als aus den Fakten allein folgen könnte. Wir unterscheiden zwischen Fakten und Möglichkeiten – und beide müssen als real angesehen werden, denn auch die Möglichkeiten entfalten Wirkungen.

Wir werden weiter unten zeigen, welches Gedankenexperiment Einstein ersonnen hatte, um mit diesem deutlich zu machen, welche Widersinnigkeit nach seiner Meinung in den quantentheoretischen Konzepten enthalten sein müsste. Es sei aber schon hier angemerkt, dass alle diese Experimente in der Praxis so ausgehen, wie es Einstein nicht gewünscht hatte.

Je nach dem energetischen Aufwand werden sich zusammengesetzte Systeme leichter oder auch schwerer in ihre Ausgangsteile zerlegen lassen. Auch spielt eine Rolle, welche Ladungsgrößen erhalten bleiben müssen. So wird sich ein Kochsalzkristall im Wasser stets nur in Natrium- und Chlor-Ionen auflösen. Es wird dort nie ein ›Kochsalzmolekül‹ oder gar etwas anderes zu finden sein. Ein gebundener Zustand aus einem Elektron und einem Positron mit der Gesamtladung Null kann sich hingegen auch in zwei Gammaquanten umwandeln. Es ist schwer, sich etwas Verschiedeneres vorzustellen als ein Elektron und ein Positron einerseits und ein Photon, d.h. ein Gammaquant, andererseits. Ein Elektron besitzt eine Ruhmasse, kann also an einem Ort verweilen. Es besitzt eine elektrische Ladung und ein magnetisches Moment. Ein Photon jedoch hat keine Ruhmasse, muss also stets mit Lichtgeschwindigkeit laufen, es besitzt weder eine Ladung noch ein magnetisches Moment.

Die hier aufgezeigte Umwandlung eines Stoffes in einen völlig anderen, beispielsweise die eines Elektron und eines Positrons in zwei Gammaquanten wie bei einer Positronen-Emissions-Tomographie (PET), erinnert an die Absichten der Alchimisten, die ebenfalls Derartiges erreichen wollten. Allerdings suchten die Alchimisten eine Veränderung der Stoffe durch psychische Beeinflussungen allein zu erreichen. Dies scheint nach allem, was wir heute wissen, ausgeschlossen zu sein. Stroh zu Gold zu spinnen gibt es – zumindest in dieser direkten Form der Manipulation – nur im Märchen und bedarf der Hilfe eines Rumpelstilzchens. Allerdings kann man sagen, dass es den Experimentalphysikern heute durchaus möglich wäre, in ihrem Bewusstsein einen Entschluss zu fassen, Blei in Gold verwandeln zu wollen. Wenn mit den entsprechenden technischen Geräten die dafür notwendigen Energien bereitgestellt werden, dann könnten aufgrund eines solchen Beschlusses 3 Protonen und 6 oder 7 Neutronen aus dem Kern des Bleiatoms entfernt werden. Wenn unter dieser Prozedur nicht der ganze Kern zerplatzt, dann hätte man aus Blei Gold erhalten.

Beziehungen sind mehrdeutig – sie verweisen auf Möglichkeiten

Beziehungen haben die Eigenschaft, nicht eindeutig zu sein, sondern verschiedene Möglichkeiten zu eröffnen. So kann die Beziehung zwischen A und B auf sehr vielen unterschiedlichen Wegen verlaufen, wie in Abb. 6 gezeigt wird.

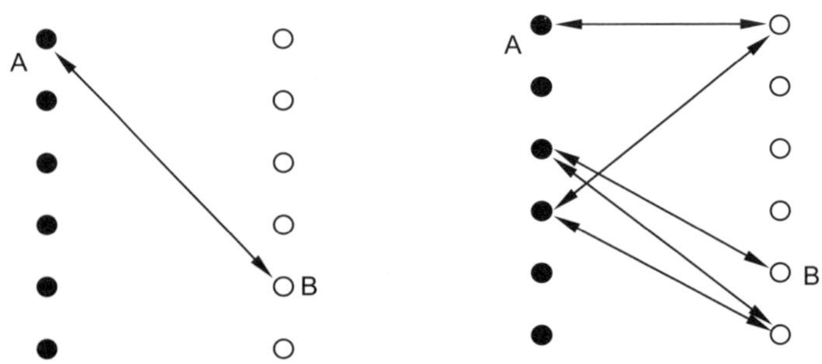

Abb. 6: Beziehungen sind mehrdeutig.

Damit haben wir ein weiteres Charakteristikum der Quantentheorie erfasst. Quantentheorie beschreibt Möglichkeiten, nicht Fakten. Da zu einer ›Möglichkeit‹ immer zugleich andere Möglichkeiten auch mit existent sind – denn sonst hätten wir ja ein Faktum vorliegen – folgt damit, dass bei einem mit Sicherheit gegebenen Vorliegen eines Quantenzustandes zugleich andere – von diesem verschiedene – Zustände gefunden werden können. Im Rahmen der klassischen Physik ist Derartiges undenkbar.

Präparation eines Quantenzustandes

Die Herstellung eines Quantensystems in einem vorgegebenen Zustand wird als Präparieren bezeichnet. Dazu muss das Quantenobjekt isoliert werden, damit es eine eigene Existenz erhält und nicht ein nur der Möglichkeit nach bestehender Teil eines größeren Objektes ist. Durch geeignete

Wechselwirkungen ist dafür zu sorgen, dass man nicht nur das Objekt, sondern auch den beabsichtigten Zustand des Objektes erhalten kann. Die Kunstfertigkeit der Experimentalphysiker ermöglicht heute vieles, was über Jahrzehnte lediglich in den Vorstellungen und Rechnungen der Theoretiker existieren konnte.

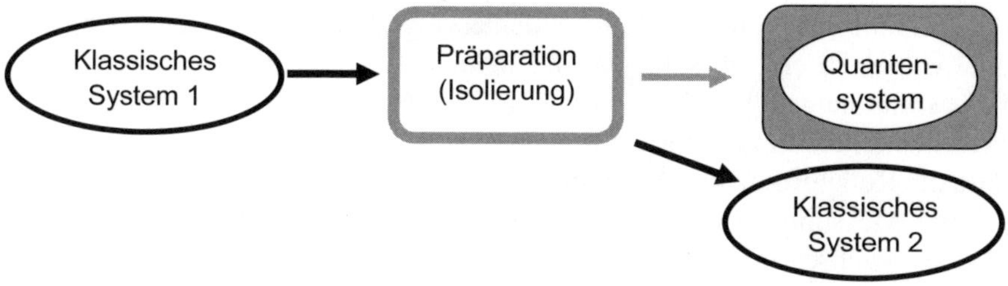

Abb. 7: Zustandspräparation durch Isolierung eines Quantensystems.

Die Eigenheiten des Messprozesses

Der Messprozess ist der Bereich, an dem die Unterschiede zwischen klassischer und quantischer Physik erstmals unübersehbar deutlich geworden waren. In der klassischen Physik hat man die Idealvorstellung, dass eine Messwechselwirkung so schwach gestaltet werden kann, dass das zu messende Objekt durch den Messvorgang selber nicht beeinflusst oder verändert wird: Der Mond hat seinen Platz am Himmel, unabhängig davon, ob ich hinschaue oder nicht. Wenn man auf eine Waage steigt, so hat man davor und danach das gleiche Gewicht. Da die klassische Physik nur Fakten kennt, liegt vor und nach einer idealen Messung das gleiche Faktum vor. Die Quantentheorie beschreibt Möglichkeiten, und diese werden durch eine Messung auf ein Faktum, das Messergebnis, eingeschränkt.

> *Quantentheorie beschreibt Möglichkeiten, nicht Fakten. Fakten werden durch ›Messungen‹ erzeugt.*

Die Idealisierung einer beliebig kleinen Wechselwirkung wird durch die Quantentheorie außer Kraft gesetzt. Sie zeigt nämlich, dass zwischen zwei Objekten – also Messgerät und zu messendes Objekt – mindest die Wirkung des Wirkungsquantums erzielt werden muss, damit überhaupt so etwas wie ein Messresultat erhalten werden kann. Dann aber wird diese Wechselwirkung das Quantenobjekt nicht unverändert lassen, sondern in einen neuen Zustand versetzen. Davon gibt es lediglich die Ausnahme, dass in der Messung exakt nach dem vorliegenden Zustand gefragt wird, dann und nur dann wird er unverändert bestätigt. In allen anderen Fällen verweist die Quantentheorie darauf, dass jede Messung im Alltagssinne eine Handlung ist. In der Idealvorstellung der klassischen Physik geschieht ein Messvorgang nicht nur praktisch ohne Einfluss auf das zu Messende, er geschieht auch außerhalb der Zeit, sozusagen momentan. Daher ist bei der klassischen Physik die Reihenfolge von verschiedenen Messungen vollkommen beliebig. Von den Handlungen aus dem Alltag hingegen wissen wir, dass in vielen Fällen die Reihenfolge von Handlungen keineswegs beliebig ist. Jeder weiß, an der Ampel ist erst zu schauen und dann zu warten oder zu gehen – und keinesfalls umgekehrt. Auch hierin ist die Quantentheorie viel näher an der Wirklichkeit, wenn sie feststellt, dass eine Messung eine Handlung ist, und dass die Reihenfolge von Handlungen die Ergebnisse beeinflusst.

Jede Messung an einem Quantenobjekt geschieht wie gesagt mit einer Mindestwechselwirkung. Infolgedessen geht das Quantensystem bei einer Messung in einen Zustand über, der zu der Messwechselwirkung passt. Der Zustand ist dann also nach der Messung ein solcher, der eine der passenden Antworten auf die Messfrage verkörpert.

Quantenzustände werden üblicherweise durch Vektoren – d.h. durch Pfeile – gekennzeichnet, das soll in der nachfolgenden Abb. 8 auch so gehandhabt werden.

Durch die langen dünnen Linien sollen z.B. verschiedene mögliche Messfragen dargestellt werden, beispielsweise, ob ein Zustand in dieser Richtung gefunden werden kann. Dabei spielt der ›Beobachter‹ die oben beschriebene große Rolle. Er ist es, der mit seiner Auswahl die ›Messrichtung‹ festlegt und damit auch vorschreibt, aus welcher Teilmenge der Zustände das Messergebnis erwachsen kann. Unter den ›Fragen an das zu messende System‹ versteht man die Vorauswahl, beispielsweise welche der möglichen Zustände des Quantenteilchens als Antwort in Frage kommen können. Das kann z.B. die Richtung der Bewegung sein, oder der Ort, die Richtung des Spins usw.

Dieses Bild betrifft ›maximal scharfe Messungen‹, bei denen man also die genaueste mögliche Antwort sucht. Dann wird das System danach auch in einem ›scharf bestimmten‹ Zustand sein, der Fachausdruck dafür ist ›reiner Zustand‹. Wenn man sich entschließt, weniger genau zu messen, dann wird der neue Zustand auch nicht genau bekannt sein können. Er wird als ›gemischter Zustand‹ bezeichnet. In diesem Falle erhalten wir eine Wahrscheinlichkeitsaussage, die aber lediglich unsere subjektive Unkenntnis ausdrückt und nicht eine quantische Unbestimmtheit.

Um die Darstellung möglichst einfach zu machen, werden wir uns auf den Fall maximal möglicher Kenntnis konzentrieren und die Aspekte von subjektiven Nichtwissen ausblenden. Der dicke schwarze Pfeil in Abb. 8 soll den vorhandenen Zustand markieren. Bei einer Messung seiner Richtung wird man ihn mit Sicherheit finden. Er hat deshalb die Wahrscheinlichkeit 1, diese soll im Bild dem Durchmesser des Kreises entsprechen. Bei einer anderen Messung, das heißt für eine andere Fragestellung, die durch eine der dünnen Linien charakterisiert werden soll, kann man nun aber auch einen Zustand in dieser anderen Richtung vorfinden. Diese Zustände sollen beispielhaft durch die punktierten Pfeile dargestellt werden. Die jeweilige Länge bis zum Kreisrand charakterisiert die Wahrscheinlichkeit, diesen Zustand zu finden, wenn der schwarze vorhanden ist. Ein Zustand, der auf dem schwarzen senkrecht steht, müsste die Länge und damit die Wahrscheinlichkeit Null besitzen, d.h. er wird nicht gefunden werden können. In der Quantentheorie spricht man davon, dass ein Zustand, der orthogonal zu einem vorhandenen ist, mit Sicherheit nicht gefunden werden kann. (Als Nebenbemerkung für die Fachleute sei noch angemerkt, dass bei einem Übergang von diesem Kreisbild zu einer richtigen quantentheoretischen Darstellung die Winkel natürlich verdoppelt werden müssten. Beispielsweise wäre zu einem Zustand ›Spin=Pfeil nach oben‹ also der quantenmechanisch-orthogonale Zustand derjenige mit ›Spin=Pfeil nach unten‹.)

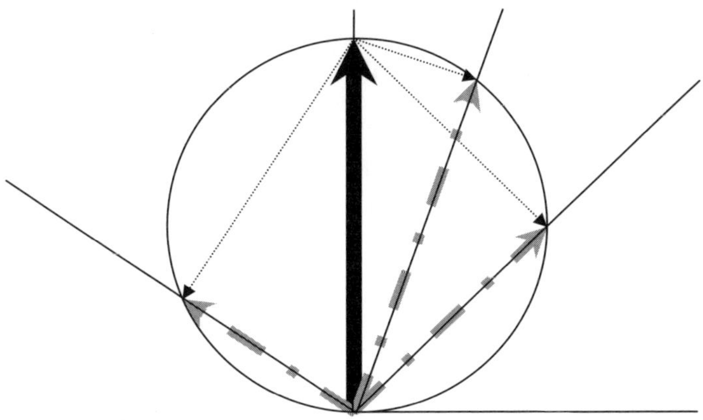

Abb. 8: Ein Quantenzustand (schwarzer Pfeil) erfasst Möglichkeiten, er ist mit vielen verschiedenen anderen möglichen Zuständen (graue strichpunktierte Pfeile) koexistent.

Wir hatten oben dargelegt, dass ein Quantensystem bei einer Befragung – Messung – als System stets in einen solchen Zustand übergeht, der zu einer möglichen Antwort gehört.

Wenn beispielsweise in Abb. 8 der Zustand ›nach oben‹ mit Sicherheit vorliegt – z.B. weil er genau so präpariert wurde – so wird nach einer Befragung, ob der Zustand des Systems nach rechts oder nach links zeigt – d.h. nach der entsprechenden Messwechselwirkung –, stets entweder der Zustand nach rechts oder nach links vorhanden sein, dies jeweils in der Hälfte der Fälle. (Im Rahmen der klassischen Physik wäre das natürlich vollkommen irrsinnig, denn da käme die Antwort: weder rechts noch links, sondern immer oben.)

Man kann einen Zustand so präparieren, dass er mit Gewissheit vorliegt. Dann kann an ihm dennoch eine solche Messung durchgeführt werden, die nach anderen Eigenschaften fragt. Nach dieser Messung wird eine der Möglichkeiten von den erfragten Eigenschaften realisiert sein und der ursprüngliche Zustand ist nicht mehr vorhanden. Niemals wird also nach obiger Rechts-Links-Befragung der ursprüngliche ›Nach-Oben-Zustand‹ noch vorhanden sein. Das zu messende Quantensystem stellt sich somit auf die ›Befragung‹ ein, indem es eine entsprechende Beziehung mit dem Messsystem eingeht. Das hatte man als die besondere Rolle des Beobachters in der Quantentheorie seit langem erkannt. Wir werden weiter unten erläutern, dass in einer Erweiterung der Kopenhagener Deutung der Beobachter nicht mehr vorausgesetzt werden muss.

Diese Eigenschaft der Quantentheorie hat zur Folge, dass der ursprüngliche Zustand bei einer Messung fast immer verändert wird.

Die Quantentheorie beschreibt Möglichkeiten durch Pfeile (Vektoren).

(vorhandener Zustand – schwarzer Pfeil)

Das Austesten einer Möglichkeit (eine Messung) kann verstanden werden wie ein Schattenwurf (ein Faktum).

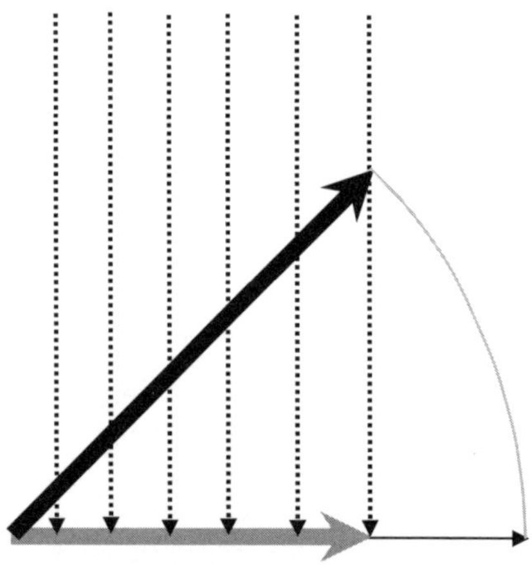

(schattenwerfendes Licht – punktierte Pfeile
Messergebnis – dicker grauer Pfeil, Verkürzung ist Maß für Wahrscheinlichkeit)

Der Schatten wird stets auf die vorgegebene Unterlage fallen.

(Das Messergebnis ist immer eine gültige Antwort auf die Fragestellung.)

Abb. 9: Eine Messung verändert den Zustand.

Die Quantentheorie schränkt das Objektivitätsideal der klassischen Weltbeschreibung massiv ein. Es gilt nämlich:

Das zu messende Quantenobjekt geht eine Beziehung zur Messanfrage und damit zu einem Beobachter ein.

Ein objektiv vorliegender Zustand kann bei einer Messung nur von demjenigen so gefunden werden, wie er ist, der ihn bereits kennt – entweder weil er ihn gerade schon einmal gemessen hat oder weil er ihn selbst erzeugt hat – und der somit weiß, welche Messung keine Veränderung bewirken wird. Natürlich kann man auch mitteilen, welche Messung durchzuführen ist, und eine andere Person messen lassen. Damit gelangt man plötzlich an eine Stelle, wo in Naturwissenschaften ›Vertrauen‹ zum Tragen kommt – nämlich darauf, dass der erste die Wahrheit spricht und der andere sich an die Verabredung hält. Wie können somit formulieren:

Ein objektiv vorliegender Quantenzustand ist nicht öffentlich und nicht allen in gleicher Weise zugänglich.

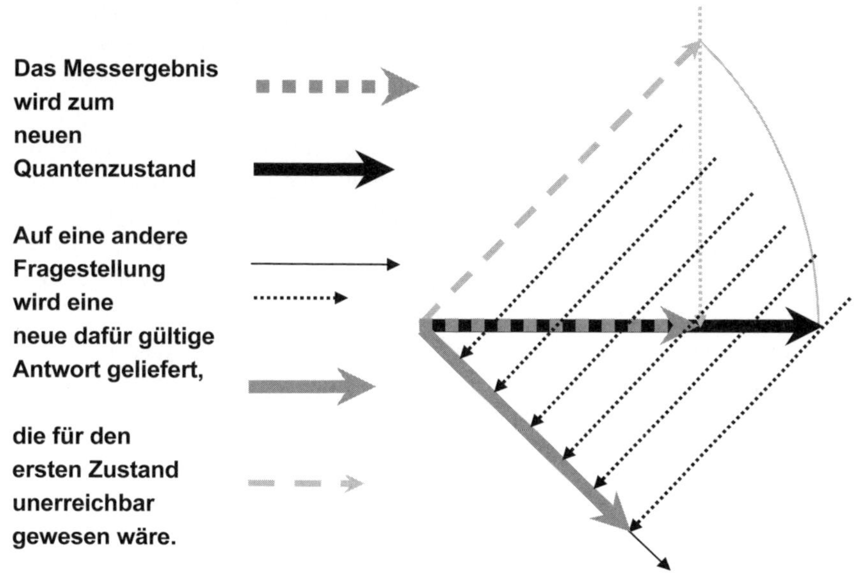

Abb. 10: Eine weitere Messung kann zu einem Zustand führen, der vor der ersten unmöglich war. Der gestrichelte, verdeckte Pfeil, das Messergebnis der ersten Messung, wird als nun vorliegendes Faktum mit der Wahrscheinlichkeit ›Eins‹ versehen, (daher seine Verlängerung) und ist jetzt der neue Quantenzustand.

Der Übergang vom Zustand vor einer Messung zu dem Zustand nach der Messung, also von einer Möglichkeitsbeschreibung zu einem gemessenen Faktum, wird als ›Zustandsprojektion‹ oder noch dramatischer als ›Kollaps der Wellenfunktion‹ bezeichnet. Der Zustandsvektor wird in Abb. 9 zu einem ›Schatten‹, dabei geht der Anteil, der in ›Richtung der projizierenden Strahlen‹ fällt und ›senkrecht zur Wand steht‹, verloren.

In einer ›normalen‹ Entwicklung gemäß der Schrödingergleichung wird der Zustandsvektor gedreht und behält seine Länge, in der Messung wird er ›beschnitten‹. Dieses Durchbrechen der mathematischen Struktur, die sonst in der Quantentheorie gilt, ist das sogenannte ›Messproblem‹.

Wenn der weggeschnittene Anteil unwiederbringlich verloren ist, so stellt der verbliebene ein Faktum dar. Zugleich eröffnet er einen neuen Bereich von Quantenmöglichkeiten, der mit dem ursprünglichen lediglich teilweise übereinstimmt (Abb. 10).

Der ›Quantensprung‹

Eine der am weitesten ins allgemeine Bewusstsein gelangte Begriff aus der Quantentheorie ist der des Quantensprunges. Er ist zugleich derjenige, der möglicherweise mit der größten Unkenntnis des tatsächlichen Sachverhaltes gekoppelt ist.

In der Beschreibung der Quantentheorie wurde der ›Kollaps der Wellenfunktion‹ oft als Quantensprung bezeichnet, weil damit diese plötzliche Veränderung der Beschreibung zutreffend erfasst wird. Das System verändert nicht mehr seine Möglichkeiten gesetzmäßig und kontinuierlich, sondern eine von diesen wird instantan zu einem Faktum. Was dabei wohl nie mitbedacht wird, dies ist die *kleinstmögliche reale Veränderung*, die mit oder an dem System geschehen kann. Noch weniger wäre überhaupt keine Veränderung. Wenn das mitbedacht wird, dann bezeichnen die in Politik und Wirtschaft öfter geäußerten ›Quantensprünge‹ das tatsächliche Geschehen vielleicht zutreffend, sind aber wohl nicht so intendiert.

Was wird mit der Kausalität?

Von einer naturwissenschaftlichen Theorie erwartet man, sie solle die Veränderung der beschriebenen Systemzustände kausal beschreiben. Wird dies durch die Zufallseigenschaften der Quantentheorie aufgehoben?

Die Schrödingergleichung, die Grundgleichung der Quantenmechanik, ist eine partielle Differentialgleichung ebenso wie beispielsweise die Maxwellgleichungen der klassischen Elektrodynamik. Solche Differentialgleichungen beschreiben ein streng kausales Verhalten. Quantenzustände werden sich also ebenso deterministisch in der Zeit weiterentwickeln wie beispielsweise das klassische elektromagnetische Feld.

Der Unterschied, der mit der Quantentheorie neu in die Naturwissenschaften gelangt, besteht nun aber darin, dass mit ihr lediglich über Möglichkeiten gesprochen wird – und nicht über Fakten.

Quantentheorie determiniert die Möglichkeiten, aber nicht die Fakten.

Diese Determiniertheit der Möglichkeiten bei einer gleichzeitigen Indeterminiertheit der Fakten ist eine schwierige Denkfigur, die ohne die Mathematik der Quantentheorie wohl nicht zu erraten gewesen wäre. Quantentheorie ist damit die genaueste Struktur, die noch eine mögliche mathematisch formulierbare Naturwissenschaft sein kann.

Wenn man etwas noch Genaueres suchen würde, so könnte man nicht einmal mehr Gesetze für Möglichkeiten erhalten. Die Beschreibung würde dann so individuell werden, dass keine allgemeinen Regeln mehr möglich wären. Eine solche hermeneutische Wissenschaft hätte die Schwelle zur Geisteswissenschaft überschritten und wäre dann keine Naturwissenschaft mehr.

Quantentheorie bedeutet also nicht ›anything goes‹. Ein System wird sich nicht beliebig entwickeln, sondern deterministisch gesetzmäßig – aber ein künftiges faktisches Ereignis steht noch nicht fest, sondern nur mit Wahrscheinlichkeit.

Hier eröffnet sich ein wichtiger Spielraum im Weltgeschehen, da die Quanten allem Naturgeschehen zugrunde liegen. Es ist keine Willkür zu erwarten, aber auch keine absolute durchgängige Determiniertheit. Ein System, das vielen und vor allem verschiedenen Messprozessen unterliegt, hat einen größeren Spielraum für Freiheit als ein klassisch determiniertes.

Der Zufall ist in der Natur angelegt

Wir hatten schon öfter darauf verwiesen, dass die Möglichkeiten sich entsprechend der Quantentheorie gesetzmäßig in der Zeit verändern. Möglichkeiten sind immer etwas, was nur im Plural einen Sinn hat.

Ein Quantenzustand ist daher im Grunde die Beschreibung auch aller der anderen Zustände, die mit dem vorliegenden koexistent sein können. Allerdings werden diese anderen nur mit geringeren Wahrscheinlichkeiten faktisch werden können.

Das verdeutlichen die unterschiedlichen Pfeillängen in Abb. 8. Durch die Einflüsse von Kräften aus der Umwelt kann sich nun die Länge aller dieser Pfeile verändern, so dass zu einem späteren Zeitpunkt andere Fakten zu erwarten sein können als zuvor. Aber fast immer werden die künftigen Fakten selbst nur mit Wahrscheinlichkeit und nicht mit Gewissheit eintreten.

Mit der Quantentheorie wird also die Rolle des Zufalls in der Welt hinreichend gut berücksichtigt. Mit ihr muss der Weltenlauf nicht mehr wie ein fertig abgedrehter Film verstanden werden. Aber natürlich gilt auch bei ihr das Gesetz der großen Zahlen. Das bedeutet in ihrem Fall, dass dann Wahrscheinlichkeiten, die von Eins verschieden sind, praktisch zu Null werden.

Wenn eine Vorstellung von vielen getrennten Objekten ein gutes Abbild der Wirklichkeit ist, werden die Wahrscheinlichkeiten sehr nahe bei Null oder bei Eins liegen und eine fast determinierte Struktur erwarten lassen.

Ob aber ein System als ›zusammengesetzt aus vielen Teilen‹ zu beschreiben ist, hängt keineswegs von der Größe allein ab, sondern vielmehr auch von der Stärke der Wechselwirkung und vor allem vom erwünschten Genauigkeitsgrad. Je genauer man sein muss, desto eher werden die ›vielen Teile‹ eine unzutreffende Beschreibung sein. ›Viele Teilchen‹ als gutes Modell ist beispielsweise bei der thermodynamisch-statistischen Behandlung von Gasen der Fall, für die die Vorstellung von vielen, voneinander unabhängigen Atomen oder Molekülen eine weitgehend zutreffende Darstellung liefert. Wenn hingegen eine solche Auftrennung in Einzelteile unzulässig wird, werden wir eine Quantenganzheit mit dem entsprechenden Wahrscheinlichkeitsverhalten vorfinden. Dies kann bereits bei der Beschreibung von manchen Flüssigkeits- oder Festkörperphänomenen der Fall sein, beispielsweise bei der Suprafluidität, die mit Vorstellungen von einzelnen Atomen nicht erklärt werden kann. Man hat dann eine Quantenganzheit, die Eigenschaften zeigen kann, welche Atome allein unmöglich besitzen können.

Unserer Meinung nach sollte die Rolle des Zufalls allerdings nicht so abgehoben gesehen werden, dass man beispielsweise versucht, den Elementarteilchen einen ›freien Willen‹ zuzusprechen. Das Gesagte bedeutet auch nicht, dass die Quantentheorie bei ›großen Systemen‹ belanglos wird und dort außer Acht gelassen werden könnte. Alle realen Systeme sind letztlich chaotisch und können daher in Zustände geraten, die als Bifurkationspunkte zu verstehen sind.

Dies trifft in besonderem Maße auf die Lebewesen zu, aber auch auf viele technische Geräte und Strukturen. Dort werden quantische Einflüsse gern unter der Bezeichnung ›Rauschen‹ abgetan, ohne dass man dabei die zugrunde liegende Quantenrealiät auch nur bedenkt. Unter Rauschen versteht man Fakten, über die gemittelt wird, weil man sich für sie im Einzelnen nicht interessiert. Sie ergeben sich aus der Unbestimmtheit einer Vielzahl von Quantenobjekten in gleichen oder sehr ähnlichen Zuständen, deren Beziehungen untereinander aber so schwach ausgeprägt sind, dass sie nicht zwingend als eine Ganzheit beschrieben werden müssen, sondern ziemlich gut als eine Vielheit verstanden werden können.

Mit ›Zufall‹ wird in der Alltagssprache ein Ereignis bezeichnet, welches eintritt, obwohl es lediglich mit einer geringen Wahrscheinlichkeit erwartet wurde. Ein solcher Zufall kann zwei verschiedene Ursachen haben. Entweder ist das Ereignis bereits eingetreten oder zumindest faktisch festgelegt, aber es ist noch unbekannt. Dann befinden wir uns – wie bereits erwähnt – im Bereich der klassischen Wahrscheinlichkeitstheorie.

Oder wir haben ein Quantensystem vor uns und mit ihm eine Unbestimmtheit für die möglichen Ereignisse. Sind in beiden Fällen die Wahrscheinlichkeiten sehr nahe bei 1, so wird man in der Regel das Systemverhalten als ›näherungsweise determiniert‹ interpretieren.

3.4 Die dynamische Schichtenstruktur

Nach dem Gesagten kann man sich fragen, ob für die Beschreibung der Welt nicht die Quantentheorie allein ausreichen würde, da diese doch alles Existierende offensichtlich genauer beschreibt als die klassische Physik? C.F. v. Weizsäcker hatte beispielsweise die Hoffnung, alle Beschreibungen der Welt allein aus der Quantentheorie herleiten zu können.

Wenn man diesen Gedanken genauer prüft und ihm weiterführend nachgeht, so zeigt sich, die henadische, auf Einheit zielende Struktur der Quantentheorie führt dazu, dass es in ihrem Rahmen keine getrennten Objekte geben kann, sofern überhaupt eine Wechselwirkung zwischen den Ausgangsteilen besteht. Während die klassische Physik die Welt als Ansammlung von einzelnen Objekten betrachtet, hat die Quantentheorie zur Folge, dass solche Objekte im Ganzen aufgehen, vielleicht wie Zucker im Tee.

Wenn wir die Quantentheorie gedanklich in aller Strenge nachvollziehen, so gibt es gar keine einzelnen Objekte und alles ist lediglich ein einziger Quantenzustand.

Und da die Quantentheorie keine Gültigkeitsgrenzen bisher aufzeigt, also im ganzen Kosmos gilt, wäre danach nichts ungetrennt von allem Anderen. Damit wäre letztendlich die ganze Welt das einzig mögliche Objekt einer universellen und ohne jede Einschränkung gültigen Quantentheorie.

Wir Menschen können aber nicht die ganze Welt auf einmal erfassen, sondern wir müssen aus ihr – zumindest gedanklich – Teile herauslösen, die unseren Beschreibungsmöglichkeiten angemessen sind. Dieses wird durch die zerlegende Struktur der klassischen Physik ermöglicht, denn sie ist ja gerade diejenige Beschreibung, die die Welt in einzelne Objekte zerlegt.

Man muss also sagen, dass die Quantentheorie fundamental ist, weil ohne sie die Existenz der materiellen Welt nicht erklärt werden könnte und auch, weil in ihr die Beziehungen der Wirklichkeit nicht mehr grundsätzlich ausgeblendet werden. Wenn aber sie und nur sie allein für eine Beschreibung der Welt gültig wäre, so befänden wir uns in einer bloßen Potentialität ohne Fakten.

Wir Menschen wissen aber um die grundlegenden Fakten von Geburt und Tod, um die Realität des Computers vor mir und der Brille vor den Augen, wir leben auch in einer faktischen realen Welt. Selbst wenn die Quantentheorie fundamental ist, so erfordert eine Weltbeschreibung für uns

Menschen natürlich sowohl die Berücksichtigung der Möglichkeiten als auch die der Fakten.

Das bedeutet, dass sowohl der Teil der Physik, der die Welt durch Fakten erfasst – die klassische Physik – als auch der, der sie in ihren Möglichkeiten beschreibt – die Quantentheorie – für eine auch mit der Alltagserfahrung übereinstimmende Erfassung der Welt benötigt wird.

Die gegenseitige Abhängigkeit dieser beiden Theoriefelder soll als die dynamische Schichtenstruktur der Wirklichkeitsbeschreibung bezeichnet werden.

Die dynamische Schichtenstruktur der Wirklichkeitsbeschreibung bezeichnet die gegenseitige Abhängigkeit von klassischer und quantischer Physik.

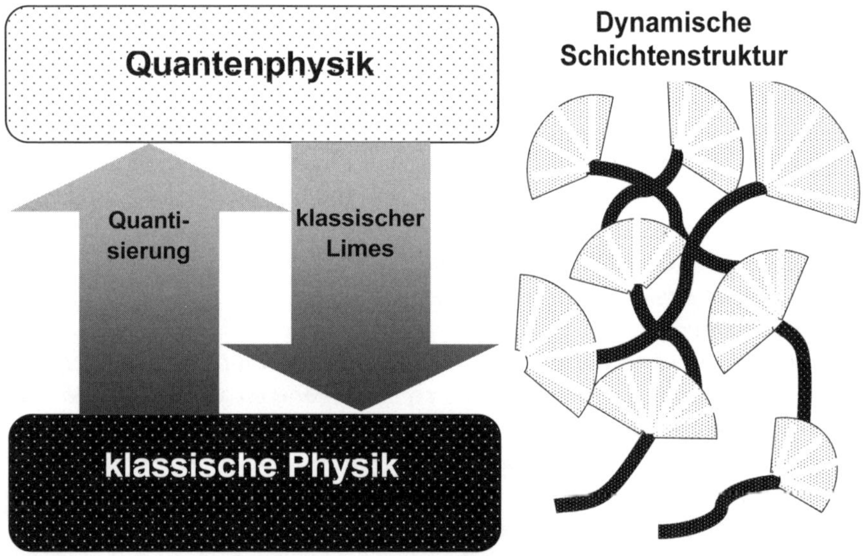

Abb. 11: Dynamische Schichtenstruktur von klassischer Physik und Quantenphysik (jetzt Gleise mit Weichen, nicht realisierte Möglichkeiten sind nicht gezeichnet).

Die dynamische Schichtenstruktur ist eine Darstellung der Wirklichkeit, von der wir annehmen dürfen, dass sie diese bereits recht gut erfasst. Die Stärke dieser Beschreibung liegt darin begründet, dass sich in ihr ständig quantische und faktische Anteile ablösen und alle diese Anteile ein dichtes Geflecht von Wirkungssträngen bilden. Immer dann, wenn sich Fakten herausgebildet haben, können diese zumindest für eine Weile als Fakten behandelt werden und dafür reichen klassisch-physikalische Verfahren aus. Sobald es genauer werden muss oder sobald Beziehungen wichtig werden, wird man dann wieder auf die genauere Beschreibung der Quantentheorie zurückgreifen.

Wir haben hier – wie oftmals auch außerhalb der Physik – eine Situation vorliegen, in der zwei Strukturen die Voraussetzung für die Anwendbarkeit der jeweils anderen liefern. So sind beispielsweise zwar das Bewusstsein und das Unbewusste nicht als ontologisch verschiedene Substanzen zu begreifen, sie sind – wie wir später erläutern werden – beide als Quanteninformation interpretierbar, aber das Bewusstsein erwächst aus einer unbewussten Grundlage, und andererseits kann die begriffliche Erfassung des Unbewussten erst auf der Basis eines entwickelten Bewusstseins erfolgen. Ähnlich ist das Verhältnis von klassischer und quantischer Weltbeschreibung.

Erst die dynamische Schichtenstruktur als Kombination von potentieller und faktischer Beschreibung erfasst die Wirklichkeit optimal.

Nur im Rahmen der klassischen Physik wird es möglich, so etwas wie Quantenobjekte aus dem Weltganzen gedanklich und experimentell herauszulösen und sie damit einer Beschreibung zugänglich zu machen. Und andererseits kann die Existenzmöglichkeit all der Objekte, mit denen die klassische Physik ziemlich erfolgreich umgeht, erst mit der Quantentheorie begründet und verstanden werden.

Übergänge zwischen den Beschreibungsweisen: Quantisierung und klassischer Limes

Auch wenn beide Bereiche ihre verschiedenen Strukturen in unterschiedlicher Weise präsentieren, so gibt es doch Grenzprozesse, die die Übergänge zwischen beiden zu beschreiben erlauben.

Es zeigt sich also, dass diese beiden Beschreibungsformen der Schichtenstruktur sich gegenseitig voraussetzen, auch wenn die Quantenphysik die grundlegende der beiden ist. Mit dem Atom angefangen bis hin zur Innenraumlösung der Schwarzen Löcher[5] hat die Quantentheorie all die Probleme gelöst, die im Formalismus der klassischen Physik zu sinnlosen Ergebnissen geführt hatten. Atome könnten niemals stabil sein, wenn die klassische Physik allein gültig wäre, und Materie verschwindet niemals in einem mathematischen Punkt, wie die konventionellen Lösungen für die Schwarzen Löcher fälschlich behaupten.

Als Beispiel aus der Alltagserfahrung sei daran erinnert, dass wir unsere Mitmenschen als autonome Personen beschreiben können. In Statistiken werden sie dann als Objekte behandelt. Aber für ein genaueres Verständnis

---

5 GÖRNITZ, TH. /RUHNAU, E., Black Holes.

wird auch deren Einbettung in ihre Beziehungsstrukturen bedeutsam. Und sich selber wird keiner als eine bloße Anhäufung von Organen, Muskeln usw. sehen, sondern im lebenden Körper steht alles miteinander in Beziehung und bildet ein Ganzes.

Als Quantisierung wird der Prozess bezeichnet, bei dem man von einer klassischen Theorie zu einer Quantentheorie gelangt. Wenn man diese Prozedur anschaulich verstehen will, so ist es ein zutreffendes Bild, dass man jedem faktischen Zustand des klassisch beschriebenen Systems all die Fülle der Möglichkeiten zuordnet, die daraus in den Beziehungen zur Umwelt erwachsen könnten.

Wenn in einem Bild der klassische Zustand durch einen Punkt bezeichnet wird, so wären die Quantenzustände all die unendlich vielen Möglichkeiten, die sich aus diesem Zustand als Beziehungen zur Umwelt des Systems ergeben könnten.

In einer mehr mathematischen Sprache würde man von den Funktionen oder Funktionskeimen über diesem klassischen Zustand sprechen. In der Mathematik versteht man unter einer Funktion eine Zuordnungsvorschrift, die einem Punkt aus dem sogenannten Definitionsbereich (der in der Schule meist mit dem Buchstaben x bezeichnet wird) einen Punkt aus dem ›Wertebereich‹ zuordnet (der mit dem Buchstaben y gekennzeichnet wird). Verschiedene Funktionen können dann für einen gegebenen x-Wert verschiedene y-Werte haben. Alle möglichen Funktionen werden dann auch alle möglichen y-Werte annehmen können. Der Menge ›aller Funktionen über einem Punkt x‹ werden somit alle überhaupt möglichen y-Werte entsprechen, d.h. die ganze y-Achse.

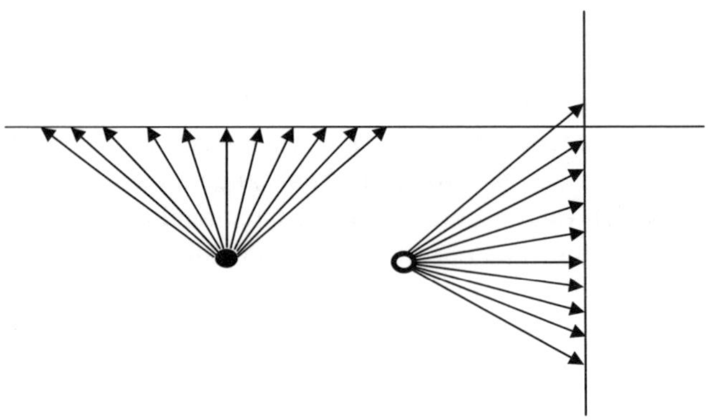

Abb. 12: Quantisierung einer binären Alternative (einer Ja-Nein-Alternative): die zwei klassischen faktischen Zustände (die 2 Punkte) gehen über in eine zweidimensionale Mannigfaltigkeit von Quantenmöglichkeiten (eine Ebene).

Eine einfache Ja-Nein-Alternative, die nur die beiden Zustände 1 und 0 besitzt, würde nach der Quantisierung durch die Quantenzustände auf zwei verschiedenen Geraden gekennzeichnet werden. Deren Verschiedenheit wird dadurch ausgedrückt, dass sie aufeinander senkrecht stehen, also einen zweidimensionalen Raum – eine Ebene – aufspannen.[6]

Wenn also die Quantisierung in einem Übergang von einem klassischen, d.h. faktischen Zustand zu allen den aus ihm erwachsenden möglichen Beziehungszuständen besteht, so entspricht diesem Prozess mathematisch der Übergang von einem Punkt zu den unendlich vielen Punkten einer Geraden. Die Beziehungen von dem einem Punkt des klassischen Zustandes zu den unendlich vielen Möglichen auf der Geraden kann man natürlich zeichnerisch nur durch einige von allen möglichen unendlich vielen Beziehungspfeilen veranschaulichen.

Der Übergang von einer Quantentheorie zu der entsprechenden klassischen Struktur wird als der ›klassische Limes‹ bezeichnet. Dabei wird die sehr große Genauigkeit der Quantentheorie als überflüssig betrachtet. In diesen Fällen ist die Wirkung des Systems im Verhältnis zum Wirkungsquantum tatsächlich sehr groß. Wenn die quantische Unbestimmtheit daher nicht sehr ins Gewicht fällt, kann man dann den betreffenden Zustand wie ein Faktum betrachten. Wenn in solchen Fällen das sehr kleine Wirkungsquantum als verschwindend betrachtet und völlig ignoriert wird, so wird der damit gemachte Fehler nicht sehr ins Gewicht fallen,

Während in einer Quantenstruktur wegen der sich beim Messprozess ergebenden Zustandsveränderung eine geänderte Reihenfolge der Befragungen auch zu verschiedenen Zustandsveränderungen führt, geht die klassische Physik von der Fiktion aus, dass Messungen eines Systems ohne jede Störung oder Veränderung erfolgen könnten. Man spricht in der Quantentheorie von einer Nichtvertauschbarkeit oder Nichtkommutativität der mit der Messung verbundenen Observablen und in der klassischen Physik davon, dass sämtlich Observablen kommutieren. Der mit dieser Annahme verbundene Fehler ist mindestens von der Größe des Planckschen Wir-

---

6 Für die physikalisch Informierten soll der Vollständigkeit halber darauf verwiesen werden, dass der Übergang von der Mechanik zur Quantenmechanik auf den ersten Blick etwas komplizierter erscheint. Die Zustände in der klassischen Mechanik werden durch den Ort und den Impuls (Masse mal Geschwindigkeit) des Teilchens festgelegt. Die Schrödingersche Wellenfunktion ist aber nun eine Funktion entweder der Orte allein oder der Impulse allein. Es werden lediglich die Funktionen über einer Hälfte der klassischen Zustandsparameter gebildet. Dies wird verstehbar, wenn man sieht, dass die klassische Mechanik zwar historisch älter ist als die Quantenmechanik, dass aber die Quantenmechanik die grundlegendere Theorie ist. In der Quantenmechanik kann nun entweder der Ort oder der Impuls eines Teilchens gemessen werden. Wenn man beide Operationen zugleich anwenden möchte, so kann dies dadurch erreicht werden, dass man zu Funktionen übergeht, die sowohl vom Ort als auch vom Impuls abhängen. Diese Verdopplung führt dann zur klassischen Mechanik. Und auf dem ›Rückweg‹ zur Quantentheorie ist zuerst diese Verdopplung wieder zurückzunehmen.

kungsquantums. Da dieses aber aus der Sicht des Alltags eine winzige Größenordnung besitzt, macht sich das Fehlerhafte der klassischen Physik erst bei einer extremen Genauigkeit bemerkbar.

Wegen der Kleinheit des Wirkungsquantums ist die Quantentheorie erst entdeckt worden, nachdem sowohl die Experimente als auch die Theorien der Physik sehr genau geworden waren. Die Entdeckung begann 1900 mit Max Planck, der als erster die Struktur der Wärmestrahlung richtig beschreiben konnte.

Werner Heisenberg fand dann ein Viertel Jahrhundert später die mathematischen Strukturen, die zur Quantentheorie gehören. Mit seiner Matrizenmechanik war er in der Lage, die Übergänge zwischen verschiedenen Zuständen eines Atoms zu beschreiben. Mit diesen Matrizen wurde ihm zugleich deutlich, dass man im Rahmen der Quantentheorie nicht alle möglichen Messungen gleichzeitig durchführen kann, und dass der Ausgang der einen Messung das Ergebnis einer nachfolgenden anderen Messung beeinflussen wird. Dies ist der Kern seiner berühmten Unbestimmtheitsrelation, die leider bis heute immer noch und in völliger Verkennung der Zusammenhänge manchmal auch als Unschärferelation bezeichnet wird. Dies ist eine sehr irreführende Wortwahl, denn sie verschleiert, dass die Quantentheorie letztendlich die genaueste Theorie ist, die wir heute besitzen.

Unbestimmtheit statt Unschärfe

An dieser Stelle muss daher darauf hingewiesen werden, dass nur wenige Begriffe soviel Unverständnis gestiftet haben wie der von der ›quantentheoretischen Unschärfe‹. Leider ist es tatsächlich so, dass vielfach, vor allem in der populären Literatur, von einer ›Unschärferelation der Quantenmechanik‹ gesprochen wird. Damit werden Bilder und Vorstellungen erzeugt, die es beinahe unmöglich machen, den Bedeutungskern der Quantentheorie zu verstehen, denn man wird schwerlich ›Unschärfe‹ damit verbinden, dass es sich dabei um die genaueste Theorie der Physik handelt. Es ist zutreffend, dass Heisenberg in seiner ersten Arbeit von der »Unschärferelation« gesprochen hat. Neue Begriffe zu finden ist stets ein schwieriges Unterfangen. ›Unscharf‹ ist aber in einer exakten Wissenschaft ein ziemliches Schimpfwort, man denke beispielsweise an unscharfe Messer oder unscharfe Fotographien. Die zutreffende Bezeichnung, die auch von Heisenberg später vor allem verwendet wurde, ist ›Unbestimmtheit‹ – und Unbestimmtheit ist tatsächlich das Kennzeichen der Quantentheorie.

Wenn man so unscharf arbeiten will, dass man den Beziehungscharakter der Wirklichkeit außer Acht lassen kann, dann ist man im tatsächlich ›ungenauen‹ Bereich der klassischen Physik.

Große Systeme sind oft klassisch

Das Plancksche Wirkungsquantum ist diejenige Größe, die den Beziehungscharakter der Wirklichkeit erfasst. Immer dann, wenn man es ignorieren und daher als Null ansehen kann, dann genügt die klassische Physik und die Beziehungen geraten aus den Augen und dem Sinn. Dies ist aber eine Näherung, denn etwas, was mit uns überhaupt nicht in Beziehungen stehen würde, hätte letztlich auch keine Wechselwirkung mit uns und wir wären unfähig, seine Existenz überhaupt feststellen zu können. Große Systeme können oft – aber nicht immer – sehr gut so beschrieben werden, als ob sie aus sehr vielen Einzelobjekten bestehen würden. Diese dürfen ihrerseits durchaus Quantencharakter besitzen. So ist es oft eine sehr gute Beschreibung, bei einem System von ›vielen Atomen‹ zu sprechen. Dann wird dieses System sehr zutreffend als ›klassisch‹ beschrieben werden können. In einer anderen Situation kann es aber sein, dass die Sprechweise ›viele Atome‹ unzutreffend ist, z.B. bei einer Bose-Einstein-Kondensation, so dass dann ein einziges Quantenobjekt vorliegt.

Das Entstehen klassischer Eigenschaften wird in der Physik auch als ›partielle Spurbildung‹ bezeichnet. Dabei wird eine Mittelung über ›im betreffenden Kontext nicht interessierende Quanteneigenschaften‹ vorgenommen. Das Ergebnis wird umso deutlicher klassische Züge annehmen, je mehr Zustände für eine solche Mittelung im betreffenden System zur Verfügung stehen. Für solche Fälle kann man sich überlegen, dass bei ihnen die Wahrscheinlichkeiten für Abweichungen vom tatsächlichen Zustand sehr klein werden, denn für solche Zusammensetzungen werden die einzelnen Wahrscheinlichkeiten multipliziert. Wenn man nach der Wahrscheinlichkeit bei einem Quantensystem fragt, ob im Kreisbild von Abb. 8 ein Zustand mit einer Abweichung von 1 Grad vom vorgegebenen Zustand gefunden werden kann, so beträgt diese etwa 99,99 %. Die Möglichkeit einer kleinen Abweichung ist also extrem wahrscheinlich. Fragt man aber bei 100.000 Atomen danach, ob deren Zustände lediglich um 1 Grad vom tatsächlich vorliegenden Zustand abweichen, dann sind die Wahrscheinlichkeiten miteinander zu multiplizieren. Es ergibt sich, dass die Gesamtwahrscheinlichkeit dafür etwa bei 10^{-4} % liegt. Der vorliegende Zustand kann also unter diesen Bedingungen ›wie faktisch‹ interpretiert werden, denn es ist extrem unwahrscheinlich, ihn auch nur um ein Weniges anders zu finden.

Daher lassen sich sehr große Objekte oftmals sehr weitgehend und mit ausreichender Genauigkeit als ›klassisch‹ verstehen.

Dennoch bleibt es natürlich wahr, dass auch dort, jenseits des ›Mikroskopischen‹, die Quantenphänomene wichtig werden – falls man, wie beispielsweise in der Halbleitertechnologie oder bei Lasern, sehr genau arbeiten muss.

3.5 Dynamische Schichtenstruktur und Leben

Dass es immer wieder zu einer gegenseitigen Durchdringung oder Ablösung von Beschreibungen von klassischen und quantischen Strukturen kommt, hatten wir als dynamische Schichtenstruktur bezeichnet. Sehr bedeutsam ist das Wirken dieser dynamischen Schichtenstruktur im Lebendigen. Bis heute werden die Vorgänge in Lebewesen mit einer weitgehenden Ignoranz bezüglich deren quantenphysikalischen Grundlagen beschrieben. Dies ist innerhalb einer gewissen Näherung sogar berechtigt, da alles Lebendige selbst gewisser Abgrenzungsmöglichkeiten von der Umwelt bedarf, z.B. durch Zellwände, Haut oder Borke usw., und durch diese Abgrenzung kann das Lebewesen erst einmal wie ein vom Rest seiner Umwelt getrenntes ›Objekt‹ beschrieben werden.

Andererseits eröffnet gerade eine solche Abgrenzung für das Innere eines Lebewesens die Chance auf eine Einheit, die mehr ist als die Summe seiner möglichen Teile, weil an etwas Abgegrenztem Quantenphänomene sichtbar werden können. Somit erfordert eine naturwissenschaftliche Beschreibung des Lebens neben der bisher durchgeführten klassischen notwendig auch eine Quantenbeschreibung der Lebensvorgänge. Diese Notwendigkeit wird bisher schon ›im Kleinen‹ teilweise erkannt, z.B. beim Beschreiben des Sehprozesses im Auge, der durch einzelne Photonen ausgelöst wird. Auch die Erkenntnis, dass beispielsweise der Energietransport bei der Photosynthese der Pflanzen nicht ohne Quantenphysik verstanden werden kann, beginnt ebenfalls im Rahmen der Biologie zunehmend deutlich zu werden. Allerdings weisen die Autoren zu Recht auf eine gewisse Trägheit bei der Übernahme quantenphysikalischer Erkenntnisse durch andere Wissenschaften hin:

> But the intricate dynamics of quantum coherence, which has no classical analogue, was largely neglected in the analyses – even though electronic energy transfer involving oscillatory populations of donors and acceptors was first discussed more than 70 years ago, and electronic quantum beats arising from quantum coherence in photosynthetic complexes have been predicted and indirectly observed.[7]

Das falsche Argument, dass Quantenphänomene schnell bedeutungslos würden, wird widerlegt:

> Surprisingly, the quantum beating lasts for 660 fs. This observation contrasts with the general assumption that the coherences responsible for such oscillations are destroyed very rapidly, and that population relaxation proceeds with complete destruction of coherence (so that the transfer of electronic coherence between excitons during relaxation is usually ignored).

---

7 ENGEL, G.S. et. al., energy transfer.

Ein gründliches Überdenken zeigt aber darüber hinaus, dass die Quantentheorie für sämtliche Ganzheiten wichtig ist, insbesondere für die Lebewesen selbst. Hinzu kommt noch, dass erst mit ihr der Informationsaspekt, der für das Leben zentral ist, in all seinen naturwissenschaftlichen Facetten erfasst werden kann.

Die dynamische Schichtenstruktur ist somit auch für ein Verständnis des Menschen unverzichtbar. So kann eine naturwissenschaftliche Beschreibung der Wechselbeziehungen zwischen dem, was Menschen als das Körperliche und dem, was Menschen als das Geistige empfinden, nur mit der dynamischen Schichtenstruktur gelingen.

Das Ich erweist sich als eine sich ständig verändernde Einheit unserer Gedanken, Affekte und Emotionen und unseres Leibes, in der ständig Möglichkeiten und Fakten ineinander übergehen.

Da die Quantentheorie sich als eine ›Physik der Beziehungen‹ offenbart, ist die Schichtenstruktur auch eine notwendige Voraussetzung für die Möglichkeit, Quantenobjekte theoretisch und experimentell untersuchen zu können. Ein Objekt, welches nicht ›als getrennt‹ angesehen werden darf, weil der dabei entstehende Fehler inakzeptabel wäre, würde keine eigenständige Existenz besitzen können. Eine Quantenbeschreibung, die die inneren Beziehungen eines Systems erfassen soll, hat daher zur Voraussetzung, dass das betreffende Objekt aus seinen äußeren Beziehungen zumindest theoretisch herausgelöst wird. Ohne eine solche Isolierung wäre es lediglich Teil eines größeren Ganzen und würde damit – wie dargelegt – gar keine eigenständige Existenz besitzen können.

In der Beobachtung wird die Isolierung des Quantenobjektes wieder aufgehoben, denn zumindest der Beobachter wird eine Beziehung zum Objekt herstellen. Damit wird eine wesentliche Hypothese der klassischen Physik aufgegeben, die vom ›detached observer‹, vom ›isolierten Beobachter‹ spricht.

3.6 Wichtige Ergebnisse der Quantenphysik

Trotz der vielen Erläuterungen zur Bedeutung der Quantentheorie steht noch immer die Frage im Raum:

Was sind Quanten?

Mit dieser Frage werden natürlich die ›Quanten‹ als Objekte intendiert. Damit gehört diese Fragestellung primär in den Beschreibungsrahmen der Objekte und Teile und gerade nicht zur Quantentheorie! Nichtsdestotrotz bleibt selbstverständlich diese Frage vollkommen berechtigt. Was also meint man mit ›Quanten‹?

›Quanten‹ ist ein Oberbegriff – wie z.B. ›Obst‹. Man hat, wenn man ›Obst‹ in der Tasche hat, Äpfel oder Birnen oder Bananen darin. Die Quantenobjekte, die die Physik bisher betrachtet, können unter verschiedenen Gesichtspunkten klassifiziert werden. Man kann sie einmal unterscheiden in ›reale‹ Quanten, die als Teilchen realisiert und vorgeführt werden können, und in theoretische Strukturen, die eher wie Eigenschaften eines Quantensystems zu begreifen sind. ›Reale Teilchen‹ sind z.B. Elektronen, Protonen, Neutronen und Photonen (das sind die Lichtteilchen, sie werden auch γ-Quanten genannt und verkörpern die elektromagnetische Kraft) sowie die Mesonen der Kernkraft, die ebenfalls in Beschleunigern als eigenständige Teilchen erzeugt werden können. Strukturen, die nicht einzeln vorgeführt werden können, kennen wir aus dem Alltag in der Form der Magnetpole. Jeder Versuch, einen Nordpol zu isolieren, führt zur Erzeugung von kleineren, aber wieder vollständigen Magneten. In der Quantentheorie sind die Phononen (Schallschwingungen in Festkörpern) und die Quarks, die oft als ›Bausteine‹ von Protonen und Neutronen bezeichnet werden, derartige Strukturen, die nicht außerhalb des Quantensystems existieren können. Und nicht zuletzt sind auch die Quantenbits nur dann in Raum und Zeit lokalisierbar, wenn sie an einen materiellen Träger gebunden sind.

In der Physik hat man noch die – für Außenstehende allerdings wenig hilfreiche weitere Definition – dass ein Quantenobjekt alles ist, was in seinem Verhalten durch die Quantentheorie beschrieben wird.

Es wird deutlich geworden sein, dass alles Existierende mit der Quantentheorie beschrieben werden könnte. Allerdings würde diese Genauigkeit oftmals bedeuten, mit Kanonen auf Spatzen zu schießen. Und wenn sämtliche Beziehungen unabhängig von ihrer Stärke und Bedeutung gleichgewichtig mit der Quantentheorie erfasst würden, würden damit zugleich sämtliche Fakten entschwinden.

Superposition

Bevor wir uns den experimentellen Konsequenzen der Quantentheorie zuwenden, sei noch einmal explizit auf deren Möglichkeitscharakter verwiesen. In Abb. 8 hatten wir bereits auf die Koexistenz aller möglicher Zustände mit dem tatsächlich vorhandenen verwiesen.

Für Quantenzustände ist es kennzeichnend, dass ein Zustand in andere – von ihm verschiedene – Zustände zerlegt oder dass er andererseits aus solchen gebildet werden kann. Dieses Zusammensetzen von Möglichkeiten wird in der Quantentheorie mit dem Fachausdruck ›Superposition‹ bezeichnet. Die

Möglichkeiten ›überlagern‹ sich und werden etwas Neues. Für ein Verständnis ist es dabei besonders wichtig, dass verschiedene Überlagerungen, die zum gleichen Zustand führen, oder in die ein einzelner Zustand seinerseits zerlegt werden kann, alle miteinander vollkommen gleichberechtigt sind.

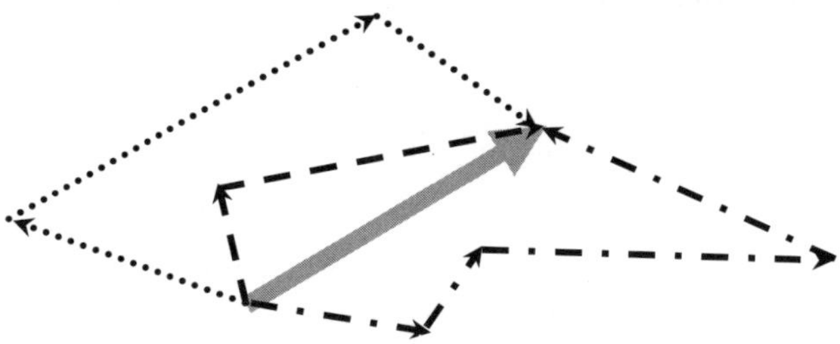

Abb. 13: verschiedene Additionen (Superposition) von Vektoren (Pfeile mit unterbrochenen Linien) zu derselben Vektorsumme (Gesamtzustand, dicker grauer Pfeil).

Die Zustände werden als ›Zustandsvektoren‹ bezeichnet, und die Eigenschaft realer Möglichkeiten, in andere Möglichkeiten zu zerfallen oder sich aus anderen zu ergeben, lassen sich mit den Methoden der Vektorrechnung gut veranschaulichen.

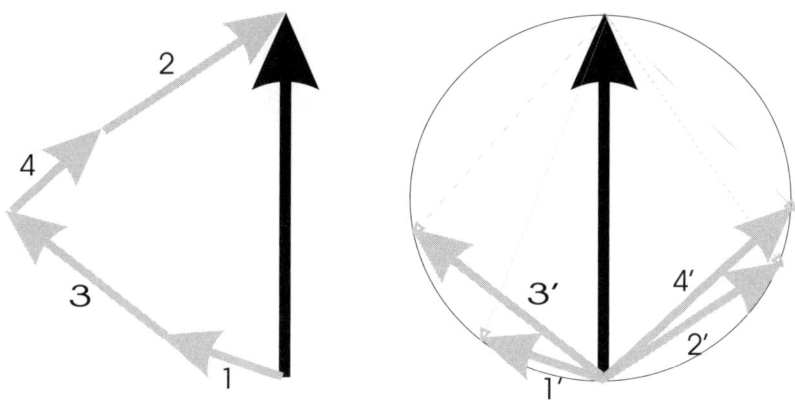

Abb. 14 a (links): Möglicher Aufbau eines Quantenzustandes (schwarz) aus anderen (1–4), von ihm verschiedenen Quantenzuständen (grau), .
Abb. 14 b (rechts): Projektion eines Quantenzustandes (schwarz) auf je einen anderen (1'–4'), von ihm verschiedenen Quantenzustand (grau), der bei einer entsprechenden Messung an ihm gefunden werden kann. Die unterschiedlichen Pfeillängen verdeutlichen die jeweiligen Wahrscheinlichkeiten dafür.

Mathematische Grundlage dafür ist die lineare Struktur der Quantentheorie. Sie wird durch eine Vektoraddition von Zuständen ausgedrückt. In der Geometrie werden zwei Vektoren dadurch addiert, dass der zweite an die Spitze des ersten gesetzt wird. Sehr verschiedene Ausgangsvektoren können zur gleichen Summe bzw. ein Vektor in sehr verschiedene andere Vektoren zerlegt werden.

Das Doppelspaltexperiment

In der klassischen Physik ist ein Teilchen ein Gebilde, das als punktförmige Masse mit einem wohlbestimmten Ort aufgefasst werden kann. Eine Welle ist in dieser Theorie ein sehr weit ausgedehntes Gebilde, welches daher an sehr vielen Orten zugleich anzutreffen ist.

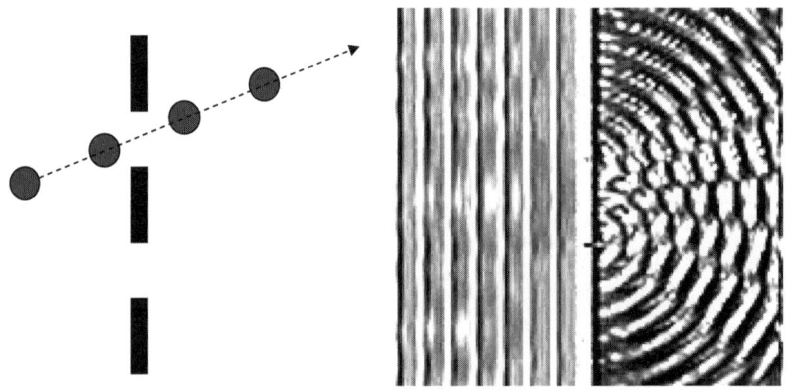

Abb. 15: Klassische Vorstellungen von Teilchen und Welle am Doppelspalt.

In der quantentheoretischen Version des Experimentes läuft z.B. ein einzelnes Elektron *zugleich* durch die zwei *nebeneinander* liegenden Löcher auf einen Schirm und erzeugt dort beim Auftreffen ein Signal. Wird dieser Vorgang sehr oft wiederholt, so werden dort Interferenzmuster sichtbar, wie man sie von Wellen kennt. Dieses Interferenzmuster verschwindet aber nun, wenn der Versuch so abgeändert wird, dass stets immer nur ein Loch offen ist. Die plausible Vorstellung, dass das Teilchen ›eigentlich‹ immer nur durch eines der Löcher hindurchtritt, aber die Elektronen so klein sind, dass man das nicht feststellen kann, lässt sich leicht widerlegen. Es gibt nämlich bei zwei gleichzeitig geöffneten Löchern Bereiche auf dem Schirm (z.B. der Punkt A), die nie von einem Teilchen getroffen werden. Aber diese Stellen werden von Elektronen erreicht, wenn stets nur eines von beiden Löchern geöffnet ist.

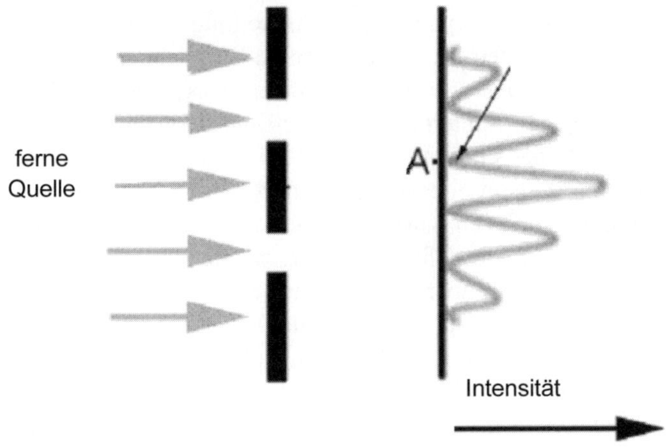

Abb. 16: Interferenzmuster für Elektronen hinter einem Doppelspalt (Es ist stets nur ein einziges Elektron unterwegs, die graue Wellenlinie stellt die aufsummierte Intensität der Elektronen am jeweiligen Ort des Schirmes dar). An einige Stellen, z.B. A, findet sich keine Intensität.

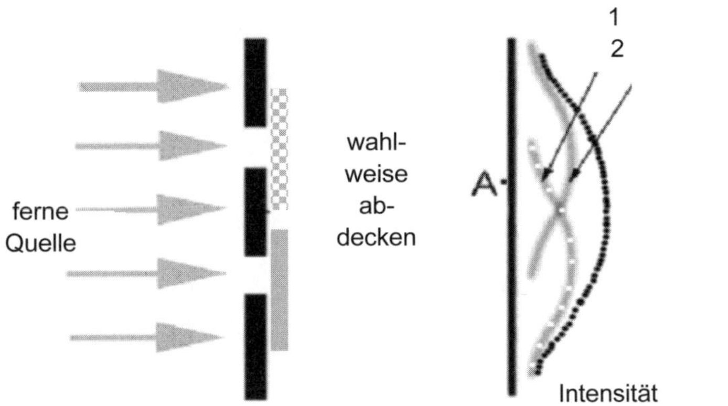

Abb. 17: Kein Interferenzmuster für Elektronen mit Durchgang durch nur einen Spalt (Glatte graue Kurve: oben offen, unterer Spalt abgedeckt, punktierte graue Kurve: unten offen, oberer Spalt abgedeckt), schwarz: Summe beider Intensitäten.

Von links treffe in Abb. 17 ein Strahl von Teilchen ein, z.B. Elektronen, und zwar dergestalt, dass immer lediglich höchstens eines unterwegs ist. Wenn dann nur das untere Loch offen ist, wird man dahinter nach einiger Zeit auf dem Schirm eine Verteilung der Intensität wie in Kurve 1 erwarten. Ist das andere Loch geöffnet, dann so wie in Kurve 2. In dieser Hinsicht gibt es zwischen klassischer und quantischer Vorstellung noch keinen Unterschied. Wenn nur ein Loch offen ist, dann sind ›alle Möglichkeiten hindurchzukommen‹ auf dieses eine Faktum beschränkt, und was überhaupt hindurch geht, kommt von dort. Die Situation ändert sich, wie erwähnt, wenn gleichzeitig beide Löcher geöffnet sind wie in Abb. 16. Für eine klassische Beschreibung würde man eine Aufsummierung der Kurven 1 und 2 erwarten. Das ist in Abb. 17 mit der schwarzen Kurve angedeutet. Wenn man etwa mit Murmeln einen solchen Versuch durchführen würde, würde man genau dieses Ergebnis erhalten. Im Quantenfall aber geschieht etwas anderes. Auch wenn stets nur ein Teilchen unterwegs ist, so hat es doch die beiden Möglichkeiten der beiden offenen Löcher vor sich. Nun behauptet die Quantentheorie, dass ein Quantenobjekt alle Möglichkeiten wahrnimmt und zwei offene Löcher bieten andere Möglichkeiten als nur eines. Eine Welle nimmt auch zwei Löcher anders wahr als eines, das zeigt die Abb. 15. Wenn man dann den Versuch eine längere Zeit laufen lässt, so erhält man im Ergebnis eine Interferenzfigur der Intensitäten, wie sie auch in Abb. 16 zu erkennen ist.

Besonders spannend ist es, wenn man in den Bildern die Intensität an der Stelle A vergleicht. Dann sieht man, dass es Bereiche gibt, die dann nicht mehr erreichbar sind, wenn zu einem Loch ein zweites zusätzlich geöffnet wird. Zum besseren Vergleich werden die beiden Bilder noch einmal in Abb. 18 übereinander gezeigt. Ein Quantenobjekt kann die Stelle A mit einer gewissen Wahrscheinlichkeit erreichen, falls entweder das obere oder das untere Loch geöffnet ist, aber nicht mehr, wenn beide zugleich offen stehen.

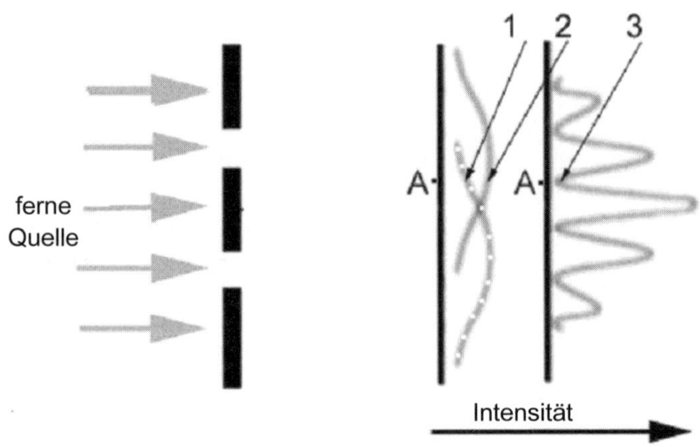

Abb. 18: Vergleich der Versuche mit Elektronen an jeweils nur einem Spalt (1,2) und am Doppelspalt (3). An den Punkt A gelangen Elektronen nur, falls lediglich ein Spalt offen ist – gleichgültig welcher –, aber nicht mehr, wenn beide gleichzeitig geöffnet sind.

In einer anderen Version führt man den Doppelspalt-Versuch mit Licht, also mit ›elektromagnetischen Wellen‹ durch. Bei hoher Intensität erhält man das Interferenzbild. Das Licht verhält sich dann also wie eine Welle. Wird aber die Intensität sehr extrem verringert, dann sieht man am Schirm kleine Lichtblitze, die sich, wie bei den Elektronen, erst im Laufe der Zeit zu einem Wellenmuster aufsummieren. Misst man direkt hinter den beiden Spalten, dann wird bei hinreichend schwacher Einstrahlung, ebenso wie bei den Elektronen, immer nur hinter einem der beiden Spalten eine Reaktion erfolgen. Hierbei reagiert das Licht nun wie ein Strom von Teilchen.

Die Quantentheorie erklärt, Teilchen können sich wie Wellen aufführen und andererseits können Wellen als Teilchen verstanden werden. Nach der Quantentheorie kann also ein und dasselbe Quantenobjekt unter bestimmten Bedingungen wie eine Welle und unter anderen wie ein Teilchen wirken. Im Experiment legt der Experimentator fest, welche physikalische Größe er messen will. Wenn er einen Ort messen will, wird sich das Objekt wie ein Teilchen offenbaren, will er die Geschwindigkeit kennen lernen, die an den Wellen abgelesen werden kann, wird sich das gleiche Objekt wie eine Welle zu erkennen geben.

Noch ein weiterer wichtiger Aspekt der Quantentheorie kann hierbei enthüllt werden. Da ja nach Voraussetzung immer nur ein einziges Quant in der Versuchsanordnung läuft, wird man am Bildschirm auch immer nur einen einzigen Lichtblitz an einer einzigen Stelle sehen können. Die Interferenzkurve wie im Bild kommt erst zustande, wenn der Versuch über eine längere Zeit läuft und die Einzelblitze zu einer Gesamtintensität aufaddiert werden. Jeder einzelne Blitz gelangt auf eine zufällige Stelle des Schirmes. Man kann lediglich gewiss sein, dass er nicht dorthin kommt, wo die Wahrscheinlichkeit Null ist. Der Versuch endet schließlich – wenn er lange genug läuft – mit genau derjenigen Verteilung, die die Quantentheorie vorhersagt.

An diesen einfachen Beispielen lässt sich bereits gut ablesen, wie wichtig es ist, den Möglichkeitsaspekt der Realität nicht außer Acht zu lassen.

Dieser Versuch zeigt, dass die Differenz zwischen Teilchen und Welle bei Quantenobjekten eine Frage der Perspektive ist. Dies dürfte wahrscheinlich weithin bekannt sein, denn der Welle-Teilchen-Dualismus wird ja sogar teilweise in der Schule behandelt – allerdings leider zumeist so, dass das Wesentliche daran kaum deutlich wird, nämlich der sichtbare Möglichkeitsaspekt der Quantenobjekte.

Derartige Quantenphänomene sind keineswegs auf den eigentlich mikroskopischen Bereich, auf die Elektronen und Atomkerne beschränkt. Die Arbeitsgruppe von A. Zeilinger hat Fulleren-Moleküle (Buckyballs), die immerhin über 60 Kohlenstoffatome umfassen, bereits erfolgreich solchen Streu- und Interferenzversuchen unterworfen. Wie von Zeilinger zu erfahren war, ist sogar geplant, solche Doppelspaltexperimente künftig einmal mit Viren durchzuführen. Für viele Menschen würden solche Versuche, wenn sie einmal durchgeführt werden können, die Realität der Quanten gewiss viel deutlicher werden lassen als theoretische Überlegungen.

Der Tunneleffekt – oder: wann gilt der Energiesatz nicht?

Der Tunneleffekt ist vielleicht das bekannteste Beispiel unter den sogenannten Quantenmerkwürdigkeiten. Er stellt aus Sicht der klassischen Physik eine fundamentale Verletzung des Energiesatzes dar und ist ein Ausdruck für die Nichtlokalität der Quantenwelt, die sich nicht an die von der Alltagsumgebung und der klassischen Physik vorgegeben Begrenzungen hält. Auf dem Tunneleffekt beruhen viele der radioaktiven Zerfälle von Atomen, die aus energetischen Gründen ›eigentlich‹ stabil sein müssten.

Wenn ein Quantenobjekt durch eine Barriere eingeschlossen ist, so kann dennoch wegen seiner Nichtlokalität eine Wahrscheinlichkeit dafür bestehen, das Objekt außerhalb dieser Eingrenzung vorfinden zu können.

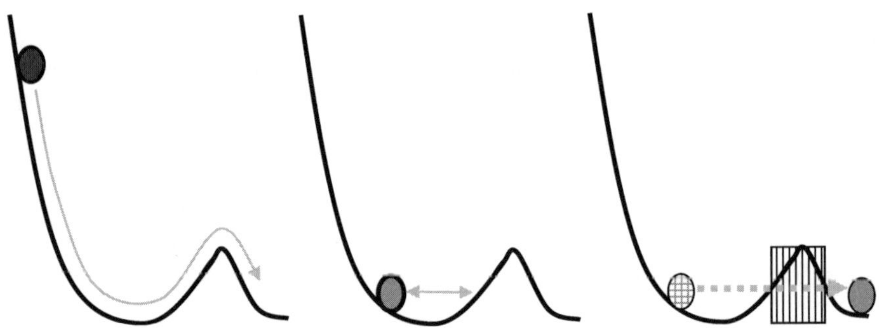

Abb. 19 a: Wenn die dunkle Kugel von oben den Hang hinunter rollt, so wird sie die Barriere überwinden können.
Abb. 19 b: Die hellgraue Kugel hingegen, die unten startet, wird hinter der Barriere eingeschlossen bleiben, ihre Energie reicht nicht aus, diese zu überwinden.
Abb. 19 c: Für ein Quantenobjekt hingegen besteht wegen der Nichtlokalität eine gewisse Wahrscheinlichkeit, außerhalb der Barriere gefunden werden zu können – auch wenn die Energie zum Übersteigen nicht ausreicht, es hat ›mögliche Orte‹.

Rechnungen und Experimente zeigen, dass der verbotene Bereich – in Abb. 19 c schraffiert – dabei von dem Quantenobjekt ohne Zeit, also mit unendlicher Geschwindigkeit durcheilt wird. Das muss man so interpretieren, dass die Quantentheorie doch fundamentaler ist als die klassisch zu verstehende spezielle Relativitätstheorie. Diese verbietet reale Übertragungen von Energie oder Information mit größerer Geschwindigkeit als die des Lichtes im Vakuum. Dieser ›energetisch verbotene Bereich‹ kann vielleicht als etwas ›noch Wenigeres‹ als das Vakuum angesehen werden, rechnerisch ist dort das Quadrat der Geschwindigkeit negativ. Wenn die Breite des ›verbotenen Bereiches‹ lediglich die Ausdehnung einer Wellenlänge hat, dann ist für eine Durchquerung immerhin eine Wahrscheinlichkeit von etwa 30 % zu erwarten. Das bedeutet bei einer zu übermittelnden Nachricht mit ausreichender Redundanz (also mit genügend vielen eingebauten Wiederholungen), dass bei einem solchen relativ geringen Verlust noch von einer Übertragung gesprochen werden kann. Nimtz berichtet davon, dass er bei seinen Versuchen Mozart-Musik habe tunneln lassen.[8]

Die Wahrscheinlichkeit für ein solches Verhalten nimmt aber mit wachsender Breite der energetisch verbotenen Zone und vor allem mit wachsender Masse des tunnelnden Quantenobjektes extrem schnell ab, so dass für makroskopische Objekte oder Entfernungen davon nichts zu merken ist. Wenn von einem Informationsträger weniger als ein paar Prozent übermittelt werden, z.B. von einem Telegramm nur jeder fünfzehnte Buchstabe, könnte nicht mehr von Nachrichten- oder gar Energieübertragung gesprochen werden und die spezielle Relativitätstheorie ist wieder gültig.

Da Photonen masselose Objekte sind, ist für sie das Tunneln viel eher möglich als für massive Teilchen. Im Hinblick auf manche psychische Phänomene, die aus Sicht der klassischen Physik vollkommen unmöglich erscheinen, sei daher angemerkt, dass die Photonen, die im EEG zu den 25–42 Hz-Schwingungen gehören, wie sie z.B. bei geübter Meditation verstärkt auftreten,[9] eine Wellenlänge von der Größenordnung des Erddurchmessers besitzen.

Die »Verzögerte Wahl« (delayed choice) – oder: das Ändern der Vergangenheit

C.F. v. Weizsäcker hat in seiner ersten Publikation über das ›Röntgenmikroskop‹, zu der er im Jahre 1931 von Heisenberg beauftragt worden war, als erster Physiker eine Klasse von Experimenten beschrieben, die von A. Wheeler etwa 25 Jahre später mit dem sehr werbewirksamen Titel ›delayed choice‹ – verzögerte Wahl – bezeichnet worden sind. Sie zeigen auf, dass ein Quantenprozess vor einer Messung keine innere Zeitordnung besitzt. Falls man trotzdem einem solchen ungemessenen Quantenprozess die Zeit-

8 NIMTZ, G. /HAIBEL, A., Tunneleffekt.
9 LUTZ, A. et al., meditators.

vorstellungen aus dem Alltag zuschreiben wollte, so müsste man sagen, dass in diesen Experimenten zu einem späteren Zeitpunkt rückwirkend – mit verzögerte Wahl – festgelegt werden kann, welchem Einfluss das Quantenobjekt – dieser Vorstellung gemäß – zuvor ausgesetzt gewesen sein würde. Man erkennt, dass bereits die Struktur der deutschen Sprache eine diesem Sachverhalt gut angepasste Formulierung verunmöglicht.

Eine bessere Erklärung wäre, dass ein individueller Quantenprozess sich als ein einziger Augenblick erweist, für den alles gleichzeitig geschieht und für den eine Einteilung in ›früher‹ und ›später‹ nicht zu rechtfertigen ist.

Bei den Experimenten dieser Kategorie bildet die Grundlage für diese Merkwürdigkeiten die räumliche und zeitliche Ungeteiltheit eines Quantenprozesses. Sie besitzt in der äußeren Alltagsumgebung keine Entsprechung, wohl aber in manchen Zuständen unserer Psyche, in denen wir uns gelegentlich als von der äußeren Zeit abgekoppelt erleben können.

Das Einstein-Podolski-Rosen-Experiment

An dem bereits erwähnten von Einstein entworfenen Experiment wird besonders deutlich sichtbar, dass die Quantentheorie die bisherigen Vorstellungen von Raum und Zeit grundlegend in Frage stellt. Einstein publizierte es mit Podolski und Rosen zuerst in der New York Times und dann erst in Physical Reviews, was damals noch vollkommen unüblich war. Aus der Quantentheorie folgt, dass die Quantenkorrelationen innerhalb einer Ganzheit sich nicht an die Vorstellung halten, dass sich ›Überhauptnichts schneller als mit Lichtgeschwindigkeit‹ verändern kann, obwohl die Physik des 20. Jahrhunderts diese Erkenntnis Einsteins verinnerlicht hatte.

Das EPR-Experiment war ein Gedankenexperiment, das die Konsequenzen darstellte, die aus der mathematischen Struktur der Quantentheorie folgen.

In der üblichen Beschreibung lässt man das System aus zwei Teilchen bestehen, die aus einem gemeinsamen Quantenzustand in entgegengesetzte Richtungen in den Raum hinauslaufen. Durch eine Messung an einem der beiden Teilchen wird sowohl der Gesamtzustand als auch der Zustand des anderen Teilchens sofort verändert. Das erlaubt, so EPR, sofort eine Aussage über den Zustand des anderen Teilchens, ohne dass man etwa eine mit Lichtgeschwindigkeit eintreffende Botschaft abwarten müsste.

Um zu erkennen, dass EPR-Phänomene nicht so widersinnig sind, wie Einstein meinte, müssen sie vor allem zutreffend beschrieben werden.

Alle Fachleute »wussten«, dass dies lediglich ein Gedankenexperiment sein kann. Jetzt, 50 Jahre später, werden aber Experimente zu EPR-Phänomenen tatsächlich durchgeführt und sie gehen immer so aus, wie Einstein nicht gewünscht hatte. Sie sind bereits technisch soweit ausgereift, dass die ersten Patente für Quantenverschlüsselungsverfahren beantragt worden sind, die auf diesen quantentheoretischen Zusammenhängen beruhen. An einem solchen Quantensystem könnte man nämlich feststellen, ob ein Dritter versucht hat, Kenntnis über dieses zu erhalten. Der dazu notwendige Messeingriff würde in einer bemerkbaren Weise das System ändern. Daher könnte man mit einem darauf basierenden Verfahren einen Codierungsschlüssel erstellen, bei dem man sicher sein kann, dass kein Unerwünschter davon Kenntnis haben kann.

Die größte Schwierigkeit folgt aus der Beschreibung des Experimentes mit dem Bild der ›zwei Teilchen‹. Viel besser verständlich wird der Sachverhalt, wenn bei EPR von einem einzigen, ausgedehnten Quantenobjekt gesprochen wird. Erst im Vorgang der Messung wird dieses Ganze durch die Wechselwirkung mit einem ›Messapparat‹ in zwei Teile zerlegt.

Solange das Ganze als ein aus zwei Objekten zusammengesetztes System betrachtet wird, ist der Vorgang fast nicht zu verstehen. Die Physiker sprechen zwar von deren ›Verschränkung‹, aber höchstens der Fachmann weiß, dass dabei etwas ganz anderes gemeint ist als diese beiden konkreten Teile, nämlich die gleichzeitige Existenz aller quantenphysikalisch möglichen Zerlegungen des Ganzen. Dabei sind die Ausgangsteile verschwunden und der Zustand eines Teilobjektes ist undefiniert. Das Wort Verschränkung war von Schrödinger eingeführt worden, der ebenso wie Einstein gewaltige Beiträge zur Entwicklung der Quantentheorie geleistet und andererseits ebenso wie dieser die Konsequenzen diese Theorie nicht gemocht hatte. Der Begriff stammt aus der Holzverarbeitung und bezeichnet eine besonders stabile Verbindung zweier Bretter, die verzahnt und verleimt werden. Aber natürlich bleiben es immer zwei Bretter – und genau dies legt die unzutreffende Vorstellung nahe, dass zwei Teile vorhanden sein würden.

Durch eine Messung wird das ausgedehnte Quantenobjekt zerlegt, und zwar sofort und als Ganzes. (Das ist nicht verschieden von jeder anderen Ganzheit, z.B. einer Vase, die bei einem Ausbrechen einer Scherbe ebenfalls sofort als Ganze beschädigt ist.) An dem einen der erst dabei entstehenden Teile wird ein Faktum erzeugt, der andere Teil gelangt in einen eigenen Quantenzustand, ist aber noch nicht gemessen.

Abb. 20 a: Ein ausgedehntes Ganzes (wie eine Wurst zu denken).

Obwohl sich das beschriebene Ganze bei einer Messung sofort verändert, besteht kein Widerspruch zur Relativitätstheorie. Während der Zustand des gemessenen Teiles als Faktum vorliegt, ist das Wissen über den Zustand des ungemessenen Teiles lediglich ein Wissen über eine *Quantenmöglichkeit* und gerade kein Wissen über ein Faktum. Man kann daher mit Gewissheit vorhersagen, was unmöglich sein wird, aber nicht, welches konkrete Faktum sich innerhalb des Möglichen ergeben wird. Wenn an diesem anderen Teil von einem anderen Beobachter eine Messung vorgenommen wird, die mit der ersten Fragestellung identisch ist, dann kann das Ergebnis sofort und mit Gewissheit vorhergesagt werden. Es wird dann – wie in Abb. 20c gezeigt – zu dem ersten Ergebnis entgegengesetzt sein.

Abb. 20 b: Draufsicht auf die Enden. Für beide ist keine Richtung ausgezeichnet (Spin Null zeigt in keine Richtung, Schnittflächen sind vollkommen symmetrisch).

Aber ob eine solche gleichartige Messung tatsächlich erfolgt, das lässt sich höchstens mit Lichtgeschwindigkeit übermitteln und prüfen. Damit ist klar, dass faktisches Wissen bei diesem Versuch nicht schneller als mit Lichtgeschwindigkeit erhalten werden kann. Dass sich mögliches Wissen schneller ändern kann, ist kein Widerspruch zur Relativitätstheorie.

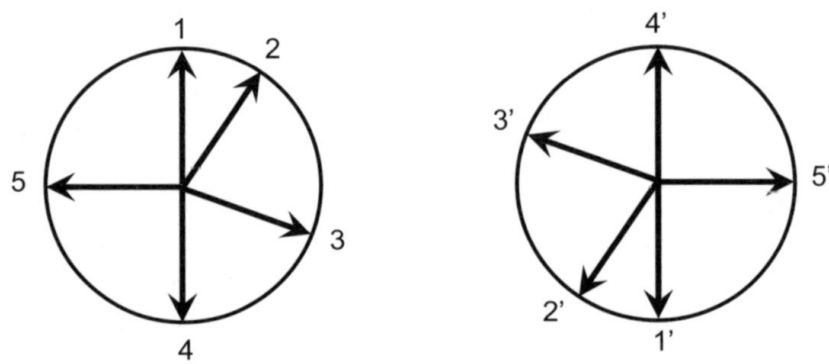

Abb. 20 c: Eine Messung zerlegt das Ganze in zwei Teile, die jetzt jeder einen Spin haben und so jeweils in eine Richtung zeigen müssen. Diese Richtungen müssen sich aber weiterhin zu Null ergänzen, also gegenseitig aufheben. Findet man bei einer Messung links z.B. den Zustand 3, so wird man bei der in der gleichen Weise vorgenommenen Messung rechts den Zustand 3' finden. Nimmt man statt dessen links eine Messung vor, zu der die möglichen Resultate 1 oder 4 gehören und findet man 4, so wird man rechts beim gleichen Messvorgang den Zustand 4' finden.

Bisher dürfte das Geschilderte noch keine Denkschwierigkeiten erzeugen. Was aber das Verstehen dieser Angelegenheit für viele schwierig macht, ist, dass der Zustand des ungemessenen Teiles kein faktischer Zustand ist. Wenn also links gemessen ist, wird damit rechts ein eigenständiges Quantenobjekt erzeugt, welches in dem Quantenzustand verbleibt, der sich aus dem Gesamtzustand und dem links gemessenen ergibt. Erst wenn man am rechten Teil eine Messung vornimmt, wird auch das rechte Quantenobjekt in einen faktischen Zustand übergehen. Dieses Ergebnis wiederum kann mit einer gewissen Wahrscheinlichkeit vom vorhandenen Zustand abweichen.

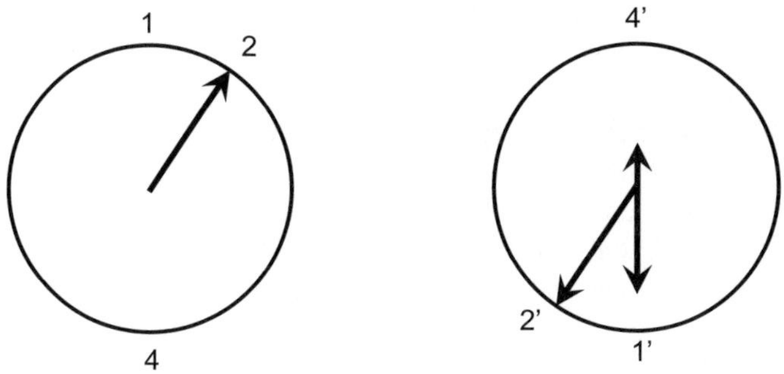

Abb. 20 d: Eine Messung zerlegt das Ganze in zwei Teile, deren Richtungswerte sich gegenseitig aufheben müssen.
Führt man links eine Messung durch, die den Zustand 2 als Messergebnis aufzeigt, so würde man bei der gleichen Messung rechts den Zustand 2' finden, denn der Quantenzustand 2' liegt vor. Nimmt man aber nun statt dessen rechts eine andere Messung vor, zu der die Messresultate 1' oder 4' gehören würden, so wird man nicht 2' finden, sondern stattdessen ein Messresultat, das zur Messfragestellung passt. Mit einer etwas größeren Wahrscheinlichkeit wird man 1' und mit einer kleineren 4' finden.

Mehr als ein halbes Jahrhundert, nachdem sie als Gedankenexperimente erfunden worden waren, können heute derartige EPR-Experimente praktisch durchgeführt werden. Sie erstrecken sich bereits über mehr als 100 Kilometer[10] und sind sogar bis zu einem Satelliten geplant. Teilweise werden sie mit Photonen durchgeführt, die dabei in Glasfasern verlaufen.

Hierbei ist es interessant und wichtig, dass diese Photonen, die mitten im Glas laufen, dennoch von diesem Glas vollkommen getrennt sind – der Quantenzustand der Photonen verhält sich so, als ob das Glas nicht vorhanden wäre. Bei solchen Versuchen sind Photonen deshalb besonders günstig, weil sie keine Ladung tragen und so deswegen auch ungestört durch nichtme-

---

[10] URSIN, R. et.al., Entanglement.

tallische Materie, also Isolatoren, laufen können. Hingegen sind Teilchen, die eine elektrische Ladung tragen, nur sehr schwer von ihrer Umwelt zu isolieren.

Die Erzeugung verschränkter Zustände geschieht zwar oft aus zwei Teilen, aber das Wichtige an ihnen ist, dass sie ein einziges ungeteiltes Ganzes darstellen. Deshalb ist es beim EPR-Versuch sehr sinnvoll, nicht von ›zwei Photonen‹, sondern vielmehr von ›einem Diphoton‹ zu sprechen. Solche teilelosen Ganzheiten sind es, die den Bausteinvorstellungen der klassischen Physik ihre Gültigkeit rauben.

Aus einer wissenschaftssoziologischen Sicht sind die EPR-Versuche bedeutsam, weil sich an ihnen gut erkennen lässt, welche langen Zeiträume teilweise vergehen können, bis theoretische Konsequenzen der Quantentheorie experimentell bestätigt werden.

Die EPR-Phänomene sind auch deshalb so wichtig für das Verstehen des Bewusstseins, weil sie die merkwürdigen Konsequenzen aus der Nichtlokalität der Quantentheorie deutlich werden lassen. Verschränkte Zustände können auch zwischen dem Körperlichen und dem Mentalen bestehen und unter Umständen sogar zwischen den Psychen zweier Personen.[11] Wir haben immer wieder die Erfahrung gemacht, dass in ernsthaften und vertrauensvollen Gesprächen über Erlebnisse gesprochen wird, die aus dem Blickwinkel der klassischen Physik lediglich als höchst unwahrscheinlicher Zufall eingeschätzt werden müssten.

Wenn derartige Änderungen von Korrelationen in einem Bezugsystem beschrieben werden, in welchem sie an weit voneinander entfernten Orten geschehen, dann folgt aus der Speziellen Relativitätstheorie, dass es ein dazu bewegtes Bezugssystem gibt, in welchem sich diese Korrelation von ›hier und dort‹ als eine Korrelation zwischen ›Späterem und Früherem‹ erweist. Die Strukturen von Quantentheorie und Relativitätstheorie ermöglichen also die Vorstellung von Korrelationen, die zwischen der Gegenwart und der Zukunft bestehen.

Damit man Derartiges nicht falsch einschätzt, bleibt es wichtig, daran zu erinnern, dass dies Korrelationen zu künftigen Möglichkeiten und keineswegs zu zukünftigen Fakten sind. Damit bleibt auch eine kausale Einwirkung von dem einen Ereignis auf das andere unmöglich. Eine derartige Möglichkeit einer zeitüberbrückenden Korrelation lässt deutlich werden, dass ein ›individueller Quantenprozess‹ nicht dem normalen Zeitablauf unterliegt. Erst bei der Aufhebung der Isolierung und einer Wiederankopplung an die Umgebung wird auch die Zeit des Prozesses mit der seiner Umgebung wieder verbunden. Das isolierte Quantensystem verbleibt während der Trennung gleichsam außerhalb von Raum und Zeit.

---

11 Siehe 320.

Schrödingers Katze – oder die Realität der Ambivalenz

In psychischen Zusammenhängen bezeichnet man zugleich vorliegende, aber einander widerstreitende Gefühle oder Wünsche als ambivalent. Sie können sich im Bewusstwerden von einander widersprechenden Handlungsmöglichkeiten und -zielen verdeutlichen. Da sie mit der klassischen Logik unverträglich sind, werden sie oft als ein typisches Manko des Psychischen angesehen, das glücklicherweise in den ›exakten Wissenschaften‹ nicht vorkommt.

Mit diesem Vorurteil räumt die Quantentheorie gründlich auf. ›Schrödingers Katze‹ ist eine öffentlichkeitswirksame Veranschaulichung davon, dass auch in bestimmten Bereichen der mathematischen Naturwissenschaften ein solches unbestimmtes Verhalten typisch ist.

Erwin Schrödinger, der nach Heisenberg ebenfalls einen Nobelpreis für die Entwicklung der Quantenmechanik erhalten hatte, war im Gegensatz zu diesem und in Übereinstimmung mit Einstein unglücklich über die philosophischen Konsequenzen dieser Theorie. Um diese Konsequenzen auch für die Außenstehenden deutlich werden zu lassen, hat er – ähnlich wie Einstein – ein Gedankenexperiment erfunden, an dem sich öffentlicher Widerspruch entzünden sollte.

Solange an einem isolierten Quantensystem kein Faktum entsteht, weil keine Messung vorgenommen wird, bleiben sämtliche Möglichkeiten, die mit dem System verträglich sind, erhalten. Alle diese Zustände müssen als gleichermaßen präsent betrachtet werden.

Schrödingers Gedankenexperiment betraf eine Katze, die so in einem Kasten von der Umwelt abgeschlossen sein sollte, dass an ihr nichts gemessen werden kann. Falls ein radioaktives Atom zerfällt, wird eine ›Höllenmaschine‹ im Kasten eine Blausäurekapsel zerschmettern und so die Katze vergiften. Der radioaktive Zerfall ist ein Ereignis, das im Rahmen der Quantentheorie nur mit Wahrscheinlichkeit beschrieben werden kann. Solange keine Messung stattgefunden hat, ist davon auszugehen, dass sich das Atom – wie oben beschrieben – in einer Überlagerung des zerfallenen und des nichtzerfallenen Zustandes befindet. Das würde die Menschen gewiss nicht weiter interessieren oder gar aufregen. Deshalb hat Schrödinger durch sein Gedankenexperiment eine eindeutige Verbindung vom radioaktiven Atom zur Katze konstruiert. Wenn das Atom nicht zerfallen ist, so ist die Katze noch am Leben, wenn es zerfallen ist, so ist die Katze tot. Er argumentiert dann weiter, dass – solange der Kasten geschlossen ist, also keine Messung stattgefunden hat – sich daher sowohl Atom als auch Katze im Quantenzustand einer Überlagerung befinden muss. Erst beim Messprozess, nach Schrödinger beim Hineinschauen, wird der Zustand der Katze faktisch werden und in einen der beiden Ergebniszustände faktisch übergehen.

Die mit diesem Gedankenexperiment behauptete ›gleichzeitige Existenz der toten und lebenden Katze‹ sorgt bis heute für Aufmerksamkeit und sogar Aufregung. Wie ist der Sachverhalt tatsächlich zu verstehen?

Bis heute wird der Übergang von den Möglichkeiten der Quantenbeschreibung zu einem Faktum noch immer mit dem Begriff ›Messprozess‹ bezeichnet. Als Schrödinger seine Katze vorstellte, herrschte die Vorstellung, der Messprozess sei notwendig an einen menschlichen Beobachter gekoppelt. Damit erschien es als eine Konsequenz der Theorie, dass – bevor der Beobachter den Kasten öffnet – in diesem Kasten samt Inhalt der Quantenzustand ohne Reduktion der Wellenfunktion weiter fortbestehen müsse und daher die Katze in der geschilderten Überlagerung von tot und lebendig existieren müsste.

Heute muss man an dieser sehr eingeschränkten Vorstellung über den Messprozess nicht mehr festhalten.

Der unwiederbringliche Informationsverlust, nämlich über die Möglichkeiten, die vor dem Eintritt des Faktums vorhanden gewesen waren, ist das Wesentliche einer Messung. Dieser Übergang ins Faktische kann vom Beobachter registriert werden. Wie in »Quanten sind anders«[12] ausführlich beschrieben, geschieht dieser Informationsverlust vor allem durch das Entfliehen von Photonen in die Tiefe des kosmischen Raumes, und der Beobachter trägt die Verantwortung für die Entscheidung, ab wann dieses Hinauslaufen der Informationsträger als unwiederbringlich anzusehen ist. Kleine Objekte lassen sich leicht so gut isolieren, dass ein solcher Informationsverlust erst durch das aktive Eingreifen des Experimentators ausgelöst wird. Dann haben wir einen Messprozess, so wie er früher auch verstanden worden ist.

Bei größeren Systemen, wenn sie sich nicht fast am absoluten Nullpunkt befinden, treten ständig Photonen einer Wärmestrahlung aus, die zu der betreffenden Temperatur gehört. Damit besteht ein ständiger Informationsverlust, sofern nicht beispielsweise durch ideale Spiegel die Information zurückgeschickt werden würde. Da größere Objekte ständig strahlen, wird ein makroskopisches Objekt uns meist wie etwas Faktisches vorkommen.

Um also eine Katze als Ganzes vor einem unwiederbringlichen Informationsverlust zu bewahren und damit in einem Quantenzustand zu erhalten, müsste dieses Tier fast bis zum absoluten Nullpunkt abgekühlt werden, so dass allein dadurch die Frage bereits entschieden wäre, ob sie tot oder lebendig ist.

Für kleinere Quantensysteme – Schrödingers Kätzchen – werden allerdings derartige Versuche erfolgreich durchgeführt und natürlich mit dem Ergebnis, das Schrödinger nicht gewünscht hatte, denn Schrödinger lehnte

---

12 GÖRNITZ, TH.: Quanten.

gefühlsmäßig den Möglichkeitscharakter der Quantentheorie ab. Für masselose Objekte in einer geeigneten Umgebung, wie z.B. Photonen in Glas, haben wir im Zusammenhang mit EPR bereits geschildert, dass für diese Situation eine vollkommene Isolierung von der Umgebung, d.h. des Lichtes vom Glas, bereits bei normaler Raumtemperatur möglich ist und so trotz gegenseitiger räumlicher Durchdringung keine Quantenmöglichkeiten der Photonen verloren gehen müssen.

Quantentheorie und bedeutungstragende Information

Bei der Beschreibung des Messprozesses und jetzt noch einmal bei ›Schrödingers Katze‹ ist deutlich geworden, dass der Übergang von den quantischen Möglichkeiten zu den klassischen Fakten durch einen unwiederbringlichen Verlust von Information bewirkt wird.

Dass ein solcher Informationsverlust die entscheidende Größe darstellt wird an den sogenannten ›Welcher-Weg-Experimenten‹ und dem ›Quantenradierer‹ deutlich. Bei diesen zeigte es sich, dass tatsächlich allein die Entnahme von Information für einen Messprozess mit seinem Entstehen von Fakten entscheidend ist.

Die Entscheidung, welche Information aus dem System gewonnen werden soll, kann dabei sogar nachträglich getroffen werden. Beim Quantenradierer wird eine Messinformation bereitgestellt. Wenn diese aber nicht tatsächlich entnommen, sondern wieder in das System zurückgeführt wird, z.B. durch eine ›Zurückspiegelung‹, erweist sich der fiktive Messvorgang als wieder aufgehoben. Bei Welcher-Weg-Experimenten kann man beispielsweise am Doppelspalt nachträglich entscheiden, ob man dem System die Information über den Weg entnehmen will. Dann wird der beobachtete Weg stets nur durch ein Loch führen und damit die Möglichkeit von Interferenz beseitigt. Oder man belässt diese Information im System, so dass die Möglichkeit von mehreren Löchern erhalten bleibt. Dann wird man Interferenzmuster bekommen.

Diese und ähnliche Quantenphänomene haben den Weg mit dafür eröffnet, bedeutungstragende Quanteninformation immer stärker in das Zentrum des physikalischen Interesses zu rücken. In vielen Situationen ist es möglich, Qubits mit Bedeutung zu versehen und diese weitgehend unabhängig von ihrem Träger zu untersuchen und zu modifizieren. Dies kann beispielsweise der Fall sein, wenn das Qubit als der Spin eines Elektrons oder als die Polarisationsrichtung eines Photons repräsentiert wird. Da in vielen Fällen eine Kopplung des Spins an andere Zustandsgrößen vernachlässigt werden kann, erscheint somit der Spin als getrennt von seiner Umwelt und damit als reines Qubit.

Eigenschaften der Quanteninformation

Durch die immer umfangreicher werdende theoretische und experimentelle Bearbeitung der Quanteninformation sind eine Reihe wichtiger Eigenschaften deutlich geworden. Während es für ein klassisches Bit stets möglich ist, dessen Zustand zu verneinen und damit ›ja‹ bzw. ›nein‹ in sein Gegenteil zu verkehren, ist es im Gegensatz dazu in der Quantentheorie prinzipiell unmöglich, den unbekannten Zustand eines Qubits exakt zu verneinen. Das theoretisch bestmögliche Ergebnis erreicht in diesem Fall daher nicht eine Wahrscheinlichkeit 100 %, sondern höchstens 66 %.

Da ein Quantenzustand zugleich mit unendlich vielen anderen Zustände koexistiert, werden bei seiner bearbeitenden Veränderung diese alle ebenfalls mitverändert. Damit wird es einsehbar, dass – der Möglichkeit nach – in einem Rechengang unendlich viele Aufgaben behandelt werden können. Dass man daher einen (bis jetzt noch im Wesentlichen hypothetischen) Quantencomputer als den Parallelbetrieb von unendlich vielen klassischen Computern ansehen kann, erklärt das große Interesse auch von Einrichtungen an diesem Forschungsgebiet, die an der Entschlüsselung von Nachrichten interessiert sind.

Wir sind der Meinung, dass wichtige Fähigkeiten des lebenden Gehirns, welches bisher die Fertigkeiten der Computer noch weit überragt, auf der Nutzung solcher Quanteneigenschaften beruht.

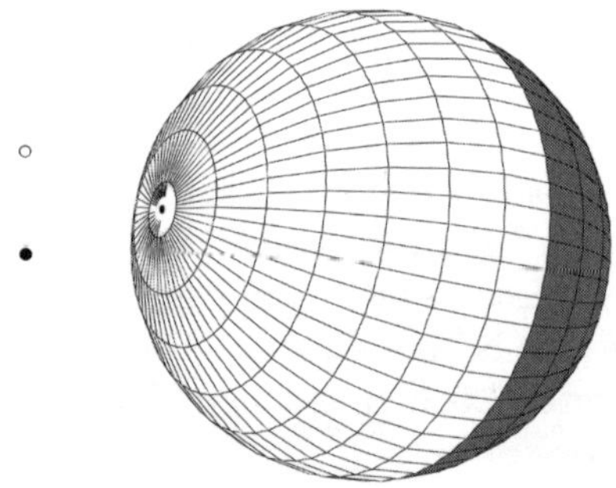

Abb. 21: Vergleich der zwei Zustände eines klassischen Bits (schwarzer und weißer Punkt) mit den unendlich vielen Zuständen eines Quantenbits, die durch die unendlich vielen Punkte auf der Oberfläche der »Poincarékugel« dargestellt werden.
Für ein klassisches Bit kann ohne weiteres eine ›Verneinung‹ konstruiert werden (ja in nein, nein in ja).
Ein Quantenzustand (schwarzer Punkt auf Kugel) kann nur dann ohne weiteres verneint werden (Antipodenpunkt), wenn er bekannt ist. Ein unbekannter Quantenzustand kann jedoch höchstens mit 66 % Gewissheit verneint werden (dies entspricht etwa irgendeinem Punkt aus dem dunkelgrauen Bereich).

Ein Teil der Schwierigkeiten bei der technischen Realisierung von Quantencomputern besteht darin, dass während des Rechenprozesses keine Fakten entstehen dürfen. Erst am Ende der Berechnung wird eine Messung durchgeführt, die dann – allerdings nur mit einer gewissen Wahrscheinlichkeit – ein richtiges Ergebnis liefert. Die Isolation des Quantencomputers von seiner Umwelt und damit das Vermeiden von Informationsverlust in den Weltraum vor Beendigung der Rechnung ist daher ein besonders kritischer Aspekt.

Da man zunehmend Verfahren entwickelt, wie ein nicht immer vermeidbarer teilweiser Verlust von Information auch bei Quantenzuständen, d.h. ohne Messeingriff, wieder korrigiert werden kann, erscheint eine reale Entwicklung von Quantencomputern und damit eine tatsächliche Modellierung der quantischen Vorgänge in einem Gehirn immer wahrscheinlicher.

Eine wichtige Weiterentwicklung der Quanteninformationstheorie wird an Versuchen deutlich, in denen es gelingt, das Licht, den wichtigsten Träger von Quanteninformation, in einem materiellen Substrat reversibel ›anhalten‹ zu können, um danach den Quantenzustand unverändert weiterlaufen zu lassen. Damit wird es vorstellbar, dass Quanteninformation ohne Messung zwischengespeichert werden kann und damit auch eine Speicherung ohne Informationsverlust denkbar wird.

Somit könnte auch im Gehirn eine Zwischenspeicherung der vollen Quanteninformation stattfinden, was für das naturwissenschaftliche Verstehen von ›Erleben‹, in das die Selbstgewissheit des Kurzzeitgedächtnisses einfließt, wichtig sein könnte.

Festhalten durch Hinschauen

Der sogenannte ›Quanten-Zenon-Effekt‹ zeigt auf, dass ein Quantensystem durch fortwährend wiederholte gleiche Messungen des bestehenden Zustandes gezwungen werden kann, in diesem Zustand zu verbleiben. Der Zustand kann sich dann nicht zeitlich normal so verändern, wie es sonst mit ihm ohne Messung gemäß der Schrödingergleichung gesetzmäßig geschehen würde.

Die Bezeichnung ›Quanten-Zenon-Effekt‹ stammt aus einer berühmten Parabel von Zenon (um 490 v.Chr. – um 430 v.Chr.), einem Schüler und Adoptivsohn des Parmenides, der später selbst ein berühmter Lehrer wurde. Dieser behauptete in der Geschichte, dass Achill die zehnmal langsamere Schildkröte nicht überholen könne, wenn diese einen Vorsprung von zehn Schritten erhalten würde.

Zenon lässt das in der Realität tatsächlich sehr schnell erfolgende Überholen dadurch unmöglich werden, dass er jedesmal, wenn Achill an der

Stelle eintrifft, an welcher die Schildkröte zuvor gewesen war, nachprüfen lässt, ob Achill die Schildkröte bereits überholt habe.

Damit wird jedesmal der ganzen Vorgang durch eine Messung unterbrochen und jede solche Messung würde den Ablauf stoppen. Der Vorsprung der Schildkröte vermindert sich von Messung zu Messung jedesmal auf ein Zehntel des vorherigen Wertes, aber er wird in endlicher Zeit nie tatsächlich Null. In der Fiktion dieser Erzählung könnte man unendlich oft einen solchen Mess-Stop durchführen, so dass – nur in dieser Fiktion natürlich – Achill nie vorbei käme.

Beamen erlaubt – aber kein Kopieren

Einer großen medialen Resonanz erfreut sich das Beamen, die störungsfreie Übermittlung von Quanteninformation über räumliche Distanzen, was in der Wissenschaft auch als *Teleportation* bezeichnet wird. Dabei wird bedeutungsvolle Information von einem Träger, der sich schwer oder kaum ungestört transportieren lässt, auf einen anderen Träger übertragen, der – wie Licht – kaum Störungen ausgesetzt ist.

Diese Informationsübertragung muss aber ohne Messung geschehen. Denn jede Messung würde den Zustand verändern, d.h. die Bedeutung zerstören.

Bei diesem Vorgang wird die Information, die bei diesem Prozess unbekannt bleibt, am Ausgangsträger vernichtet. Andernfalls hätte man eine unbekannte Quanteninformation dupliziert – nämlich diese gleichzeitig behalten und gebeamt – und die Unmöglichkeit dieses Vorganges ist der Inhalt des ›Non-Cloning-Theorems‹.

Das Non-Cloning-Theorem zeigt, dass es keinen universellen Prozess einer Duplizierung von unbekannten Quantenzuständen geben kann.

Im Unterschied zu einem Bürokopierer, der jedes beliebige Blatt Papier kopiert, kann ein universeller Quantenkopierer nicht gebaut werden. Eine solche Universalität wäre aber notwendig, denn man kann nicht jeden beliebigen Quantenzustand kennen, müsste ihn aber dann trotzdem kopieren können.

Damit verbietet die Physik auch die manchmal in der phantastischen Literatur zu findende Vorstellung, dass Dritte einen Zugriff auf die Gedanken eines lebenden Menschen haben und diese damit vollständig abspeichern könnten. Im Bürokopierer kann man auch Schriftstücke kopieren, die man nicht gelesen hat. Im Quantenfall kann nur Bekanntes kopiert werden. Wenn nämlich der Quantenzustand bekannt ist, so ist für diesen speziellen Fall eine Duplizierung möglich, sie wird als ›Präparation‹ dieses Zustandes bezeichnet.

3.7 Die Interpretationen der Quantentheorie

Vielen Menschen ist meist nur wenig gewärtig, was für eine bedeutende Rolle die Quantentheorie in den modernen Volkswirtschaften bereits spielt. Man schätzt, dass schon etwa ein Viertel des Bruttosozialproduktes auf Anwendungen dieser Theorie beruht. Daher wird es einsichtig, dass man diese große geistige Errungenschaft nicht mehr so betrachten kann, als wäre sie lediglich ein Spezialgebiet einiger Atom- und Kernphysiker und ansonsten ohne Belang. Dass man mit der Quantentheorie so gute praktische Ergebnisse erzielt ist auch ein Hinweis darauf, dass mit ihr ganz wesentliche Aspekte der Wirklichkeit sehr gut erfasst werden. Viele Physiker teilen mit Einstein bis heute den Kernsatz von dessen Philosophie: ›Gott würfelt nicht‹. Dann wird es verstehbar, dass gleichzeitig ein sehr gekonnter Umgang mit der Quantentheorie und ihre philosophische Ablehnung zusammentreffen können.

Der Zugang zur Quantentheorie ist einmal deshalb schwierig, da wir gewohnt sind, mit sichtbaren und fasslichen Objekten und Dingen umzugehen. Das bisherige Bild, das über die Physik besteht, bestärkt diese Ansicht. Physik handelt von Dingen, so die Meinung, und wohl auch noch von Kräften. Bisher ist es in dieser Wissenschaft nicht üblich, auch Vorstellungen und Modelle aus dem geistigen Raum für eine Veranschaulichung heranzuziehen. Dabei liegt es doch nicht so fern, sich Quantenzustände so flüchtig wie Gedanken vorzustellen. Dass mehrere Möglichkeiten gleichzeitig präsent sein können, kennen wir Menschen ebenfalls aus der Welt unserer Gedanken und Empfindungen. Bei den Gegenständen der Alltagsumwelt hingegen werden wir Derartigem nicht begegnen. Die Bilder aus dem inneren Erleben hingegen, die Gefühle, die Gedanken, das Atmosphärische haben diesen Charakter des Möglichen und Flüchtigen, den die Physiker auch bei den Quantenphänomenen gefunden haben.

Von der Quantentheorie haben wir aufgezeigt, dass in ihr ›individuelle Prozesse‹ eine Grundstruktur bilden. Individualität ist ein Grundphänomen des erwachsenen Bewusstseins. Menschen empfinden sich als Einheit und kennen zugleich ausgedehnte Zustände, die den ganzen Menschen betreffen. Große Freude oder Trauer beispielsweise betrifft nicht allein unser Denkorgan sondern den gesamten Menschen.

Dass alle naturwissenschaftlichen Modellierungen einer Interpretation bedürfen, liegt im Grunde auf der Hand. Allerdings hat man sich in den Jahrhunderten seit der Entdeckung der klassischen Physik so an deren Konzepte gewöhnt, dass meist vergessen wird, welche großartige Leistung an Interpretationsarbeit dahinter steht. Daher finden wir heute das verbreitete Missverständnis vor, lediglich die Quantentheorie bedürfe der Deutung. Allerdings werden die aus der Quantentheorie folgenden Konsequenzen oftmals nicht mit einer solchen Klarheit formuliert, dass auch Außenstehende deren Relevanz für das Verstehen der Welt wahrnehmen können. Stattdessen flüchten sich viele Interpreten in historische Zitate von der vorgeblichen ›Verrücktheit‹ der Quantentheorie oder von der Unmöglichkeit, diese Theorie zu verstehen. Solche Aussagen beruhen auf philosophischen Ansichten, die aber wohl immer mehr in den Hintergrund geraten werden.

Aus psychologischer Sicht scheint es verständlich, warum die Quantentheorie von manchen Physikern als so unverstehbar bezeichnet wird. Natürlich sind Möglichkeiten nichts Sichtbares und Beziehungen kann man in der Regel ebenfalls nicht in gleicher Weise ›sehen‹ wie Tische oder Sterne. Aber noch wichtiger dürfte sein, dass die Ergebnisse der Quantentheorie den philosophischen Ansichten auch von manchen hervorragenden Fachleuten widersprechen. Sie waren in die Physik oft mit Vorstellungen von Gewissheit und Sicherheit eingestiegen, und die werden durch die Quantentheorie relativiert. Wenn die daraus folgende Ablehnung mit einer sehr guten Kenntnis der mathematischen Struktur der Quantentheorie zusammenfällt, dann bleibt als Folgerung nur noch übrig, dass der physikalische Gehalt der Theorie nicht verstehbar sei.[13]

Wir möchten verdeutlichen, dass die Quantentheorie vielen Vorgängen entspricht, die uns von unserem Denken und Verhalten wohlbekannt sind, und eine notwendige und verstehbare Korrektur der Wirklichkeitsauffassung der klassischen Physik ist. Da die verschiedenen Deutungen der Quantentheorie es dem Laien auf diesem Gebiet nicht sehr einfach machen, die quantischen Strukturen zu verstehen, sollen hier einige der Deutungskonzepte vorgestellt und erläutert werden.

Kopenhagener Deutung

Die sogenannte Kopenhagener Deutung der Quantenmechanik stellte die erste und grundlegende Interpretation dieser Theorie dar. Sie war von Bohr und Heisenberg entwickelt worden in einer Zeit, als in der Physik noch das Vorurteil herrschte, dass allein die Konzepte der klassischen Physik mit ihrer faktischen deterministischen Beschreibung der Welt akzeptabel seien. Wir haben bereits erwähnt, welche bedeutenden Physiker diese Sicht vertreten hatten.

Da jede Kenntnisnahme über ein System prinzipiell mit einer Wechselwirkung verbunden ist, und das Wirkungsquantum eine Mindestgröße dafür aufzeigt, war die klassische Idee eines ›getrennten, d.h. unbeteiligten Beob-

---

[13] So FEYNMAN, R.: »Auf der anderen Seite denke ich, es ist sicher zu sagen, niemand versteht Quantenmechanik«, in: Physical Law, 129.

achters‹ unhaltbar geworden. Anfangs glaubte man noch, dass die Quantentheorie nur für die ›Mikrophysik‹ zuständig sei und daher die zu messenden Quantenobjekte sehr klein sein müssten. Die Tatsache, dass das Wirkungsquantum in Relation zu diesem Mikroobjekt nicht vernachlässigt werden kann, müsste daher bei der Messung zu einer unkontrollierbaren Einwirkung des Beobachters auf das Quantenobjekt führen. Daraus sollte dann eine ›Unschärfe‹ (so der irreführende Ausdruck für die zuvor existierende Unbestimmtheit des scharfen Messresultates) bei den verschiedenen Messvorgängen resultieren. Bohr hatte vollkommen zutreffend erkannt, dass die Quantentheorie kein Entstehen von Fakten und somit auch kein Messergebnis beschreiben kann. Das machte aus seiner Sicht die Beteiligung eines klassischen Systems am Messvorgang zwingend erforderlich. Da wir Menschen uns normalerweise als faktisch existent erleben, wählte Bohr den ›Beobachter‹ als das klassische System, das die Fakten erzeugen kann. Die Quantenmöglichkeiten wurden als mögliches Wissen verstanden, und beim Erwerb von neuem Wissen ändert sich das vorherige Wissen sofort. Besonders Weizsäcker betonte die Quantentheorie als Theorie möglichen Wissens, das durch eine Kenntnisnahme (Messung) sofort verändert wird.

Bald aber zeigte sich, dass die Trennung zwischen dem Bereich, der nur mit der genauen Quantentheorie zu erfassen war, und dem Bereich, für den es genügte ihn klassisch zu beschreiben, nicht willkürfrei festgelegt werden kann. Jedes Messgerät enthält Atome und sollte auch quantenphysikalisch beschrieben werden können, und der menschliche Körper auch. Heisenberg entwickelte daher die Vorstellung von der ›Verschieblichkeit des Schnittes‹ zwischen dem quantischen und dem klassischen Bereich. Er meinte sogar, dass man diese Grenze bis in das Bewusstsein verschieben könne, »aber dann bliebe keine Physik übrig«.[14] Damals war es noch nicht vorstellbar, dass auch Information oder gar Bewusstsein der Quantentheorie genügen können.

Viele-Welten-Interpretation[15]

In späteren Generationen von Physikern war das Wissen davon, dass die Quantentheorie in einem mühsamen Abstraktions- und Erkenntnisprozess gewonnen worden war, nicht mehr so lebendig. Die ungeheuren Erfolge beim Erklären von Zusammenhängen und Abläufen in der Natur, die bis dahin vollkommen unverstehbar gewesen waren, führte bei manchen Physikern zu einer Sicht auf die Quantentheorie, die man beinahe als religiös be-

[14] WEIZSÄCKER, C.F. V., mündliche Mitteilung.
[15] EVERETT, H., Relative State.

zeichnen könnte. Die Quantentheorie wurde von manchen verstanden wie eine geoffenbarte Wahrheit und nicht mehr nur wie ein überragend gutes Modell. Man erklärte sie daher in ihrer mathematischen Struktur als uneingeschränkt gültig und als eine Theorie, die die Realität stets wahr beschreibt. Wenn man aber Möglichkeiten verstehen will wie wahre Fakten, so ist dies nur unter der Bedingung erreichbar, dass man für jede von diesen Möglichkeiten eine eigene Welt postuliert, in der sie faktisch wird. So wird nach dieser Vorstellung in jedem Messvorgang für jedes mögliche Messergebnis eine neue Welt geschaffen, in der dieses dann faktisch realisiert ist.

Diese ungeheure Vermehrung gilt natürlich auch für den Beobachter selbst, von dem es in jeder dieser neuen Welt auch ein neues Exemplar gibt. Da man aber in einer dieser Welten nichts über irgendeine der anderen wissen kann, kann es auch keine Daten geben, mit denen man gegen diese ungeheure Inflation von fiktiver Wirklichkeit argumentieren könnte.

Man überlegt sich sehr leicht, dass eine solche Vorstellung durch keinerlei logisches Argument widerlegt werden kann – und bis heute gibt es nicht wenige Physiker, die diese Interpretation der Quantentheorie als die einzig mögliche ansehen. Es mag sein, dass einer der Gründe für das spekulative Erfinden von ›Multiversen‹, welches sich heute in der Kosmologie eines ziemlich großen Zuspruches erfreut, in einer relativ kritiklosen Übernahme dieser Quanteninterpretation liegt.

Quantentheorie in Form der klassischen Physik und Fakten innerhalb des Rahmens der Quantentheorie

Neben diesem Versuch einer uneingeschränkten und vor allem unergänzten Gültigkeit der Quantentheorie gibt es noch das entgegengesetzte Bestreben, nämlich auch die Quantentheorie als eine deterministische Theorie von Fakten zu interpretieren. David Bohm[16] hatte diese Interpretation entwickelt, um die Quantentheorie mit Einsteins philosophischem Wunsch nach einem faktisch determinierten Weltablauf zu versöhnen. Bohm postulierte, dass die Quantenteilchen tatsächlich auf realen Bahnen laufen, diese aber unerkennbar sein würden. Um dies zu erreichen war es allerdings nötig, ein neues Kraftfeld einzuführen, welches momentan über beliebige Entfernungen wirken kann.

Eine solche reale Wirkung mit Überlichtgeschwindigkeit über beliebige Entfernungen ist aber mit der Relativitätstheorie unvereinbar. Damit wurde sichtbar, dass die Quantentheorie entweder mit Einsteins physikalischen oder mit seinen philosophischen Vorstellungen zusammengedacht werden kann –

---

16 BOHM, D., Hidden Variables.

nicht aber mit beiden zugleich. Von daher war es auch nicht überraschend, dass bei einer relativistischen Behandlung von Quantensystemen, wie sie beispielsweise der Spin erforderlich machen kann, für diese Interpretation große Probleme auftreten.

Für die mathematisch interessierten Leser soll nur kurz vermerkt werden, dass es eine mathematisch besonders anspruchsvolle Version der Quantenmechanik für ein Modellieren der Faktenentstehung gibt. Sie wird als algebraische Quantentheorie[17] bezeichnet. An ihr wird besonders deutlich sichtbar, dass die Einführung von klassischen Größen bzw. von Fakten stets mit einem Grenzübergang verbunden ist. Die algebraische Quantentheorie nutzt das Modell eines unendlich großen Kosmos, in dem es auch unendlich viele Möglichkeiten gibt, dass sich in ihm Information so zerstreuen kann, dass sie nie wieder zurückkommen kann.

Wir möchten aber das Entstehen von Fakten mit dem Kosmos verbinden, wie er in den Beobachtungen der Astronomen erscheint, der also endlich und wachsend ist, und werden daher diesen Zugang nicht weiter vertiefen.

Die Weiterentwicklung der Kopenhagener Deutung zur Schichtenstruktur[18]

Solange man den Beobachter aus dem Gültigkeitsbereich der Quantentheorie ausschließt, ist es evident, dass dann eine naturwissenschaftliche Beschreibung und ein naturwissenschaftliches Erklären des Menschen mit seinem Bewusstsein unmöglich bleiben müssen.

Daher ist es notwendig, die Kopenhagener Deutung weiterzuentwickeln, und die Quantentheorie auch auf den Beobachter und auf sein Bewusstsein auszudehnen, der dann natürlich nicht mehr unreflektiert als klassisches System eingeführt werden kann.

Notwendig wurde hierfür einerseits ein ontologischer Monismus, bei dem eine willkürliche Trennung des zu Beschreibenden in eine Substanz eines Objektes und in eine Substanz des Beobachters aufgehoben ist. Gleichzeitig ist aber an einem sich fortwährend erneuernden Beschreibungsdualismus festzuhalten, bei dem der Wechsel zwischen Möglichkeitsfeldern und Fakten deutlich bleibt. Die Chance dafür wurde erkennbar, nachdem sich die universelle Bedeutung der Quanteninformation für alle Bereiche der Physik immer stärker herausgeschält hatte.

Natürlich bleibt es auch weiterhin notwendig, das Entstehen von Fakten durch den Verlust von Information über Quantenmöglichkeiten zu beschreiben.

---

17 PRIMAS, H., Chemistry.

18 GÖRNITZ, TH. /GÖRNITZ B., Kosmos.

Da bei einer hinreichend genauen Beschreibung deutlich wird, dass sämtliche Objekte Quanteneigenschaften besitzen und somit nicht ausreichend gut klassisch zu beschreiben sind, kann nicht mehr wie bisher ein Gerät oder ein Mensch einfach als klassisches System postuliert werden.

Aber von jedem Körper, der nicht bis auf den absoluten Nullpunkt abgekühlt ist, werden ständig Photonen abgestrahlt, die in der Tiefe des kosmischen Raumes verschwinden. Diese Ausstrahlung könnte als Model für den notwendigen Informationsverlust begriffen werden, durch den Fakten konstituiert werden.[19]

Um aber damit tatsächlich Fakten zu erzeugen ist es notwendig, dass diese Ausstrahlung nicht durch andere Effekte wieder rückgängig gemacht wird. Zwei solcher Effekte wären vorstellbar. Seit wenigen Jahren ist es den Experimentalphysikern möglich geworden, so gute Spiegel zu bauen, dass an ihnen von den Zustandseigenschaften eines Photons nur die Bewegungsrichtung umgekehrt wird. Damit könnte ein Ausstrahlungsprozess wieder rückgängig gemacht werden – und das mit ihm scheinbar begründete Faktum würde wieder verschwinden. Die andere Möglichkeit könnte darin bestehen, dass so viele Photonen um das ausstrahlende Objekt vorhanden sind, so dass für jedes auslaufende ein identisches einlaufendes zur Verfügung stehen würde. Auch in diesem Fall könnte kein Faktum erzeugt werden, denn auch dann würde die hypothetische Ausstrahlung wieder rückgängig gemacht.

Wenn also Information ›in der Tiefe des kosmischen Raumes‹ verschwinden soll, so dürfen die Bedingungen im All nicht gegen diesen Vorgang sprechen. Nun wissen wir alle, dass die Welt nicht voller Spiegel hängt. Diese Bedingung ist offenbar erfüllt. Falls aber die Welt nur endlich groß wäre, würde jedes geradeaus laufende Photon nach einiger Zeit wieder zum Ausgangspunkt zurückkehren – genauso wie eine Ameise, wenn sie auf einem Ballon immer so geradeaus wie nur möglich laufen würde, nach einer Umrundung wieder zum Startplatz zurückkäme. Würde man aber den Ballon schneller aufblasen als die Ameise laufen kann, so käme sie nie wieder zurück. Für die Photonen bedeutet dieses Beispiel, dass sie dann keine Chance auf ein Zurückkommen haben, wenn der Kosmos mit Lichtgeschwindigkeit expandiert. Der Kosmos darf also zu jeder Zeit ein endliches Volumen besitzen, er muss sich nur schnell genug ausdehnen.

Der Kosmos ist nicht angefüllt mit Photonen und deshalb finster. Daher ist es nicht so, dass für jedes auslaufende Photon ein Ersatz vorhanden wäre. Auf der Erde sehen wir, dass es immer dann dunkel wird, wenn wir die Sonne nicht sehen. Von der Erde gehen in alle Richtungen Photonen der Wärmestrahlung hinweg, aber zur Erde kommen nur Photonen von der

---

[19] GÖRNITZ, TH., Quanten, 206ff.

Stelle, an der wir gerade die Sonne sehen. Überall woanders ist der Kosmos dunkel, anderenfalls wäre auch nachts jede Stelle am Sternhimmel heller als unsere Sonne.

Unter dem Begriff der »Dekohärenz« ist von Joos, Zeh und anderen[20] die mathematische Beschreibung einer Informationsaussendung ausgearbeitet worden. Sie zeigten, dass bereits für Objekte von der Größe eines Staubkornes sehr schnell ein Zustand erreicht wird, der wie ein Faktum erscheint. Die Autoren stellen allerdings zu Recht fest, dass in der mathematischen Beschreibung die Quantenkorrelationen sehr schnell sehr klein werden, aber nicht tatsächlich Null werden. Dazu ist dann noch ein Grenzprozess notwendig, der den Quantenformalismus übersteigt. Daher bemerken die Autoren auch, dass Dekohärenz allein das Messproblem nicht löst. Wenn man aber dann die von uns erwähnten kosmologischen Bedingungen hinzufügt, so sieht man, dass keine physikalischen Gründe mehr gegen einen solchen mathematischen Grenzprozess sprechen. Auf diese haben wir in der Darstellung der Schichtenstruktur (Seite 87ff) bereits verwiesen. Damit können wir auch im Rahmen der Quantentheorie darauf vertrauen, dass auch ohne eine explizite Anwesenheit eines menschlichen Beobachters Fakten entstehen können.

Zusammenfassend soll aber noch einmal darauf verwiesen werden, dass das ›Verschwinden im All‹ lediglich für uns hier und heute bedeutsam ist. Photonen, die weggelaufen sind, können niemals wieder eingeholt werden. Allerdings sind sie damit nicht aus dem Kosmos verschwunden. Wir werden später[21] noch einmal darauf zurückkommen, welche Überlegungen man für den Kosmos als Ganzen deswegen auch anzustellen hat.

3.8 Quantentheorie relativiert Unterschiede

Um unsere Leser an die schwierigen Konzepte des folgenden Kapitels heranzuführen, erscheint es uns zweckmäßig zu verdeutlichen, dass die Quantentheorie dadurch ausgezeichnet ist, dass sie Denkblockaden aufhebt und scheinbar grundsätzliche Unterscheidungen relativiert.

Das Aufheben von diesen Unterschieden ist philosophisch besonders bedeutsam, denn genau damit wird es letztlich sogar möglich, die Trennung von Körper und Bewusstsein auch aus einem naturwissenschaftlichen Zugang heraus überwinden zu können. Bereits derjenige Bereich der Quantentheorie, der heutzutage als allgemein akzeptiert gilt, relativiert ›fundamentale‹ Unterscheidungen, die im Alltag und auch in der Philosophie normalerweise als unüberwindbar angesehen werden.

---

20 JOOS, E. et.al., Decoherence.

21 Siehe 315.

Ausgedehnte Ganzheiten

Wir hatten bereits ausführlich davon gesprochen, dass die Quantentheorie ›ausgedehnte Ganzheiten‹ beschreibt, die sich über Raum und Zeit erstrecken können. Solche ausgedehnten Quantenobjekte, wie z.B. Atome, sind nur dann in ihrem Verhalten zu begreifen, wenn sie – solange sie nicht tatsächlich geteilt werden – als ›teilelos‹ beschrieben und verstanden werden. Natürlich können Atome auch geteilt werden, so wie in vielen Fällen andere Quantenobjekte ebenfalls. Wird eine solche quantische Ganzheit zerlegt, so wird dieses Ganze sofort geteilt und die damit entstandenen Teile gehen sofort jeweils in zwei neue Zustände über.

Da diese Zerlegung eines ausgedehnten Ganzen ohne jede Verzögerung passiert und nicht erst wenn ein Signal (meistens Licht) von einem Ende des nun zerteilten Objektes an dessen anderem Ende ankommt, war besonders Einstein darüber erregt, denn der Kern seiner Relativitätstheorie besteht darin, dass es keine Vorgänge geben soll, die schneller als mit Lichtgeschwindigkeit ablaufen. Er entwarf gemeinsam mit Podolski und Rosen das berühmte Gedankenexperiment. Aber nicht erst EPR, sondern bereits der Doppelspaltversuch oder der Tunneleffekt gehören zu den Phänomenen, an denen die Nichtlokalität der Quantenphysik deutlich wird.

Materie ist Bewegung

Dass die Quantentheorie die Unterscheidung zwischen Masse und Bewegung relativiert, wird in dieser Deutlichkeit selten formuliert. Dies aber ist die eigentliche Bedeutung der berühmtesten Formel der Physik, $E = mc^2$, Energie E ist Masse m mal Lichtgeschwindigkeit c zum Quadrat. Üblicherweise wird sie als die ›Einsteinsche Äquivalenz von Masse und Energie‹ bezeichnet. Energie ist ein Fremdwort, unter dem man sich vieles vorstellen kann. Das philosophisch Beunruhigende kann dabei sehr gut ignoriert werden. Wenn wir aber eine passende und anschauliche Vorstellung für das ›E‹ aus der Alltagswirklichkeit suchen, dann ist ›Bewegung‹ die einzig gut treffende.

Eine Umwandlung von Bewegung in Materie ist das Grundprinzip der großen Beschleuniger am CERN oder DESY, in denen tagaus und tagein diese gegenseitige Umwandlung von Materie und Bewegung erfolgt. Bei den Beschleunigern kann man zwar immer noch davon sprechen, dass dabei ›Bewegung von etwas‹ in Materie verwandelt wird, man verwendet nämlich Protonen und Elektronen als ›Geschosse‹.

Falls man meinen sollte, dass diese modernen Geräte etwas sehr künstliches sind – was zutrifft – und man deshalb ›in der Natur‹ davon unberührt sei, so ist dazu zu bemerken, dass fast alles Leben auf der Erde von dieser Umwandlung von Materie in Bewegung abhängig ist. Einige Prozente der Sonnenmaterie werden bei der Umwandlung von Wasserstoff in Helium zu ›reiner Energie‹, gelangen als Licht zur Erde und treiben dort die Lebensprozesse an. Sie sind als Motor der Photosynthese die wichtigste Grundlage des gegenwärtigen Lebens.

In diesem Zusammenhang kann man auch darauf verweisen, dass die ›reine Bewegung‹, die Strahlen des Lichts bzw. die elektromagnetischen Vorgänge, aber nicht nur der Antrieb für das Leben sind, sie bestimmen auch die Vorgänge innerhalb des Lebendigen selbst.

Sämtliche chemischen Prozesse und damit alle die biochemischen Umsetzungen beruhen auf elektromagnetischen Erscheinungen, deren wirkliches Verstehen letztlich nur mit der Quantentheorie möglich wird.

Und auch wenn das lebende Gehirn mit den modernen Geräten wie beispielsweise bei PET, der Positronen-Emissions-Tomographie (bei der die Umwandlung von Materie und Antimaterie in Bewegung, d.h. von Positron-Elektron-Paaren in γ-Quanten ausgenutzt wird) oder bei fNMR (der funktionellen Kernspinresonanz, auch unter Kernspintomographie bekannt) untersucht wird, verwendet man quantenphysikalische Methoden.

Als Einschub sei darauf verwiesen, dass die Bewusstseinsvorgänge bei PET und fNMR stets mit einer zeitlichen Verzögerung gemessen werden, da bei diesen Methoden lediglich die mit den psychischen Vorgängen verbundenen und sich aus ihnen ergebenden physiologischen Vorgänge registriert werden.

PET beruht auf der Positronenfreisetzung eines sehr schwach radioaktiven Traubenzuckers, der als Infusionslösung ins Blut gespritzt wird und der von den Gehirnzellen aus dem Blut entnommen wird, nachdem deren Aktivität gesteigert wurde. Bei fNMR werden Veränderungen im Kernspin von Wasserstoff gemessen, die auf anderen Stoffwechselaktivitäten beruhen, z.B. Änderungen im Sauerstoffverbrauch der Gehirnzellen, die ebenfalls erst nach Beginn der Zellaktivität einsetzen. Eine zeitlich unmittelbare Erkennung von Informationsverarbeitung im Gehirn geschieht beim EEG, dem Elektroenzephalogramm, bei dem die dabei als wesentliche Informationsträger fungierenden Photonen registriert werden.

Über all das bereits Gesagte hinaus, und das ist spannend, kann sich auch reine Bewegung in Materie umwandeln, wie ja Einsteins Formel sagt. Dies ist beispielsweise die Umwandlung einer sehr energiereichen Form von ›Licht‹, von hochenergetischen Gamma-Photonen, in Elektron-Positron-Paare, weshalb ein solcher Prozess ›Paarerzeugung‹ genannt wird. Dieser Vorgang ist eine Umwandlung von Licht in Materie, und beim Licht gibt es nichts, was ›bewegt werden könnte‹. Da Licht keine Ruhmasse besitzt, kann es von selber auch nicht anhalten, es ist ›reine Bewegung‹.

Fülle und Nichts

Die Quantentheorie relativiert auch den Unterschied zwischen ›Fülle‹ und ›Nichts‹ in der Weise, dass er zwar für alle praktischen Belange bestehen bleibt, aber auf einem fundamentalen Niveau aufgehoben wird.

Damit wird eine Kompatibilität mit Vorstellungen und Begriffen möglich, die aus östlichen Philosophien oder auch aus der abendländischen Mystik bekannt sind.

Dass ›das Vakuum das Ganze ist‹, werden wir in Kap. 5.8 auf Seite 160 darlegen. Hier werden wir zuerst die ›Materie‹ genauer betrachten, denn bei einem Vordringen in das ›Innere der Materie‹ entschwindet alles das, was man sich unter dem Begriff des Materiellen vorstellt: Widerständigkeit, Raumerfüllung, Beständigkeit.

Seit langem weiß man, dass der Atomkern winzig ist im Vergleich zum gesamten Atom. In ihm ist aber mehr als 99,9 % der Atommasse konzentriert. Daher ist die Behauptung, dass das Atom im Wesentlichen leerer Raum sei, durchaus zutreffend.

Allerdings wäre die Aussage, dort sei Vakuum, natürlich auch falsch. In der Experimentalphysik bezeichnen wir mit ›Vakuum‹ die Abwesenheit von Atomen, und das kann es im Inneren der Atome natürlich nicht geben. ›Leerer Raum‹ ist auch hier natürlich als Metapher zu verstehen, die zumindest verhindern soll, sich dort so etwas wie ›Kügelchen‹, wie etwas ›Materiehaftes‹ vorzustellen. Der ganze Raum im Inneren der Atome ist angefüllt mit Quantenmöglichkeiten.

Im Teilchenbild ist das Atom also fast nur leerer Raum, winziger Kern, winzige Elektronen, sonst nichts. Im Wellenbild hingegen ist alles erfüllt mit den möglichen Orten der Elektronen.

Auch wenn man noch weiter ins Kleine vordringt, in das Innere der Protonen und Neutronen, geht dieser Trend weiter. Man liest immer wieder, dass die Quarks deren ›Bausteine‹ seien, aber die Quarks selbst stellen lediglich einen winzigen Bruchteil der Masse von Proton und Neutron, nämlich weniger als 2 %, die restliche Masse der Nukleonen ist als die Bewegung der Quarks anzusehen, gemäß Einsteins Formel $m = E/c^2$. Man könnte spekulieren, dass bei noch tiefer gehender Untersuchung es sich zeigen wird, dass auch die Quarks ›aus Bewegung bestehen‹, sie also auch letztlich reine Energie und damit ›Bewegung von Nichts‹ sind.

Die Einsicht in die deutlich werdende Entkleidung der sogenannten ›Materie‹ von allen materiellen Eigenschaften, die sich bereits mit der seit langem etablierten Struktur der Quantentheorie zeigt, ist eine wichtige Vorstufe, um das neue Konzept der Protyposis akzeptieren zu können, die sowohl Materie als auch Energie zu einer abstrakten Quanteninformation äquivalent werden lässt.

Wenn uns die Massivität und die Undurchdringlichkeit im Inneren der Materie quasi durch die Finger rinnen, so wird mancher Leser fragen, woher dann diese Eigenschaften im Makroskopischen kommen. Bringt doch mancher seine 80 kg auf die Waage und wir alle kommen nur durch offene Türen hindurch. Hierzu zeigt die Quantentheorie, dass mit ihren Prinzipien genau diese Eigenschaften erklärlich werden. Wenn Energie und Masse äquivalent sind, so bedeutet das auch, dass die Energie der Quarks im Proton sich außen als Trägheit bemerkbar macht, wie wir sie von Massen kennen. Und das Pauli-Prinzip, welches für die Materieteilchen, wie beispielsweise Elektron und Proton, jeweils gilt, sorgt dafür, dass diese sich nicht beliebig nahe kommen können. Dies nehmen wir dann als die Undurchdringlichkeit der festen Körper wahr.

Kraft und Stoff – wo ist da ein Unterschied?

Sowohl unsere Alltagsvorstellungen als auch die Philosophie unterscheiden, dass es Sichtbares und Unsichtbares gibt. Das Massive, das als Stoff bezeichnet wird, kann in einem Raumgebiet nicht beliebig vermehrt werden, ein wachsender Druck setzt einer Verdichtung immer stärkeren Widerstand entgegen. So beruht die Stabilität der Stoffe auf der Stabilität der Atome.

Die Stabilität eines Atoms basiert darauf, dass sich in jedem Energiezustand des Atoms jeweils nur ein Elektron befinden kann. Es ist also nicht möglich, dass sich alle Elektronen im Zustand mit der niedrigsten Energie versammeln und dadurch die Atomhülle kollabieren würde. Durch Zufuhr von Energie kann ein Elektron in einen noch höheren energetischen Zustand geraten, wobei dabei der ursprünglich unbesetzt wird. Ein solches ›angeregte Atom‹ hat also einen freien Platz, in den ein energetisch höheres Elektron ›hinunterfallen‹ und dabei Energie in Form von Licht aussenden kann. Wenn aber ›unter ihm‹ nichts frei ist, so muss das Elektron in seinem Energiezustand verbleiben, das Pauli-Prinzip verhindert ein ›Fallen‹. Es konstatiert das Verbot von zwei Elektronen im gleichen Zustand, z.B. an der gleichen Stelle. Daraus folgt die Stabilität der Atome und damit der Materie.

Aus der astronomischen Beobachtung kennt man allerdings Neutronensterne mit Materiedichten in der Größenordnung von 1 t pro cm^3. Hier war offenbar die ›Stabilität der Materie‹ nicht gesichert gewesen, wenn diese so dicht gepresst werden kann. Die Erklärung hierfür ist, dass die Elektronen durch eine ungeheure Gravitation in die Atomkerne gepresst werden und dabei aus Elektronen und Protonen Neutronen entstehen.

Aber auch für Neutronen gilt das Pauli-Prinzip, durch dessen Wirkung eine weitere Kontraktion verhindert wird. Solange ein Neutronenstern weniger Masse als etwa 1,4 Sonnenmassen besitzt, können nicht ›zwei Neutronen am gleichen Platz‹ sein und der Stern kann nicht weiter schrumpfen. Erst mit noch größerer Masse wird der Druck durch die Gravitation so groß, dass ein Kollaps des Neutronensterns zum Schwarzen Loch unvermeidbar wird. Dabei verlieren auch die Neutronen ihre Existenz, so dass dann das Pauli-Prinzip nicht mehr wirken kann. Es liegt dann wahrscheinlich ein Zustand von teilchenfreier Protyposis vor, wie auf Seite 134ff erläutert wird.

Kräfte, die auf Stoffliches wirken, sind unsichtbar und nichtmassiv. Kräfte können einander ohne weiteres durchdringen, z.B. die Schwerkraft und die Kraft eines Magneten. Für Kräfte gibt es kein Verdichtungsproblem wie beim Stoff, da ist es – locker gesagt – allein eine Frage der technischen Mittel und letztlich des Geldes, wie weit Kräfte verstärkt werden können. Dies liegt daran, dass für die Quanten der Kräfte kein Pauli-Prinzip gültig ist und daher sehr viele Kraft-Quanten in den gleichen Zustand gehen können. (Dazu gehört die berühmt gewordene ›Bose-Einstein-Kondensation‹, bei der fast alle Quanten eines Systems zugleich im Zustand mit niedrigster Energie sind.)

Der Stoff, die Körper, werden in der klassischen Physik als materiell und undurchdringlich behandelt. Auf sie können Kräfte wirken, die sich gegenseitig durchdringen können und die nicht als materiell angesehen werden.

Dieser Unterschied zwischen beiden wird jedoch in der Quantentheorie kaum noch fassbar, denn er äußert sich lediglich, wie auf Seite 74f dargelegt, in der Unterscheidung zwischen einem halbzahligen oder ganzzahligen Spin bei den jeweiligen Quanten.

Beide Formen von Quanten – die Fermionen der Materie mit halbzahligem Spin und die Bosonen der Kräfte mit ganzzahligem Spin – können ineinander umgewandelt werden. Dies geschieht z.B. in den großen Beschleunigern am CERN oder DESY. So können sich ein Proton und ein Antiproton in zwei Gammaquanten umwandeln, in die Quanten der elektromagnetischen Kräfte, die Photonen. Die Quanten der schwachen Kraft, die ›W- und Z-Bosonen‹, die z.B. den radioaktiven Zerfall des Neutrons bewirken, sind viel schwerer als ein Eisenatom und können ihrerseits in Protonen, Antiprotonen und Neutronen und Antineutronen zerfallen. Während Photonen das ganze Weltall durchlaufen können, zerfallen W und Z so schnell, dass sie kaum einen Atomkern durchqueren können. Deshalb konnten sie auch erst an den größten Beschleunigern gefunden werden.

Die nächste ungewöhnliche Eigenschaft der Quantentheorie verbirgt sich hinter der Fachbezeichnung der ›Zweiten Quantisierung‹.

Weizsäcker erzählte oft, dass Heisenberg ihm diesen Begriff ›verboten‹ hätte, da er geeignet sei, das Verstehen des Gemeinten zu verhindern. Heisenberg habe allerdings auf die Frage, wieso die Quantisierung eines Wellenfeldes und die zweite Quantisierung eines Teilchens zusammenfallen, lediglich geantwortet, dass dies ein tiefes Geheimnis sei.

Weizsäcker hatte sich aber davon nicht beirren lassen und später die »Mehrfache Quantisierung« gefunden.[22]

Er hatte bei den Qubits, seinen ›Uren‹, von »naiver Quantisierung« gesprochen, weil damals noch nicht zu sehen war, wie der Zusammenhang mit den sonst üblichen Quantisierungsverfahren zu verstehen ist.

Wenn Quantisierung in einer allgemeinen Weise definiert wird[23] als den *Übergang von der Grundmenge der Fakten zu den Möglichkeiten, die sich ihrerseits durch die Funktionen über den Fakten erfassen lassen*, so werden die grundlegenden Gemeinsamkeiten der verschiedenen Quantisierungsverfahren erkennbar.[24] Diese Gemeinsamkeiten der Quantisierungsverfahren verkörpern eine der Grundlagen des Protyposis-Konzeptes.

3.9 Äquivalenz von Eigenschaften und Objekten

Die quantentheoretische Beschreibung der Kraftfelder hatte zur Quantenfeldtheorie geführt. Bei meinen Bemühungen, eine allgemeinverständliche Charakterisierung aller Quantenphänomene zu geben, hat sich mir verdeutlicht, dass an der Quantenfeldtheorie ein besonders interessanter und wichtiger Aspekt der Wirklichkeitsbeschreibung zu erkennen ist.

Die philosophische Bedeutung dieser Theorie kann dadurch charakterisiert werden, dass bei ihr erstmals ein bisher nicht gesehener allgemeiner Wesenszug der Quantentheorie erkennbar wird: *Die Relativierung auch des bisher als fundamental dargestellten Unterschiedes zwischen Objekten und Eigenschaften.*[25]

Einstein hatte als erster gesehen, dass die Quantentheorie es ermöglicht, die Beschreibung eines komplexen Systems mit unendlich vielen Freiheitsgraden zu ersetzen durch eine solche von unendlich vielen Objekten mit nur wenigen Freiheitsgraden. Um das zu erläutern ist zuerst der für jede physika-

---

22 SCHEIBE, E. /SUESSMANN, G. /WEIZSÄCKER C.F. V., Mehrfache Quantelung.

23 GÖRNITZ, TH., Quanten.

24 Die Menge der Funktionen, die in der Physik von Bedeutung sind, lassen sich durch die ›analytischen Funktionen‹ beliebig gut approximieren. Diese ihrerseits können als ›Potenzreihen‹ dargestellt werden. Das sind Summen über die Potenzen der Grundmenge, was der multiplikativen quantenphysikalischen Verbindung von Systemen entspricht. Bei der zweiten Quantisierung, der Quantisierung eines Kraftfeldes, wird in der sogenannten Fock-Darstellung in analoger Weise eine Potenzreihe generiert, die beliebige Potenzen der Feldquanten, z.B. Photonen, und damit beliebige Anzahlen von ihnen erzeugt. Auch das Feynmansche ›Pfadintergral‹ stellt einen solchen Übergang von einer Grundmenge zu den Funktionen (im konkreten Falle ›Funktionalen‹) über ihr dar. Siehe auch Fußnote 6, Seite 91, sowie 287.

25 GÖRNITZ, TH. /GÖRNITZ, B., Protyposis.

lische Beschreibung wichtige Begriff des Freiheitsgrades zu erklären. Er gibt die Veränderungsmöglichkeiten eines Systems an. Ein Teilchen besitzt drei Freiheitsgrade, denn es kann sich in die drei zueinander senkrechten Raumdimensionen bewegen.

Der Zustand[26] eines Systems wird nicht allein durch seine Freiheitsgrade festgelegt, sondern zusätzlich dazu durch die zu jedem Freiheitsgrad vorliegende Geschwindigkeitskomponente, d.h. die Projektion der Geschwindigkeit auf die jeweilige Richtung. Die Anzahl der Zustandsgrößen ist also die Anzahl der Freiheitsgrade plus die gleiche Anzahl an Geschwindigkeitswerten zu jedem Freiheitsgrad. Der Zustand eines Teilchens wird also durch sechs Zahlen festgelegt.

Ein ausgedehnter fester Körper wird durch den Schwerpunkt bestimmt, der in drei Richtungen fliegen kann wie ein Punktteilchen. Er kann sich aber zusätzlich – anders als ein Punktteilchen – um drei verschiedene Achsen drehen, er hat also sechs Freiheitsgrade. Da wie gesagt für jede Bewegung auch deren Geschwindigkeit maßgeblich ist, wird der Zustand eines ausgedehnten festen Körpers demnach durch zweimal sechs, also zwölf Zahlen festgelegt. Eine Schere (ein Festkörper) kann sich unterschiedlich weit öffnen, das Scharnier gibt einen zusätzlichen Freiheitsgrad, sie hat also sieben. Wenn daher eine Schere klappernd durch den Raum fliegen würde, könnte ihr Zustand mit 14 Zahlen festgelegt werden.

Wenn man den Festkörper nicht mehr als absolut starr, sondern als kontinuierliches und schwingungsfähiges Gebilde versteht, dann kommen als Freiheitsgrade alle die verschiedenen Grund- und Obertöne seiner Schwingungsmöglichkeiten hinzu – und das sind in der Theorie unendlich viele. Dann würden unendlich viele Freiheitsgrade vorliegen.

Einstein hatte das elektromagnetische Feld untersucht, das theoretisch an unendlich vielen Punkten im Raum jeweils verschiedene Werte annehmen kann und dem daher unendlich viele Freiheitsgrade zugesprochen werden müssen. Einstein ersetzte nun dieses Feld durch teilchenartige Quanten, die Photonen, die ihrerseits nur wenige Freiheitsgrade besitzen.

Auch alle anderen Kraftfelder lassen sich als ›Quantenfelder‹ darstellen. Die zugehörigen Kraft-Teilchen werden als Bosonen bezeichnet. Dazu gehören beispielsweise die Mesonen (π-Mesonen, ρ-Meson usw.) als Kraftquanten der sogenannten ›starken Kraft‹, die die Atomkerne davor bewahrt, in Protonen und Neutronen zu zerfallen. Die bereits erwähnte schwache Kraft wird durch die W- und Z-Bosonen vermittelt.

Bei der Quantisierung wird eine Prozedur durchgeführt, in der die verschiedenen Zustände eines solchen Quantenobjektes – des Quantenfeldes – durch das Erzeugen und Vernichten seiner Feldquanten, der ›Teilchen des

---

26 Siehe 71.

Feldes‹, aufgebaut werden. Wenn also eine elektromagnetische Welle mit ihren Kraftwirkungen als Quantenfeld beschrieben werden soll, so wird es als eine Vielzahl von Photonen, von seinen Feldquanten, angesehen.

Ein Lichtstrahl wäre ein Beispiel dafür. Er wird verstanden als ein Strom von Photonen, von denen jedes eine Energie mit sich führt und das daher beim Auftreffen eine Wirkung erzielen kann. Soll der Strahl stärker oder schwächer werden, so müssen mehr oder weniger Photonen in ihm vorhanden sein. Die Begriffe ›Erzeugen und Vernichten‹ sind die sehr treffende Kurzfassung einer theoretisch-physikalischen Prozedur, mit der die Zustände eines Quantenfeldes geändert werden. Es sei noch angemerkt, dass in der normalen Quantenmechanik eine Beschreibung der ›spontanen Emission‹ nicht möglich ist, dass also die Aussendung eines Photons aus einem energetisch angeregten Atom in diesem Rahmen nicht beschrieben werden kann. In der Quantenmechanik liegen die Teilchenanzahlen fest, ein Emissionsvorgang kann erst in der Quantenfeldtheorie beschrieben werden, also in der nächsten Quantisierungsstufe.

Eigenschaften von Systemen können zu eigenständigen Objekten werden.

An der ›zweiten Quantisierung‹ wird deutlich, dass die Objekte aus einer Quantisierungsstufe in ihrer Existenz ungeändert bleiben, solange man in dieser Stufe verbleibt. Geht man aber zur nächsthöheren Quantisierungsstufe über, so werden die gleichen Objekte in dieser nun zu veränderlichen Eigenschaften.

Objekte können zu Eigenschaften eines sie umfassenden Systems werden.

Solange ein reines Kraftfeld einer ruhenden Ladung vorliegt, spricht man in der Physik von ›virtuellen Photonen‹. Die erklärende Vorstellung dazu besteht darin, dass die Photonen ausgesendet und sogleich so schnell wieder absorbiert werden, dass ihr Nachweis unmöglich bleibt. Das wird meist mit einer Unbestimmtheit von Energie ΔE und Zeit Δt begründet, deren Produkt immer größer als das Wirkungsquantum $\hbar$ ist.

Die zugehörige Formel – $\Delta E\, \Delta t \geq \hbar$ – könnte in Alltagssprache so übersetzt werden: ›Wenn es nur kurz genug passiert, dann kann der Energiesatz durchaus einmal ein wenig verletzt werden.‹

Wirkt nun auf die Ladung eine äußere Kraft ein, beispielsweise ein Stoß, so dass die Ladung ihren Bewegungszustand verändern muss, dann kann diese zugeführte Energie teilweise an die virtuellen Photonen übertragen werden und diese können damit real und nachweisbar werden.

Wenn man sich überlegt, was der Begriff ›Zustand‹[27] für ein System bedeutet, so sieht man, dass er kontingente Eigenschaften des betreffenden

---

[27] Siehe auch 71.

Objekts kennzeichnet. Kontingent meint, dass etwas nicht durch das System selbst festgelegt ist und somit auch anders sein könnte als es gerade ist. Eine kontingente Eigenschaft kann vorhanden sein oder nicht. Der Ort meiner Tasse ist kontingent, sie könnte jetzt auch auf einem anderen Tisch stehen. Das Muster meiner Tasse ist nicht kontingent, ohne dieses Muster wäre sie nicht meine Tasse. Das Muster einer beliebigen Tasse ist kontingent, sie wäre auch mit einem anderen Muster eine Tasse.

Diese einfachen Beispiele zeigen, dass es sozusagen zwei Sorten von Eigenschaften gibt. Zum einen gibt es Eigenschaften, die das Wesen eines Objektes festlegen, und zum anderen solche, die auch anders sein können, weil sie nicht wesentlich sind. In der Mechanik der Massenpunkte kann dies z.B. die Masse sein. Eine andere Masse bedeutet in diesem Zusammenhang ein anderes Objekt. Einen Menschen hingegen sehen wir auch bei unterschiedlichem Körpergewicht nicht als mehrere verschiedene Menschen an. Damit gehört die Ruhmasse in der Mechanik nicht zu den veränderlichen Zustandsgrößen, bei Menschen aber doch. Das, was nicht als Zustandsgröße anzusehen ist, kennzeichnet ein Objekt als solches, es ist eine wesentliche bzw. fundamentale Charakterisierung. Der Zustand zeigt auf, welche veränderlichen und damit nachrangigen Eigenschaften vorhanden sind. Normalerweise haben Menschen die Vorstellung, dass zwischen kontingenten Eigenschaften und den Objekten selbst ein grundsätzlicher Unterschied besteht. Zwar gibt es Sprachen, wie beispielsweise das Deutsche, in denen Eigenschaften sprachlich zu Objekten werden können, wie ›das Gute‹ oder ›das Grün‹, aber oftmals wird dann darauf verwiesen, dass aus der Möglichkeit einer sprachlichen Konstruktion noch lange keine Realität folgen muss.

Wir hatten davon gesprochen, dass der Formalismus der zweiten Quantisierung ein Quantenfeld als ein physikalisches System erklärt, dessen Zustände durch Erzeugen und Vernichten von Quantenteilchen verändert werden.

Wir wollen also noch einmal wiederholen:

Mit der zweiten Quantisierung erweisen sich somit die Quantenteilchen, die die Objekte der einen Quantisierungsstufe sind, als die Eigenschaften von Quantenobjekten einer anderen Quantisierungsstufe.

Dass damit nicht auf sprachlicher, sondern auf naturwissenschaftlicher Ebene eine strenge Unterscheidung zwischen Objekt und Eigenschaft aufgehoben wird, ist ein besonders bemerkenswertes Ergebnis der Quantentheorie. Wir werden auf die weitreichenden Konsequenzen noch zurückkommen, die sich daraus besonders für unsere biologischen Vorstellungen ergeben können.

Ein Qubit kann als Objekt betrachtet werden und in anderen Zusammenhängen als Eigenschaft.

Informationen werden in der Regel als kontingente Eigenschaften ihrer Träger angesehen. Daher ist für alles, was mit Information zu tun hat, die Möglichkeit besonders wichtig, dass Eigenschaften auch Objektstatus erhalten können. Nach dem Vorbild der zweiten Quantisierung, bei der ein Quantenfeld aus Quantenteilchen aufgebaut wird, kann dazu analog wiederum ein einzelnes Quantenteilchen aus Qubits aufgebaut werden. Die ersten mathematischen Arbeiten dazu sind in den 1990er Jahren durchgeführt worden.[28]

Wir werden im nächsten Kapitel ausführlich schildern, wie aus Qubits Quantenteilchen konstruiert werden können. Damit wird auch die Frage beantwortbar, ob Information als Objekt oder als Eigenschaft von Objekten anzusehen ist. Die vielleicht überraschende Antwort lautet: Es hängt von den Umständen ab. Dies wird bei biologischen Fragen und besonders bei der Betrachtung der Informationsverarbeitung im Gehirn eine besondere Rolle spielen.

3.10 Quantentheorie und Elektromagnetismus

Da die Wechselwirkungen des elektromagnetischen Feldes mit seinen Quanteneigenschaften für ein Erklären des Lebens, vor allem für Funktionsweisen von Zellen und für die Arbeit des Gehirns von besondere Bedeutung sind, soll hier etwas ausführlicher auf diese spezielle Wechselwirkung eingegangen werden. Es sei nur daran erinnert, dass heute der fehlende Nachweis von jeglicher elektromagnetischer Aktivität im Gehirn, der Hirntod, das einzige zulässige Kriterium für das unwiderrufliche Erlöschen einer Person ist. Für nachweisbare Aktivitätsänderungen an lebenden Zellen sind Frequenzen im Bereich zwischen 1 und 100 Hz wesentlich.[29] Bei enzephalographischen Messungen am Gehirn findet man mit den EEG-Geräten zumeist Frequenzen von unter einem Hz bis über 60 Hz.

Eine elektrische Ladung und auch ein Magnet erzeugen um sich herum ein Kraftfeld. Wird die Geschwindigkeit der Ladung geändert oder beispielsweise der Magnet gedreht, so kann dieses Kraftfeld als Welle durch den Raum laufen und durch ihre Wirkung auf andere Ladungen oder Magnete erkennbar werden. Alle diese durch Raum laufenden Kraftwirkungen werden in der Quantentheorie als Photonen bezeichnet. In der klassischen Physik spricht man von elektromagnetischen Wellen, die durch ihre Frequenz gekennzeichnet werden. Alle diese Erscheinungen, die sich wegen

---

[28] GÖRNITZ, TH. /GRAUDENZ, D. /WEIZSÄCKER, C.F. V., Field Theory; GÖRNITZ, TH. /SCHOMÄCKER, U., Aspects; eine Übersicht dazu in GÖRNITZ, TH. /GÖRNITZ B., Kosmos.

[29] Siehe z.B. die Übersicht von FUNK, R.H.W. /MONSEES, TH.K., Effects – Die Frequenz wird gemessen in Hz (Hertz) gleich Schwingungen pro Sekunde. Sie wird in Formeln mit dem griechischen Buchstaben ν bezeichnet.

ihrer unterschiedlichen Frequenzen auch recht unterschiedlich verhalten, bilden miteinander das ›elektromagnetische Spektrum‹. Die Frequenzen können im Prinzip jeden Wert zwischen Null und Unendlich annehmen, aber nutzen kann man nur einen Teil des Spektrums. Für die Nachweise sind jeweils verschiedene Methoden nötig, die von der möglichen Wechselwirkung der Strahlung mit Nachweisgeräten abhängen.

Aus der Technik kennt man seit längerem Radio- und Fernsehwellen als Lang-, Mittel-, Kurz- und Ultrakurzwellen sowie VHF und UHF, man kennt die Wärmestrahlung, das sogenannte Infrarot, dann die mit dem Auge sichtbaren Farben von Rot über Grün zu Blau und Violet. Dem schließen sich die ultravioletten Strahlen (UV) an, dann kommen Röntgen- und schließlich die eigentlichen Gammastrahlen. In dieser Schilderung der der elektromagnetischen Strahlung unterscheiden sich die verschiedenen Formen durch ihre Frequenz.

Die Wellen von Bahn- und Haushaltstrom (16,6 Hz bzw. 50 Hz) werden zumeist außer Betracht gelassen, obwohl sie möglicherweise eine biologische Wirkung haben könnten, denn sie passen sehr gut zu den biologischen Frequenzen, die an Zellen beobachtet werden.[30] Aus technischer Sicht ist die Frequenz auch noch niedrig bei der Radiostrahlung (mehr als 10^3 Hz = 1 Kilohertz) und wird sehr groß bei der Gammastrahlung (bis über 10^{22} Hz).

Die Frequenz wird also von Radio nach Gamma immer größer. Nach Plancks berühmter Formel $E = h\nu$, welche die durch das Wirkungsquantum h vermittelte Äquivalenz von der Energie E und der Frequenz ν aufzeigt, wird somit die Energie der Photonen, aus denen diese Strahlung besteht, immer größer und damit auch die Wirksamkeit.

Beispielsweise wird eine Dampfheizung, die Wärme abstrahlt, keinen Sonnenbrand erzeugen, der kommt nur vom UV-Licht. Wenn man die Farbe des Lichts ändert und damit die Frequenz, so werden dabei Photonen der einen Sorte von solchen einer anderen abgelöst.

Eine Wasserwelle ohne Wasser gibt es nicht. Wenn aber ›Lichtteilchen‹ fliegen, so geht das ohne ein Hilfsmittel. Das Laufen der Photonen durch das Vakuum des Weltraumes kann man sich also sehr gut ohne die Hilfsvorstellung eines Äthers ausmalen.[31]

Die elektromagnetische Wechselwirkung ist so wichtig, weil sie – in Kombination mit dem Pauli-Prinzip – fast alles im Alltag betrifft. Dass elektrische, magnetische Wechselwirkungen und Licht dazu gehören, ist gewiss allseitig bekannt. Weniger offensichtlich dürfte sein, dass auch alle mechanischen Wechselwirkungen, wie Schall, Druck und Stoß sowie alle chemische Wechselwirkungen auf Elektromagnetismus beruhen. Denn

---

30 Siehe z.B. FUNK, R.H.W. /MONSEES, TH.K., Effects.

31 Siehe 46.

Druck und Stoß beispielsweise basieren auf der Undurchdringlichkeit der Materie, die ihrerseits durch die gegenseitige elektromagnetische Wechselwirkung der Atome verursacht wird.

3.11 Die Quanten im Makroskopischen

Wo werden Quantenphänomene auch im Alltag deutlich?

Zum einen gibt es ›makroskopische Quantenphänomene‹, bei denen eine sehr große Menge von Materie ein einziges Quantenobjekt bildet. Bereits länger kennt man die Supraleitung, bei der die Elektronen im Leiter sich wie ein einziges Objekt ohne jede Reibung und damit ohne jeden elektrischen Widerstand bewegen können. In einem supraleitenden Magneten kann ein gewaltiger Strom völlig verlustfrei fließen und ein sehr starkes andauerndes Magnetfeld erzeugen. Suprafluidität ist eine Eigenschaft von sehr kaltem Helium. Dabei kann dieses wie ein einziger dünner Faden ohne jede Reibung durch dünne Kapillaren fließen. Auch der normale Magnetismus eines Dauermagneten stellt ein makroskopisches Quantenphänomen dar.

Neben diesen Spezialeffekten weiß man heute, dass die Eigenschaften der makroskopischen Objekte, wie z.B. Festigkeit, Elastizität, Leitfähigkeit, Viskosität usw., erst mit der Quantentheorie erklärt werden können.

Daher erweisen sich alle Produkte der Festkörperphysik, wie z.B. Computer, Laser, Handy, GPS usw. als technische Anwendungen der Quantentheorie.

Zum anderen gibt es Quantenphänomene im Makroskopischen, bei denen wenige Quanten etwas im Großen bewirken können. Dafür ist es nötig, ein instabiles System zu haben, denn nur diese können auf kleine Wirkungen reagieren. So können bei einer hohen Spannung einige wenige Ionen die Lage des Blitzkanals beeinflussen oder einige versetzte Atome im Festkörper können diesen unter Last an genau dieser Stelle brechen lassen.

Die wichtigsten Systeme, an denen Quantenphänomene makroskopisch sichtbar werden, sind Lebewesen. Wir werden darauf noch etwas ausführlicher eingehen, jetzt soll nur z.B. daran erinnert werden, dass ein einziger radioaktiver Zerfall eine Zelle so schädigen kann, dass sie zu Krebs wird. Aber auch positive Beispiele gibt es. Einige wenige Photonen genügen, um einen Seheindruck im Auge hervorzurufen, und unsere Gedanken – auch sie sind Qubits – können den ganzen Körper zu Bewegungen veranlassen.

4. Protyposis

Aus den bisherigen Ausführungen ist gewiss ersichtlich geworden, dass die tiefste und gründlichste Beschreibung der Natur mit der Quantentheorie erfolgt. Zu den Quantenobjekten zählt auch die Quanteninformation, die in Qubits zerlegt werden kann. Klassische Bits – Ja-Nein-Alternativen – kennt jedermann als die Grundlage der Computertechnik. Im Unterschied zu den Bits, die nur zwischen 0 und 1 hin und her springen können und somit einen kontinuierlichen Zeitablauf nicht modellieren können, besitzen die Qubits Zustände, die sich kontinuierlich verändern können. Da sich die Möglichkeiten eines Qubits stetig und nicht sprunghaft verändern, kann man deswegen mit diesen Zuständen einen Parameter darstellen, der wie der Zeiger einer Uhr umläuft und somit als ein Aspekt von Zeit deutbar ist. Ein solcher Parameter ist noch keine reale Zeit, weil noch keine Fakten erfasst werden können.

Ein Qubit trägt somit von vornherein ein Potential für eine zeitliche Entwicklung in sich, das allerdings noch eingeschränkt ist. Dennoch soll dieses Zeithafte im Auge behalten werden, wenn wir eine neue Reduktion einführen, die das Ziel hat, sowohl die Materie als auch das Bewusstsein als Gestaltungen einer abstrakten Quanteninformation – der Protyposis – zu erklären.

Wir hatten bereits ausführlich geschildert, dass Materie heute im Wesentlichen als leerer Raum und reine Bewegung verstanden werden kann. Eine solche Einsicht erleichtert den Übergang zu der noch weiterreichenden Vorstellung, dass die Materie im letzten Grunde Quanteninformation ist. Wir werden zeigen, wie in einer physikalischen Theorie diese Ideen ausgeformt werden.

Der besondere Reiz dieses Zuganges besteht darin, dass mit ihm zum ersten Male in der Naturwissenschaft die notwendigen Konzepte bereitgestellt werden, um auch das Bewusstsein in ihrem Rahmen zu erklären.

Wir werden erläutern, dass diese Erklärungsstruktur zyklisch ist. Sie führt von den bewussten Gedanken zur Information als einer physikalischen Größe. Über die Entropie der Schwarzen Löcher und die Kosmologie kann dann die Äquivalenz der Protyposis zu Materie und Energie aufgezeigt werden. Von da führt der Weg über die Evolution wieder zum Bewusstsein.

Zweifelsfrei handelt es sich bei Bewusstseinsvorgängen um die Verarbeitung von Information. Information wird im Alltag und oft auch in der

Wissenschaft stillschweigend mit Bedeutung zusammengedacht. Shannon, mit dem die wissenschaftliche Informationstheorie begonnen hatte, ließ bereits die Bedeutung außer Acht, setzte aber noch Sender und Empfänger voraus. Bei unserem Vorhaben müssen wir noch wesentlich stärker abstrahieren, da wir auch Sender und Empfänger erklären wollen und somit diese beiden nicht zugleich an dieser Stelle des Erklärungsprozesses voraussetzen können. Es bleibt dann eine reine Information übrig, abstrahiert von allen Bedingungen und Bedeutungen, die ihr sonst zugesprochen werden.

Die Erfahrung lehrt, dass immer dann, wenn eine genaue naturwissenschaftliche Beschreibung der Wirklichkeit gesucht wird, die Quantentheorie unvermeidbar ist. Bei den Qubits kommt zu der Genauigkeit noch der oben erwähnte Aspekt einer möglichen stationären Zeitbeschreibung hinzu. Die mathematische Beschreibung wäre vorstellbar wie ein Zeiger auf der Uhr, der im Kreise läuft – aber nicht real, sondern nur der Möglichkeit nach. In der Physik ist ein stationärer Prozess – ähnlich wie gleichmäßig fließendes Wasser aus einem Wasserhahn – ein Vorgang, bei dem sich auf den ersten Blick nichts zu verändern scheint, obwohl man bei einer genauen Betrachtung eine ständige Veränderung sieht.

Wir hatten aufgezeigt, dass die mathematische Struktur der Quantentheorie ganzheitlich ist. Damit kommt bei unseren grundlegenden Überlegungen die einzige tatsächliche Ganzheit ins Spiel, der Kosmos, denn das Ganze ist der Kosmos. Die astronomische Beobachtung lehrt uns, dass der Kosmos expandiert, dass sein Volumen wächst. Wir können diese empirischen Daten durch die Formulierung erfassen, dass die Menge der abstrakten Quanteninformation im Kosmos sich vergrößert. Damit wird als ein Nebeneffekt auch immer mehr Information über Information möglich, was üblicherweise als Codierung bezeichnet wird.

Die wachsende Anzahl der Qubits ist zugleich die einzige Möglichkeit, wie die abstrakte Quanteninformation im Kosmos codiert werden kann und somit durch andere Information ausgedrückt wird. Die wachsende Zahl der Qubits wird dann auch erlauben, das Entstehen von Fakten zu modellieren.

Wenn also der Weg der Erkenntnis von den Inhalten des menschlichen Bewusstseins bis zu der abstrakten Quanteninformation und wieder zurück führt, ist dann in einem weiteren Durchgang mit der Protyposis beginnend die kosmische Evolution zu beschreiben, die vom Urknall bis zum Bewusstsein geführt hat. Dies alles soll im Folgenden dargelegt werden.

4.1 Die Notwendigkeit einer neuen Form von Reduktion

Wir erinnern daran, die Atome sind nicht ›unzerlegbar‹, sondern können in Kern und Hülle aufgespalten werden. Die Bilder, die dazu oft gezeichnet werden, sind zwar anschaulich, aber falsch. In der Natur findet man dort Strukturen und nicht Bausteine, und vor allem viel ›leeren Raum‹, falls wir diese Metapher verwenden wollen. Gleichermaßen wäre aber auch zutreffend, davon zu sprechen, dass das Atom ausgefüllt ist mit möglichen Orten seiner Elektronen. Bereits jetzt hat es sich gezeigt, dass selbst die ›Materie des Kerns‹ fast ausschließlich Bewegung ist, denn die Ruhmasse der Quarks stellen zusammen weniger als 2 % der Protonen- oder Neutronenmasse. Der Rest der Ruhmasse der Nukleonen kann als ›Bewegung‹ verstanden werden. Die Fachleute sprechen von ›sea quarks‹, weil aus dem Quantenvakuum, der sogenannten ›Dirac-See‹, unablässig sehr viele virtuelle Quark-Antiquark-Paare entstehen und wieder darin vergehen.

Die Elementarteilchentheorie erforscht die räumlich kleinsten Strukturen, die gegenwärtig experimentell zugänglich sind. Ihr sogenanntes Standardmodell erlaubt es, die extrem komplexen Experimente zu erklären, die mit den großen Beschleunigern gemacht werden. Es ist das mathematisch schwierigste Modell, mit dem praktische Erfolge erzielt werden. Trotzdem beinhaltet es noch achtzehn bisher nicht berechenbare Naturkonstanten. Von der Stringtheorie, die noch sehr viel kleinere Bausteine postuliert, hatten sich viele Physiker eine Lösung der Elementarteilchenfragen erhofft. Sie hat sich als so komplex erwiesen, dass bis heute noch nicht einmal geklärt ist, welche von den vielen Gleichungen, die in ihrem Rahmen möglich sind, zu untersuchen sind. Allerdings zeigt sich bereits jetzt, dass diese Theorie viele zusätzliche Raumdimensionen postulieren muss, falls sie tatsächlich mehr sein sollte als eine hochkomplexe mathematische Struktur.

Bei all diesen Versuchen einer Reduktion auf elementare Teilchen wird bisher meistens ein Aspekt übersehen, der zwar innerhalb der Physik wohlbekannt ist, dessen Bedeutung aber selten reflektiert wird.

Der Weg der Untersuchung zu kleineren Strukturen startet in dem noch sinnlich zugänglichen Bereich, z.B. beim Mikroskop, indem eine stärkere Auflösung gewählt wird. Dieser Vorgang geht aber lediglich so weit, wie mit sichtbarem Licht noch Unterscheidungen festgestellt werden können. Noch kleinere Bereiche können mit sichtbarem Licht nicht mehr auseinanderdifferenziert werden. Je kleiner nämlich der räumliche Bereich ist, der untersucht werden soll, desto kürzere Wellenlängen sind nötig, um noch etwas unterscheiden zu können.

Dann hat man aber eine Folgewirkung, deren Wissen den früheren Denkern des Atomismus noch nicht zugänglich sein konnte. Je kleiner der untersuchte Bereich ist, desto größer muss zugleich die Energie derjenigen Mittel sein, mit denen untersucht wird. Zumeist werden solche Untersuchungen mit Licht oder mit einer anderen Form der elektromagnetischen Strahlung durchgeführt. Bei sehr hohen Energien verwendet man auch Elektronen- und Protonenstrahlen.

Die Quantentheorie hat nun gezeigt, dass mit dem Wachsen der Energie zugleich die Möglichkeiten anwachsen, die sich für ›virtuelle Teilchen‹ – die ›Feldquanten‹ – bei diesen Wechselwirkungsprozessen ergeben. Je kleinere Strukturen betrachtet werden, desto mehr und desto komplexere Bildungen aus virtuellen Feldquanten werden auftreten. Natürlich wird mit diesen zunehmenden Strukturmöglichkeiten zugleich auch die Komplexität dieser Strukturen anwachsen. Daher ist es keineswegs verwunderlich, dass die mathematischen Strukturen und physikalischen Theorien auf dem Weg ›ins Kleine‹ auch immer komplizierter werden und keineswegs einfacher.

Wenn also im Kleinen etwas realisiert werden soll, so geht dies nur mit sehr großer Energiekonzentration. Dies wird an den riesigen Ausmaßen der Elementarteilchenbeschleuniger ersichtlich, die umso größer werden müssen und damit auch umso größere Energien für die Untersuchungen ermöglichen, je kleiner die zu untersuchenden Strukturen werden. Die riesigen Energien auf kleinstem Raum lassen es zu, dass die Strukturen, die dort der Möglichkeit nach vorhanden sind, dann auch faktisch werden können und sich im Experiment realisieren und tatsächlich beobachtbar werden. Je Kleineres also untersucht werden soll, desto vielfältigere, komplexere und damit kompliziertere Strukturen wird man finden. Diesen Effekt kann man, wie erwähnt, sehr gut in der gegenwärtigen Physik beobachten.

Die chemischen Atome sind noch so groß, dass dort für die Untersuchung keine sehr hohen Energien aufgewendet werden müssen. Daher sind die damit ermöglichten virtuellen Teilchen lediglich auf niederenergetische Photonen beschränkt, so dass diese Strukturen und Prozesse, die vor allem die chemischen Vorgänge betreffen, noch relativ leicht zu beschreiben sind.

Man beobachtet also zwei gegenläufige Effekte. Einerseits will man in das räumlich Kleine vordringen, um Komplexität zu reduzieren. Dies aber ist andererseits untrennbar verbunden mit einem Übergang in das energetisch Große, was seinerseits die Komplexität wachsen lässt. Die Atome der Chemie sind nun dadurch ausgezeichnet, dass bei ihnen ein Optimum für die Einfachheit zu erkennen ist. Bis zu ihnen sind die alten reduktionistischen Vorstellungen einer ›Zerlegung in Kleineres‹ ziemlich nützlich, danach aber beginnen die konzeptionellen Probleme erneut und in immer größerem Maße wieder anzuwachsen.

Die Hoffnung, es möge im Kleinen einfacher werden, wird durch die moderne Physik enttäuscht.

Spätestens bei den Quarks wird dies deutlich. Sie sind zwar fundamentale Strukturen, sind aber genauso wenig ›herstellbar‹ wie ein einzelner Magnetpol. Wenn wir einen Magneten zerlegen, um ›einen Magnetpol zu isolieren‹, so werden wir stattdessen immer wieder zwei vollständige Magneten mit je einem Nord- und einem Südpol erhalten. Solche ›nicht isoliert vorführbaren

Strukturen‹ sprechen ebenfalls gegen die alte Form der Reduktion auf räumlich Kleines.

Mit dem Begriff der Materie verbindet man bis heute im Allgemeinen etwas, das fasslich und vorstellbar ist und was wohl gemeinhin auch positiv besetzt ist. Dafür gibt es gute, historisch verstehbare Gründe.

Vor dem Beginn der Neuzeit war für fast alle Menschen das Leben viel mühsamer und beschwerlicher als heute. Davon zeugt auch die ungeheure Verlängerung der Lebenserwartung der Menschen in der Gegenwart. Die großen Erleichterungen für das Alltagsleben wurden eingeleitet durch die technische Nutzung der Erkenntnisse der Mechanik. Die Dampfmaschinen waren die ersten Gerätschaften, die unabhängig von Wind und Wetter Energie bereitstellen konnten, um andere Maschinen anzutreiben. Die frühen Maschinen waren aus den Erkenntnissen der Mechanik abgeleitet, und bis heute wird gemeinhin Materie als das verstanden, was den Gesetzen der Mechanik genügt. Mit der Materie verbinden sich auch viele metaphysische Vorstellungen über Objektivität und Realität. Das Materielle wird angesehen als das, was Bestand hat, worauf man sich verlassen kann. So erklärt der Schüler in Fausts Studierstube gegenüber Mephisto: »Denn, was man schwarz auf weiß besitzt, kann man getrost nach Hause tragen.« Wirklich real ist nach dieser Auffassung das Papier und nicht der Gedanke, der auf ihm festgehalten ist. Wortbedeutungen und auch die hinter ihnen stehenden Vorstellungen wären demgemäß nichts Handfestes.

Da also gegen eine Reduktion auf ›Atome‹ eine Reihe gewichtiger Gründe sprechen, wird von manchen Wissenschaftlern, die vor allem außerhalb der Physik arbeiten, die Vorstellung von Reduktion und damit von einer durchgängig naturwissenschaftlichen Erklärung natürlicher Phänomene abgelehnt. Dieser Ansicht sind wir nicht.

In der Geschichte der Naturwissenschaften hat es sich als unfruchtbar erwiesen, auf eine Reduktion verzichten zu wollen. Ein solcher Verzicht wäre mit den bewährten Konzepten einer erklärenden Naturwissenschaft nicht in Einklang zu bringen und könnte zu einem Ende des naturwissenschaftlichen Erkenntnisstrebens führen.

Wir können Edward Wilsons Meinung[1] teilen, dass eine Vernetzung von geistes- und naturwissenschaftlichem Denken gelingen sollte und dass die bestehenden Lücken sich schließen werden. Allerdings sind wir überzeugt, dass dies nicht auf der überkommenen Grundlage »materieller Prozesse«[2] gelingen kann.

Kein vernünftiger Mensch wird die Bedeutung des Materiellen bezweifeln. Aber viele Menschen stört der Ausschließlichkeitsanspruch des mate-

1 Wilson, E., Einheit, 356f.
2 A.o.O., 355.

rialistischen Denkens, der im Gefolge der Mechanik eine gleichsam ›wissenschaftliche Weihe‹ erhielt und damit in der Neuzeit zunehmend als die einzig akzeptable Sicht auf die Welt erschien. Die Physik jedoch, die einstmals die Mechanik hervorgebracht hatte, hat sich weiter entwickelt. Die moderne Physik macht die landläufigen Vorstellungen über ›Materie‹ immer mehr obsolet. Was dies für die Wahrnehmung der Wirklichkeit bedeutet, ist bis heute weder in der Gesellschaft noch in der Physik tatsächlich verinnerlicht worden. Man kann allerdings verstehen, dass die damit zusammenhängenden Probleme erst dann nicht mehr ignoriert werden können, wenn man mit der Naturwissenschaft beginnt, sich den Fragen des Bewusstseins zu nähern.

Wir haben auf der vorigen Seite auf die technischen und kulturellen Folgen des mechanischen Weltbildes verwiesen. Gegenwärtig ist aber für jedermann sichtbar, dass die Handhabung und Verarbeitung von Information zunehmend ebenso bedeutsam wird als das bloß Materielle. Diese Veränderung geht weit über das von den Medien verkündetet ›Jahrhundert der Information‹ oder über die wachsende Einsicht in die Bedeutung von Bildung hinaus. Für viele Bereiche übersteigt sogar die Wirkmächtigkeit der Informationsverarbeitung – von etwas im Grunde ›Geistigem‹ – die des Materiellen.

Wir haben bereits öfter darauf verwiesen, dass Information ›das ist, was gekannt werden könnte‹. Wenn also eine Reduktion auf die ›geringsten Informationseinheiten‹, auf Qubits und damit auf eine abstrakte Quanteninformation als Grundsubstanz gegründet wird, so wird damit Materie tatsächlich erstmals erklärbar. Solche Überlegungen, die in den 1980er und 1990er Jahren publiziert wurden,[3] sind lange Zeit von den meisten Physikern ignoriert worden. Natürlich gab es auch Ausnahmen. So haben u.a. D. Finkelstein und A. Wheeler, beide in Amerika lehrend und forschend, frühzeitig Interesse an den Überlegungen zur Quanteninformation gezeigt. Sie hatten auch öfter die von Weizsäcker in Starnberg organisierten Tagungen besucht und wertvolle Beiträge geliefert. Wheeler hatte nicht nur »deled choice«,[4] sondern seit längerem auch den ebenfalls sehr werbekräftigen Slogan »It from Bit« geprägt.

Seit einiger Zeit schreibt beispielsweise auch A. Zeilinger »Information ist der Urstoff des Universums«.[5] Allerdings ist bei ihm auf der nächsten Seite zu lesen: »Es ist sicherlich vernünftig anzunehmen, dass die Menge an Information, die wir benötigen, um ein System zu charakterisieren, um so kleiner wird, je kleiner das System ist.« Diese weit verbreitete Meinung, die

---

3 GÖRNITZ, TH., Abstract Quantum Theory I, II, Parabose; GÖRNITZ, TH. /GRAUDENZ, D. /WEIZSÄCKER, C.F. V., Quantum Field; GÖRNITZ, TH. /SCHOMÄCKER, U., Charge Operator.

4 Siehe 103.

5 ZEILINGER, A., Einsteins, 117.

man auch beispielsweise bei Bekenstein und t'Hooft[6] findet, lässt allerdings alle diejenige Information außer Acht, die benötigt wird, ein kleines Objekt im Kosmos zu lokalisieren.

Diese sehr große ›Lokalisierungsinformation‹ ist ebenfalls mit diesem Objekt verbunden und kann – wie später aufgezeigt wird – auch berechnet werden. Dazu ist es notwendig, den Kosmos einzubeziehen und sich auf dessen quantenphysikalische Beschreibung zu stützen, die allerdings nicht – so wie bisher oft – auf den Anfang der kosmischen Evolution beschränkt werden darf. Es zeigt sich, dass solange dieser Schritt einer Einbeziehung der kosmischen Ganzen ausgelassen wird, keine Möglichkeit besteht, Information zu Materie äquivalent werden zu lassen.

Ohne eine solche Äquivalenz verbleibt aber das Sprechen von ›Information als Grundsubstanz‹ lediglich im Bereich der philosophischen Wünsche und Hoffnungen und kann noch keine Physik werden. Wir werden zeigen, wie mit den vor über zwanzig Jahren vorgestellten und in der Zwischenzeit weiterentwickelten mathematischen Überlegungen die erwähnten Thesen zu einer physikalischen Theorie werden.

Was ist einfach?

Wir hatten als das Ziel einer naturwissenschaftlichen Erklärung die Reduktion auf Einfaches vorgestellt. Nun ist es unmittelbar einsichtig, dass das prinzipiell Einfachste, womit man sich befassen kann, eine einfache Alternative, eine Ja-Nein-Entscheidung ist. Wenn wir also im Folgenden Materie durch ihre Reduktion auf Qubits erklären, so hat das den Vorteil, dass damit das prinzipiell Einfachste zum Ausgangspunkt gewählt wird. Information bedeutet eine Unterscheidung zwischen möglichen Fällen und damit die Entscheidung von Alternativen. Jede beliebige Alternative kann aber auf eine gekoppelte Schar von binären, von Ja-Nein-Alternativen zurückgeführt werden.

Information ist nun ein Begriff, von dem Intersubjektiviät ohne Schwierigkeiten gedacht werden kann. Sie ist darüber hinaus auch ein Begriff, der seit langem in den Begriffsbereich der Physik gehört. Dies mag viele überraschen, aber in der Physik hat man seit Boltzmann erkannt, dass die ursprünglich rein thermodynamisch definierte Größe der reduzierten Wärmemenge, der Entropie, sich als Maß für die unbekannte Information erweist. Und die moderne Quantentheorie erlaubt es – wie wir zeigen werden – eine abstrakte Quanteninformation als etwas Objektives zu denken. Die aufzuzeigenden Abstraktionsschritte ermöglichen also, von etwas Einfachem und Bekanntem auszugehen, um sich den Strukturen der Wirklichkeit zu nähern. Da die Information der eigenen Gedanken etwas Bekanntes ist, ist damit jede andere, noch unbekannte Information ebenfalls etwas, dass uns Men-

---

6 T'HOOFT, G., Holographic; BEKENSTEIN, J., holografische Universum.

schen seinem Wesen nach, nämlich als Information, bekannt ist – auch wenn die Inhalte und die möglichen Bedeutungen damit natürlich noch keineswegs zur Verfügung stehen.

Aber auch wenn man bereit ist, der Information die hiermit zugedachte Rolle vielleicht erst einmal probeweise zuzubilligen, so wird immer noch die Frage offen bleiben, wieso nicht einfach Information, sondern ›Quanteninformation‹?

Wieso Quanteninformation?

Da es sich im Laufe der Physikgeschichte erwiesen hat, wie bedeutsam die Quantentheorie und mit ihr auch das Erfassen des Möglichen – der Potentialität, wie manchmal formuliert wird – für eine genaue Beschreibung der Wirklichkeit ist, werden wir nicht von klassischer Information, sondern von Quanteninformation ausgehen.

> *Keine einzige von der Naturwissenschaft untersuchte Erscheinung lässt sich tatsächlich verstehen, wenn nicht offen oder zumindest als Grundlage, d.h. implizit, Quantenstrukturen berücksichtigt werden.*

Auch für den Informationsbegriff gilt, dass seine Dynamik und seine volle Realisierung erst im Rahmen der Quantentheorie möglich werden. Klassische Information erhalten wir dann, wenn die Fülle der Möglichkeiten auf ein einzelnes Faktum eingeschränkt wird.

Heute gehört es in unserer Kultur gewiss zum Allgemeinwissen, dass man Information auf ›Bits‹ zurückführen kann. Wohl jedermann weiß, dass alle Information im Computer letztendlich in Form von Bits, von Ja-Nein-Alternativen, vorliegt und dass alle Bilder, Musik und Texte im Computer letztendlich nur als 0-1-Bits gespeichert werden. Das Einfachste, an dem überhaupt etwas erkannt und entschieden werden kann, ist also eine einfache, d.h. eine binäre Alternative, eine Ja-Nein-Entscheidung, ein Bit. Im Computer liegen allerdings lediglich klassische Bits vor. Diese stellen eine im Grunde statische Struktur dar, die so lange unverändert bleibt, bis durch das Programm eine Veränderung vorgeschrieben wird.

Was man aber in der Wirklichkeit immer und überall findet, ist, dass sich Strukturen ständig verändern, wachsen und zerfallen. Wir sehen, dass sich beispielsweise Einfaches zu komplexeren Gestalten verbindet und vor allem, dass Neues entsteht. Bisher wurde Veränderung in der Regel als Abstandsveränderung von kleinsten Bausteinen, als Umordnung von Atomstrukturen gedacht – aber dieses Konzept trägt nicht mehr. Um die Möglichkeiten, die Potentialität, tatsächlich zu erfassen, muss auch im Bereich der Information die Quantenstruktur des Wirklichen berücksichtigt werden.

Die neue Form von Reduktionismus wird mit den Quantenbits auf Strukturen zurückgreifen können, die als Information etwas letztlich Bekanntes, etwas im Prinzip Wissbares, und – in der Form von Bits – etwas tatsächliches Einfaches vorstellen.

Alle unbekannten Qubits sind – zumindest insofern sie Qubits sind – eine bekannte Wesenheit. Auch ein Qubit, dessen Bedeutung noch unbekannt ist, ist zumindest hinsichtlich seiner Eigenschaft, ein Qubit zu sein, bekannt. Nun könnte man der Meinung sein, dass das bereits für ein klassisches Bit zutreffen würde.

Allerdings sind für das Ziel, auch das Bewusstsein zu erklären, noch zwei weitere Aspekte von fundamentaler Bedeutung, die im Rahmen der klassischen Physik nicht tatsächlich greifbar sind. Diese beiden klassisch nicht erklärbaren Eigenschaften des Bewusstseins sind seine Einheit und seine Individualität. Jede dieser Eigenschaften stellt ein zentrales Attribut des Subjektiven dar. Zugleich bezeichnen diese beiden Begriffe eine der Möglichkeiten, den Unterschied zwischen klassischer und quantischer Physik festzumachen.

Während in der klassischen Physik ein zusammengesetztes System weiterhin aus seinen Teilen besteht, kennt die Quantentheorie sowohl ›Einheiten‹ als auch ›Individuen‹. Im Kapitel über die Quantentheorie wurde ausführlich dargelegt, dass ein Quantensystem eine ›teilelose Einheit‹ ist und dass der Zustand eines Quantensystems individuell ist und nicht völlig objektiviert werden kann. Damit wird bereits in der unbelebten Natur bei einer sehr genauen Betrachtung ein Aspekt sichtbar, der sich später in der Evolution bei einem bewussten Wesen als ›Subjektivität‹ äußert. Die Strukturen, die für ein Verständnis und eine Beschreibung von Einheit und von Subjektivität notwendig sind, werden daher von der Quantentheorie bereitgestellt.

Darüber hinaus sind Qubits heute bereits nicht mehr lediglich ein theoretisches Konstrukt, wie sie es noch in den 1970er Jahren waren, sondern mit ihnen wird bereits sehr erfolgreich experimentiert und es gibt bereits erste technische Anwendungen. Sie liefern z.B. die Basis für kryptographische Verfahren, die aus naturgesetzlichen Gründen nicht abgehört werden können, und stellen die Grundlage für den Bau von Quantencomputern dar.

Zusammenfassend können wir feststellen, dass Information etwas ist, was im Prinzip gewusst werden könnte, und was uns beispielsweise in Form unserer Gedanken unmittelbar bekannt sein kann.

Da Naturwissenschaft objektive Gesetze sucht und Bedeutung aber notwendigerweise immer subjektive Anteile umfasst, werden von uns die Qubits erst einmal so abstrakt eingeführt, dass anfangs von Sender, Empfänger und auch von Bedeutung abgesehen wird.

4.2 Protyposis und das neue Konzept von Materie

C.F. v. Weizsäcker war der erste, der im Rahmen seiner ›Urtheorie‹ die Vorstellungen des Aufbaues von Materie aus Uren – abstrakte quantisierte binäre Alternativen – entwickelt hatte. Bereits in den 1960er Jahren hatte er Überlegungen vorgestellt, nach denen ein Proton 10^{40} Ure sein sollte.[7] Aber Weizsäcker wurde zeitlebens in diesem wichtigsten Bereich seiner wissenschaftlichen Forschung von der Physiker-Gemeinschaft ziemlich weitgehend ignoriert. Seine Ur-Theorie überforderte die Phantasie fast aller Physiker, denn sie war die erste Theorie, die eine Lösung der Grundlagenprobleme der Physik *im logisch Einfachen* und nicht mehr wie stets bisher in einem ›Immer-Noch-Kleineren‹ suchte.

Ich stellte mir die Frage, ob sich ein Modell entwickeln und Formeln finden lassen könnten, so dass eine Quanteninformation tatsächlich als Grundlage des Physikalischen gedacht werden könnte. Das vorhandene Konzept war dazu nicht geeignet, da bei Weizsäcker Information noch mit Bedeutung konnotierte. Solange man bei dieser Festlegung blieb, war auf diese Weise auch kein Weiterkommen möglich, denn wenn Information keine objektive Größe wird, kann Weizsäckers Vision: »Masse und Energie ist Information«[8] keine naturwissenschaftliche Entsprechung haben.

Was meint ›objektive Größe‹? Masse und Energie besitzen absolute Werte. So kann man beispielsweise einen Zustand, in dem nichts vorhanden ist, auch keine Masse, d.h. Masse gleich Null, nicht willkürlich umdefinieren und sagen, die Masse sei gleich 5 kg. Das Gleiche gilt für die Energie, auch sie ist seit Einsteins Formel eine absolute Größe geworden. Dieser Zusammenhang hat erst die Äquivalenz der Energie zur Masse erlaubt.

In der Schule lernt man in der Regel eine relative Energie kennen. Dort wird die potentielle Energie definiert als Masse mal Erdbeschleunigung mal Höhe. Die Höhe ist aber eine Größe, die ich messen kann von wo aus ich mag. Eine Höhe ist nicht absolut vorgegeben, sondern man verbindet sie mit einem willkürlich gewählten Bezugspunkt, z.B. Meeresspiegel. Das bereitet aber bei den Anwendungen wie beim Fallgesetz kein Problem. Dabei ist lediglich die Differenz zwischen einer Anfangs- und einer Endhöhe wichtig. Diese Differenz ändert sich nicht, wenn man zu beiden Größen einen beliebigen Wert hinzuzählt. Ob man also die Höhe ab Tischplatte oder ab ›Höhe über Meeresspiegel‹ misst, ist für eine durchfallene Strecke von – sagen wir einem Meter – belanglos. Eine solche potentielle Energie, von der lediglich die Differenz, nicht aber der Einzelwert eine Bedeutung hat, kann also niemals zur Masse äquivalent werden.

---

7 WEIZSÄCKER, C.F. v., Einheit.
8 Sinngemäß in WEIZSÄCKER, C.F. v., Einheit, 361.

Die Frage einer Äquivalenz ist also daran gebunden, dass ›Nichts oder Null‹ für die beiden Größen, die äquivalent sein sollen, auch das Gleiche bedeutet. Das ist aber unmöglich, solange eine dieser Größen noch um einen beliebigen Wert verändert werden kann. Wir kennen alle die Äquivalenz von Ware und Geld. Sie hat beispielsweise zur Folge, dass ein Bäcker zur gleichen Zeit im gleichen Laden die gleichen Brote zum gleichen Preis verkauft – und ›kein Brot‹ zu kaufen kostet auch nichts. Die Relation von Brot und Preis kann sich im Laufe der Wochen ändern, aber wenn gleichzeitig identische Produkte im selben Laden willkürlich verschiedene Preise hätten, so würde man an der Geschäftsfähigkeit des Betreibers zweifeln.

So ähnlich verhält es sich mit der Information. Solange diese in der Physik lediglich als thermodynamische Entropie verstanden wird, kann sie niemals zur Masse äquivalent werden. Von der Entropie wird in der üblichen Thermodynamik nur eine Änderung als etwas Objektives angesehen, nicht aber ein Absolutwert. Eine so definierte Entropie – relative Information – kann nie zur Masse äquivalent sein. Solange ein beliebiger Wert hinzugezählt werden kann, solange bleibt ›Information gleich Null‹ ein sinnloser Ausdruck.

Wie kann Information ebenfalls zu einer absoluten Größe werden wie Masse? Was war zu tun? Falls Weizsäckers riesige Bit-Anzahlen etwas mit der Physik zu tun haben sollten, wie konnten sie begründet werden?

Heisenberg hatte über Weizsäckers Ansatz geschrieben, dass er selbst so abstrakt nicht denken könne, Weizsäcker aber den Ansatz weiter verfolgen solle. Nun wurde es nötig, noch abstrakter zu werden und auch über Weizsäcker hinauszugehen.

›Keine Bedeutung‹ wird für viele Lebewesen vollkommen verschieden ausfallen. So können Bienen ultraviolette Farben an Blüten erkennen, die für uns Menschen ohne technische Geräte unsichtbar und damit im Allgemeinen bedeutungslos sind. Information konnte daher nur absolut werden, wenn sie zugleich bedeutungsfrei gedacht wurde, denn ›Bedeutung‹ hat immer einen subjektiven Anteil, der nicht normiert werden kann. Normierung würde bedeuten, der Größe ›keine Bedeutung‹ den Wert Null zu geben. Das aber ist unmöglich, wenn es universell und objektiv sein soll. Hierzu sei daran erinnert, dass eine Pfütze am Baum für mich ›keine Bedeutung‹ hat, für meinen Hund schon; für ihn ist nicht ›Null‹, was es für mich ist.

Auch eine von Weizsäcker des Öfteren vorgenommene Gleichsetzung von Information mit Wissen ist noch zu eng. Ein Wissen ist immer das Wissen von jemandem. Wenn wir die Herausbildung des menschlichen Bewusstseins in der Evolution des Kosmos erklären wollen, können wir nicht bereits einen, der Wissen hat, einen ›Jemand‹, voraussetzen. Durch eine Verbindung zu den Schwarzen Löchern und zur Kosmologie wurde es möglich, eine solche absolute Information zu definieren.

Die Lösung von den Schwarzen Löchern

Meinen Untersuchungen kam zu Hilfe, dass ich frühzeitig von der Existenz und Bedeutung der Schwarzen Löcher überzeugt war, obwohl diese noch in den 1980er Jahren auch von führenden Physikern als Hirngespinst angesehen wurden.

Jacob Bekenstein, ein Doktorand bei Archibald Wheeler, hatte damals zum ersten Male Überlegungen vorgestellt, dass Schwarze Löcher eine von Null verschiedene Entropie haben müssten. Heute erscheint es fast trivial, dass hinter dem Horizont, aus dem heraus keinerlei Information ins Außen kommen kann, ungeheuer viel Information verborgen sein muss. Da Entropie unzugängliche Information ist, muss daher auch die Entropie dieser Gebilde sehr groß sein. Damals aber war man der Meinung, das könne nicht sein. Da eine von Null verschiedene Entropie auch eine von Null verschiedene Temperatur zur Folge haben muss, müssten Schwarze Löcher strahlen – obwohl sie definiert waren als Objekte, die nur aufnehmen und nichts herauslassen, auch keine Strahlung. Die Thermodynamik zeigt nämlich, dass jedes Objekt strahlt, wenn es wärmer als 0 Kelvin ist. Strahlung von Schwarzen Löchern, die nur schlucken und nichts auslassen – das erschien fast allen Physikern als absurd.

Stephen Hawking machte sich damals an die Arbeit, um das unglaubhafte Resultat von Bekenstein zu widerlegen. Das Ergebnis war eine Bestätigung und Verbesserung von Bekensteins Überlegungen.

Schwarze Löcher haben demnach eine von Null verschiedene Temperatur und strahlen daher tatsächlich. Allerdings kommt die Strahlung nicht aus dem Inneren. Insofern bleibt es wahr, dass nichts heraus kann. Vielmehr ist es so, dass die riesige Gravitation am Rande des Schwarzen Loches die aus dem Vakuum kurz und nur virtuell auftauchenden Teilchen-Antiteilchen-Paare ›zerreißt‹. Dadurch werden sie zu realen Teilchen. Wenn ein Partner dieses Paares in das Schwarze Loch fällt, dann führt er eine ›negative Energie‹ in dieses hinein. Zugleich erhält der andere Partner bei diesem Prozess so viel positive Energie, dass er dem Gravitationsbereich des Loches entkommen kann.

Die Bekenstein-Hawking-Entropie brachte zum ersten Male Entropiewerte in die physikalischen Gesetzmäßigkeiten ein (also Werte für unbekannte, aber in ihrer Größe messbare Information), die in die Nähe der für meine Überlegungen notwendigen Größenordnung kamen. Allerdings waren die Entropiewerte für astrophysikalisch realistische Schwarze Löcher, wie man sie in den Zentren der Galaxien findet, noch immer abhängig von der konkreten Größe dieser Objekte. Somit konnten auch die Entropiewerte, die sich mit ihnen errechnen ließen, noch immer nichts Absolutes bedeuten. Ein Absolutwert ist aber wie gesagt für eine mögliche Äquivalenz von Materie und

Quanteninformation notwendig. Da ich die Quantentheorie stets als eine henadische, auf Einheit zielende Theorie verstanden hatte, die also aus wechselwirkenden Teilen ein Ganzes macht, wurde mir deutlich, dass das Ganze, und das heißt letztlich die Kosmologie, notwendig mit eingeschlossen werden musste.

Warum ›Protyposis‹?

Ein wichtiger Aspekt der hier vorgestellten Überlegungen besteht in der Abstraktion der Quanteninformation von der so nahe liegenden Assoziation mit ›Bedeutung‹. Zwar hatte bereits Shannon den Aspekt der Bedeutung für eine wissenschaftliche Befassung mit ›Information‹ ausgeschlossen, aber dennoch wird bis heute Information überwiegend mit ›Bedeutung‹ assoziiert. Daher war es notwendig, ein neues Wort einzuführen, das selbst und mit seinem Wortstamm keine Assoziationen weckt, die alle unzutreffend wären.[9] Der durch eine vor allem philosophische Begründung eingeführte Begriff der Uralternativen impliziert leicht die unzutreffende Vorstellung eines klassischen Ja-Nein. Aber auch ihre Quantenversion ermöglicht ohne die Anbindung an die Schwarzen Löcher und die Kosmologie noch nicht, eine Äquivalenz mit Masse und Energie zu begründen, denn sie ist noch nicht abstrahiert von Wissen und Bedeutung.

Protyposis ist die begriffliche Erfassung einer abstrakten, kosmologisch begründeten Quanteninformation, der sich Gestalt und auch Bedeutung einprägen kann. Unter einer Gestalt versteht man dasjenige, das sich vom Hintergrund abhebt. Dies kann sowohl die Gestalt eine materiellen Objektes sein als auch die Gestalt eines Gedankens, der sich vom Hintergrund des Nichtdenkens unter scheidet. Allerdings ist die Unterscheidung zwischen Vorder- und Hintergrund keineswegs willkürfrei, so dass auch der Hintergrund durchaus als ›Gestalt‹ erscheinen kann.

Eine gedankliche Gestalt wird gern als ›Idee‹ bezeichnet. Beide Begriffe jedoch rufen üblicherweise Bilder hervor, die eine zu weitgehende Einschränkung des Gemeinten zur Folge haben. Gestalt wird oftmals nur als ›materielle Gestalt‹ gedacht und ›Idee‹ zumeist mit Phantasie und Nichtrealität verbunden. Beides wäre zu einengend, daher bietet Protyposis die Möglichkeit, solchen Verkürzungen zu entgehen.

Erst die Protyposis ermöglicht für die Vision einer Äquivalenz von Information mit Materie einen direkten Anschluss an die gegenwärtige Physik.

---

9 ›Protyposis‹ geht auf einen Vorschlag des Frankfurter Altphilologen ROLAND SCHÜßLER zurück. In PAPE, W., Griechisch-Deutsch, 79064, findet sich: προτυπόω, vorher abbilden, eine Vorstellung von etwas Zukünftigem geben, u. med. sich Etwas vorstellen; πρότυπος, vorgebildet, τὸ πρότυπον, Modell, Vorbild, προτύπωσις, das Vorbilden.

4.3 Das notwendige Einbeziehen des Kosmos

In den 1980er Jahren gab es in den meisten Darstellungen zur Kosmologie zwei Typen von Modellen. Dauerhaft expandierende Modelle, die aber zu allen Zeiten ein unendlich großes Volumen besitzen, und solche mit einem endlichen Volumen, die aber nur eine begrenzte Zeit expandieren und dann wieder in einen Punkt zusammenstürzen. Beide Modelle waren für meinen Ansatz unbrauchbar. Die Größenordnung der Zahl der Ure, der Qubits in der Welt, sollte nach Weizsäckers Überlegungen bei etwa 10^{120} liegen. Diese Zahl war weder mit einem unendlichen Universum zu verbinden, denn damit wäre im Grunde statt 10^{120} nur der Wert Unendlich zu begründen. Andererseits war mir klar, dass die Riesenzahl 10^{120} keine Konstante sein konnte, also eine Funktion der Zeit sein musste. Und da die Zeit nicht rückwärts läuft – auch wenn in den 1980er Jahren über eine solche Vorstellung viel geschrieben wurde – waren die wieder zusammenstürzenden kosmischen Modelle ebenfalls unbrauchbar.

In einem wichtigen Buch hatten Hawking und Ellis[10] gezeigt, welche Bedingungen an die Struktur der Energie in jeder Kosmologie sinnvollerweise erfüllt sein müssen. Erstens fordert die schwache Energiebedingung, dass jeder Beobachter in seinem Ruhsystem immer eine positive Energie- und Materiedichte misst. Zweitens lässt die dominante Energiebedingung die Geschwindigkeit des Energieflusses nie größer werden als die Lichtgeschwindigkeit. Mit anderen Worten fordert sie, dass die Schallgeschwindigkeit stets kleiner ist als Lichtgeschwindigkeit. Und drittens hat die starke Energiebedingung zur Konsequenz, dass die Gravitation stets anzichend wirkt.

1988 konnte ich ein kosmologisches Modell vorstellen, das meine Anforderungen und auch – im Gegensatz beispielsweise zu dem berühmten inflationären Weltmodell – alle Energiebedingungen erfüllte.[11] Ich fand eine Lösung der Einsteinschen Gleichungen, die einen mit Lichtgeschwindigkeit expandierenden Kosmos beschrieb, der stets ein endlich großes Volumen hat. Dies stand damals im Widerspruch zu allen Vorurteilen und fand daher wenig Beachtung. Im Laufe der Zeit sind die Beobachtungsdaten immer besser geworden und nähern sich, besonders für weite Entfernungen (Werte von z über 1,2) offenbar meinem Modell an.

Hinzu kommt, dass die Daten zeigen, dass das Weltalter gerade das Inverse (der Kehrwert) derjenigen Größe ist, die die Expansion charakterisiert, des Hubble-Parameters H_0. In meinem Modell ist diese Beziehung eine notwendige Folge der konstanten Expansion mit Lichtgeschwindigkeit.

---

10 HAWKING, ST. /ELLIS, G.F.R., Large Scale.

11 GÖRNITZ, TH., Abstract Quantum Theory I, II.

In dem von Riess et al. gewählten Modell (Abb. 22) ist die empirische Tatsache, dass der Hubbelparameter das Inverse des Weltalters ist, eine lediglich gerade gegenwärtig gültige und daher schwer zu begründende Relation.

Man sollte noch anmerken, dass im ›Riess et al.-Modell‹ ein Kosmos mit tatsächlich unendlich großem Volumen postuliert wird, der sich beschleunigt weiter ausdehnen soll. Dabei wird allerdings kein Augenmerk darauf gerichtet, dass aus dem Modell folgen würde, dass alle Beobachtungen lediglich Null Prozent dieses unendlichen Kosmos erfassen könnten, denn jede endliche Zahl verhält sich zu Unendlich wie 0 % zu 100 %.

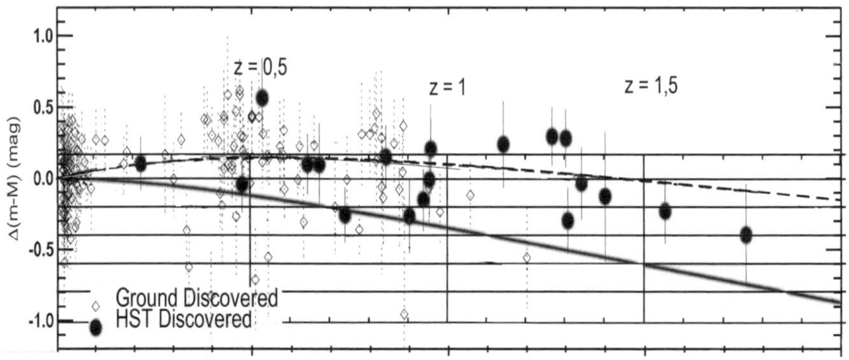

Abb. 22: Vergleich der Supernova-Daten vom Hubble-Teleskop[12] (schwarze Punkte, neueste Daten in der rechten Hälfte) mit dem von Riess et al. gewählten Modell (- - -) und mit meinem Modell von 1988 (——).

Dagegen ist ein Modell des Kosmos mit einem endlichen Volumen, der sich mit Lichtgeschwindigkeit ausdehnt, eine wichtige Grundlage für die Beschreibung der Entwicklung der Quanteninformation in ihm und für deren Äquivalenz mit Materie.

4.4 Ein Qubit – veranschaulicht

Um das hier vorgestellte Modell verständlich zu machen, ist zuerst eine anschauliche Vorstellung zu erarbeiten, was ein Qubit ist. Bisher werden in der Literatur die Qubits stets so eingeführt, dass sie an einen Träger gebunden sind. Ein solcher Träger, der in Raum und Zeit lokalisiert ist, stellt aber selbst eine riesige Menge an Information dar.

12 Riess, A.G. et al., Type Ia.

Wie kann also ein einzelnes Qubit vorgestellt werden?

Wenn nur eine einzige Alternative zu entscheiden wäre und nichts weiter, so könnte damit höchstens der ganze Kosmos in zwei Hälften geteilt werden, sagen wir in eine rechte und eine linke. Jede weitere und genauere Unterteilung des kosmischen Raumes würde sehr viel mehr als ein einziges Qubit erfordern.

Man macht sich dies leicht an einem simplen Beispiel klar. Wenn ich z.B. ein Kind suche, das sich versteckt hat, und ich weiß lediglich, es ist irgendwo in einem großen Haus und im Garten, so ist dies sehr viel weniger an Information, als wenn ich weiß, es hat sich im dritten Stock in der zweiten Wohnung im ersten Zimmer hinter der rechten Schranktür versteckt.

Den kosmischen Raum müssten wir uns vorstellen als die ›dreidimensionale Oberfläche‹ einer vierdimensionalen Kugel. Das kann man zwar leicht mathematisch behandeln, aber tatsächlich vorstellen können wir Menschen uns das nicht. Daher soll für ein anschauliches Bild mit einer Dimension weniger gearbeitet werden.

Die zweidimensionale Oberfläche einer dreidimensionalen Kugel kennen wir alle. Sie ist ›geschlossen‹, hat also keinen Rand, d.h. keine Stelle, wo diese Oberfläche an ein Ende käme. Eine Ameise könnte beliebig lange ›immer gerade aus‹ laufen. Die Oberfläche ist aber nur endlich groß. Jede Kugel kann in ein genügend großes Blatt Papier eingewickelt werden, hat also eine kleinere Oberfläche als dieses.

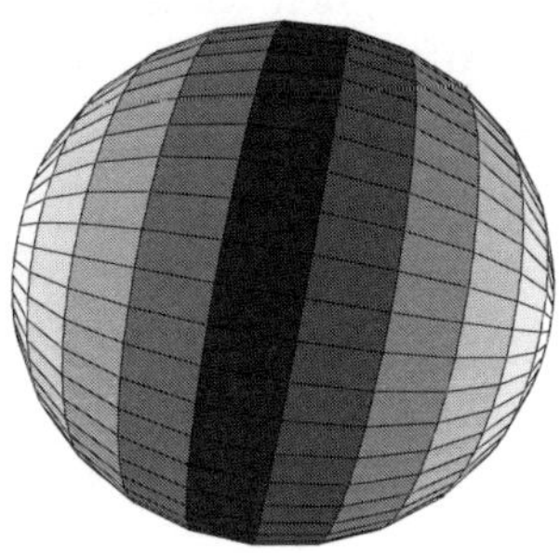

Abb. 23: Ein Qubit teilt den Kosmos in zwei Hälften.

Wenn wir an Stelle des Kosmos die Erdoberfläche nehmen, so könnte ein Qubit dort beispielsweise die Hälften links und rechts vom Nullmeridian unterscheiden. Dies soll in Abb. 23 dargestellt werden.

Wenn wir noch eine Dimension weniger nehmen, so landen wir bei einem Kreis. Sein Rand, die eindimensionale Kreislinie, hat keinen Anfang und kein Ende, aber wiederum eine endliche Länge, nämlich zwei mal π mal Radius. Wenn der Radius gleich eins ist (Einheitskreis), dann ist der Umfang 2 π.

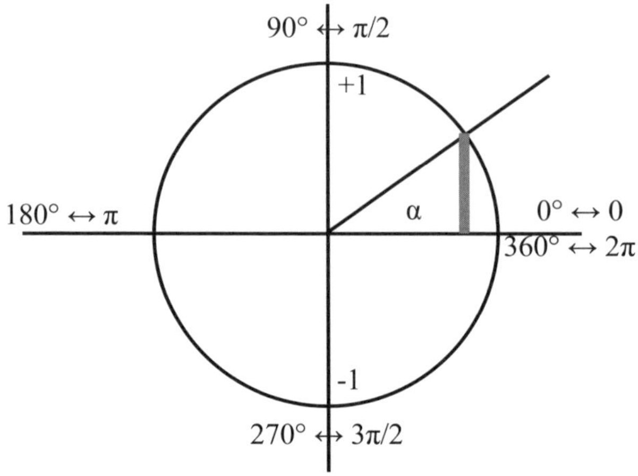

Abb. 24: Am Einheitskreis (Radius = 1) ist das Lot des Sinus (graue Linie) eingezeichnet. Es wird von 0° bis 90° länger, danach wieder kürzer, nach 180° wird es negativ und bei 360° = 0° wieder Null.

Der Sinus teilt – wie man sieht – den Kreis durch sein Vorzeichen in eine positive und eine negative Hälfte.

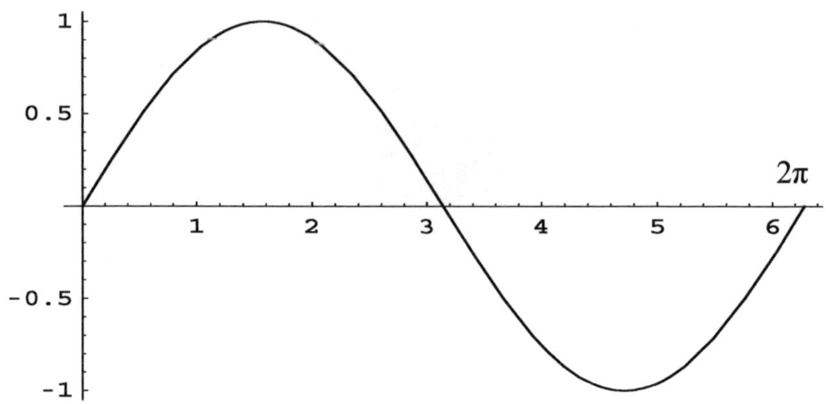

Abb. 25: Der Sinus teilt den aufgeschnittenen Kreis in zwei Hälften.

Wird der Kreis aufgeschnitten, so dass der Umfang ein Intervall von Null bis 2π wird, dann erhält die Sinusfunktion, die von 0 bis 1 wächst, dann zurück auf 0 geht und danach bis -1 fällt, um dann wieder bis 0 zu steigen, die Gestalt von Abb. 25

4.5 Erst viele Qubits ermöglichen etwas Kleines

Nun ist weder rechts oder links vom Meridian und schon gar nicht rechts und links im Kosmos eine nützliche Aussage. Wir Menschen leben auf der Erde im Sonnensystem in der Milchstrasse. Alle derartigen Objekte befinden sich nicht irgendwo, sondern hier und nicht beim Andromedanebel. Und auch dieser wiederum hat einen Ort usw., deshalb ist eine wesentlich genauere Ortsbestimmung als nur ›in einer Hälfte des Kosmos‹ notwendig.

Wir wollen nun an unserem simplen ›Sinus-Beispiel‹ verdeutlichen, wie aus vielen Exemplaren einer solchen nur sehr grob zerteilenden Struktur eine scharfe Lokalisierung erzeugt werden kann. Wenn immer mehr an Information zur Verfügung steht, werden damit auch Zustände mit einer immer genaueren Lokalisierung möglich.

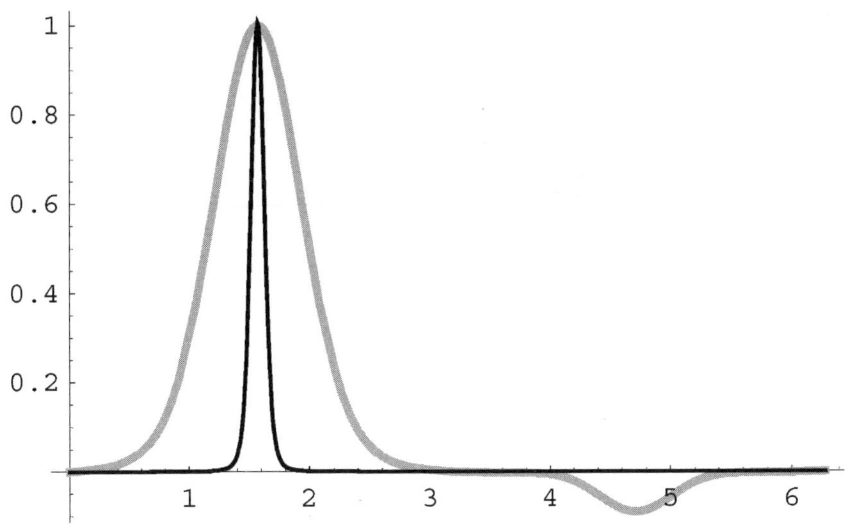

Abb. 26: Je mehr von den Sinusfunktionen zur Verfügung stehen (grau 11, schwarz 501), desto schärfer kann die Lokalisierung werden.

In der Quantentheorie müssen die Objekte multiplikativ kombiniert werden: Qubit mal Qubit mal Qubit mal Qubit usw. Wenn wir also die Zustände von mehreren Qubits auf dem Kreis simulieren wollen, werden wir die Sinusfunktionen miteinander multiplizieren müssen:

$$\sin x \cdot \sin x \cdot \sin x \cdot \ldots \text{ usw., in Kurzform: } \sin^n x$$

Wenn die Kurven in Abb. 26 betrachtet werden, können sich vielleicht manche fragen, was aus dem negativen Teil der Kurve in Abb. 25 geworden ist.

Wird lediglich eine einzige feste Potenz vom Sinus verwendet, erhalten wir zwei Piks. Falls eine gerade Anzahl von *sin*-Funktionen miteinander multipliziert werden, so ergibt es zwischen 0 und π einen positiven Pik, während zwischen π und 2π aus dem negativen Teil der Kurve auch etwas Positives wird (minus mal minus ist plus haben wir lernen müssen). Ungerade Potenzen haben zwischen 0 und π einen positiven Pik und zwischen π und 2π einen negativen. Wenn nun verschiedene Potenzen des Sinus (also beispielsweise $\sin^5 x$, $\sin^{12} x$ und $\sin^{21} x$ usw.) geeignet kombiniert werden, so kann ein Zustand gebildet werden, der einen einzigen scharfen Ort auf der Kreislinie festlegt. Je mehr dieser Potenzen zur Verfügung stehen, desto deutlicher wird die Lokalisation an einer einzigen Stelle möglich.

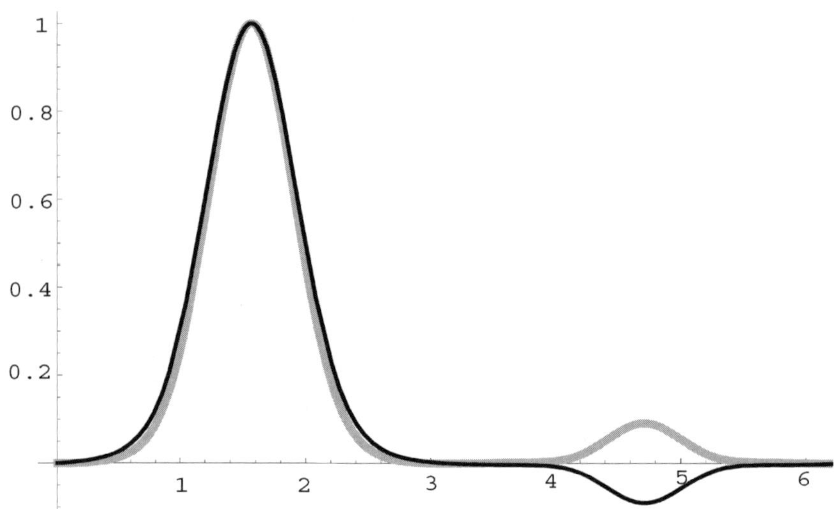

Abb. 27: Zu einem ziemlich lokalisierten Zustand aus elf Sinusfunktionen (schwarz) wird ein weiterer einzelner Sinus multipliziert. Die räumliche Anordnung verändert sich sichtbar (grau), weil der rechte Pik mit einer an dieser Stelle negativen Funktion multipliziert wird (links von 3 werden zwei positive Funktionen, rechts eine positive mit einer negativen multipliziert).

Die Schärfe der Lokalisierung kann etwa bis zum Inversen der Potenz gehen. D.h. mit Sinusfunktionen bis zur elften Potenz können Zustände mit einer Halbwertsbreite nicht schmaler als 2π/11 konstruiert werden, mit Sinusfunktionen bis zur 501. Potenz bis etwa 2π/501.

Je mehr Informationsbits (in unsrem Bild Sinusfunktionen) zur Verfügung stehen, desto eher kann ein Ort genau bestimmt werden. Denken wir an das Kind, das sich versteckt hat: Viel Information macht den Ort genau. Mathematisch anschaulich heißt das: Es zeigt sich, dass dann desto stärker lokalisierte Zustände gefunden werden können, je mehr von den Sinusfunktionen zur Verfügung stehen. Mit Abb. 26 soll graphisch veranschaulicht werden, dass sich aus vielen Qubits Zustände ergeben können, die schließlich auch zu lokalisierten Teilchen führen werden. Wir werden zeigen, dass Teilchen nicht nur Träger von Information sein können, sondern selbst als ›Information‹ zu verstehen sind.

Die Qubits werden also später in der kosmischen Entwicklung sowohl als bedeutungsvolle Information als auch als deren Träger, z.B. in Form von materiellen Objekten auftreten können. Je mehr Qubits nun ein Träger umfasst, desto weniger wird er durch das Hinzufügen oder Hinwegnehmen von einigen Bedeutungs-Bits in seiner Lokalisation beeinträchtigt. Auch dies lässt sich mit dem Sinus-Beispiel illustrieren.

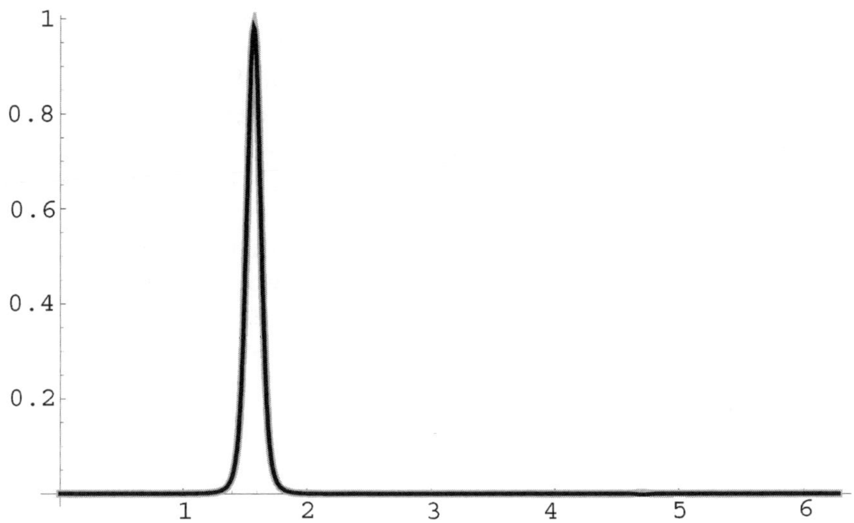

Abb. 28: Zu einem lokalisierten Zustand aus 501 Sinusfunktionen (schwarz) wird ein weiterer Sinus multipliziert. Die räumliche Anordnung verändert sich kaum mehr sichtbar (kleine graue Beule zwischen 4 und 5).

Ein normales Teilchen wird sehr viele Qubits enthalten. Ein Photon des Lichtes nicht nur 501 wie in Abb. 28, sondern mehr als 10^{30}, ein Elektron mehr als 10^{36}. Wenn nun einem Teilchen, das selbst bereits sehr viele Bits ›ist‹, noch ein Bit einer zusätzlichen Information ›angeheftet‹ wird, die als spezielle Bedeutung interpretiert wird, dann wird an der räumlichen Ausdehnung des Teilchens selbst keine Änderung zu bemerken sein.

Wenn wir nur bis zu Potenzen von 11 gehen, dann macht der zwölfte Sinus (das zwölfte Bit) einen sichtbaren Unterschied (Abb. 27). Wird der gleiche Vorgang aber mit sehr viel mehr Funktionen durchgeführt wird (wie in Abb. 28 mit über 500), so ist kein sichtbarer Effekt mehr zu erkennen.

Als anschauliches Beispiel würde man sagen, dass man einem einzelnen Blatt Papier ansehen kann, ob darauf mit Tinte eine Information festgehalten ist, während man dies einem Heft nicht ohne weiteres ansieht. Ob das Heft in sich Information in Form von Schrift trägt oder nicht, muss von außen nicht sichtbar sein, sowenig wie es dann bei den Teilchen ohne weiteres sichtbar wird, in welche Richtung z.B. sein Spin zeigt.

Information und Entropie

Wir hoffen, dass es deutlich geworden ist, dass der auf den ersten Blick sehr plausibel klingende Satz »Es ist sicherlich vernünftig anzunehmen, dass die Menge an Information, die wir benötigen, um ein System zu charakterisieren, um so kleiner wird, je kleiner das System ist«[13] nicht zutreffend ist.

Das Problem bestand in den 1980er Jahren darin, dass man in der Physik bisher keine Möglichkeit gekannt hatte, eine Informationsmenge zu berechnen. Was man berechen konnte, waren Entropieänderungen, aber wie gesagt keine absoluten Werte. So wie man eine Höhe neu definieren kann, kann man in der Thermodynamik beispielsweise die unbekannte Information dadurch größer machen, dass man ein besseres Modell für die Gasmoleküle wählt. Wenn man zusätzliche innere Strukturen postuliert, die man nicht kennt, wächst dadurch die unbekannte Information. Wenn dies alles für den Prozess belanglos ist, bleibt die Änderung zwischen Anfang und Ende gleich, so wie die potentielle Energie bei einer anderen Definition der Höhe.

Aber es gibt natürlich neben der unzugänglichen Information, die als Entropie bezeichnet wird, noch andere Information, nämlich diejenige, die zugänglich ist. Dazu gehört unter anderem diejenige über den Ort im Kosmos. Der Kosmos ist riesig und den Ort eines Teilchens im Kosmos zu kennen, heißt schon sehr viel Information zu haben, sonst wäre es nur ir-

13 ZEILINGER, A., Einsteins, 117.

gendwo. Aber solche Information – obwohl sie im Prinzip zugänglich ist – tatsächlich zu berechnen war damals nicht möglich.

Die folgende Überlegung hat weitergeführt: Wenn es möglich ist, eine *maximale Entropie* zu erhalten und zu berechnen, dann könnte zu dieser natürlich nichts mehr hinzugezählt werden und wir hätten das Gewünschte, eine absolute Größe. Dann hätten wir zugleich einen wohlbestimmten Nullpunkt. Solange zu jedem Wert, also auch zu Null, eine beliebige Zahl hinzugezählt werden kann – so wie bisher bei der thermodynamischen Entropie – ist nicht klar, was dann ›Null‹ meinen soll. Maximale Entropie würde bedeuten, dass nicht nur die unzugängliche Information, die ›übliche Entropie‹, sondern auch alle zuvor zugängliche Information – die bisher unberechenbar war – ebenfalls unzugänglich werden müsste und damit in ihrer Größe ebenfalls berechnet werden könnte. Diese Situation erinnert an das normale Leben, wo manchmal auch erst im Verlust deutlich wird, was wir eigentlich verloren haben.

Zusammenfassend können wir feststellen, dass wenn man eine Äquivalenz von Information mit Materie aufzeigen will, man sich keineswegs auf die bisherige thermodynamische Entropie allein beschränken kann, denn neben der unzugänglichen Entropie gibt es wie erwähnt eine zugängliche Information – mindestens die über die Lokalisierung. Wenn es aber gelingt, die zugängliche Information unzugänglich werden zu lassen und sie dadurch zu Entropie werden zu lassen, dann würde sie dadurch berechenbar werden. Im folgenden Unterkapitel wird diese recht schwierige, aber grundlegende Überlegung erläutert.

4.6 Wie kann Materie Protyposis sein?

Zuerst ist daran zu erinnern, dass die wichtigen Ergebnisse in der Physik zumeist als Gedankenexperiment eingeführt worden sind. Sie spiegeln die Konsistenz der Teiltheorien der Physik wieder und zeigen die notwendigen Schlussfolgerungen auf, die aus den theoretischen Strukturen folgen. Bis aus Gedankenexperimenten dann reale Experimente werden, können durchaus einige Jahrzehnte vergehen.

Beim Zwillingsparadox der speziellen Relativitätstheorie werden gewiss noch Jahrhunderte verstreichen, bis derartiges tatsächlich an menschlichen Zwillingen beobachtbar wird, dass einer mit riesiger Geschwindigkeit zu einem anderen Stern fliegt und nach seiner Rückkehr jünger als der Daheimgebliebene ist. An Beschleunigerexperimenten wird die Theorie bereits heute erfolgreich geprüft. Dabei zeigt sich, dass kurzlebige Elementarteilchen tatsächlich einer anderen Zeit unterliegen als das Labor, gegenüber welchem sie sich mit großer Geschwindigkeit bewegen. Andere

Gedankenexperimente, wie EPR oder Schrödingers ›Kätzchen‹, werden heute ebenfalls schon realisiert.[14]

Oben hatten wir bereits davon gesprochen, dass die hinter dem Horizont eines Schwarzen Loches verborgene Information, die Entropie der Schwarzen Löcher, die mit Bekensteins und Hawkings Formel berechnet werden kann, einen Schlüssel für das Weitere liefert.

Die Schwarzen Löcher waren eingeführt worden als die Gebilde im Kosmos, deren Inneres für die äußere Welt vollkommen unzugänglich ist.

Wenn nun in einem Gedankenexperiment ein Objekt in ein großes Schwarzes Loch fallen gelassen wird, so wird neben der bereits an ihm vorhandenen Entropie ein weiterer Teil der zuvor zugänglich gewesenen Information nun auch unzugänglich werden – aber damit als Entropie berechnet werden können.

Für die Schwarzen Löcher ist bekannt, dass ihre Ausdehnung proportional zu ihrer Masse ist. Da die Dichte als Masse durch Volumen (d.h. Ausdehnung hoch drei) definiert ist, nimmt die Dichte eines Schwarzen Loches mit dem Quadrat der Ausdehnung ab. Ein sehr großes Schwarzes Loch könnte die Dichte unserer Atmosphäre haben, und eines so groß wie der Kosmos hätte im Inneren auch nur dasselbe Vakuum, das wir im Kosmos vorfinden.

Die Entropie der Schwarzen Löcher wächst mit dem Quadrat der Ausdehnung, so dass für ein großes Schwarzes Loch im Verhältnis sehr viel mehr Information unbekannt ist als für ein kleines. Das kleinste, theoretisch noch denkbare Schwarze Loch, ein sogenanntes Planck-Black-Hole, hat nach der Formel von Bekenstein und Hawking lediglich eine Entropie von einem Bit. Ein noch kleineres Schwarzes Loch mit noch weniger Information im Inneren wird somit undenkbar. Was aber durch die Bekenstein-Hawking-Formel nicht erfasst wird, ist, dass dieses Planck-Black-Hole gleichzeitig wegen seiner winzigen Ausdehnung von 10^{-33} cm mit einer ungeheuer großen Menge an zugänglicher Information über seinen Ort im Kosmos verbunden ist.

Wir hatten außerdem davon gesprochen, dass die Energie umgekehrt proportional zur Ausdehnung ist, und da ein solches Mini-Black-Hole die kleinste denkbare Ausdehnung besitzt, so wird es die größte Energie besitzen, die ein elementares Objekt überhaupt haben kann.

Ein Planck-Black-Hole ist also das massereichste elementare Quantenobjekt, das möglich ist. Es hat die kleinste physikalisch mögliche Ausdehnung: 10^{-33} cm und die größte denkbare Energiedichte: 10^{94} g/cm³

In der Tat hat es eine Masse von etwa 10^{20} Protonen. Diese Masse ist im Verhältnis zur Masse der anderen Elementarteilchen riesig groß.

---

[14] Siehe 104 und 110.

Wenn nun ein solches Planck-Black-Hole in ein großes Schwarzes Loch fällt, so wird hinter dem Horizont des Großen nun ein Großteil der zuvor noch zugänglich gewesenen räumlichen Information über das Kleine verborgen und wird damit als Entropie berechenbar. (Außen zugänglich ist nur noch die Information über den Ort des großen Black-Hole.) Etwas Ähnliches gilt natürlich auch für alle sonstigen denkbaren elementaren Quanten. Der Schlüssel, um sämtliche Information über ein beliebiges Objekt unzugänglich und damit berechenbar werden zu lassen, wird jetzt erkennbar.

Wenn man sich ein Schwarzes Loch mit dem Materieinhalt unseres Kosmos denkt, so wäre wie erwähnt dessen Dichte und Ausdehnung ebenfalls genauso groß wie die von unserem gegenwärtigen Kosmos. Ließe man dann noch ein Teilchen hineinfallen, so würde dessen sämtliche zuvor zugängliche Information unzugänglich und damit zu berechenbarer Entropie werden.

Mit einem solchen Gedankenexperiment konnte ich zeigen, dass dann beispielsweise einem Planck-Black-Hole, dessen Entropie in unserem Kosmos ein Bit ist, insgesamt etwa 10^{62} Qubits entsprechen, die zuvor als unverborgene Information nicht mit der Entropieformel berechnet werden konnten. Für ein Proton ergibt sich aus den heutigen astronomischen Beobachtungsdaten ein Wert von 10^{41} Qubits. Das liegt sehr nahe bei dem von Weizsäcker vorgeschlagenen Wert.

Die Schwarzen Löcher waren ursprünglich als Endzustände von explodierenden Sternen in die Astrophysik eingeführt worden. Da ihre Informations-Eigenschaften nun auf die Kosmologie ausgedehnt werden, wird es möglich, eine abstrakte Quanteninformation zu einer absoluten Größe werden zu lassen.

Über die Anbindung der Theorie der Schwarzen Löcher an die Kosmologie wird es möglich, die gesamte Quanteninformation – die Protyposis – zu bestimmen, die ein energetisches oder materielles Objekt ist.

Materie ist Quanteninformation – ist Protyposis

Ebenso, wie in der Einsteinschen Formel

$$E = m \cdot c^2$$

ein Proportionalitätsfaktor zwischen der Energie E und Masse m steht, nämlich die Lichtgeschwindigkeit c zum Quadrat, gilt dies in ähnlicher Weise für den Zusammenhang zwischen Protyposis und Masse.

Da die Anzahl N der Qubits (*Protyposis*), die das Teilchen der Masse m gestalten, eine reine Zahl ist, wird sie multipliziert mit dem Planckschen Wirkungsquantum $\hbar$. Dann steht auf der linken Seite unserer zentralen Gleichung eine Wirkung, der auf der rechten Seite ebenfalls eine Wirkung entsprechen muss. Wirkung ist Energie mal Zeit, also mc^2 mal Zeit. Da wir es hier mit einer kosmologischen Beziehung zu tun haben, ist die Zeit mit dem Alter des Kosmos t_K gleichzusetzen. Die Information selbst ist eine dimensionslose Größe. Für die Entropie wird das in der Thermodynamik auf den ersten Blick nicht so deutlich, sie wird in Joule pro Kelvin, in Wärmemenge (also Energie) pro Temperatur angegeben. Wenn man sich aber erinnert, dass die Dimension der Temperatur auch Energie ist, nämlich mittlere Energie pro Freiheitsgrad, erkennt man ›Energie durch Energie‹ als eine dimensionslose Größe.

Für ein Elementarteilchen der Masse m tritt daher in Ergänzung zur Einsteinschen Formel nun zusätzlich die Formel

$$N = m \cdot c^2 \cdot t_K \cdot 6 \cdot \pi / \hbar$$

Sie gibt die Anzahl N der Qubits an, die zu dieser Masse respektive Energie äquivalent sind. Dabei ist t_K das Alter des Kosmos, $\hbar$ das Plancksche Wirkungsquantum und c die Lichtgeschwindigkeit. Ebenso wie die Einsteinsche Formel ist auch dies eine im Kosmos lokal gültige Formel.

Wir hatten die Anbindung an den Kosmos benötigt, um die Größe der Quanteninformation definieren zu können, die zu einem materiellen Objekt äquivalent ist. Diese Vorstellungen sind möglich geworden, weil wir heute soviel mehr über den Kosmos wissen als früher.

Protyposis und Elementarteilchen

Wir hatten bisher ein kosmologisches Modell vorgestellt und gezeigt, dass in einer Verbindung mit der Entropie der Schwarzen Löcher eine Äquivalenz von Materie und Energie zur Protyposis hergeleitet werden kann. Nun bleibt noch zu zeigen, dass auch die ›elementaren Objekte‹ der herkömmlichen Physik mit der Protyposis beschrieben werden können. In der Physik werden solche Objekte zumeist als ›Teilchen‹ bezeichnet und dadurch definiert, dass sie in Zeit und im Raum bewegt werden können, ohne dass sie sich dabei grundlegend verändern. So variieren beispielsweise Ort, Alter und Geschwindigkeit, nicht aber die Objekte selbst und ihre Anzahl.

Damit dies sinnvoll möglich ist, ist eine Situation notwendig, in der ›ein Teilchen‹ auch ›ein‹ Teilchen bleibt. Dies mag erst einmal seltsam klingen, aber wir hatten davon gesprochen, dass beschleunigte Teilchen, die elektrisch geladen sind, strahlen. Wenn also beispielsweise ein beschleunigtes Elektron Photonen aussendet, dann ist nicht mehr nur dieses eine Teilchen allein vorhanden. Ein ähnlicher Effekt tritt in der Allgemeinen Relativitätstheorie auf, beschleunigte Massen senden ebenfalls Quanten aus. Man spricht in diesem Fall auch von ›Bewegung in gekrümmten Räumen‹, bei denen nicht mehr eindeutig ist, wie viele ›Teilchen‹ vorhanden sind.

In der Elementarteilchentheorie arbeitet man daher in einem ›flachen Raum‹ ohne Krümmung, damit man die Wechselwirkung, die von den zu untersuchenden Kräften herrührt, von der Wirkung einer Raumkrümmung trennen kann. Außerdem ist im kosmischen Raum, in dem wir leben und in dem auch die Elementarteilchenbeschleuniger arbeiten, die Krümmung so winzig, dass sie erst für kosmologische Untersuchungen bedeutsam wird.

Ein simples Beispiel soll der Erläuterung dienen. Wenn wir mit dem Auto in Deutschland fahren, so nehmen wir keinen runden Globus mit und schon gar keinen, auf dem sogar ein Relief der Gebirge ist, sondern eine flache Landkarte. Und bei solchen kurzen Reisen dürfen wir durchaus vergessen, dass die Erde in Wahrheit eigentlich keine Scheibe ist.

Dass das Arbeiten im flachen Raum sehr vernünftig ist um elementare Objekte zu erklären, soll ein kleines Gedankenexperiment verdeutlichen. Wir denken uns einen flachen Tisch und ein Papier, was auf diesem Tisch stets flach aufliegen soll. Nun können wir das Papier in Gedanken ohne weiteres auf dem Tisch bewegen, das Papier wird flach und unverändert bleiben, auch wenn es an andere Orte gelangt. Nun wählen wir in Gedanken statt des Tisches eine Fläche wie z.B. einen Eierkarton. Wir stellen uns jetzt die gleiche Aufgabe, nämlich das Papier stets auf der Kartonoberfläche zu halten, so dass es sich nicht abhebt, und es dann zu bewegen. Gewiss reicht unsere Phantasie dazu aus, sich vorzustellen, dass nun das Papier zumindest tüchtig knittern wird, wahrscheinlich reißt es sogar ein. Eine Bewegung, die unser Objekt unverändert lassen wird und die nur den Ort auf der Kartonoberfläche ändert, ist beim Eierkarton nicht mehr möglich.

Wir hatten aus der Kosmologie und mit Hilfe der Schwarzen Löcher die Größenordnung für die Äquivalenz von Materie und Information bestimmt. Um für elementare Objekte die Eigenschaften aufzuzeigen, die aus physikalischen Gründen notwendig sind, sind aus Qubits die Elementarteilchen aufzubauen, die in der Physik beschrieben werden. Für die dabei verwendete Näherung eines flachen Raumes ist es notwendig, eine beliebige Anzahl von Qubits als möglich anzunehmen. Dann kann man zeigen, dass geeignete Anordnungen solcher Qubits alle die Eigenschaften besitzen, die man aus mathematischen Gründen für ein elementares Objekt fordern muss.[15]

Aus der damit zugrunde gelegten mathematischen Struktur[16] *folgt dann, dass zwei grundlegende Eigenschaften der quantentheoretischen Objekte, nämlich die Masse und der Spin, bereits eine zwingende Folge der Forderung sind, dass elementare Objekte bei einer Bewegung in Raum und Zeit sich selbst nicht ändern.*

---

[15] GÖRNITZ, TH. /GRAUDENZ, D. /WEIZSÄCKER, C.F. V.: Field Theory; GÖRNITZ, TH. /SCHOMÄCKER, U., Aspects.

[16] Die Symmetriegruppe der Bewegungen im Minkowski-Raum wird Poincarégruppe genannt. Aus ihrer Darstellungstheorie folgen die beiden Invarianten, Masse und Spin.

Die Masse kann mathematisch jeden Wert zwischen Null (das wäre Licht) und Unendlich annehmen. Der Spin, der Eigendrehimpuls der Elementarteilchen, hat mögliche Werte 0, ½, 1, 3/2 … Jeder Massen- und Spinwert kennzeichnet eine spezielle Sorte von Teilchen. Die Veränderungen von Ort, Geschwindigkeit u.ä. bei einem Teilchen wird dann durch Änderung der Qubit-Anzahlen modelliert. Dies ist prinzipiell der gleiche Vorgang wie bei Zustandsveränderungen eines Quantenfeldes, bei dem Teilchen zugefügt oder weggenommen werden.

Im Rahmen der zweiten Quantisierung hatten wir davon gesprochen, dass virtuelle Teilchen-Antiteilchen-Paare aus dem Vakuum entstehen und vergehen können. Das Bild kann jetzt mit der Protyposis erläutert werden.

Das Vakuum der Elementarteilchen

Aristoteles hatte die Vorstellung eines Vakuums abgelehnt, denn darin könne man nicht ›hier‹ von ›dort‹ unterscheiden und kein Objekt hätte einen Grund, nicht immer einfach weiter zu laufen. Eine solche ›Bewegung ohne Grund‹ fand er absurd. Die spätere Physik hat das Argument umgedreht und postuliert, dass eine solche ›Trägheitsbewegung eines immer fortwährenden Weiterlaufens‹ das Natürliche sei. Wenn die Geschwindigkeit sich ändert und eine Abbremsung erfolgt, so ist das ein Hinweis auf eine Reibungskraft und ein Vakuum wird in diesem Fall nicht mehr vorliegen. Bis heute wird das Vakuum mathematisch dadurch charakterisiert, dass eine beliebige Verschiebung oder eine beliebige Bewegung des Beobachtungspunktes keinen Effekt bewirken darf.[17] Zugleich kann man sich leicht überlegen, dass eine Aussage wie: ›an keinem Ort im beliebig großen Raum sitzt ein Teilchen‹, eine Aussage über beliebig viel Information ist. In der Arbeit mit Graudenz und Weizsäcker[18] ist gezeigt worden, dass das Vakuum der Elementarteilchenphysik – nirgendwo, an keinem Ort, ist ein Teilchen – eine potentiell unendlich große Informationsmenge beinhaltet. Wenn man dies so formuliert, so dürfte auch einsichtig sein, dass ein solches Vakuum nicht einfach ›Nichts‹ ist.

Aus diesem Vakuum kann man dann Zustände mit elementaren Teilchen durch ein Umgruppieren von Qubits erzeugen.

Wenn man über eine solche mathematische Konstruktion nachdenkt, so kann an dieser Stelle deutlich werden, was beispielsweise Heisenberg wohl vorschwebte, als er sinngemäß formulierte, »das Vakuum ist das Ganze«. In diesem Modell sind sowohl das Vakuum als auch Teilchen in ihm lediglich

17 Das Vakuum ist invariant unter allen Transformationen aus der Poincarégruppe.

18 GÖRNITZ, TH. /GRAUDENZ, D. /WEIZSÄCKER, C.F. V., Quantum Field.

verschiedene Zustände einer riesigen Anzahl von möglichen Qubits. Wir werden auf diese Äquivalenz von Fülle und Nichts auf Seite 313 noch genauer eingehen. Vielleicht kann man bereits hier darauf verweisen, dass in der Physik extrem erfolgreich mit der Paradoxie von ›Fülle und Nichts‹ umgegangen wird. Allerdings verwendet man dafür andere Begriffe, z.B. ›Renormierung‹, die leicht vergessen lassen, dass in diesen sehr bewährten Verfahren unendliche Anteile von Rechenergebnissen zu Null gesetzt werden – und der Rest dann trotzdem auf viele Stellen genau die Experimente beschreibt.

Wenn man ›aus dem Nichts‹ in der Realität Teilchen entstehen lassen will, so benötigt man dazu hinreichend viel Energie. Dann kann gemäß der Einsteinschen Formel $E=mc^2$ die entsprechende Ruhmasse erzeugt werden. Da für die Elementarteilchenphysik der Energieerhaltungssatz streng gültig. ist, bleibt die Menge der Quanteninformation bei Elementarteilchenumwandlungen erhalten. Im Rahmen von kosmologischen Überlegungen gilt diese Einschränkung nicht mehr. Eine mögliche Argumentation kann dabei sein, dass die benötigte Energie durch einen Zuwachs an negativer Gravitationsenergie ausgeglichen wird.

In der Elementarteilchenphysik ist die Materie als festgelegte Quanteninformation zu betrachten und die Energie als dasjenige, das von außen jeweils variabel hinzukommen kann. Die Elementarteilchen, die, wie z.B. Protonen und Elektronen, eine Masse besitzen, sind untereinander jeweils alle identisch, sie werden daher in Ruhe auch alle äquivalent zur gleichen Menge an Quanteninformation sein. Durch eine hinzukommende Energie können sie beschleunigt werden. Sie gelangen damit in andere Zustände, was sich in einer Änderung ihrer Qubit-Anzahlen ausdrückt.

Photonen, die masselos sind, laufen mit Lichtgeschwindigkeit und können daher nicht zu noch größerer Geschwindigkeit beschleunigt werden. Durch Wechselwirkung in Materie werden sie aber langsamer. Photonen unterscheiden sich durch ihre verschiedenen Energien und durch verschiedene Polarisationen.

Die Bitanzahlen, mit denen man für Quantenteilchen unter gewöhnlichen Umständen rechnen kann, reichen von etwa 10^{30} bei den Photonen bis etwa 10^{41} bei den Protonen. Es liegt auf der Hand, dass dann ein Hinzufügen von einigen Bits, die als bedeutungsvoll deklariert werden, wenig äußerliche Veränderung bewirkt.

Dunkle Energie und dunkle Materie

Dunkle Energie und dunkle Materie werden als große Rätsel der Kosmologie dargestellt. Die Protyposis liefert auch hierfür eine Erklärungsgrundlage. Gegenwärtige kosmologische Beobachtungen legen es in der Tat nahe, dass derjenige Teil des Existierenden, der in Form von so genannter baryonischer Materie, also Atome in Form von Sternen, Planeten u.ä. vorliegt, nur ein geringer Teil des gesamten Inhaltes des Kosmos ausmacht. Aus dem von uns Dargelegten wird deutlich, dass es keineswegs notwendig ist, dass ein großer Teil der kosmischen Protyposis tatsächlich zu Elementarteilchen ausgebildet sein muss. Viel wahrscheinlicher ist es, dass der größte Anteil der Protyposis nicht in Form lokalisierter Teilchen vorliegt. Da aus der Protyposis die kosmologischen Eigenschaften folgen, für deren Erklärung die dunklen Formen von Materie und Energie eingeführt worden sind, wäre auch das Rätsel gelöst, als welches sie bisher dargestellt worden sind. Dunkle Energie und dunkle Materie sind Erscheinungsweisen der Protyposis, die nicht lokalisiert sind. Sie sind nicht an einen energetischen oder materiellen Träger gebundene Quanteninformation.[19]

Fundamentale Substanz

Protyposis, die kosmologische Quanteninformation, ist trotz aller Abstraktheit und Bedeutungsfreiheit bereits Information in dem Sinne, dass sie etwas ist, was seiner Möglichkeit nach gewusst und mit Bedeutung versehen werden kann. Sie wird im Rahmen unserer quantentheoretischen Beschreibung zu ›der‹ – und das meint ›der einzigen‹ – fundamentalen Substanz, auf die letztendlich alle Gegenstände der Naturwissenschaften zurückgeführt werden können. Wir verwenden hier den Substanzbegriff in Abgrenzung zu Descartes, der die Wirklichkeit des Seienden auf zwei Substanzen zurückführen wollte, die denkende und die ausgedehnte Substanz – res cogitans und res extensa, in Umgangssprache Geist und Materie –, während wir mit der Protyposis nur eine einzige annehmen.

Im Rahmen der Naturwissenschaften ist es naheliegend, mit der Quantentheorie als methodischer Basis die Reduktion zu beginnen. Dafür spricht vor allem deren uneingeschränkte Gültigkeit.

Wir haben dargelegt, dass die Protyposis geeignet ist, die Basis für eine Wiederannäherung von geisteswissenschaftlicher und naturwissenschaftlicher Beschreibung zu liefern. Die Protyposis ist unter allen naturwissenschaftlichen Begriffen derjenige, der in zutreffender Weise als der ›Geistigste‹ bezeichnet werden kann. Wenn mit ihr die Einheit der Wirklichkeit wieder in den Blick gelangt, so wird diese Einheit nicht mehr lediglich von einer Stelle aus erklärt werden können. Wir nehmen daher an, dass man vielleicht einmal sogar darüber nachdenken wird, auch an einer anderen Stelle mit der

---

19 GÖRNITZ, TH., Cosmology.

Reduktion einzusetzen. Dann könnte man sich beispielsweise fragen, in welcher Weise wohl die Sprache als eine Grundlage jeder wissenschaftlichen Erkenntnis auch die Strukturen des Erkennbaren festlegt, die ihrerseits wiederum die Strukturen von Sprache bestimmen.

Dazu soll angemerkt werden, dass wissenschaftliche Erkenntnis nicht die Struktur eines Baumes hat und auf einer festen Wurzel aufbaut, auf der allein alles andere gegründet ist. Wissenschaft ist vielmehr wie eine in sich zurücklaufende Schraubenlinie zu begreifen, die in einem Aufstieg wieder über den Ausgangspunkt zurückführt – dann allerdings auf einer höheren Warte und mit einer neuen Sicht. Es ist vorstellbar, dass diese Aufwärtsbewegung einmal in dem Sinne zu einem Ende kommen könnte, dass auch alle wesentlichen Zwischenschritte vollständig erklärt wären. Meditierend steigt der Mönch eine umlaufende Treppe fortwährend aufwärts, der höchsten Erkenntnis entgegen. Er kommt nach einer Umrundung zwar wieder am Ausgangspunkt an, bringt aber die Erfahrung des Umlaufens mit.

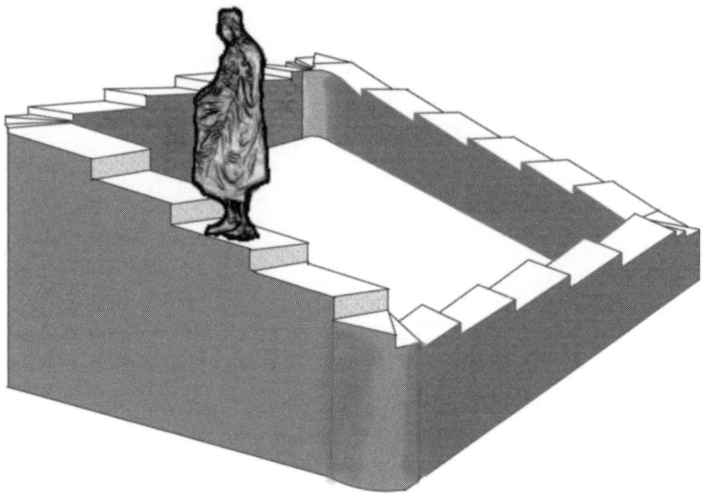

Abb. 29: Ständig aufwärts steigend zurückfinden.

An der Protyposis sind drei unterschiedliche Aspekte des Wirklichen zu erkennen. Wenn sie so verdichtet ist, dass sie im Raume ruhen kann, so bezeichnen wir sie als das Materielle – das Ruhende, Bleibende, dasjenige, das gegen eine Veränderung Widerstand leistet. In der Form des Energetischen kann die Protyposis Veränderungen und Bewegungen des Materiellen bewirken. Als Information kann Protyposis an instabilen Systemen das Energetische steuernd auslösen. Protyposis zeigt, Einfaches kann weit ausgedehnt sein und Komplexes klein. So ist das Proton nach allem, was wir heute wissen, wesentlich komplexer als das Elektron. Das Elektron wird bis heute als Teilchen ohne innere Struktur angesehen, und im Proton kennt man mit den Quarks und Gluonen eine sehr komplexe Struktur. Dafür ist der Ausdehnungsbereich des Protons, den die Physiker durch die sogenannte Comptonwellenlänge definieren, kleiner als der des Elektrons. Das Allereinfachste – ein Qubit – ist ausgedehnt über den ganzen Kosmos.

5. Evolution und Leben

Der Begriff der Evolution war nach Darwin für lange Zeit allein als ein Ausdruck für die Entwicklung des Lebens auf der Erde verstanden worden. Mit seiner Vorlesung »Die Geschichte der Natur« hatte erstmals C.F. v. Weizsäcker in den 1940er Jahren einem breiten Publikum die Geschichtlichkeit auch der vorbiologischen Entwicklung unterbreitet.

Bis dahin waren in den Naturwissenschaften Vorstellungen wie die von Einstein die Regel, die einen im Wesentlichen global unveränderlichen Kosmos, vor allem ohne zeitlichen Anfang und ohne zeitliches Ende als zutreffend angesehen hatten. Heute gibt es hingegen eine erdrückende Evidenz für einen zeitlichen Beginn der kosmischen Entwicklung und für eine fortwährende Entfaltung von Gestalten in ihm. Mit dem Protyposis-Konzept erscheint eine derartige Entwicklung als notwendig. Die Evolution kann jetzt erklärt werden als die unumgängliche Folge einer Realisierung von Quantenmöglichkeiten, die im Rahmen einer Schichtenstruktur aus klassischer und quantischer Physik beschrieben werden können.

5.1 Die kosmische Evolution

Der Blick der Forschung richtet sich auf der einen Seite auf das Weltall, das nach heutiger Meinung etwa 14 Milliarden Jahre alt ist und eine räumliche Ausbreitung von etwa 14 Milliarden Lichtjahren besitzt, also 14 Milliarden mal 10 Billionen Kilometern. Auf der anderen Seite steht der Mensch mit seiner Körpergröße von rund zwei Metern. Wir sind zwar im Weltraummaßstab winzig, aber haben immerhin 100 Millionen Nervenzellen, die durch Billionen von Synapsen miteinander in Verbindung stehen.

Aus diesem riesig aufgefächerten Forschungsbereich erhebt sich die große Frage, wie können wir alles zusammendenken und ist das überhaupt möglich?

Unser unmittelbares Eingebundensein in die Entwicklung des Weltalls zeigt sich nicht nur dadurch, dass das mehrzellige Leben auf der Erde von der Strahlung der Sonne abhängig ist, sondern auch darin, dass bis auf den Wasserstoff all die Stoffe, die sich in den Lebewesen finden, eine Folge von Supernovaexplosionen sind. Während die Menschen früherer Jahrhunderte staunend und ehrfürchtig den »gestirnten Himmel über sich« betrachteten, sind die Menschen heute in der Lage, auch dieses Gigantische, das Große des Kosmos zu hinterfragen. Heute wird mit der Protyposis eine Struktur erkennbar, die von Anfang an vorhanden war. Vom Beginn dieser Welt entfaltet sie sich in immer wieder neuen Strukturen über die Sternentwicklungen bis hin zu uns Menschen.

Ein Großteil der Wissenschaftler sind heute der Überzeugung, dass unser Kosmos vor etwa 14 Mrd. Jahren in einem Zustand gewesen ist, der von allem sonst Bekannten verschieden war. Dichte, Druck und Temperatur waren unvorstellbar hoch. Die meisten Wissenschaftler sind sich auch darüber einig, dass dieser Zustand nur quantentheoretisch verstanden werden kann.

Aber auch in der weiteren Entwicklung des Kosmos – so zeigt sich mit der Protyposis – können die Quantenaspekte nicht außer Acht gelassen werden. Nach der Quantentheorie ist nämlich der Grundzustand eines Systems, der im Falle des Kosmos auch als ›Vakuum‹ bezeichnet wird, von der räumlichen Ausdehnung des Systems abhängig. Ein expandierender Kosmos besitzt daher ein ebenfalls veränderliches Vakuum.[1] Wenn man diese physikalische Tatsache auch in den Gleichungen der allgemeinen Relativitätstheorie berücksichtig, so erweist sich wie erwähnt die kosmische Evolution als eine Expansion des kosmischen Raumes mit Lichtgeschwindigkeit.

Neben dieser globalen Aussage ist es natürlich noch viel interessanter zu wissen, was sich in diesem sich entwickelnden Kosmos abspielt.

Die kosmische Evolution beginnt mit dem, was heute mit dem schlagkräftigen Begriff ›Urknall‹ bezeichnet wird.[2] In dieser sehr frühen Phase war das Universum extrem dicht und heiß. Daher war es überall viel heller als unsere Sonne gegenwärtig ist. Nun hatten wir im Kapitel über die Quantentheorie das Entstehen von Fakten dadurch beschrieben, dass Photonen im dunklen All auf Nimmerwiedersehen verschwinden. Wenn aber der Kosmos strahlend hell und mit Photonen dicht gefüllt ist, so ist für jedes weglaufende Photon eines da ist, was identisch ist und einläuft. Daher wird eine theoretische Definition von Fakten aus prinzipiellen Gründen immer weniger möglich, je mehr wir uns dem ›Anfang‹ nähern möchten. Ohne Fakten aber gibt es keine reale Zeit, denn diese ist daran gebunden, dass man ›vor einem Faktum‹ von ›nach einem Faktum‹ unterscheiden kann. Eine reale Zeitstruktur aber ist die Grundlage jeder Empirie, die auf der Unterscheidung von Vergangenheit und Zukunft beruht. Bei der Annäherung an den singulären ›Anfang‹ verliert also die Naturwissenschaft mehr und mehr ihre empirische Basis und wird immer mehr zu einer Form reiner Mathematik.

---

1 GÖRNITZ, TH., Abstract Quantum Theory I, II.

2 Eine sehr gut lesbare Einführung bieten BLOME, H.J. /ZAUN, H., Urknall.

Als eine mathematisch gemeinte Aussage könnte man scherzhaft formulieren, die kosmische Entwicklung beginnt mit einem Qubit. »Sein oder Nichtsein« – das könnte beispielsweise eine erste Alternative sein.

Abb. 30: Kosmische Evolution.

Die Anzahl der Qubits im Kosmos wächst, und wenn die Wurzel aus dieser Anzahl als Maßzahl für die Zeit gewählt wird, so erhalten wir eine Entwicklung, die sehr gut zu den Beobachtungen passt. Man benötigt ein Zeitmaß, das von keinerlei Zufälligkeit abhängt, wie sie beispielsweise die Rotationsdauer der Erde ist, die letztlich zur Definition des Tages und schließlich der Sekunde geführt hatte. Als Zeiteinheit ist daher die kleinste Zeitspanne zu wählen, die die Physik als sinnvoll zulässt. Diese Planckzeit beträgt etwa 10^{-44} sec, es ist die Zeit, die das Licht theoretisch benötig, um eine Plancklänge – den Durchmesser eines Planck-Black-Hole – zu durchlaufen. So gemessen beträgt das gegenwärtige Weltalter etwa 10^{61} Planckzeiten und die Anzahl der Qubits der Protyposis etwa 10^{122}.

Wir hatten oben verdeutlicht, dass eine zunehmende Anzahl von Qubits eine immer weitergehende Zerlegung des kosmischen Raumes und seines Inhaltes ermöglicht. Mit einer wachsenden Zahl können Qubits Objekte von reiner Energie formen – Photonen. Im nächsten Entwicklungsschritt kann sich dann sogar Materie bilden, die Ruhmasse besitzt. Mit ihr wird es möglich, dass auch Lokalisierungen auftreten können.

Durch die Expansion des Kosmos nimmt bei wachsender Zahl von Qubits die Energiedichte mit dem Quadrat der Zeit ab, so dass allmählich in einer immer besser werdenden Näherung im Raum getrennte Objekte entstehen können und sich auch immer deutlicher eine Struktur einer durch Fakten unterteilten Zeit herausformt.

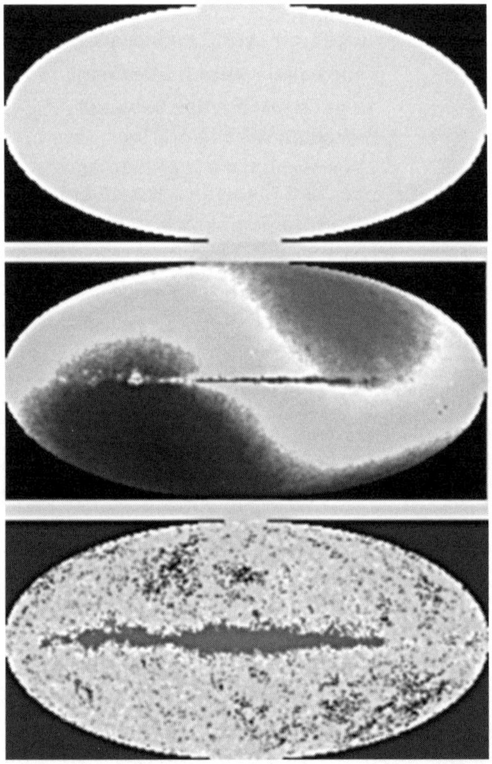

Abb. 31: Untersuchung der Mikrowellen-Hintergrund-Strahlung durch den WMAP-Satelliten[3] (Oben: auf zwei Stellen genau ergibt sich eine gleichmäßige Temperatur von 2,7 K; Mitte: bei einer Genauigkeit von 1 zu 1000 zeigt sich in der ›Dipol-Anisotropie‹ (d.h. in der Abweichung von den 2,7 K) die Bewegung der Erde im Kosmos; Unten: nach zusätzlichem Abzug auch des Dipols und bei einer Genauigkeit von 1 zu 100.000 sieht man die frühe Granulierung, also Strukturen, die heute um Milli-Kelvin vom Mittelwert abweichen.

Durch die anfangs noch sehr hohen Temperaturen können sich die Elementarteilchen – Protonen, Neutronen und Elektronen – noch nicht zu Atomen zusammenfügen. Erst etwa 300.000 Jahre später ist der Kosmos soweit

3 Adaptiert von BENNETT, C. L. et al., Wilkinson.

ausgedehnt und dadurch sein Inhalt soweit abgekühlt, dass sich die ersten Atome bilden können. Etwa 75 Prozent der damals vorhandenen Materie dürfte Wasserstoff gewesen sein und etwa 25 Prozent Helium. Bis heute sind diese beiden Elemente die häufigsten im Kosmos. Seit dieser Bildung der ersten Atome ist der Kosmos durchsichtig, Licht kann im Wesentlichen geradeaus laufen, ohne sofort wieder an freien Elektronen gestreut zu werden.

Diese Strahlung ist seitdem im Kosmos unterwegs und erfüllt ihn sehr gleichmäßig. Mit der Ausdehnung ist sie aber ebenfalls kälter geworden. Heute entspricht sie der Strahlung eines Körpers von lediglich 2,7 K, das ist fast am absoluten Nullpunkt. Dieses Licht, das einstmals eine harte Gammastrahlung war, ist dabei so langwellig geworden, dass es der Mikrowellenstrahlung entspricht, die viele aus ihrer Küche kennen.

Diese auf den ersten Blick vollkommen homogene und isotrope Strahlung (Abb. 31 Oben) ermöglicht es bei genauerer Untersuchung, die Relativbewegung der Erde gegen den kosmischen Hintergrund zu messen (Abb. 31 Mitte). Wenn man die Temperatur von 2,7 K mit einem einen Meter langen Tisch vergleichen würde, könnte man bei dieser Genauigkeit eine Schieflage von einem Millimeter erkennen. Erst wenn man so genau misst, dass man Unebenheiten der Tischplatte von einem Hundertstel Millimeter feststellen würde, sieht man in dieser Strahlung eine körnige Struktur. Diese Unterschiede, die also weit unter dem Promille-Bereich liegen, werden als Anzeichen für die ersten massiven Strukturen im Kosmos des Jahres 300.000 gedeutet. Die drei Stufen der Genauigkeit sind in Abb. 31 zu sehen. Der dunkle Streifen in der Mitte des unteren Bildes sind Strahlungsbeiträge aus unserer Milchstraße, der Rest ist der gesuchte kosmische Hintergrund.

Wir meinen, dass riesige Schwarze Löcher die Keimzellen für die sich bildenden Galaxien darstellten. Sowohl im Kern unserer Milchstraße als auch in den anderen Galaxien gibt es solche Objekte mit der Masse von Millionen von Sonnen. Die Schwerkraft der Schwarzen Löcher verdichtet das kosmische Gas zu Scheiben, in denen sich dann die ersten Sterne entwickeln können. Sterne sind das Einzige, was sich aus Wasserstoff und Helium bilden kann. In den Sternen entstehen dann durch die Kernfusion, die sie leuchten lässt, die chemischen Elemente. Technisch kann dies bisher nur mit der Wasserstoffbombe nachgeahmt werden, ob jemals ein Fusionsreaktor gebaut werden kann ist noch offen. Leichte Atomkerne werden zu schwereren zusammengepackt und Strahlungsenergie wird frei. Dieser Vorgang geht im Periodensystem der chemischen Elemente maximal bis zum Eisen. Im Eisen ist der Atomkern am dichtesten gepackt, so dass bis zu ihm Energie frei wird, wenn leichte Kerne zu schwereren fusionieren. Danach beginnt die elektrische Abstoßung zwischen den Protonen im Kern merkbar die anziehende Wirkung der Kernkraft zu verringern, so dass die Kerne immer mehr ›aufgeblasen‹ werden. Daher wird am Ende des Periodensystems, beim Uran, Energie frei, wenn sein Kern – wie ein aufgeblasener Luftballon – in leichtere Kerne zerplatzt. Dies wird technisch in Kernreaktoren und in der Atombombe angewendet. Wenn die leichten Elemente im Stern aufgebraucht sind, wird der Stern sich entweder zu einem Roten Riesen aufblasen, – so wie es in etwa 4 Mrd. Jahren unsere Sonne tun wird, deren Durchmesser dann bis zur Erde reichen wird. Wenn die dünne Gashülle weggeblasen ist, bleibt schließlich ein weißer Zwerg von Erdgröße und fast Sonnenmasse zurück. Oder aber, falls der Stern etwas größer als die Sonne ist, wird er zu einer Supernova. Dabei implodiert der Stern, dessen Energieproduktion zu Ende gekommen ist, unter der Wirkung seiner Schwerkraft, was eine ungeheure Explosion zur Folge hat. In dieser Explosion kann der Stern zerrissen werden und außerdem wird dabei soviel Gravitationsenergie freigesetzt, so dass auch die energiereicheren Elemente entstehen können, die im Periodensystem nach dem Eisen kommen. Da aus den schweren Elementen sich feste Körper wie Steine und Felsen oder Asteroiden und Kometen bilden können, sind dann die Ausgangsstoffe hergestellt, die es ermöglichen, Planeten zu bilden. Immer dann, wenn es nur irgendwie möglich ist, wird sich auf Planeten Leben bilden und eventuell auch eine Evolution zu mehrzelligem Leben eingeleitet werden.

Evolution als universelles Prinzip

Die Gültigkeit von Evolution auf das gesamte kosmische Geschehen auszuweiten ist eine junge Erkenntnis.

Vor allem über die Entstehung des Lebens wird noch bisweilen die Meinung vertreten, zu seiner Aufklärung seien noch vollkommen neue naturwissenschaftliche Prinzipien notwendig. Manchmal wird sogar vermutet, der Übergang vom Unbelebten zum Belebten sei ein Ereignis, das sich nicht mit naturwissenschaftlichen Prinzipien erklären ließe.

Bei aller in diesem Feld noch zu leistenden Forschungsarbeit wird bereits jetzt deutlich, welchen hohen Grad an Genauigkeit die empirischen Ergebnisse und ihre theoretische Durchdringung erreicht haben, so dass – wie in allen anderen bisherigen Fällen auch – weitere Fortschritte nur mit einer Einbeziehung von quantentheoretischen Methoden und Erkenntnissen zu erzielen sind. Gerade bei Leben sind ganzheitliche Phänomene, also das henadische, auf Einheit zielende Zusammenwirken aller Bestandteile eines Lebewesens von entscheidender Bedeutung. Für eine naturwissenschaftliche Beschreibung muss daher ein theoretisches Gefüge verwendet werden, welches diese Einheit auszudrücken erlaubt – die Quantentheorie.

Evolution ist natürlich nur zu erklären, wenn auch die in ihr entstehenden Fakten mit beschrieben werden können. Wir haben davon gesprochen, wie der reine Quantenformalismus durchbrochen werden muss, um Fakten zu erzeugen. Der einzige Vorgang, der früher diesen Vorgang zu beschreiben erlaubte, war die Kopenhagener Deutung der Quantentheorie. Wie wir gezeigt haben, ist die auf ihr beruhende Sonderstellung eines ›Beobachters‹ durch die Schichtenstruktur nicht mehr notwendig. Sonst wäre es nicht möglich, diesen in eine naturwissenschaftliche Beschreibung einzubeziehen. Wir hatten in Kap. 4 beschrieben, wie das Entstehen von Fakten zu erfassen ist. Dabei ist ein unwiederbringlicher Verlust derjenigen Information notwendig, welcher die jeweils betreffenden quantischen Möglichkeiten eines Systems oder Systemteils zu Fakten werden lässt.

Dieser Informationsverlust ist bei den Lebewesen als eine Entropieabgabe ständig präsent. Mit der entweichenden Wärmestrahlung wird laufend Information in den Weltraum abgegeben und dabei werden für das betreffende Lebewesen ständig Fakten erzeugt.[4] Diesen Vorgang haben wir ausführlich dargestellt. Als instabile thermodynamische Systeme geben Lebewesen ständig Information an die Umgebung ab. Dies geschieht nicht nur in Form von Wärmestrahlung, sondern auch von Verdauungsprodukten usw.

5.2 Was unterscheidet Leben vom Unbelebtem

Wenn das Leben naturwissenschaftlich erklärt werden soll, müssen diejenigen Strukturen beschrieben werden, mit denen der Übergang von Leblosem zum Lebendigen erfasst werden kann. Dafür muss man über eine alleinige Verwendung der Konzepte von materiellen Elementarteilchen hinausgehen. Um das Leben erklären zu können ist ein Einbeziehen der Protyposis, der abstrakten Quanteninformation notwendig.

Für welche Bereiche wird dann die Quantentheorie neue Ideen liefern? Über die Entstehung des Lebens aus unbelebter Materie existieren viele Hypothesen. Diese Theorieansätze beleuchten nach unserer Meinung verschiedene Aspekte dieses sehr komplexen Geschehens aus unterschiedlichen Blickwinkeln und ergänzen sich gegenseitig. Hier soll skizzenhaft auf einige von ihnen eingegangen werden, um dann auf dahinterstehende Quantenphänomene zu verweisen. Die erste schwierige Frage am Beginn der Untersuchung betrifft die Unterscheidung des Lebenden vom Unbelebten.

Eine frühe naturwissenschaftliche Antwort wurde von der Thermodynamik gegeben, also – sehr verkürzt gesagt – der Lehre davon, wie aus Wärme Arbeit gewonnen werden kann.

---

4 Ausführliches dazu in GÖRNITZ, TH., Quanten.

Die thermodynamische Charakterisierung des Lebens

So lange man sich bei der Charakterisierung des Lebens auf die Gleichgewichtsthermodynamik beschränkte, hatte man sehr große Probleme, Lebewesen zu verstehen.

Ein Gleichgewicht ist definitionsgemäß etwas, in dem ›nichts mehr passiert‹. Außerdem ist in einem Gleichgewichtszustand die ›Entropie maximal‹. Da Entropie schlichtweg als ›Unordnung‹ verstanden wurde, hatte man lange Zeit die Vorstellung, dass die Ordnung des Lebendigen gegen die Gesetze der Thermodynamik verstoßen würde. Nachdem die Thermodynamik besonders durch Arbeiten von Prigogine von Gleichgewichtssystemen auch auf Nichtgleichgewichtssysteme erweitert worden war, trat dieses Missverständnis mehr und mehr in den Hintergrund.

Im Begriffsrahmen der modernen Thermodynamik erweisen sich Lebewesen als Systeme, die sich für lange Zeit in einem Zustand befinden, der weit vom thermodynamischen Gleichgewicht entfernt ist. Damit für ein System ein solches Überdauern fern vom Gleichgewicht möglich ist, muss ihm ständig hochwertige Energie und Materie zugeführt werden. Dies ermöglicht ihm, eine geordnete Struktur aufzubauen und zu erhalten und damit seine Fortexistenz zu sichern. Abgegeben wird bei diesem Vorgang nicht mehr verwertbare Energie sowie Materie, die von diesem Lebewesen nicht mehr genutzt werden kann (z.B. Verdauungsprodukte, ausgeatmete Gase).

In der Sprache der Thermodynamik sind Lebewesen Fließgleichgewichte, die ihre innere Ordnung durch die Abgabe von Entropie an die Umwelt erhalten. Entropie[5] ist Information, die unbekannt ist, entweder weil eine Kenntnisnahme zu aufwändig oder auch zu uninteressant wäre – wie beispielsweise das Schicksal eines einzelnen Atoms in einem Gas. Entropie ist salopp gesagt Informationsmüll, wie Akten nach dem Schreddern: alle Buchstaben sind noch da, aber man kann nichts damit anfangen. Man muss sie aber loswerden, um Platz für Neues zu schaffen.

Als ein weiteres Kennzeichen des Lebens wird der Stoffwechsel bezeichnet. Dies ist eine biologische Beschreibung der soeben beschriebenen physikalischen Situation eines Fleißgleichgewichtes mit seinem fortwährenden Stoffumsatz.

Außerdem wird meistens noch auf die Vermehrung der Lebewesen verwiesen. So spricht beispielsweise Markl[6] davon, Lebewesen seien dadurch ausgezeichnet, ein eingebautes Streben nach Nachkommenschaft zu haben. Dies würde aus keinem Naturgesetz folgen. Hierzu überlegt man sich leicht,

---

5 Siehe 140.

6 MARKL, H., Menschenbild, 96.

dass dies im Grunde keine notwendige Forderung für Leben ist. Aber alle Systeme, die diesen Trieb der Vermehrung nicht besitzen, bleiben Einzelexemplare und werden früher oder später wieder verschwunden sein. In einer länger andauernden Evolution kann sich ›Kinderlosigkeit‹ nicht lange halten und schon gar nicht vererben. Wir möchten in diesem Zusammenhang nochmals darauf verweisen, dass die gesamte kosmische Entwicklung auf der Evolution der Information beruht.

Information ist zu begreifen als eine Entität, die dadurch definiert ist, letztlich auf sich selbst bezogen zu sein. Information ist wesentlich Codierung, also Information über Information.

So wird auch das Streben nach Nachkommen als Erzeugung von Information über Information durchaus als grundlegendes Gesetz der kosmischen Entwicklung interpretierbar. In dieser Entwicklung wird sich, wie von uns dargelegt, die beteiligte Information immer mehr als bedeutungsvoll erweisen. Man kann dies als eine zentrale teleologische Ausrichtung der gesamten Evolution ansehen, die auf die Vermehrung der Information, die Differenzierung der Information und schließlich auf die Bedeutungserzeugung aus Information abzielt.

5.3 Lebendiges erzeugt Bedeutung

Der wichtigste Gesichtspunkt für eine Erklärung von Leben ist aus unserer Sicht derjenige einer aktiven internen Informationsverarbeitung. Lebewesen sind dadurch ausgezeichnet, dass sie auf Information aus ihrer Umwelt reagieren können. Sie sind fähig, äußere Reize wahrzunehmen, und vor allem auf diejenigen Reize, die für ihre Existenz relevant sind, mit einer internen Antwort zu reagieren. Nur dann, wenn keine stabilisierende Antwort mehr möglich ist, wird ein Lebewesen nicht mehr in der Lage sein weiterzuleben.

Eine Information, die für den Bestand eines Lebewesens wichtig ist, erhält damit für dieses Lebewesen eine ›Bedeutung‹. Die Information wird bewertet. Dies geschieht, indem sie in Beziehung zu anderer Information gesetzt wird, die bereits im Lebewesen vorhanden ist und welche die Abläufe in ihm steuert. Dann wird auf Grund der entstehenden Verbindung von neuer und vorhandener Information eine Reaktion erfolgen können.

Es ist wichtig, hier daran zu erinnern, dass Bedeutung immer auf etwas zielt, das es nicht ist. Bedeutung ist informationstheoretisch gesprochen ›Codierung‹, der Ausdruck einer Information durch eine andere Information. Wie bei jeder Codierung kann also der Sinn einer solchen Information nicht allein aus dieser selbst erschlossen werden, sondern erst im Zusammenspiel mit den Beziehungen, aus denen heraus sie erwachsen ist.

Da Lebewesen – wie gesagt – instabile Systeme mit einer hierarchischen Ordnung sind, gibt es für das Ganze oder für Teilbereiche ständig Situationen, die einer Bifurkationsstelle entsprechen, in denen also das System im instabilen Gleichgewicht ist und vor einer internen ›Entscheidung‹ steht. In diesen Situationen kann mit beliebig wenig Energie eine Beeinflussung des künftigen Systemverhaltens erfolgen.

Abb. 32: Dies ist »kein Hase«, sondern höchstens das Bild eines Hasen, also die Repräsentanz eines solchen.

Information, die ein Lebewesen aus seiner Umwelt aufnimmt, besitzt einen Träger, denn es ist selbst im Hier und Jetzt lokalisiert. Daher ist ihre Rezeption auch mit einer – in der Regel unwesentlichen – Energiezufuhr verbunden. Die einlaufende Information kann dann durch die Wechselwirkung mit der vorhandenen Information und mit der Physis des Lebewesens physikalisch gesprochen das Generieren eines Faktums auslösen.[7] Dabei werden die quantischen Möglichkeiten so beseitigt, dass ein Faktum entsteht. Dieser Vorgang geschieht z.B. durch das Abstrahlen von Photonen und bewirkt im Lebewesen eine faktische Veränderung. Wenn diese so ausgelöste Veränderung die Stabilität des ›instabilen Systems Lebewesen‹ erhöht, festigt das seine Existenz. Solche Systeme aber, die in Richtung einer Stabilitätsverminderung reagieren, werden schneller als die anderen wieder aus dem Evolutionsgeschehen ausscheiden.

---

[7] Bisher bezeichnete man jede Faktenbildung als ›Messprozess‹, auch dann, wenn nicht im eigentlichen Sinne mit einem Gerät von einem Menschen gemessen worden war, so z.B. bei der Many-World-Interpretation, Kap. 4.

Ein Lebewesen lässt Information zu bedeutungsvoller Information, kurz zu Bedeutung werden, indem es diese zu seiner Stabilisierung verwendet.

Für Einzeller dient natürlich die gesamte Zelle als Informationsempfänger. Allerdings besitzen die Höherdifferenzierten unter ihnen bereits Organellen, die auf bestimmte Träger von Information spezialisiert sind. Bei Mehrzellern spezialisieren sich dann ganze Zellen und Zellverbände auf bestimmte Informationsträger, wie beispielsweise Augen auf Photonen des sichtbaren Lichtes, Ohren auf Druckschwankungen.

Höhere Tiere entwickeln ein Nervensystem, womit dann sehr viel komplexere Informationsverarbeitungsvorgänge möglich werden. Das ermöglicht schließlich, Bedeutung auch auf Sachverhalte zu erweitern, die nicht ausschließlich der unmittelbaren Existenzsicherung dienen.

Das Leben ist die Stelle im kosmischen Geschehen, an der Information zu Bedeutung werden kann.

Dass erst durch das Leben die Information im kosmischen Geschehen zu Bedeutung werden kann, ist eine neue Einsicht. Oft noch setzt man Information mit Bedeutung gleich, was zu Verständnisschwierigkeiten führen muss.

Bei einfach gebauten Lebewesen geschieht eine unmittelbare Informationsverarbeitung, die zu faktischer – also klassischer – Information führt. Dies ist bei den Einzellern sowieso gegeben und bei einfachen Mehrzellern wird ebenfalls durch ein schnelles Faktischwerden der Information im Wesentlichen ein Prozess von klassischer Informationsverarbeitung durchgeführt. Dies ist in der Tat an einfachen biologischen Modellen, wie beispielsweise der Schnecke Aplysia, zu beobachten. Bei diesen ist mit den üblichen Untersuchungsmethoden von einer Quanteninformationsverarbeitung noch nichts zu verspüren. Die Tiere scheinen ein vollkommen determiniertes Verhalten zu besitzen und die Abweichungen davon interpretiert man als ›Störeinflüsse‹.

Bei komplexeren Tieren wird durch die umfangreiche Zwischeninformationsverarbeitung im Gehirn aus solchen Fakten teilweise auch wieder neue Quanteninformation präpariert. Damit eröffnen sich Möglichkeiten und das ganze System erhält eine wesentlich größere Flexibilität und die Fähigkeit zu kreativen Reaktionen. Wir können dann von einer Schichtenstruktur der Informationsverarbeitung sprechen, bei der sich determinierte und indeterminierte Entwicklungsabschnitte ablösen.

Obwohl die Shannonsche Informationstheorie bereits seit über 50 Jahren explizit ohne den Begriff der Bedeutung arbeitet, setzt man oft noch Information fast automatisch mit Bedeutung gleich. So ist die abstrakte und damit noch bedeutungsfreie Information, von der wir sprechen, eine Konstruktion, an die man sich noch gewöhnen muss. Wenn also in biologischen

Arbeiten von ›Informationserzeugung‹ gesprochen wird, so ist damit in unserer Sprache ›Bedeutungserzeugung‹ gemeint.

Für eine Erzeugung von ›Bedeutung‹ kann man verschiedene mögliche Stufen unterscheiden. Die erste wäre eine rein aufs Körperliche beschränkte Bedeutung ohne unmittelbares Einschalten von Erleben oder gar Bewusstsein. So haben beispielsweise auch bereits früher die Menschen Sonnenbrand bekommen, als sie noch nichts über die Existenz von UV-Strahlung wussten. Begleitend haben wir eine körperliche Reaktion, die später vielleicht bemerkt und damit ins Bewusstsein gelangen kann.

Eine zweite Stufe der Bedeutungsentwicklung könnte auf das Unbewusste zielen. Vieles von den Reaktionen unserer Gesprächspartner nehmen wir Menschen lediglich unbewusst wahr. Wir verhalten uns aber dann oft so, dass wir bei einer nachträglichen Bewusstwerdung eine bedeutungsvolle Reaktion unsererseits konstatieren können, dass wir also unbewusst eine Bedeutung erzeugt haben. Derartige unbewusste Bedeutungserzeugung ist auch bei allen den Tieren anzunehmen, denen wir kein Bewusstsein zusprechen mögen, wo aber dennoch keine rein körperliche Reiz-Reaktions-Kette vorliegen dürfte.

Für jede Lebensform gibt es eine spezielle Bedeutungsgebung, deren teilweise großen Unterschiede leicht konstatierbar sind. Auch ist je nach Spezies die Bedeutung bei identischer Information sehr unterschiedlich und eventuell nicht zu vergleichen. So ist beispielsweise der Sauerstoff für anaerobe Einzeller ein Gift und für aerobe lebensnotwendig.

Die unterschiedliche Bedeutungsgebung eröffnet verschiedene ökologische Nischen und Lebensräume und ermöglicht die Vielfalt der Spezies in ihrer wunderbaren Verschiedenheit. Der Mensch hat durch seine Intelligenz und die aus ihr folgenden technischen Möglichkeiten die Verantwortung, für die Erhaltung dieser verschiedenen Bedeutungsmöglichkeiten zu sorgen, die mit den Lebewesen in die Welt kommen und an denen die vielen Facetten der Information sichtbar werden, die sich aus neuen Bedeutungen ergeben.

Die deutlichste Erzeugung von Bedeutung nehmen wir wahr, wenn das Bewusstsein beteiligt ist. Beim Menschen wird man dann neben der körperlichen, der unbewussten und der bewussten noch eine vierte Stufe der Bedeutungserzeugung finden, wenn nämlich die Sprache und andere kulturell geformte Informationsverarbeitung zur Bedeutungserzeugung hinzugezogen wird.

Am Beginn der Evolution ist bedeutungsvolle Information vor allem an chemische Träger gebunden, daneben wird auch bereits bei den Einzellern als bedeutungstragender Träger die Photonen, das Licht, hinzugekommen sein. Dass auch taktile und akustische Reize letztlich auf elektromagnetischer Wechselwirkung beruhen, haben wir bereits geschildert.

Die Bedeutung der Protyposis in der Evolution

Unser verallgemeinerter Informationsbegriff ist besonders hilfreich, um die quantischen Grundlagen des Lebens zu verstehen. Da der Begriff der Quanteninformation für das Erklären von Leben unabdingbar ist, möchten wir an einige Quantenphänomene erinnern, welche heute bereits an sehr primitiven Systemen, die oft nur aus wenigen Elementarteilchen bestehen, in physikalischen Experimenten untersucht und zweifelsfrei nachgewiesen werden. Gewiss sind alle diese Quantenphänomene im Verlaufe der Evolution auch bei den Lebewesen in mannigfacher Weise zur Anwendung gekommenen. Lebewesen sind aber viel zu komplex, als dass man bereits heute schon an ihnen die entsprechenden Nachweisversuche erfolgreich durchführen könnte.

Allerdings plant Anton Zeilinger bereits, den Welle-Teilchen-Dualismus mit Viren zu demonstrieren. Die Situation wird weiterhin dadurch erschwert, dass man bisher noch kaum darauf geachtet hat, nach solchen Zusammenhängen zu suchen.

Offensichtlich ist die Geschichte der Wissenschaften voll davon, wie sich neue ungeahnte Erfahrungen mit den bisherigen verbinden. So lange beispielsweise die oben erwähnte UV-Strahlung nicht entdeckt worden war, sah man wohl das Phänomen, dass die Sonne die Haut bräunte, konnte es aber nicht wirklich erklären. Ähnliches ist für die quantenphysikalischen Grundlagen des Lebens zu erwarten.

Dass ein zusammengesetztes System als neue Ganzheit in Zustände gelangen kann, die aus Sicht der Ausgangsteile unvorstellbar sind, ist der wichtigste Quanteneffekt für ein Erklären des Lebens.

Derartige Erscheinungen werden mit den mathematischen Methoden der Quantentheorie tatsächlich untersucht und verstanden. Was auf dem Beschreibungsniveau von materiellen ›Elementarteilchen‹ manchen als unverstehbar erscheint, erweist sich mit der Protyposis und der Quantentheorie als eine quantische Umorganisation dieser abstrakten Quanteninformation.

Wie aufgezeigt lassen sich damit die Vorgänge einer Bildung von neuen Ganzheiten aus materiellen Objekten modellieren. So stellt die ganzheitliche Struktur einer lebenden Zelle eine neue Stufe von Verhaltensmöglichkeiten dar, die weit über die bloße Reaktion von Biomolekülen hinausreicht. Während man die chemischen Umsetzungen im Reagenzglas noch durch ›brute force‹, d.h. durch das Massenwirkungsgesetz beschreibt und erklärt, geschehen in lebenden Zellen die gleichen Umsetzungen auf der Basis einer durch Quanteninformation gesteuerten Reaktion, die Enzyme und andere Katalysatorenmoleküle als Träger besitzt.

Da das Protyposis-Konzept es erstmals erlaubt, Information als gleichreal wie Energie oder atomare Materie zu betrachten, ergibt sich damit auch der Prozess einer Informationsübertragung als ein naturwissenschaftlich erklärbares Phänomen. Quanteninformation, die beispielsweise als Spinstellung an einem Photon vorliegt, kann durch einen Trägerwechsel durch eine Faltung eines Proteinmoleküls repräsentiert werden.

Da in Lebewesen auf allen Organisationsstufen von der Zelle über die Organe bis zum Gesamtorganismus ständig instabile Situationen vorliegen, wird auf allen diesen Stufen auch Quanteninformation steuernd eingreifen.

Die von Biologen oftmals postulierte Eingrenzung solcher Vorgänge durch den Energieerhaltungssatz stützt sich allein auf klassische Physik. Sie ist wegen der quantenphysikalischen Energie-Zeit-Unbestimmtheit und wegen anderer Phänomene, wie z.B. des Tunneleffektes, sehr viel weniger bedeutsam, als aus einer klassisch-physikalischen Betrachtung allein folgen würde.

Ein weiterer für das Leben und das Wirken der Evolution wichtiger Effekt beruht auf der Möglichkeit, dass Quanteninformation verlustlos von einem Träger auf einen anderen übergehen kann.[8] Bei der sogenannten Quantenteleportation realisiert man heutzutage einen solchen Effekt in sehr einfachen physikalischen Systemen bereits experimentell.

Die Präparierung von Quanteninformation aus Systemen und deren Übertragung auf andere Träger ist für ein Erklären von Leben ein wichtiger Gesichtspunkt.

Leben als dynamische Schichtenstruktur von Top-Down-Steuerung und Bottom-Up-Verursachung

Die Ganzheitsphänomene des Lebendigen haben ihre Ursache in der entsprechenden ganzheitlichen Eigenschaft von Quantensystemen. Die Beziehungen zwischen den denkbaren Teilen ermöglichen Zustände für das Ganze, die an den Teilen in keiner Weise realisierbar sind. Auch die Lokalitätsforderungen, wie sie von der klassischen Physik und der Relativitätstheorie aufgestellt werden, gelten für die Quantenmöglichkeiten nicht mehr. Seitdem die Experimentalphysiker an sehr einfachen Systemen EPR-Korrelationen bereits über viele Kilometer realisieren können, ist zu erwarten, dass ähnliche Phänomene an lebenden Systemen ebenfalls naturwissenschaftlichen Untersuchungen zugänglich werden.[9] Natürlich sind diese sehr viel komplexer als das, was heute im Experiment unter kontrollierten Bedingungen realisiert werden kann. Dennoch kann an der prinzipiellen Bedeutung dieser Phänomene kein naturwissenschaftlich begründeter Zweifel mehr bestehen. Es gibt manche Erscheinungen an Lebewesen, die man

---

8 Siehe 78.

9 Siehe 104.

bisher über ein Postulat von solchen Feldern erklären möchte, welche nicht der Physik zugänglich sein würden.[10] Wir meinen, dass die damit gemeinten Erscheinungen durch die Protyposis und die mit der Quantentheorie begründbare Nichtlokalität in den Rahmen der gesicherten Naturwissenschaft eingebettet werden können.

Wir hatten Lebewesen als offene Systeme fernab vom Gleichgewicht gekennzeichnet. Durch eine existenzerhaltende interne Quanteninformationsverarbeitung, die sie steuert, unterscheiden sie sich von anderen thermodynamischen Systemen, die zwar ebenfalls fern vom Gleichgewicht sind, aber nicht leben. Durch diese Steuerung sind Lebewesen (bereits die Einzeller) Strukturen, an denen die Quantenmöglichkeiten zu makroskopischer Realität gelangen können.

Die dynamische Schichtenstruktur von quantischer und klassischer Physik, die gekennzeichnet ist von der fortwährenden Präparation von Quantenzuständen und wiederum deren Faktisch-Werden, ist für das Erklären des Lebens fundamental. So geschieht die Informationsspeicherung in Form des Genoms, d.h. als klassische Information, und bei der Verarbeitung wird diese dann wieder als Quanteninformation präpariert.[11] Dieser Quantenvorgang macht es erklärlich, dass die im Genom gespeicherte klassische Information nicht ausschließlich und nicht varianzfrei die biologische Wirkung festlegt. Man denke beispielsweise an das geklonte Katzenbaby, das eine andere Fellfärbung als sein Unsprungstier hatte.

Bei Lebewesen tritt zum ersten Male in der kosmischen Evolution die Erscheinung auf, dass neben der üblichen Bottom-Up-Verursachung auch eine Top-Down-Steuerung auftritt.

Unter einer Bottom-Up-Verursachung versteht man die Ansicht, die auf der klassischen Vorstellung von ›letzen Bausteinen‹ beruht und die das Verhalten eines Ganzen allein aus ›seinen Teilen‹ erklären will, meist im Sinne einer mechanisch verstandenen Chemie. Sie postuliert daher, dass die genaue Kenntnis der ›Teile‹ genügt, das Gesamtverhalten eines Systems zu erfassen. Einfache Beispiele dafür könnten sein, dass das Verdunsten des Wassers aus den Blättern durch die Kapillarwirkung ein Nachfließen aus den Wurzeln bewirkt, dass eine massive Einwirkung einen Knochen brechen lässt, dass ein Mangel an Nahrung das Körpergewicht reduziert oder dass man beim Rennen ins Schwitzen kommen kann.

Wir haben mehrmals darauf verwiesen, inwiefern die noch weit verbreitete Ansicht einer universellen Bottom-Up-Verursachung bereits im Geltungsbereich der Physik an vielen Stellen falsch wird und natürlich noch sehr viel mehr in den anderen Naturwissenschaften.

---

[10] Man denke beispielsweise an den Vorschlag des ›morphogenetischen Feldes‹ von R. SHELDRAKE.

[11] Siehe 78.

Eine Top-Down-Steuerung beschreibt das Wirken von Quanteninformation auf die Materie eines thermodynamisch instabilen Systems. Sie kann natürlich nur auf Grund der naturwissenschaftlich begründeten Realität der Information beschrieben und akzeptiert werden. Diese Top-Down-Steuerung ergibt sich aus dem internen Zusammenspiel des Informationsgefüges des ganzen Lebewesens und sichert in weitem Umfang unter veränderlichen Umweltbedingungen die Stabilität und das Überdauern des Lebewesens. Alle Systeme, die diese interne, auf Stabilität gerichtete Steuerung nicht besitzen, werden im Verlauf der Evolution schnell wieder aus dieser verschwinden. Durch die mit der Protyposis aufgezeigte Realität der Quanteninformation wird eine derartige Top-Down-Steuerung naturwissenschaftlich erklärbar. Veränderungen am informativen Input können an der materiellen Substanz eines Lebewesens steuernd eingreifen. Dabei geschieht dieses Eingreifen nicht zwischen etwas Verschiedenem, was eine naturwissenschaftliche Erklärung verhindern würde (da diese eine dualistische Weltbeschreibung ausschließt), sondern zwischen der Protyposis in deren verschiedenen Erscheinungsformen.

Erstmals in der kosmischen Evolution tritt mit dem Leben neben der kausalen Bottom-Up-Verursachung eine systemerhaltende Top-Down-Steuerung auf.

Das manchmal in der Biologie gegen eine Top-Down-Steuerung vorgebrachte Argument des Energieerhaltungssatzes wird durch die Quantentheorie ebenfalls relativiert. Erstens greift diese Steuerung an Bifurkationsstellen an, an denen mit beliebig wenig Einsatz viel Wirkung erzielt werden kann, und zweitens gilt für Lebewesen wie für alle Quantensysteme der Energiesatz nur in einer eingeschränkten Weise. Die Unbestimmtheit von Energie und Zeit, deren Produkt stets größer als das Plancksche Wirkungsquantum ist, ermöglicht es, dass für Steuerungsvorgänge, die genügend schnell geschehen, eine geringe ›Verletzung des Energiesatzes‹ nicht relevant wird.

Überlebenswille

Die sich stabilisierende und sich selbststeuernde Quanteninformation in einem Lebewesen kann als erste und ursprünglichste Form eines ›Überlebenswillens‹ interpretiert werden. Lebewesen sind daher Ganzheiten, die etwas besitzen, das als die allerprimitivste Form des ›Geistigen‹ angesehen werden kann, da es sich hierbei primär um Informationsverarbeitung handelt.

Die stabilisierende selbststeuernde Quanteninformation begründet einen ›Überlebenswillen‹.

Die kleinste Einheit, die alle die erwähnten (auch quantischen!) Merkmale des Lebendigen in sich vereinigt, wird in der Biologie als Zelle bezeichnet. Durch eine Begrenzung, d.h. eine Membran oder Zellwand, wird es möglich, dass das System einen inneren Zusammenhang und einen internen steuernden Quantenzustand herausbilden kann. Natürlich lassen sich an der Zelle beispielsweise Bereiche unterscheiden, die für die Nahrungsaufnahme und die Abgabe der Stoffwechselprodukte verantwortlich sind und andere, in denen die genetische Information gespeichert wird. Aber eine von außen kommende bedeutungsvolle Information betrifft die Zelle als Ganze. Beim Versagen oder bei einer Überforderung der Selbststabilisierung stirbt auch die Zelle als Ganze.

Die zentrale Stellung der Top-Down-Steuerung des Lebens wird auch bei mehrzelligen Lebewesen beibehalten. Im Unterschied zu bloßen Zellverbänden wird diese neue Ganzheit nicht allein durch das Wirken der Zellen aufgebaut und bewahrt, sondern sie kann auch – als Ganzheit – ihrerseits Einfluss auf die Existenz der Einzelzellen nehmen.

Wenn sich dann im Laufe der Evolution auch noch Bewusstsein herausbildet, wird bei diesen Lebewesen die Top-Down-Steuerung unübersehbar.

5.4 Was ist Leben?

Wir wollen die aufgeführten Punkte zusammenfassen und eine Charakterisierung der physikalischen Grundlagen von Leben geben. All die vielfältigen weiteren Strukturen und Erscheinungen, die das Leben hervorgebracht hat, werden dann durch eher biologische Beschreibungen zu erfassen sein.

Lebewesen sind Systeme, die durch die folgenden Eigenschaften gekennzeichnet sind:

Lebewesen sind im Verlauf der kosmischen Evolution die ersten Systeme, welche die überall stattfindende kausale Bottom-Up-Verursachung in einer dynamischen Schichtenstruktur mit einer quantischen Top-Down-Steuerung verbunden haben, so dass sie sich mit dieser internen Informationsverarbeitung unter wechselnden Umweltbedingungen stabilisieren können. Somit können an ihnen Quantenmöglichkeiten makroskopisch in Erscheinung treten.

Um für lange Zeit in einem Zustand verbleiben zu können, der weit entfernt vom thermodynamischen Gleichgewicht ist – was eine Voraussetzung für die Möglichkeit von quantischer Steuerung ist – bedürfen sie daher eines ständigen Energie- und Materialdurchsatzes und einer Entropieabgabe an ihre Umgebung.

Lebewesen werden im Prozess der Evolution verbleiben können, wenn sie in der Lage sind, alle diese Fähigkeiten an ihresgleichen weitergeben zu können.

Wenn wir von einer quantischen Top-Down-Steuerung sprechen, so bedingt diese Forderung bereits die Existenz einer hinreichend komplexen Struktur. Diese Struktur muss es ermöglichen, Teilbereiche so weit als abgetrennt erscheinen zu lassen, dass sie in einer sehr guten Näherung als eigenständiges Quantensystem innerhalb des ganzen Lebewesens wirken können. Solche weitreichende innere Trennmöglichkeit ist schon bei den Einzellern ausgebildet. Diese präsentieren bereits alle Aspekte, die einem Lebewesen zukommen müssen. Bereits bei einzelligen Organismen gibt es eine Aufgabenteilung innerhalb der Zelle und in der Evolution bald auch Organellen, wie Zellkern, Cilien und anderes.

In der weiteren Entwicklung von den Einzellern hin zu den Mehrzellern erfolgt eine Herausbildung von Organen. An diesen werden weitere Hierarchiestufen erkennbar. Im Verlaufe der Evolution werden derartige Substrukturen in den Lebewesen immer deutlicher ausgebildet, ohne dass deswegen die Ganzheit prinzipiell außer Acht gelassen werden dürfte. Allerdings zeigen besonders die Pflanzen, wenn sie sich aus Teilen vollständig regenerieren können, dass bei ihnen eine Ganzheitsstruktur weniger deutlich ausgeprägt ist als beispielsweise bei Tieren.

Leben in der Sprache der Biologie

Da Lebewesen neuartige Ganzheiten sind, an denen sich Phänomene zeigen, die sonst nirgendwo im Kosmos auftreten, ist es natürlich vernünftig, für sie – nachdem sie erklärt sind – statt der physikalischen eine neue Sprechweise zu nutzen, nämlich die der Biologie.

Die Reaktion der internen Top-Down-Steuerung auf äußere Information wird als Reizbarkeit des Lebewesens bezeichnet. Ist diese Information bedeutungsvoll für den Fortbestand des Lebewesens, dann wird sie zu ›Information im bisherigen Sinne der Biologie‹. Der Energie- und Materialdurchsatz mit seiner Entropiedissipation stellt den Stoffwechsel (Metabolismus) dar.

Die durch die quantische Informationsverarbeitung mit ›Präparation und Messprozess‹ unausweichlich auftretende Varianz heißt Mutation, wenn sie an der Speichereinheit – dem Genom – faktisch sichtbar wird. Das Verhältnis zwischen der Bewahrung der klassisch gespeicherten Information und der durch Quantenprozesse erzeugten Varianz wird auch durch die sich verändernde Umwelt beeinflusst. Zuviel Varianz wird mit der Umwelt in Konflikt geraten, zu wenig Varianz in einer schnell veränderlichen Umwelt verhindert Anpassungsmöglichkeiten. Beides wird evolutionär ausgesondert.

Der Zusammenbruch der internen quantischen Top-Down-Steuerung wird als der Tod des Lebewesens charakterisiert. Ein zeitweiliges Aussetzen des Energieumsatzes – physikalisch das ›Einfrieren‹ von allen wesentlichen Freiheitsgraden – wird beispielsweise als Sporen- oder Samenstadium bezeichnet, wenn es mit einer dauerhaften Speicherung der internen bedeutungsvollen Information verbunden ist.

Biologische Evolution

Dass die Herausbildung der Lebensformen nur im Rahmen der Evolution verstanden werden kann, ist heute Konsens in den Wissenschaften. Über die Mechanismen dafür wird aber bis heute diskutiert. Manchmal wird in populären Darstellungen als alleinige Triebkraft die Veränderung der äußeren Umstände angegeben und ein daraus folgender »Kampf ums Dasein«. Damit werden aber die unzähligen symbiotischen Formen der Evolution gedanklich zumeist ausgeblendet. Wir danken in diesem Zusammenhang außerdem D. Stefan Peters[12] für die Hinweise auf Gutmanns Erkenntnisse, dass das Erste bei einem jeden Schritt in der Evolution in einer ›Internen Auslese‹ besteht.

Ein Lebewesen, das keine innere Möglichkeit von Stabilität besitzt, z.B. aus hydrostatischen Gründen, kann nicht existieren – unabhängig davon, wie die äußeren Einwirkungen sind. Wenn sich allerdings eine neue Eigenschaft herausbildet, dann wird diese vor allem dann weiterhin erhalten bleiben, wenn sie in einer neuen ökologischen Nische einen Vorteil mit sich bringt. So hat der Archeopterix keine gegenständige Kralle, er kann also nicht auf Zweigen gesessen haben. Damit wird deutlich, dass erst die Federn da waren und dann damit geflogen werden konnte.

Zu den internen Bedingungen gehören neben den hydraulischen auch andere physikalische Sachverhalte. Wenn man sich erinnert, dass das Maximum der Sonneneinstrahlung im optischen Bereich liegt und daher die Optik die möglichen Regeln für einen Bau von Augen vorgibt, ist wenig überraschend, wie ähnlich sich Augen im Tierreich sind. So führen manche Autoren aus, dass beispielsweise in der Evolution das Auge unabhängig voneinander mehrfach erfunden wurde. Es ist aber auch möglich, dass das Auge eine sehr frühe Errungenschaft der Evolution ist, dessen Grundprinzip nur ein einziges Mal genetisch fixiert wurde und dann auf die nachfolgenden Tierarten weiter vererbt wurde. Dann hätten sich später nur verschiedene Ausformungen, wie Insekten und Säugerauge, auf dieser Basis herausentwickelt. Einen Grund für diese Annahme liefern Quallen, die noch kein Gehirn besitzen und bei denen dennoch bereits Linsenaugen zu finden sind.[13]

---

12 GUTMANN, W.F., Evolution.
13 STIERWALD, M., Medusen.

Teleologie – das Zielhafte in der Evolution

Für ein Erklären der Lebewesen und vor allem ihres Verhaltens ist ein teleologischer Aspekt unverzichtbar. Diese Erkenntnis, dass jedes Lebewesen mit Zielen handelt, stellt einen wichtigen Beitrag zum naturwissenschaftlichen Denken dar. Allerdings ist seine Verwendung in der allgemeinen Beschreibung der Evolution bisher wohl eher noch verpönt. Aber bereits Denker wie der Nobelpreisträger Wolfgang Pauli hatten das Verschwinden der teleologischen Betrachtung in der Naturwissenschaft als Problem erkannt, das einer Lösung bedarf, die er gesucht hat.

Lebewesen tun etwas, ›um zu [...]‹, letztlich um zu überleben. Wir dürfen noch einmal an das Konzept des Aristoteles erinnern. Er unterscheidet zwei Sorten von Bewegungen. Hinter der einen steht eine Psyche mit einer Absicht, also einem Ziel (telos). Die anderen Bewegungen werden als die natürlichen bezeichnet, die zu ihrem ›natürlichen Ort‹ als Ziel streben.

Heute betrachtet man alle natürlichen Bewegungen im Unbelebten als Veränderungen ohne erkennbare Ziele. Allerdings kann unseres Erachtens auch für die Evolution als einer ›natürlichen Bewegung‹ ein solches Ziel postuliert werden, wenn man aus der grundlegenden Informations-Struktur des Seins auf eine schließliche Erkenntnis der Information durch sich selbst als das Ziel der Evolution schließt.

Für ein einzelnes Lebewesen hingegen ist es offensichtlich, dass dieses Absichten hat und Ziele verfolgt.

Derartige Absichten und Ziele können weit über das hinausreichen, was in einer a-biologischen Entwicklung möglich ist. Die Anreicherung des damals für fast alle Lebewesen hochgiftigen Sauerstoffes in der Erdatmosphäre war eine Folge der ›Erfindung‹ der Photosynthese durch Cyanobakterien. Lebewesen bringen somit neue Bewegungen und Erscheinungen in den Prozess der Evolution, die ›ursprünglich‹ nicht abzusehen waren.

Ein Vorkommen von freiem Sauerstoff in einer Planetenatmosphäre gilt heute als sicherer Hinweis auf Lebensformen, da er sonst sehr schnell durch Oxidation aus dieser entfernt werden würde. Er war übrigens die Voraussetzung dafür, dass Lebewesen ihren Stoffwechsel von Schwefelwasserstoff, Methan u.ä. auf die wesentlich stärker energieliefernde ›Verbrennung‹ mit Sauerstoff umstellen konnten. Erst mit dieser höheren Effizienz entstanden die mehrzelligen Lebensformen. Zuvor gab es lediglich einen Schleim aus Einzellern, die zu einer aktiven Bewegung kaum fähig waren.

In den Naturwissenschaften wird bisher im Allgemeinen eine teleologische Beschreibung abgelehnt, denn in den Bereichen der unbelebten Natur hat man normalerweise keinen Anlass, ein Ziel zu postulieren.

Auch wenn Lebewesen Absichten und Ziele haben, so sind diese doch von anderen oft nicht ohne weiteres zu erkennen. Kennen aber kann man sowohl in der unbelebten Natur als auch bei einem Lebewesen die gegenwärtigen äußeren Fakten. Daher kann man sich auf diese Fakten stützen und für die weitere Entwicklung von ihnen ausgehen. Man wird also eine Prognose stellen und sein eigenes Handeln danach richten. In den einfachen Fällen, in denen man sogar ein mathematisches Naturgesetz, also eine Differentialgleichung, verwenden kann, wird man dann versuchen, damit vom jetzigen Zustand ausgehend die späteren Zustände zu errechnen. Wenn dies möglich ist, so bedeutet es eine auch machtförmige Erkenntnis. Unter diesen Umständen genügt es also, jetzt die gegebenen Bedingungen zu analysieren, um zu wissen, was später passieren wird. (Ob aber diese Annahme berechtigt ist, kann daraus noch nicht erschlossen werden.)

Wenn diese Erkenntnis mit dem deterministischen Weltbild der klassischen Physik kombiniert wird, so erscheint der jetzige Zustand nicht nur ausreichend für die Kenntnis von allen künftigen Ereignissen, es könnte auch gar nichts darüber hinaus geben, was Belang hätte. Wenn dann aber von teleologischen Vorstellungen gesprochen wird, kann der Eindruck einer unberechtigten Einmischung von theologischem Gedankengut entstehen. Da dieses in einer Naturwissenschaft aus methodischen Gründen ausgeschlossen werden muss, ist von daher die weitgehende Ablehnung teleologischer Modelle zu verstehen. Der Stand der Wissenschaft erlaubt es aber nun, derartige Vorbehalte abzubauen und auch teleologische Strukturen zu akzeptieren, denn in der kosmischen Evolution werden eine immer weitergehende Differenzierung und eine immer komplexer werdende Informationsverarbeitung erkennbar, die als Ziel der Evolution verstanden werden können.

In diesem Zusammenhang soll noch an eine bekannte mathematische Tatsache erinnert werden. In der Beobachtung geht man stets vom gegebenen Zustand aus, daher ist eine Differentialgleichung die passende Beschreibung, da sie, von einem gewählten Zeitpunkt ausgehend, die beschriebene Entwicklung deterministisch erfasst. Die gleiche theoretische Struktur lässt sich aber in ein Variationsprinzip umwandeln. Das ist vor allem dann wichtig, wenn man ein Ziel erreichen möchte. Dabei wird ein mathematisches Verfahren verwendet, das zwischen Start- und Zielpunkt den optimalen Systemverlauf ermittelt – und damit den tatsächlich verwirklichten Prozess.

Mathematisch kann somit die kausale Beschreibung eines Naturgesetzes durch eine teleologische Beschreibung ersetzt werden.[14] Bei Variationsverfahren werden die relevanten Teile des gegenwärtigen und des angezielten Zustandes als Basis in die Berechnung einbezogen. Das können beispielsweise für eine Rakete der jetzige und der künftige Ort sein. Dann kann man mit dem Variationsprinzip ausrechnen, welche Geschwindigkeit am

[14] Ausführliches findet man dazu z.B. bei PRIMAS, H., Chemistry.

Anfang notwendig ist, um vom Start zum Ziel zu gelangen. Derartige Überlegungen sind natürlich nur dann sinnvoll, wenn man tatsächlich die Geschwindigkeit der Rakete beim Start frei wählen kann. Wenn bereits naturgesetzlich festliegen würde, mit welcher Geschwindigkeit die Rakete losfliegen wird, wären Überlegungen über ein erwünschtes Ziel lediglich Selbsttäuschungen.

Das explizite Einbeziehen eines Zieles kann als eine mathematische Realisierung eines teleologischen Prinzips verstanden werden.[15] Beim Leben kann bisher noch sehr wenig berechnet werden, daher soll ein einfaches Beispiel aus Physik und Technik das Gesagte erläutern. Wenn ein Planet beobachtet wird, dann kann man seinen Ort und aus einigen Beobachtungen auch seine Geschwindigkeit ermitteln. Dann liefert die Differentialgleichung aus diesen ›jetzt‹ bekannten Anfangswerten die künftige Bahn. Will man aber eine Rakete von der Erde zum Mars schicken, so kennt man Start und Ziel. Dann wird ein teleologischer Ansatz sinnvoll. Mit dem Variationsprinzip ermittelt man in diesem Fall die optimale Geschwindigkeit, die die Rakete beim Start haben muss, um das erwünschte Ziel zu erreichen.

5.5 Evolution, Objekt, Eigenschaft

Das Schöne und das Gute

Bereits die antiken Philosophen, besonders Platon, haben davon gesprochen, dass die obersten Gestalten – das Schöne und das Gute – das eigentlich Seiende sind; sie sind sogar ›das Eine‹. Manche modernen Philosophen haben dagegen eingewendet, dass dies eine missbräuchliche Verwendung von Sprachformen sei, zu denen manche Sprachen wie Griechisch und Deutsch das Denken verführen würden, und eine Substantivierung von Adjektiven sei unzulässig und ohne Erkenntniswert.

Wenn man aber die moderne Naturwissenschaft richtig interpretiert, so kann man erkennen, dass diese Sprachen offenbar sehr viel mehr von der Realität erfassen als ihre Kritiker meinen. Die Philosophen, die so wie Platon dachten und denken, haben eine wichtige Struktur der Wirklichkeit erkannt. Eine absolute Grenze zwischen dem, was als Objekt zu verstehen ist, und dem, was als Eigenschaft eines Objektes zu bezeichnen ist, ist nämlich keineswegs als unverrückbar anzusehen. Wenn sich aber Eigenschaften auch wie Objekte verhalten können, ist dies für eine Erklärung von man-

---

15 Falls dagegen eingewendet werden sollte, dass es stochastische Prozesse gibt, für die eine solche Struktur nicht existiert, so muss daran erinnert werden, dass eine solche Stochastik ein mathematisches Modell subjektiver Unkenntnis ist, was für die objektive Zufälligkeit von Quantensystemen gerade nicht zutrifft.

chen Sachverhalten im Evolutionsgeschehen von größter Wichtigkeit. Dann muss eine Übertragung einer Eigenschaft von einer Spezies auf eine andere nicht mehr einerseits wie ein Wunder oder andererseits wie ein völlig unwahrscheinlicher Zufall interpretiert werden. Allerdings ist hier keine plumpe Übernahme gemeint, sondern ein Anstoß durch die betreffende Information. Wir werden nicht grün, wenn wir Bäume sehen, aber ein Chamäleon ist in der Lage seine Farbe zu ändern. Manche Information kann gegebenenfalls auf eine solche Weise übertragen werden, dass sie im aufnehmenden Lebewesen Prozesse auszulösen vermag, die unter (sicherlich eher seltenen) Umständen vermutlich sogar bis zu einer epigenetisch gesteuerten Veränderung des Erbgutes reichen können.

Die evolutionsbiologische Bedeutung der zweiten Quantisierung

Am Beispiel der zweiten Quantisierung hatten wir die wichtige Äquivalenz von Objekt und Eigenschaft erläutert. Sie zeigt, dass Objekte der einen Quantisierungsstufe – beispielsweise Quantenteilchen – in einer anderen Quantisierungsstufe als Eigenschaften eines anderen Quantensystems – in diesem Beispiel des Quantenfeldes – angesehen werden müssen. In philosophischen Kommentaren zur Quantentheorie sind uns derartige Überlegungen bisher nicht begegnet, sie werden erst durch das Protyposis-Konzept ermöglicht, erst damit kann Information eine realen Status gleichberechtigt neben Materie und Energie erhalten. Bisher werden Eigenschaften lediglich als Informationen angesehen, die einem realen Träger zukommen können oder auch nicht – ein Apfel kann rot sein oder auch nicht rot, sondern grün. Dass aber Eigenschaften auf Grund ihres Charakters als Information auch eigenständige Realität besitzen können, war bisher im Rahmen der Naturwissenschaften noch nicht vorstellbar.

Eigenschaften und Objekte

Wir Menschen nehmen selbstverständlich Formen war, Farben, Gestalten usw., und andere Lebewesen tun dies auch. Dass Eigenschaften, die an anderen Objekten wahrgenommen werden, ohne weiteres somatische Auswirkungen haben können, ist weithin bekannt. So kann beispielsweise beim Menschen ein von außen verursachter Schreck den Immunstatus verändern. Aber auch das genetische Material kann durch äußere epigenetische Einflüsse geschaltet werden. Informationsspeicherung und Verarbeitung geschieht auch außerhalb des Zellkerns, beispielsweise in den Mitochondrien. Aber es könnte auch sein, dass noch andere Mechanismen wirksam werden, die sich nicht direkt auf das Genom stützen, sonst wäre nicht vorstellbar, wie eine Vererbung Generationen überspringen könnte, wie dies z.B. bei der Ackerschmalwand entdeckt worden ist.[16]

Auswirkungen auf das Verstehen der biologischen Evolution

Wenn also Eigenschaften Objektcharakter erhalten können, so kann dieser Grundzug der Natur das Erklären für Vorgänge erleichtern, die sonst gern als Beispiele für einen nicht naturwissenschaftlich erklärbaren Evolutionsschritt angesehen werden.

Eine solche Eigenschaft, die am Ursprungsobjekt faktisch gegeben ist, kann als Quanteninformation präpariert werden – ohne als Faktum dort zu verschwinden – und sich dann als eigenständiges Quantenobjekt vom Ursprungsträger ablösen. (Zum Beispiel könnten Photonen diese Information mit sich tragen.) Solche Form der Protyposis – eine Farbe oder eine Gestalt – kann dann ihrerseits von einem anderen Lebewesen wahrgenommen und weiterhin verarbeitet und integriert werden. Wenn man beispielsweise einen Schmetterling findet, der nicht zu unterscheiden ist von einem Blatt des Baumes, auf dem er sitzt, oder eine Raupe, die wie Vogelkot aussieht, dann wird meist dazu erklärt, dass Mutation und Selektion allein ausreichen würden, diese Merkwürdigkeit zu erklären. Andere Biologen behaupten dagegen, dass die Zeiträume für eine solche Anpassung in vielen Fällen nicht ausreichen würden und daher noch andere Ursachen gesucht werden müssten.

Wir halten die beschriebene Äquivalenz von Objekten und Eigenschaften von Quantensystemen für einen wichtigen Faktor in der Evolution, der diese Erklärungslücke schließen kann.

Die Natur wird sämtliche der effizienten Phänomene der Quantenphysik nutzen, ohne deswegen außernatürliche Ursachen zu bemühen.

5.6 Die Entstehung des Lebens

Für die Entstehung des Lebendigen aus präbiotischer Materie werden verschiedene Problemstufen unterschieden. Die erste fragt nach der Herkunft einer genügend großen und genügend vielfältigen Menge an organischen Molekülen, die als Ausgangstoffe für einfaches Leben dienen können. Die zweite betrifft die Herausbildung von autokatalytischen Zyklen, die eine Materialumsetzung mit Energiefreisetzung und Entropiedissipation ermöglichen. Die dritte erkundet das Entstehen von semipermeabel abgegrenzten

---

[16] HOHN, B. et al., Transgeneration memory.

Bereichen durch die Ausbildung von Membranen und die vierte schließlich das Entstehen von Speichermöglichkeiten mit Duplizierungsfähigkeiten für bedeutungsvolle Information.

In den meisten biologischen Darstellungen fand man bisher als Hintergrundtheorie lediglich die klassische Physik. Chemische Verbindungen wurden wie eine Verklebung von klassischen Kügelchen geschildert und die Formelschreibweise tut das ihrige dazu, diese Bilder zu verfestigen. Dass beispielsweise Kochsalz entweder als Ionenkristall, in dem jedes Ion eine gleichberechtigte Beziehung zu sämtlichen von seinen Nachbarn hat, oder als im Wasser gelöste Einzelionen, aber nie als NaCl-Molekül auftritt, wird nur selten erläutert.

Bei einem Molekül liegt eine recht dauerhafte Bindung von genau definierten Atomen vor. In einem Ionenkristall hingegen hat man eine symmetrische Anordnung der Atome, bei der keinerlei spezielle Bindung zwischen ausgewählten Nachbarn vorliegt, sondern alle Nachbarn sind gleichberechtigt und die Formel NaCl verdeutlicht lediglich, dass die Anzahl aller Natriumatome im Kristall genauso groß ist wie die der Chloratome. Ebensowenig wird in der Regel verdeutlicht, dass Ladungstransport in Elektrolyten vor allem als Informationstransport verstanden werden muss. So werden die Ionen nicht einzeln durch den Elektrolyt geleitet. Stattdessen wird die Information über das Einbringen eines Ions an der Eingangelektrode an die Ausgangselektrode geleitet und dort ein identisches Ion abgegeben.[17]

Auf die aus Sicht der Quanteninformation besonders interessante Rolle des Wassers soll hier nur kurz hingewiesen werden. Wasser ist höchstens als Dampf ›H_2O‹, aber bereits in Wolken und als Flüssigkeit nicht mehr. Wassermoleküle verbinden sich zu Clustern von vielerlei Größe, die sehr verschiedene räumliche und energetische Strukturen besitzen und auch verschieden auf Biomoleküle reagieren. Hier erwarten wir noch wesentliche neue Erkenntnisse.

Durch eine immer genauer werdende Bearbeitung der biologischen Prozesse wird die Wichtigkeit einer Quantenbeschreibung immer deutlicher erkennbar. Als Beispiel diene das Zitat aus einer aktuellen Arbeit:[18]

> The spectroscopic data clearly document the dependence of the dominant energy transport pathways on the spatial properties of the excited-state wavefunctions of the whole bacteriochlorophyll complex. *But the intricate dynamics of quantum coherence, which has no classical analogue, was largely neglected in the analyses* (Kursivschreibung von uns) – even though electronic energy transfer involving oscillatory populations of donors and acceptors was first discussed more than 70 years ago, and electronic quantum beats arising from quantum coherence in photosynthetic complexes have been predicted and indirectly observed.

---

17 MARX, D. et al., Nature.
18 ENGEL, G. et al., Energy Transfer.

Heute wird zunehmend ein Genauigkeitsgrad in den Untersuchungen erreicht, der ein Ignorieren von Quanteneffekten nicht mehr zulässt, die bereits zur Erklärung der präbiotischen Phase des Lebens bedeutungsvoll werden.

Präbiotische Quanteneffekte

In einem wechselwirkenden System entsteht, wie gesagt, durch diese Wechselwirkung aus den Ausgangsteilen ein neues Ganzes. Von dieser Quantenganzheit kann nun u.U. eine bedeutungsvolle Quanteninformation abgespalten werden, die zu beschreiben in keinem der Ausgangsteile auch nur näherungsweise möglich gewesen wäre. Damit kann diese Ganzheit zu einem Träger neuer bedeutungsvoller Information werden, die ihrerseits dann den Träger auch wechseln kann.

So ist es z.B. vorstellbar, dass zwei getrennte Moleküle mit einem Valenzelektron je einen Zustand mit Spin ½ darstellen. Von den Einzelmolekülen könnte die Abtrennung eines Spin-1-Zustandes – z.B. durch Emission eines Photons mit seinem Spin 1 – aus energetischen Gründen untersagt sein. Unter einer Wechselwirkung dieser beiden Moleküle kann nun ein gemeinsamer Spin-1-Zustand realisiert werden. Von diesem ist es nun durchaus denkbar, dass im Gefolge dieser Wechselwirkung ein Photon ausgestrahlt werden kann, das mit seinem Spin 1 diese Information dann zu einem anderen Träger transportiert. Diese Information könnte von keinem der beiden Ausgangsteile allein zur Verfügung gestellt werden.

Von anderen Systemen fernab vom thermodynamischen Gleichgewicht unterscheiden sich Lebewesen durch ihre informationsgesteuerte Stabilität. Daher ist dieser Quantenaspekt der Generierung von bedeutungsvoller Information durch eine Ganzheit für das Verständnis von Leben sehr wichtig. Hier zeigt die Quantentheorie besonders deutlich, dass die zerlegenden Vorstellungen, die ihre Basis in den Konzepten der klassischen Physik haben, für die Erklärung solcher ganzheitlichen Phänomene nicht ausreichen. Mit ihr aber werden nun Eigenschaften erklärbar, die bisher lediglich registriert werden konnten oder die gar mit außernatürlichen Ursachen begründet werden sollten.

Eisige Kometen und heißer Ozean für organische Moleküle

Die Entstehung von einfachen organischen Molekülen beobachten die Astronomen bereits in den Gas- und Staubwolken, die als Ausgangsbereiche für neue Planetensysteme anzusehen sind. Für die weitere Entwicklung hin zu komplexeren Molekülen gibt es eine interessante Theorie von Hauke

Trinks.[19] Er hat beobachtet, dass sich Meer-Eis, also gefrorenes Wasser mit gelösten Stoffen, in Süßwassereis und einen recht konzentrierten flüssigen Anteil der gelösten Stoffe separiert. In dieser konzentrierten Flüssigkeit laufen komplexe chemische Prozesse ab, vor allem dann, wenn zusätzlich noch ultraviolette Strahlung wirkt. Zwar geschehen wegen der niedrigen Temperatur diese chemischen Prozesse nur recht langsam, aber dafür ist auch die Wahrscheinlichkeit für eine danach wieder erfolgende Zerstörung der Reaktionsprodukte viel geringer als in einer heißen Umgebung. Das Eis bildet winzige Spalten, die wie Mikroreaktoren wirken, und die durch ihre Verformung immer wieder neue Trennungen und Vereinigungen von Reaktionsbereichen bewirken. So konnte Trinks zeigen, dass sich in einem Eisreaktor unter UV-Strahlung binnen eines Jahres Ketten von über 400 Nukleinsäuren bilden können. Da der Wasserstoff das häufigste Element ist und Sauerstoff nach Supernovaexplosionen ebenfalls in großen Mengen vorkommt, gibt es in den Ausgangsstoffen für ein Planetensystem viele Wassermoleküle.

In der Frühzeit unseres Planetensystems war Wassereis besonders in den Kometen vorhanden, die auf ihren langgestreckten Bahnen sowohl in Sonnennähe mit ihrer starken ultravioletten Strahlung großen ionisierenden Einflüssen ausgesetzt waren, während in den sonnenfernen Bereichen ihrer Bahn in ihrem Eis langsame Reaktionen wie die von Trinks beschriebenen ablaufen konnten. Trinks konnte zeigen, dass beim Vorhandensein von Lipiden die Wahrscheinlichkeit groß ist, dass sich in den Kanälchen des Eises auch Membranen ausbilden, die Teile der organischen Substanz voneinander trennen.

Da angenommen wird, dass ein großer Teil des irdischen Wassers von Kometen auf die junge und damals noch heiße Erde gebracht worden ist, wird dabei auch eine große Menge an organischer Substanz mit in den jungen Ozean gelangt sein. Dort könnten sich mit diesen Stoffen weitere Reaktionen ergeben, die in anderen Theorien beschrieben werden. Die sogenannten ›schwarzen Raucher‹, sehr heiße Quellen am Grund der Ozeane, zeigen noch heute, dass frisch erstarrtes Magma in Verbindung mit dem Meerwasser bedeutsame energetische und chemische Gradienten bereitstellt, die die Existenz stabiler Systeme fernab vom thermischen Gleichgewicht ermöglichen.

Ein weiterer Faktor besteht in der großen katalytischen Wirksamkeit von Schwermetallverbindungen, wie beispielsweise Pyrit,[20] die außerdem durch ihre ungleichmäßige Kristallisation kleine Hohlräume bereitstellen. Das wiederum erleichtert eine Abtrennung eines Teils der Reaktionsprodukte vom restlichen Substrat. Stark gestützt wird diese Theorie durch die kürzlich erfolgte Entdeckung, dass in Mikroröhrchen, die ein optimales Volu-

---

19 TRINKS, H. et al., Eis.

20 Eisen-Schwefel-Verbindung, als Katzengold bekannt.

men von etwa 4 cm Länge und 1/7 mm Durchmesser haben sollten, bereits bei einem Temperaturunterschied von nur 30° C eine Anreicherung von RNA-Molekülen, den evolutionär ältesten Nukleinsäuren, gegenüber dem umgebenden Wasser auf etwa das 1200-fache erreicht wird.[21] Mehrere solcher Röhrchen, die miteinander verbunden sind, könnten sogar Verstärkungsfaktoren der Konzentration bis ins Milliardenfache ermöglichen. Da sich derartige Strukturen an den mineralischen Quellen des Ozeansbodens bilden, bedeutet diese Entdeckung einen wichtigen Beitrag zur Erklärung der Entstehung des Lebens auf der Erde.

Kollektive Autokatalyse-Zyklen

Die Menge der konkurrierenden Theorieansätze über den Beginn des Lebens ist recht groß, einige weitere sollen noch erwähnt werden. Unsere Vermutung ist, dass alle diese klugen Ideen bestimmte aber verschiedene Aspekte dieses hochkomplexen Prozesses im Blick haben und daher in ihrem möglichen Zusammenspiel zu betrachten sind.

Stuart Kauffman[22] hat darauf verwiesen, dass in einer hinreichend komplexen Umgebung, also in einem Bereich mit genügend vielen verschiedenen Molekülen, ein Herausformen von autokatalytischen Kreisprozessen unvermeidbar wird. In solche Zyklen katalysieren Komponenten des Prozesses die Herausbildung von anderen, die wiederum weitere katalysieren, bis schließlich auch die Bildung der ersterwähnten katalytisch unterstützt wird. Kauffman verweist darauf, dass sich derartige Prozesse in einer geeigneten Umgebung spontan ausbilden können, wenn nur der energetische und materielle Antrieb ausreichend ist. Dadurch wird gesichert, dass die sich bildende Organisation erhalten bleiben kann und die entstehende Entropie in die Umgebung abgeführt werden kann. Bei einem abgeschlossenen System wäre dies unmöglich, es würde – so wie es der zweite Hauptsatz verlangt – in einen Gleichgewichtszustand mit maximaler Entropie laufen und in diesem auf Dauer verharren.

Mit der Theorie der Zufallsgraphen kann man zeigen, so Kauffman,[23] wie in endlichen Systemen bei einem wachsenden Verknüpfungsgrad ein Phasenübergang auftritt, bei dem fast alle Punkte zu einem Graphen (d.h. zu einem Netz von Linien und Knoten) verbunden werden. In der Physik kennt man mit der Perkolation einen ähnlichen Prozess. Percolare meint filtern und stammt vom lateinischen *colum* = Sieb ab. In manchen Gärten findet

21 Baaske, Ph. /Braun, D. et al., Extreme Accumulation.

22 Kauffman, St.A., eine Zusammenfassung seiner Ideen findet man in Murphy, M.P. /O'Neill, L.A.J., life. 83–114.

23 Kauffman, St.A., life, zitiert Erdös, P. /Rényi, A., Random Graphs.

man eine Pergola, deren Grünbewuchs das starke Sonnenlicht filtert. Bei Untersuchungen an Modellsystemen für Perkolation lässt man Verbindungen zwischen zufällig gewählten Poren in einer Filterstruktur anwachsen. Bei einer stetigen Zunahme der Anzahl der Verbindungen zwischen den Poren wird bei einem gewissen Verknüpfungsgrad plötzlich ein zuvor undurchlässiger Filter durchgängig, Man beschreibt damit einen makroskopischen Phasenübergang zwischen einem sperrenden und einem offenen Zustand durch mikroskopische Veränderungen.

Mit Hilfe von Proteinen, die oft eine enzymatische Wirkung haben, sind derartige Prozesszyklen möglich, ohne dass es bereits eine übergeordnete Speicherzentrale geben müsste, in der die Informationen mit den Anweisungen dafür gespeichert wären.

Für Kauffmans Überlegungen sind Begriffe wie ›zufällige Variable‹ oder ›Rauschen‹ wichtig. Dabei wird außerhalb der Physik leicht vergessen, was die einzigen möglichen Quellen für diese Phänomene sind.

Wenn man allein die Gesetze der klassischen Physik als gültig voraussetzt, dann würde mit obigen Phänomenen lediglich eine subjektive Unkenntnis ausgedrückt werden können, denn die als grundlegend verstandenen Gesetze der klassischen Physik sind allesamt deterministisch und damit ohne jeden objektiven Zufall. Subjektive Unkenntnis kann aber gewiss nicht als Begründung für einen realen Vorgang dienen.

Wir hatten in den vorangegangenen Kapiteln verdeutlicht, dass die besseren naturwissenschaftlichen Argumente gegen einen Glauben an einen grundlegenden Determinismus der Fakten sprechen. Dies liegt natürlich darin begründet, dass hinter der klassischen Beschreibung, welche die Welt als Abfolge von determinierten Fakten sieht, die bessere weil genauere der Quantentheorie steht, die ihrerseits die Realität der Möglichkeiten berücksichtigt. Aus dieser kann somit auch eine reale Zufälligkeit für Fakten folgen.

Echte Zufälligkeit beruht also stets auf einem Quantenvorgang.[24] Da aber jeder Einzelaspekt eines Quantensystems beliebig gut durch ein klassisches Modell approximiert werden kann, ist es nicht verwunderlich, dass die zugrundeliegende Quantenstruktur oftmals ignoriert wird. So haben beispielsweise die Mathematiker Methoden gefunden, um den Zufall durch sogenannte Pseudozufallsprozesse zu approximieren, obwohl diese ihrerseits deterministisch sind. Bei diesem Vorgang wird also der Zufall durch ein deterministisches Verfahren näherungsweise modelliert.

Das Rauschen ist ebenfalls ein Ausdruck für die an den Quantenzuständen der Systembestandteile (z.B. den Molekülen im Gas) zufällig entstehenden Fakten, deren Quantenbasis ignoriert wird. Sie werden bei genauer

---

24 Siehe 84ff.

Untersuchung als ein unregelmäßiges Schwanken des Systems um seinen Mittelwert erkennbar.

Leben beruht vor allem auf elektromagnetischen Quantenprozessen

Da die Strukturen von fester und flüssiger Materie durch die elektromagnetische Wechselwirkung erzeugt werden, ist verstehbar, dass auch alle Lebensvorgänge von ihr beeinflusst werden. Dies ist noch deutlicher geworden, seitdem Bakterien und erste Pflanzen die Photosynthese erfunden haben und damit das Licht – elektromagnetische Wellen bzw. Photonen – zur wesentlichen energetischen Grundlage der mehrzelligen Lebensprozesse geworden ist. Nur Einzeller können noch chemische Gradienten als alleinige Grundlage ihrer Lebensprozesse nutzen, während die Pflanzen das Sonnenlicht nutzen und indirekt damit Tiere und Pilze, die von den Pflanzen abhängig sind.

Wenn man bedenkt, dass alle die beschriebenen chemischen Prozesse genau betrachtet elektromagnetische Quantenprozesse sind, so wird deutlich, dass bei einer exakten Untersuchung die Vorstellung von Einzelmolekülen und deren getrennter Wechselwirkung unzureichend wird. In solchen Prozessen werden reale und virtuelle Photonen auftreten.[25] Wir sind überzeugt, dass sie bei diesen katalytischen Vorgängen eine bedeutende Rolle spielen.

Wenn man ein einfaches Bild eines katalytischen Geschehens zeichnen will, so kann es verstanden werden als ein labiles Gleichgewicht, das sich durch die Anwesenheit des Katalysators bevorzugt aus diesem labilen Zustand in eine gewünschte Richtung verändert. In quantentheoretischer Sprache bedeutet dies, dass der Katalysator den Reaktionspartnern eine bestimmte Information mit virtuellen Photonen als Trägern übermittelt, die dann geeignet sind, das labile Gleichgewicht zu beeinflussen. Dabei spielt die Nichtlokalität der Quantentheorie eine wesentliche Rolle. Die Information kann also auch in räumlich nicht unmittelbar benachbarten Molekülen ihre Wirkung entfalten.

Um ein anschauliches Bild zu entwerfen, denke man an eine Menge von Leuten. Dann könnte man mit dem Lautsprecher – also nichtlokal wirkend – bekannt geben, ›people who wish to be informed in English please go to the left‹, um danach zu verkünden, ›wer auf Deutsch informiert werden möchte gehe nach rechts‹. Mit einer solchen Information könnte man die Menge teilen, wobei evtl. noch Menschen übrig blieben, die weder die eine noch die andere Sprache sprechen. Wichtig an diesem Beispiel ist, dass die

[25] POPP, F.A. et al., Squeezed Light; POPP, F.A. /YAN, Y., Delayed Luminescence.

Energie für die Bewegung keineswegs aus der Informationsquelle stammt, sondern aus den Muskeln der Menschen.

Die Existenz und Wirksamkeit von nicht genetisch verankerter Information ist nützlich für eine Erklärung von solchen Phänomenen bei einer Vererbung, die in einem sehr weiten Sinne fast an ein Lamarcksches Modell erinnern. Dies kann beispielsweise bei Pflanzen auftreten, wie es die erwähnten Untersuchungen an der Ackerschmalwand beispielsweise zeigen.

We have demonstrated an induced, epigenetic, heritable change of a molecularly defined and quantitatively measured trait. However, an adaptive value of the observed changes cannot easily be evaluated at this point. We propose that the environmental influences that lead to increased genomic dynamics even in successive, untreated generations may increase the potential for adaptive evolution.[23] This work should help in elucidating the underlying molecular mechanism that causes the observed transgenerational ›memory‹.[26]

Natürlich vermeidet man es als Biologe tunlichst, in einem solchen Zusammenhang ›Lamarck‹ zu nennen, denn Lamarck hatte doch ziemlich andere Vorstellungen als die Mechanismen, die hier entdeckt worden sind. Allerdings trägt das im Zitat mit ›23‹ zitierte Werk den Titel: »Jablonka, E. & Lamb, M. J.: Epigenetic Inheritance and Evolution: The Lamarckian Dimension (Oxford Uni v. Press, Oxford, 1995)«. Wenn man in diesem Fall die Realität der Quanteninformation und deren Möglichkeiten mit einbezieht, beispielsweise Träger zu wechseln, braucht man keine Befürchtungen zu hegen, möglicherweise als unwissenschaftlich betrachtet zu werden.

Die genetisch verankerte Information darf in sehr guter Näherung als klassische Information verstanden werden. Daneben gibt es aber offensichtlich auch die Möglichkeit, dass sogar Information von außerhalb des Genoms in die Steuerung des genetischen Materials eingreifen kann, wobei dies über eine beispielsweise durch Radioaktivität ausgelöste Mutation hinausgehen kann. Für eine solche Form von Vererbung muss die Realität des Möglichen berücksichtigt werden, deshalb wird eine Erklärung nur mit Hilfe der Quanteninformation erfolgen können. Dann werden auch epigenetische Anteile an der Vererbung modellierbar.

Allerdings muss hier noch einmal daran erinnert werden, dass dies lediglich für solche Ausnahme-Situationen zutreffen kann, die so instabil sind, dass sie einer solchen Steuerung durch nichtgenetische Information zugänglich sind. Dass die Giraffen durch bloßen Wunsch nach Blättern an hochwachsenden Bäumen jeden ihrer sieben Halswirbel haben länger werden lassen, ist keine nachvollziehbare Vorstellung. In der Regel wird natürlich die genetisch gespeicherte Information durch Mutation und Selektion immer den wesentlichen Anteil zur Evolution beitragen.

---

26 HOHN, B. et. al., Transgeneration Memory.

Auch ein System aus vielen miteinander verwobenen katalytischen Prozessen, wie es beispielsweise von Kauffman entworfen wurde, muss bei einer genaueren Betrachtung als ein henadisches, d.h. einheitliches Quantensystem angesehen werden. Damit wird es verstehbar, dass sich in diesem System Zustände von Quanteninformation herausbilden, die ihrerseits ablösbar werden können und auf einen Träger übergehen können, der nicht mehr das System als Ganzes sein muss. Dann aber werden sie an oder mit dem neuen Träger u.U. andere Reaktionen auslösen. Aus einem System autokatalytisch verbundener Proteine kann also eine Quanteninformation aus dem Systemganzen auf ein System von Nukleinsäuren übergehen und dort eine Speicherung derselben bewirken. Nun kann verstanden werden, wie sich die von Manfred Eigen untersuchten Hyperzyklen aus Nukleinsäuren und Proteinen, auf die weiter unten noch gesondert eingegangen wird, im Laufe der biologischen Evolution herausgebildet haben können. Wie dies andererseits ohne das Bindglied der Quanteninformation geschehen sollte, ist nicht vorstellbar.

Strukturbildung durch Nichtlinearität

Nun mag man einwenden, dass für eine jede Beschreibung von spontanen Strukturbildungen nichtlineare Zusammenhänge notwendig sind, die die Quantentheorie als lineare Theorie nicht bereitstellen kann.[27] Dieses Argument ist zutreffend und unterstreicht die wesentliche Bedeutung der dynamischen Schichtenstruktur, auf die wir bereits hingewiesen haben.

Um zu solchen nichtlinearen Strukturen zu gelangen, ist es notwendig, Quantenprozesse zu beenden. Da wir nichtabgeschlossene Systeme untersuchen, ist bei ihrer Beschreibung immer wieder davon auszugehen, dass Information über ihre Quantenmöglichkeiten unwiederbringlich aus dem System und seinem Einflussbereich entschwindet.

Das Entstehen eines Faktums bedeutet für ein System, dass an diesem die Möglichkeiten so weit verloren gehen, dass nur dieses Faktum bleibt. Dazu muss natürlich daran erinnert werden, dass sich aus einem Faktum sofort wieder neue Möglichkeiten entwickeln, die teilweise auch mit den alten übereinstimmen werden und teilweise von diesen verschieden sind.[28] *Es wird also unter den neuen solche geben, die zuvor unmöglich waren, und einige der zuvor vorhandenen werden nicht wieder erneuert.*

Dieser Vorgang, der früher in der Quantenmechanik als Messprozess bezeichnet worden ist, zerstört den linearen Charakter der quantentheoreti-

---

27 Siehe 98.

28 Siehe 83.

schen Systembeschreibung.[29] Die Linearität drückt die mögliche Addition der Zustände innerhalb eines Systems aus (Vektoraddition). Wir hatten davon gesprochen, dass das Zusammensetzen von Teilsystemen zu einem Ganzen eine ›Multiplikation‹ ist. Daher ist die Zerlegung eines Ganzen in Teile etwas ähnliches wie eine ›Division‹. Solch eine Zerlegung passiert, wenn ein System von Möglichkeiten abgeschnitten wird, die in das All entfliehen. Diese Zerlegung in zwei Teile, wodurch beim Zurückbleibenden das Faktum entsteht, ist ein nichtlinearer Vorgang, der die lineare Struktur des ursprünglichen Ganzen zerstört.

Es gibt eine Reihe von sehr bewährten Näherungsverfahren, die einen solchen Informationsverlust sehr zutreffend modellieren. Der wichtigste unter ihnen ist als ›Dekohärenz‹ weithin bekannt geworden. Bei hinreichend großen und schweren Reaktionspartnern (z.B. winzigste Staubpartikelchen) werden die Quantenkorrelationen zwischen diesen sehr schnell sehr klein und können nach kurzer Zeit praktisch ignoriert werden. Dies bedeutet im Rahmen der Schichtenstruktur, dass damit zu einer klassischen Beschreibung des zugeordneten Prozesses übergegangen werden kann, ohne dadurch grundlegend falsch zu werden.

Chemische Prozesse werden oft mit dem Massenwirkungsgesetz als Gleichgewichtsprozesse beschrieben. Die Endprodukte werden dadurch faktisch, dass sie aus dem System entfernt werden. Katalysatoren wirken, indem sie ein Gleichgewicht in Richtung der erwünschten Endprodukte verschieben. Wenn nun nicht durch einen Eingriff am System von außen das Gleichgewicht verändert wird, so würden sich bei dem beschriebenen Gleichgewicht keine neuen Fakten ergeben.

Da alle chemischen Prozesse letztendlich als Spezialfall der Quantenelektrodynamik anzusehen sind, ist der Austausch der Quantenteilchen der zugehörigen Kraft, also von Photonen, ein entscheidender Aspekt in allen diesen Prozessen.

Chemische Prozesse sind mit Energieumwandlungen verbunden und so treten auch ständig Photonen aus dem System aus. Dabei entnehmen sie nicht nur fortwährend Energie aus dem System, sondern vor allem auch Information über zuvor existierende quantische Möglichkeiten.

Durch den Verlust an Information über quantische Möglichkeiten entstehen unaufhörlich ›Mini-Fakten‹. Das bewirkt, dass die Ergebnisse chemischer Reaktionen sehr oft und sehr zutreffend als etwas Faktisches beschrieben werden dürfen. Als eine Näherung an eine exakte Quantenbeschreibung wird aber oft von ›thermischen Rauschen‹ oder von ›stochastischen Kräfte‹ gesprochen. Mit ihnen wird das unvorhersehbare Auftreten von mikroskopischen Fakten in einem System beschrieben, wel-

[29] Siehe 79.

ches als eine Ansammlung von wechselwirkenden Atomen oder Molekülen verstanden wird, und von dem ständig Information in die Umwelt abfließt. Mit einer solchen Beschreibung, die aus der Linearität der Quantenprozesse aussteigt und nichtlineare Zusammenhänge aufzeigt, kann an diesen Systemen das Auftreten von Chaos und von Selbstorganisation modelliert werden.

Dass in einem offenen System bei einer schnellen Veränderung der lokalen Energiedichte makroskopische Strukturen entstehen können, kann man auch ohne die komplizierte Mathematik der Selbstorganisation verstehbar manchen. So beschreiben beispielsweise die sogenannten ›Benard-Zellen und -Rollen‹ das Auftreten von solchen geordneten Strukturen in einer Flüssigkeit. Sie entstehen spontan in der Flüssigkeit, wenn zwischen Boden und Oberfläche ein Temperaturunterschied herrscht, so dass die Unterseite wärmer als die Oberseite ist. Dann wird sich am heißen Boden zuerst die stärkere mikroskopische Bewegung der Moleküle über Stöße an jeweils benachbarten Molekülen allmählich durch das System hindurch ausbreiten. Wenn der Temperaturunterschied aber einen bestimmten Wert übersteigt, dann kann der Ausgleich dadurch effizienter werden, dass ganze makroskopische Bereiche sich gemeinsam gegen die Schwerkraft durch das System vom Heißen zum Kalten bewegen. Dabei können sichtbare Bereiche entstehen, mit denen sich die aufsteigenden und die absinkenden Flüssigkeitsbereiche (wabenförmige Zellen oder Rollen) voneinander abgrenzen. Dies wird dann als Selbstorganisation am System sichtbar.

Synergetik

Hermann Haken[30] gehört zu denjenigen, die frühzeitig derartige spontane Strukturbildungsprozesse untersucht haben und der dafür diesen neuen Namen geprägt hat. Dabei werden nichtlineare Zusammenhänge in komplexen Systemen beschrieben, die fern vom Gleichgewicht zu Strukturbildung führen können und große Bedeutung für ein Verstehen des Lebens haben.

Wesentlich ist bei ihnen, dass solche Systeme immer wieder an sogenannte Bifurkationspunkte gelangen. In der Beschreibung als klassisches System mit einer nichtlinearen Entwicklungsgleichung ist ein Bifurkationspunkt dadurch ausgezeichnet, dass durch ihn die Bahnen des Systemverlaufes auf zwei streng getrennte Bereiche aufgeteilt werden. Ein simples Beispiel dafür wäre eine Schneide unter einem Wasser- oder Sandstrahl, die den Strahl in zwei getrennte Teilstrahlen zerlegt. In der mathematischen Beschreibung liegt für jedes Sandkorn bereits beim Start fest, auf welche

---

30 HAKEN, H., Synergetik.

Seite der Schneide es geraten wird – und manche würden nach der klassischen Theorie darauf liegen bleiben. Allerdings ist es ein Kennzeichen von chaotischen mathematischen Strukturen, dass die Vorausberechnung des Bahnverlaufes für die späteren Zeiten eine immer genauere Festlegung der Startbedingungen erforderlich macht, je näher die Bahn an einem Bifurkationspunkt vorbeiläuft. Dadurch wird die Berechenbarkeit solcher Systeme für längere Zeiten praktisch aufgehoben, obwohl der gesamte Verlauf gemäß der Theorie vom Start an für beliebig große Zeiten festliegt.[31]

Die scheinbare Zufälligkeit an chaotischen Systemen ist also nichts anderes als Unkenntnis eines nach der Theorie tatsächlich determinierten Verhaltens. Besonders kritisch wird das Systemverhalten in der Nähe der Bifurkation. Ein Sandkorn, das genau auf der unendlich scharfen Schneide auftreffen würde, bleibt dort beliebig lange liegen – soweit jedenfalls die mathematische Theorie des klassischen Chaos.

Spätestens an dieser Stelle ist leicht einzusehen, dass hier das theoretische Konzept der nichtlinearen Dynamik die Wirklichkeit nicht mehr gut beschreibt.

Deshalb darf mindestens ab dann die Quantentheorie nicht mehr außeracht gelassen werden. Diese kann die physikalische Beschreibung wieder mit den realen Vorgängen in Übereinstimmung bringen, was in der Chaostheorie allein ohne ein Durchbrechen ihrer mathematischen Gesetze nicht möglich ist.

Bifurkationen ermöglichen Quantenwirkungen am Makroskopischen

Ein anschauliches Beispiel für eine Bifurkations-Situation wäre ein starres Pendel welches senkrecht über seinem Aufhängepunkt steht. Auch das würde nach der klassischen Theorie beliebig lange in der instabilen Lage verbleiben – nicht aber nach der Quantentheorie und vor allem nicht in der Realität.

Die Quantentheorie würde in den Fällen, in denen das System am Bifurkationspunkt verharrt, darauf verweisen, dass dann für das Objekt sowohl der Ort als auch die Geschwindigkeit unendlich scharf bestimmt wären. Der Ort auf der Schneide wäre absolut scharf festgelegt, und die Geschwindigkeit wäre ebenfalls exakt bestimmt, und zwar Null. Sonst fiele das Sandkorn von der Schneide. Solche scharfen Festlegungen widersprechen aber der Heisenbergschen Unbestimmtheitsrelation, nach der das Produkt der Unbestimmtheiten von Ort und Impuls (Masse mal Geschwindigkeit) nie kleiner als das Wirkungsquantum sein kann. Das Sandkorn kann also –

---

[31] Siehe 57ff.

anschaulich gesprochen – auf der Schneide nicht die Geschwindigkeit Null haben und wird somit notwendig herabfallen müssen. Damit wird die Physik auch in diesen Fällen durch die Quantentheorie zur Wirklichkeit zurückgebracht, in der ein Sandkorn niemals auf der Schneide einer Rasierklinge liegen bleiben würde. Richtig bleibt aber, dass ein System in der Nähe eines Bifurkationspunktes durch beliebig kleine Einflüsse gesteuert werden kann, so dass sich danach sehr großen Auswirkungen ergeben. An solchen Stellen verursachen also minimale Eingriffe maximal verschiedene Systemverläufe.

Damit haben wir die Stellen charakterisiert, in denen die Quanteninformation steuernd auch in den makroskopischen Bereich eingreifen kann. Bei dem Beispiel mit dem Pendel ist sofort klar, dass ein beliebig kleiner Lufthauch je nach seiner Richtung das Pendel nach der einen oder der anderen Seite zu fallen geneigt machen kann.

Wir werden also in Lebewesen verschiedene Formen von interner Steuerung vorfinden können. Es wird Abläufe geben, in denen eine klare und determinierte Ursache-Wirkungs-Kette ablaufen muss, um den Fortbestand des Lebewesens zu sichern. Dabei wird die Information auf einem materiellen Träger vom Speicher zum Syntheseapparat laufen, so dass der Prozess sich so verhalten wird, wie es die klassische Physik beschreibt. So ist beispielsweise die Transkription von der DNA auf die Boten-RNA zu verstehen, und dann die entsprechende und fast deterministisch ablaufende Synthese der Proteine nach diesem Bauplan. Dass derartige Prozesse nicht vollkommen deterministisch verlaufen, wird in den meisten Darstellungen nicht den tatsächlich zugrundeliegenden Quantenprozessen, sondern einem ›Rauschen oder anderen Störungen‹ zugeschrieben.

Des Weiteren wird es Prozesse geben, bei denen die masselosen Objekte, die Photonen, die die bedeutungsvolle Information mit sich tragen, zugleich auch die für den Übertragungsprozess benötigte Energie bereitstellen. Da Photonen Energie sind, ist es also möglich, dass die bedeutungsvolle Information von ihnen abgelesen wird und sie danach, wenn sie als Träger nicht mehr benötigt werden, als Energielieferant genutzt werden. So könnte man an einem kalten Wintertage ein Buch lesen und danach damit das Zimmer heizen.

Zu den Prozessen, bei denen mit den Photonen und der von ihnen getragenen Information zugleich die Energie wesentlich ist, gehören die elektrischen Signalübertragungen, angefangen bei manchen Sorten von Synapsen bis zur ›Reizleitung in der Nervenfaser‹ und vieles andere.

Bisher haben wir Photonen meist so geschildert, dass man sie sich wie einen Strahl von Teilchen vorstellen musste. Dies ist aber nur ein mögliches Bild, das wohl bei einem Laserstrahl treffend sein wird. Wird aber in anderen Fällen ein Photon ausgesendet, so kann dies der Möglichkeit nach als Kugelwelle gleichzeitig in alle möglichen Richtungen laufen, um dann trotzdem an einem Punkt, z.B. an einem Atom, absorbiert zu werden. Somit gibt es auch Vorgänge, bei denen eine Quanteninformation in dieser Weise nichtlokal wirkend eine Veränderung an solchen Stellen bewirkt, die für genau diese Information empfänglich sind. Photonen, die überall auf die Netzhaut gelangen, werden nur von denjenigen Sehzellen absorbiert, die für die entsprechende Frequenz empfindlich sind, und ähnlich verhält es sich dann mit der einlaufenden Information auf den weiteren Verarbeitungsstufen im Gehirn.

Hyperzyklen und RNA-Welt

Der Nobelpreisträger Manfred Eigen hatte gezeigt, dass in der Entwicklung des Lebens in den autokalytisch verkoppelten Prozessen eine hierarchische Ordnung gefunden werden kann. Einfachere Kreisprozesse können in umfassendere größere Zyklen eingebaut sein. Schließlich können sich bei den entwickelten Einzellern Organellen mit speziellen Aufgabenbereichen herausbilden. So werden die Mitochondrien als die Kraftwerke der Zelle bezeichnet. In den Ribosomen werden die Proteine synthetisiert, die als Bauelemente und Katalysatoren wirken. Die DNA DesoxiriboNucleinAcid (DNA bzw. Deutsch DNS) dient als Datenspeicher und alles wird durch Membranen sowohl voneinander getrennt als auch gezielt verbunden.

Bei den jetzigen Lebewesen basieren diese Zyklen im wesentlichen auf einer Interaktion zwischen DNS-Ketten und Eiweißen. Beide können aber ohne die andere Gruppe nicht entstehen, eine von beiden allein kann nicht am Anfang des Lebens stehen. Ohne Eiweiße können längere Nukleotidketten nicht fehlerfrei gelesen werden. Ohne DNS könnten die komplexen Eiweiße nicht gebildet werden. Dieses Henne-Ei-Dilemma wird manchmal als ›Eigens Paradox‹ bezeichnet.

Es ist zu vermuten, dass die Lösung dafür bei der RiboNukleinSäure (RNS bzw. Englisch RNA) gefunden werden kann. So sprach Gilbert von der ›RNA-Welt‹, um eine Zeit zu beschreiben, in der die RNA das erste Molekül darstellte, welches sowohl mit informationsspeichernden als auch mit katalytischen Eigenschaften ausgestattet war.[32]

Famulok, Eisenführ und Mitarbeiter[33] beschreiben erfolgreiche Versuche, bei denen – ähnlich wie in dem oben geschilderten Modell von Kauffman – eine Unzahl von RNS-Molekülen zusammen gebracht wurden, um nach zufälligen katalytischen Reaktionen zu suchen. Da die RNS sowohl in der Lage ist, als Speicher für biologische Baupläne zu dienen, als auch als En-

32 GILBERT, Origin.
33 FUSZ, S. /EISENFÜHR, A. /SRIVATSAN, S.G. /HECKEL, A. /FAMULOK, M.A., Ribozyme.

zym Reaktionen zu katalysieren, kommen in ihr sowohl die entscheidenden Eigenschaften der DNS als auch der Proteine zum Tragen.

Nach dieser Anfangsphase wird die weitere Entwicklung dadurch vorangetrieben, dass diese beiden Aufgaben auf verschiedene Moleküle verteilt werden.[34] Die DNS sind stabiler als die RNS und damit für eine Informationsspeicherung besser geeignet. Proteine sind wesentlich bessere Katalysatoren als die RNS.

Derartige biochemische Überlegungen sind eine notwendige, aber noch keine hinreichende Voraussetzung für ein Begreiflichmachen von Leben. Dieses Erklären erst wird dann möglich, wenn auch die Aspekte der Quanteninformationsverarbeitung eingeschlossen werden.

Bei der biochemischen Erklärung bleibt noch unberücksichtigt, dass die beteiligten Moleküle als Träger von Information zu betrachten sind. Diese Information vermag zum einen in den Zellen ihren Träger wechseln, wobei beispielsweise der Aktivierungsgrad eines Proteins, der diese Information bedeutet und der sich in dessen spezieller räumlichen Ordnung ausdrücken mag, auf ein anderes Protein übergeht. Dann wird dieses zweite chemisch aktiv und das erste wird gleichsam abgeschaltet.

Zum anderen kann aber Quanteninformation auch auf die Zelle insgesamt übergehen, die dann als ein Ganzes Vorgänge steuert, die keines der in der Zelle vorkommenden Moleküle allein bewirken könnte.

Dies ist der entscheidende Aspekt, der auf allen Stufen des Lebendigen immer wieder wirksam wird.

Wenn beispielsweise in einem Organismus die übergeordnete Steuerung aus dem Ganzen heraus nicht mehr durchgängig wirkt, so werden Teile des Lebewesens z.B. zu Krebs entarten. Dies wird mit einzelnen Zellen oder Zellgruppen beginnen und sich dann immer weiter ausbreiten.

5.7 Das Leben zielt auf Bewusstsein

Von der klassischen Physik her würde man denken, dass nur etwas Stabiles eine dauerhafte Gestalt haben kann und etwas Instabiles natürlich zerfällt. Aber so simpel ist das nicht, denn etwas Neues, die Möglichkeit von neuen Erscheinungen, zeigt sich beim Übergang vom Anorganischen zum Leben. Hier bekommen die Teile in ihrem Zusammenspiel eine völlig neue Qualität, es erwächst eine Stabilität des Instabilen.

Durch die Möglichkeit einer Informationsverarbeitung können instabile Systeme nicht nur stabilisiert werden, sondern sie werden steuerungs- und

---

[34] Eine kurze Einführung findet man z.B. in GAUGLITZ, C.C., RNA-Liganden.

reaktionsfähig und können auf ihre Umwelt reagieren und diese sogar zu ihrem Nutzen verändern.

Mit dem Leben wird Protyposis zu bedeutungsvoller Information – wobei die Bedeutung der gleichen Information für verschiedene Lebewesen verschieden sein kann. Manchmal wird naturwissenschaftliche Reduktion so dargestellt, als habe sie den Anspruch, alle Erscheinungen auch prognostizieren zu können. Diese unzutreffende Darstellung ist leicht zu widerlegen, denn in Anbetracht dessen, dass es objektiven Zufall gibt, ist das natürlich unhaltbar.

Reduktion meint vielmehr, dass man neue Erscheinungen nach ihrem Entstehen auch in den Zusammenhang mit den bereits bekannten Einsichten über das Naturgeschehen setzen können muss.

Wenn wir Leben in der Natur vorfinden, so können wir die Reduktionsketten finden, mit denen es nicht nur konstatierbar, sondern auch erklärbar wird. Wenn eine solche Erklärung gefunden ist, so sind damit auch die Bedingungen entdeckt, bei deren Erfüllung sich Leben entwickeln wird. In allen Bereichen im Kosmos, in denen die betreffenden Bedingungen erfüllt sind, wird sich ebenfalls Leben entwickeln.

Ein gründliches Durchdenken der extrem komplexen Abläufe in einer lebenden Zelle und dann im lebenden Organismus zeigt auf, dass man diese am besten mit einer Schichtenstruktur von quantischen Möglichkeiten einerseits und von faktischen Zwischenergebnissen andererseits erfassen wird. Erscheinungen wie die Apoptose (gesteuerter Selbstmord von solchen Zellen, deren Tätigkeit dem Gesamtorganismus Schaden zufügen könnte) verweisen auf die Wirksamkeit von nichtlokalisierter Information. Bereits bei der Erklärung der Einzeller, von lebenden Zellen überhaupt, ist noch mehr zu konstatieren als ›das Ganze ist mehr als die Summe seiner Teile‹. Durch die mögliche Nichtlokalität der Quanteninformation gibt es darüber hinaus auch die Erscheinung, dass ein möglicher Teil eines Ganzen in einer gewissen Weise den anderen repräsentieren kann. Deshalb nehmen wir an, dass nicht nur Information als gestaltete Information in den Genen des Zellkerns klassisch gespeichert ist, sondern auch als Quanteninformation in anderen Teilen vorhanden und wirksam sein kann.

Mit der Protyposis wird also eine Charakterisierung von ›Leben‹ möglich, die einerseits sowohl eine reduktive Erklärung dieser in der kosmischen Entwicklung höchst bedeutsamen Erscheinung ermöglicht, und die andererseits erlaubt, die zentrale Eigenschaft alles Lebendigen zu erklären, nämlich eine auf Quanteninformation beruhende Top-Down-Steuerung zu besitzen. Es wird deutlich, dass die kosmische Entwicklung ›auf Leben zielt‹, und dieses wiederum der Weg ist, um die Protyposis schließlich bewusst werden zu lassen.

6. Bewusstsein – ein lösbares Rätsel

Die meisten der naturwissenschaftlichen, aber auch viele philosophische Untersuchungen, die sich im weitesten Sinne mit der Tätigkeit des Gehirns befassen, klammern das Problem des Bewusstseins aus. Die Gründe dafür sind verstehbar. Dass das Wesen des Bewusstseins etwas anderes ist als das, was normalerweise unter Materie verstanden wird, ist jedermann geläufig. Andererseits gehen die Naturwissenschaften von einer Einheit der Wirklichkeit aus, die einen ontologischen Dualismus kategorisch ausschließt, wie ihn beispielsweise Aristoteles oder Descartes noch ohne Einschränkung denken konnten. Dualistische Ansätze in der Neuzeit, wie sie beispielsweise vom Biologen Hans Driesch mit dem Vitalismus vorgestellt wurden, oder wie sie später vom Neurologen John Eccles und dem Philosophen Karl Popper vertreten wurden, werden in den Naturwissenschaften abgelehnt.

Auch die Evolution in der Natur vom Kosmos zum Menschen liefert keine Anhaltspunkte für einen ontologischen Dualismus. Daher wird heute in der Naturwissenschaft üblicherweise vorausgesetzt, dass das, was mit Materie wechselwirkt, keinen anderen ontologischen Status haben kann als diese.

Diese Meinung teilen wir auch, allerdings nicht die übliche Vorstellung über Materie.

Eine ›aspektdualistische‹ Sicht wird bisher zumeist mit dem überkommenen ontologischen Materiebegriff verbunden, der so etwas wie eine ›Innenansicht der Materie‹ in einem naturwissenschaftlichen Zusammenhang in keiner Weise ermöglicht. Mit ihm wird oft die Ablehnung eines grundlegenden Erklärungszusammenhanges verbunden, der Versuch, ohne einen »reduktionistischen oder emergentistischen Ansatz« auszukommen.[1] Der Verzicht auf Reduktion bedeutet aber – wie wir ausgeführt haben – Verzicht auf naturwissenschaftliches Erklären.

Unsere Theorie könnte eventuell als aspektdualistisch interpretiert werden. Wir ziehen es allerdings vor, auf diesen Begriff zu verzichten, da wir von einer ontologischen Äquivalenz ausgehend die Materie in ihren Eigenschaften aus der Protyposis tatsächlich ableiten können. Die universelle Evolution lässt es als ein anzustrebendes und erreichbares Ziel erscheinen, die Entwicklung vom Urknall bis zum Bewusstsein auch theoretisch nachzuvollziehen und vollständig zu erklären. Wenn man dies innerhalb der Naturwissenschaften behandeln und erklären möchte, muss man seine onto-

---

1 PAUEN, M., Mythen.

logische Realität anerkennen und diese gleichzeitig in den Rahmen dessen einfügen, was zum Gegenstand empirischer Erfahrungen und daraus abgeleiteter naturgesetzlicher Zusammenhänge werden kann.

Der einzige Weg, der dafür offen steht, ist der, den wir mit der Umdeutung und der Neuerklärung der Materie als geformte, gestaltete Protyposis aufgezeigt haben. Bewusstsein lässt sich dann als Quanteninformation, die sich selbst erlebt und selbst kennen kann, auch naturwissenschaftlich erklären.

Eine der Schwierigkeiten bei der Beschreibung des Bewusstseins in seinem evolutiven Rahmen besteht darin, dass die verschiedenen Grade von Bewusstsein praktisch stufenlos ineinander übergehen. Daher ist eine Klassifizierung und Abstufung von Bewusstsein stets mit einer gewissen Künstlichkeit verbunden – ähnlich wie bei der Größenfestlegung von Äpfeln im Handel. Aber auch wenn die Übergänge fließend sind, halten wir den Versuch einer Unterteilung für zweckmäßig.

6.1 Zugänge zum Bewusstsein

Mit dem Bewusstsein befassen wir uns nicht nur mit dem zentralen Merkmal menschlicher Existenz, sondern auch mit dem, was jeglicher Wissenschaft vorausgeht und was damit auch ein Fundament für jede Wissenschaft darstellt.

Die Menschen kommen nicht als Wissenschaftler zur Welt, sondern als Kinder. Erst nachdem das Bewusstsein nach einer langen Entwicklungs- und Lehrzeit einen hohen Stand in der geistigen Entwicklung erreicht hat, kann es sich dann u.a. auch der Wissenschaft zuwenden. Die These, dass somit das Bewusstsein am Beginn jeder Naturwissenschaft steht, mag für viele Menschen seltsam klingen. Bislang wird stattdessen meistens die Meinung vertreten, dass die Naturwissenschaften mit der Materie zu beginnen haben und dass außerdem dies ein sicherer und unbezweifelbar richtiger Startpunkt sei.

Wie wurde deshalb bisher in der Naturwissenschaft versucht, den Weg zum Bewusstsein zu gehen?

Jedermann weiß, dass ohne die Basis eines gesunden Gehirns kein Bewusstsein möglich ist. Gegenwärtig wird daher vielfach noch die Meinung vertreten, dass es genügt das Gehirn zu verstehen, wie es die meisten Hirnforscher vorschlagen – das Bewusstsein würde sich dann gleichsam von selbst begreiflich machen. Natürlich muss man versuchen, zu erklären wie Gehirne funktionieren. Wenn man sie unter dem Mikroskop untersucht, so findet man Zellen. Sind diese die Basis des Gehirns und damit – im nächsten Gedankenschritt – auch die des Bewusstseins und weiter der Wissenschaft?

Das Erste und Einfachste, was man an Nervenzellen feststellen kann, ist ihr Feuern und Nichtfeuern. Dies kann mit Schaltern oder Transistoren nachgebaut werden und aus denen lassen sich Computer und neuronale Netze konstruieren. Daher gab es lange Zeit die Vorstellung, mit diesen Modellen ließe sich das Bewusstsein erklären. Heute setzt sich zunehmend die Einsicht durch, dass auch diese Ansätze noch nicht ausreichend sind.

Die Zellen werden heute immer besser verstanden. Sie sind viel mehr als einfache Schalter, sie erweisen sich als hochkomplexe Gebilde, in denen gleichzeitig eine Unzahl von chemischen Umsetzungen geschehen – genügt es vielleicht, diese Umwandlungen als die Basis der Zelle zu erklären? Von der Chemie allerdings weiß man, dass deren Abläufe und Materialumsetzungen mit der Quantentheorie erklärt werden können. In den vorherigen Kapiteln haben wir dies bereits ausführlicher beschrieben.

Die moderne Quantentheorie wiederum zeigt, dass alle Vorstellungen einer ›materiellen Materie‹ umso weniger durchzuhalten sind, je besser und genauer man arbeitet und die Natur untersucht. Wie bei der Erklärung des Lebens erweist es sich auch wieder bei dem Versuch, Bewusstsein zu erklären, dass ›materielle Elementarteilchen‹ nicht den geeigneten Startpunkt bieten können.

Besser wird es, wenn wir noch eine Stufe tiefer gehen und dabei berücksichtigen, dass wir Materie verstehen können als eine bestimmte, jeweils spezielle Erscheinungsweise von Qubits, als geformte abstrakte Quanteninformation, als gestaltete Protyposis. Wie wir gezeigt haben, wird Quanteninformation in Lebewesen bedeutungsvoll, und mit der bedeutungsvollen Information in Form unserer Gedanken sind wir wieder bei dem angekommen, mit dem wir als Inhalte des Bewusstseins die Überlegungen begonnen hatten.

Wir haben hier eine Struktur aufgezeigt, die bisher vor allem in den Geisteswissenschaften untersucht worden ist. Wir waren vom Bewusstsein ausgegangen und sind wieder bei ihm gelandet.

Der Philosoph Hans-Georg Gadamer spricht vom »hermeneutischen Zirkel«. Ähnliche zirkuläre Vorstellungen finden sich unter anderem bei dem Zoologen und Philosophen Jakob v. Uexküll,[2] der vom »Funktionskreis« zwischen »Wirkwelt« und »Merkwelt« spricht. Sein Sohn, der Psychosomatiker Thure v. Uexküll, erweiterte dies zum »Situationskreis« zwischen Individuum und Umgebung. Der Psychosomatiker Viktor v. Weizsäcker spricht vom »Gestaltkreis«[3] und sein Neffe Carl Friedrich v. Weizsäcker von der philosophischen Struktur des »Kreisganges«. Eine Struktur in dieser Art erweist sich nun auch für die Naturwissenschaft als bedeutsam.

---

2 UEXKÜLL, J. v., Biologie.

3 WEIZSÄCKER, V. v., Gestaltkreis.

Wenn wir uns also dem Bewusstsein nähern wollen, so erscheint es nicht mehr als überraschend, dass sich naturwissenschaftliche und geisteswissenschaftliche Zugänge begegnen.

Um das Bewusstsein im Rahmen der Naturwissenschaften zu behandeln, ist es am besten, mit der Quanteninformation in diesen Zirkel einzusteigen. Die zu bewältigende Aufgabe besteht also darin, mit etwas zu beginnen, das uns zumindest in der Form unserer bewussten Gedanken bekannt ist, und den vollen Zirkel zu durchlaufen, damit dasjenige, mit dem man begonnen hat, dann in seinem Zusammenhang begriffen und erklärt werden kann.

6.2 Bewusstsein aus Atomen?

Dass die Beantwortung der Frage nach dem Bewusstsein mit einem neuen Verständnis der Materie verbunden sein könnte, wurde bereits schon früher vermutet. So hatte Emil DuBois-Reymond auf der Versammlung der Naturforscher und Ärzte im Jahre 1872 in Leipzig in dem schon auszugsweise zitierten Vortrag »Über die Grenzen des Naturerkennens« etwas Wesentliches erkannt. Er stellte nämlich gegen Ende des Vortrages die abschließende Frage, ob nicht das Unverständnis über das Wesen der Materie und der Kraft und auch das Unverständnis vom Wesen des Bewusstseins einander bedingen. So würde mit der Lösung des einen Problems auch eine Lösung des anderen erreicht werden können:

> Schließlich entsteht die Frage, ob die beiden Grenzen unseres Naturerkennens nicht vielleicht die nämlichen seien, d.h. ob, wenn wir das Wesen von Materie und Kraft begriffen, wir nicht auch verständen, wie die ihnen zugrunde liegende Substanz unter bestimmten Bedingungen empfindet, begehrt und denkt.[4]

Es ist erstaunlich, mit welcher Voraussicht DuBois-Reymond den auf den ersten Blick gar nicht offensichtlichen Zusammenhang erkannt hat, der zwischen den wissenschaftlichen Vorstellungen über das Wesen der Materie und der Kräfte einerseits und einem naturwissenschaftlichen Verstehen von Bewusstsein andererseits besteht. Hierin ist ihm vollkommen zuzustimmen. Mit den bisherigen konventionellen Vorstellungen über Materie wird weder erklärbar, was Materie ist, noch wird es möglich, Bewusstsein zu beschreiben.

Ähnlich formuliert es über hundert Jahre später der Philosoph Thomas Nagel:

> Jede grundlegende Entdeckung hinsichtlich der Frage, warum wir über Bewusstsein verfügen und was wir eigentlich sind, wird uns auch *fundamental neue Wahrheiten*

---

4 DuBois-Reymond, E., Grenzen.

über den Baustoff des ganzen Universums gewinnen lassen. Oder anders gesagt: Würde ein psychologischer Maxwell irgendwann einmal eine allgemeine Theorie des Psychischen entwickeln, wäre es eventuell möglich, dass er von einem psychologischen Einstein und einer Theorie abgelöst werden könnte, nach der *das Psychische und das Materielle in Wirklichkeit ein und dasselbe sind*.[5]

Heute wird es – anders als damals vor 130 Jahren und noch vor jeder Quantentheorie – mit der von uns vorgestellten Struktur der Protyposis erreichbar, auf die Fragen von DuBois-Reymond und auch auf die jetzigen Überlegungen von Nagel eine Antwort zu geben.

Einheit von Körper und Geist
Ausgangspunkt für alle wissenschaftlichen Überlegungen

Wenn wir die Vorgänge im Gehirn zwischen dem Seelischen und dem Körperlichen erklären wollen, so müssen wir daran erinnern, dass es dabei nicht um zwei verschiedene Substanzen geht. Die mit dem Begriff der Protyposis bezeichnete abstrakte Quanteninformation kann sich u.a. ausformen zu dem, was in der bisherigen Physik als Energie oder als Materie bezeichnet wird.

Diese quantentheoretische Konstruktion erlaubt somit, sowohl die Quanten der Materie – z.B. Elektronen und Protonen – als auch die Quanten der Kräfte – z.B. die Photonen, die als ›virtuelle Photonen‹ die Kräfte zwischen elektrischen Ladungen vermitteln – als ›kondensierte‹ Quanteninformation zu begreifen. Da andererseits Information das Wesen des Bewusstseins ausmacht, wird damit zugleich verständlich, dass mit Hilfe des Protyposis-Zugangs das Bewusstsein auch in die Naturwissenschaft eingeordnet werden kann.

Wir hatten bereits daran erinnert, dass das Bewusstsein deshalb ein so wichtiger Ausgangspunkt für alle wissenschaftlichen Überlegungen ist, auch für die naturwissenschaftlichen, weil es das Einzige überhaupt ist, was jedem gesunden Erwachsenen ohne eine Vermittlung – z.B. durch Sinnesorgane oder technische Gerätschaften (z.B. Mikroskope und Teleskope) – bekannt sein kann.

Mit der Protyposis haben wir eine einheitliche und grundlegende Substanz und Basis sowohl für das Bewusstsein als auch für das Körperliche. Damit können wir von einer Einheit dieser beiden ausgehen und damit von ihrer gleichberechtigten Realität. Eine mehr oder weniger deutliche Leugnung der eigenständigen und wirkungsvollen Realität des Bewusstseins, wie man sie teilweise in der Fachliteratur finden kann, gerät mit der Naturwissenschaft selbst in Konflikte.

---

[5] NAGEL, TH., Nirgendwo, 95 [Hervorhebungen von uns].

Wie bereits gesagt wird es oft nicht als beachtenswert angesehen, dass für jede Wissenschaft der Beginn stets in einem wachen und reflektierenden Bewusstsein liegt und mit einer logischen Betrachtung der zu untersuchenden Objekte beginnt. Selbst für einen Forscher wie Sigmund Freud, der sich so eingehend mit der Erforschung des Unbewussten beschäftigt hatte, bleibt gegen Ende seines Lebens immer wieder bemerkenswert:

> Den Ausgang für diese Untersuchung gibt die unvergleichliche, jeder Erklärung und Beschreibung trotzende Tatsache des Bewußtseins. [...] Spricht man vom Bewußtsein, so weiß man trotzdem unmittelbar aus eigenster Erfahrung, was damit gemeint ist.[6]

Bewusstsein aus der Hirnphysiologie?

Freud, der auch Neuroanatom und Neurophysiologe war, hatte bereits über vier Jahrzehnte zuvor versucht, das Bewusstsein naturwissenschaftlich zu erfassen. Er wollte durch ›Energie‹, u.a. durch deren Verschiebung in den Nervenzellen, das Bewusstsein erklären, scheiterte aber mit diesen Überlegungen. Freud wollte sogar seine Ausführungen darüber nach seinem Tod vernichtet sehen, weil er zu keinem Ergebnis gelangt war. Er konnte noch nicht ahnen, dass man erst die Physik erweitern muss, um zu dem von ihm gesuchten Ergebnis gelangen zu können. Es ist also viel mehr nötig, als lediglich ›Energie‹ durch einen anderen Begriff zu ersetzen, denn so etwas würde selbstverständlich keinerlei Erklärungswert bieten. Es wurde also nötig, Materie tatsächlich zu verstehen und zu erkennen, die Quanteninformation des Bewusstseins ist nicht weniger real als diejenige, die die Materie konstituiert.

Die Beschreibung des Bewusstseins und sein Verstehen wurden früher als Teilgebiet der Philosophie und Psychologie angesehen, während heute vielfach der Eindruck vermittelt wird, es sei ein Teilbereich der Hirnforschung. Dabei gehen die meisten Hirnforscher vom überkommenen naturalistischen Materiebegriff aus und betrachten von diesem Standpunkt her die Arbeit des Gehirns und der Nervenzellen.

Sie sprechen dann davon, dass die wiederholte Anwendung gleicher kognitiver Operationen zum Aufbau von Metarepräsentationen innerer Zustände führen könne: »Wenn die Ergebnisse primärer kognitiver Prozesse erneut einer Analyse unterzogen werden, kommt dies der Reflexion eigener Wahrnehmungsprozesse gleich.« Es wird dann gesagt, damit ließe sich erklären, wie »die eigene Kognition zum Gegenstand der Kognition werden kann«.[7] Diese Aussage wäre tatsächlich eine Erklärung, wenn zuvor bereits

---

[6] FREUD, S., Abriß.
[7] SINGER, W., Selbsterfahrung.

erklärt worden wäre, was Kognition – oder anders gesagt – was Denken oder was Bewusstsein ist. Dann könnte man dies vielleicht als eine Erklärung von reflexivem Bewusstsein akzeptieren, wenn nicht dabei das weitere Problem des infiniten Regresses bestünde. Dieser entsteht dadurch, dass man schließlich ja auch über die Metarepräsentation nachdenken oder sie repräsentieren kann.

Jede Stufung von Argumenten mit der Vorsilbe ›Meta‹ führt auf eine solche Schwierigkeit. Dies erinnert an den berühmten ›Turm der Schildkröten‹. Die Erde als Scheibe ruht nach diesem Mythos auf einer riesigen Schildkröte. Diese auf einer zweiten, die auf einer dritten usw. bis ins Infinite.

Wie kann man diesem infiniten Regress entkommen?

Die einzige Möglichkeit dafür besteht darin, ein Modell zu entwickeln, in dem eine Stufe mit einer vorhergehenden identifiziert wird, damit diese Kette abreißen kann. Wenn dies überhaupt gelingt, dann ist es sogar möglich, dies bei der ersten Stufe zu erreichen. Dann würde man damit ganz ohne jedes ›Meta‹ auskommen können.

Auch der Begriff der ›Repräsentation‹ erscheint nicht geeignet, Bewusstsein selbst erklären zu können, denn ein Repräsentant steht immer für etwas, was er nicht ist. Er kann erst dann eine Bedeutung erhalten – d.h. etwas repräsentieren – wenn geklärt ist, welcher Bedeutungszusammenhang zwischen dem Repräsentanten und dem Repräsentierten gemeint ist, wenn es also ein Bewusstsein gibt, dem dieser Zusammenhang bekannt ist.

Man kann mit ›Repräsentant‹ vieles erklären – nur nicht das Bewusstsein selbst. Denn ›Repräsentant‹ setzt ein Bewusstsein voraus, welches die Beziehung zwischen dem Repräsentanten und dem Repräsentierten definiert.

Der entscheidende Punkt für eine Erklärung von Bewusstsein ist also nicht die Repräsentation eines Sachverhaltes durch ein informationsverarbeitendes System. Das geschieht beispielsweise in sehr vielen künstlichen Systemen, die aber alle kein Bewusstsein besitzen und bei denen die Bedeutung vom Erbauer vorgegeben wird. Wenn jedoch Bewusstsein schließlich erklärt ist, dann ist der Begriff des Repräsentanten sehr nützlich, um Inhalte des Bewusstseins zu charakterisieren. Die genannten Einschränkungen schmälern aber in keiner Weise die großen experimentellen Erfolge, die beim Erklären von Hirnfunktionen bereits erreicht worden sind. Wo man früher auf das Studium von Verletzungen und Krankheiten allein angewiesen war, ermöglichen heute moderne Analyseverfahren Einblicke in unbeschädigte lebende Gehirne. Im Zusammenhang damit wird aber relativ selten darüber reflektiert, dass diese Apparate auf quantenphysikalischen Prinzipien beruhen. So anerkennenswert alle diese Arbeiten auch sind, eine Beschreibung der begleitenden physiologischen Prozesse allein reicht nicht aus, um Bewusstsein zu erklären.

Wenn es tatsächlich um eine Erklärung für das Wesens des Bewusstseins geht und nicht nur um die Beschreibung der funktionalen Abläufe, so wird dies in der Naturwissenschaft zum ersten Male mit der Quantentheorie und dem Protyposis-Konzept möglich. Mit diesem erweist sich Quanteninformation als ontologisch real und Bewusstsein wird von uns erklärt werden als Quanteninformation, die sich selbst kennt und erlebt.[8]

6.3 Schritte zur Selbstreferenz

Dass Bewusstsein etwas mit Information zu tun hat, ist gewiss einzusehen, warum aber ›*Quanten*‹-Information?

Der amerikanische Molekularbiologe und Neurowissenschaftler Eric Kandel sprach anlässlich des ihm im Jahre 2000 verliehenen Nobelpreises über die Ziele seiner Arbeit:

Über dem Eingang des Apollotempels von Delphi standen in Stein gemeißelt die Worte: Erkenne dich selbst. Seit Sokrates und Platon erstmals über die Beschaffenheit des menschlichen Geistes spekulierten, ließen es sich ernsthafte Denker aller Zeiten – von Aristoteles bis Descartes, von Aischylos bis Ingmar Bergman – angelegen sein, sich selbst und das eigene Verhalten zu verstehen [...]
Arvid Carlsson, Paul Greengard und ich, die Sie heute Abend ehren, und unsere Generation von Wissenschaftlern haben versucht, die abstrakten philosophischen Fragen nach dem Geist in die empirische Sprache der Biologie zu übersetzen. Dabei folgt unsere Arbeit einem wichtigen Prinzip:

Der Geist ist eine Klasse von Operationen, die vom Gehirn ausgeführt werden, einem erstaunlich komplexen Informationsverarbeitungssystem, das unsere Wahrnehmung der Außenwelt konstruiert, unsere Aufmerksamkeit ausrichtet und unsere Handlungen steuert.

Wir drei haben die ersten Schritte unternommen, um den Geist mit den Molekülen zu verbinden, indem wir bestimmten, in welcher Beziehung die Biochemie der Signalübertragung in und zwischen den Nervenzellen zu geistigen Prozessen und geistigen Störungen steht. Dabei haben wir festgestellt, dass die neuronalen Netze des Gehirns nicht unveränderlich sind, sondern von Neurotransmittern reguliert werden können, deren Entdeckung wir der traditionsreichen schwedischen Pharmakologie verdanken.[9]

Kandel erforscht von der molekularen Seite her die Arbeitsweise des Gehirns. Seine sehr wichtigen Ergebnisse zeigen, welche komplexen biochemischen Vorgänge in unserem Denkorgan ablaufen. Er zitiert an anderer Stelle[10]

---

8 Siehe 264ff.

9 KANDEL, E.R., Gedächtnis. 430 [Hervorhebung von uns].

10 A.a.O., 406.

zwei Philosophen: »Searle und Nagel schreiben dem bewussten Zustand zwei Merkmale zu: Einheit und Subjektivität« und schätzt dann ein: »Die ganzheitliche Natur des Bewusstseins wirft ein schwieriges Problem auf, das aber nicht unüberwindlich sein muss.«, um danach fortzufahren: »Subjektivität, das zweite Merkmal des Bewusstseins, stellt uns in wissenschaftlicher Hinsicht vor eine noch größere Herausforderung«. Kandel stellt hier sehr zutreffend die wesentlichen Probleme dar, deren Lösung heute einzufordern ist.

Wir nehmen an, dass Kandel hier mit ›Geist‹ die Gesamtheit an Information meint, die in Form unserer Gedanken, Bewertungen, Phantasien, inneren Bildern u.ä. in uns ist. Allerdings ist sein Vorschlag »Der Geist ist eine Klasse von Operationen, die vom Gehirn ausgeführt werden, einem erstaunlich komplexen Informationsverarbeitungssystem« dafür aus unserer Sicht noch nicht ausreichend. Eine Klasse von Operationen ist nichts Reales, es ist lediglich die Tätigkeit von etwas Realem. Wenn der Geist lediglich eine solche Zustandsveränderung wäre, so würde die Anforderung unerfüllbar bleiben, seine Einheit und die Subjektivität zu erklären.

Wir schlagen stattdessen vor, den Geist als reale Quanteninformation zu erklären, und das Gehirn als die Stelle, wo sie bearbeitet und mit Bedeutung versehen wird. Man muss also formulieren können, ›der Geist ist dasjenige, das vom Gehirn, einem erstaunlich komplexen Informationsverarbeitungssystem, bearbeitet wird‹, um tatsächlich Ganzheitlichkeit und Subjektivität fassen zu können. Allerdings kann bei einer lediglich ungefähren Betrachtung der Quantenaspekt manchmal verdeckt bleiben. Die unausweichliche Notwendigkeit der Quantentheorie für ein Erklärungsmodell des Bewusstseins zeigt sich bei der Modellierung von Selbstreflexion.

Reflexion

Der Bereich, wo die Unausweichlichkeit der Quantentheorie für jedermann deutlich werden kann, ist die Fähigkeit zur Selbstreflexion. Dort wird schließlich unabwendbar, dass die bisherigen Versuche durch ein Einbeziehen der Quantentheorie ergänzt werden müssen, wenn das Bewusstsein als ein naturwissenschaftliches Phänomen erklärt werden soll.

Wie kann verdeutlicht werden, was dazu notwendig ist? Wenn wir über irgendetwas nachdenken, dann sind dabei zwei Entitäten betroffen – zum einen das Bedachte und zum anderen das Denken selbst, d.h. die Gedanken über das Bedachte. Als Folge unseres Nachdenkens können wir auf dasjenige einwirken, über das wir nachgedacht haben. Dies entspricht einem Rückkopplungs- oder Wiedereintritts-(Reentry)-Prozess, wie er auch von anderen informations- bzw. datenverarbeitenden Systemen durchgeführt wird. Auch ein Schachcomputer analysiert die Stellung der Figuren und berechnet dann daraus mit Hilfe der Regeln, die ihm einprogrammiert worden sind, Handlungsoptionen. Da wir heute in der Lage sind, so etwas zu bauen, erweist sich der Prozess als im Wesentlichen verstanden. Wir haben es hier mit nichtlinearen Vorgängen und mit klassischer Logik zu tun, und das kann in einem Computer realisiert werden.

Aus diesem Computer-Modell schließt man, dass, wenn wir die Tatsache des Erlebens ausklammern, bestimmte Vorgänge in unserem Bewusstsein in einer ähnlichen Weise ablaufen. Unser Hirn ist fähig, mindestens das zu leisten, was ein solcher Computer erledigt. Das Bewusstsein hat den Menschen sogar in die Lage versetzt, für spezialisierte Handlungen, also für die Bearbeitung von faktischen Vorgängen, Maschinen zu erfinden, die diese Handlungen schneller und effizienter durchführen als der Mensch selbst. Dies betraf anfangs Waffen zur Jagd wie Faustkeil und Speer, dann Geräte für den Ackerbau, schließlich sogar Flugzeuge und seit wenigen Jahrzehnten auch die Verarbeitung von Daten, von klassischer Information. Heute können Computer dies unermesslich viel schneller als ein einzelnes lebendes Gehirn.

Was fehlt dem Computer zum Bewusstsein?

Da ein Schachcomputer kein Bewusstsein besitzt, muss in dem Computer-Modell noch etwas sehr Wesentliches fehlen, wenn man auch den Menschen modellierend beschreiben will. Um diese Unzulänglichkeit herauszuarbeiten, ist es sinnvoll, sich auf den einfachsten Fall zu konzentrieren, an dem das Fehlende deutlich werden kann. Die Realität selbst ist im Allgemeinen so komplex, dass meist wenig Hoffnung besteht, das Wichtige verdeutlichen zu können. Um Wichtiges offensichtlich zu manchen, ist Unwesentliches wegzulassen. So benötigte Galilei die Idealisierung einer fast reibungsfreien Bewegung, um sein Gesetz des Fallens zu entdecken, und erst die Idealisierung einer kräftefreien Bewegung ermöglichte es Newton, den Kraftbegriff wissenschaftlich zu fassen.

Bei den bisher beschriebenen Vorgängen – z.B. bei einem Schachspiel – wurde ein Modell dieses Vorganges von einem Subjekt oder einer Maschine bearbeitet. Dabei waren das Subjekt oder die Maschine von dem Bearbeitungsvorgang selbst unterschieden. So etwas kann auch in uns Menschen geschehen. Wir denken beispielsweise über das Wetter nach, oder über unsere Frisur, aber auch über unsere Arbeitsaufgaben der nächsten Woche. Dabei haben wir zwar ein Modell (andere sagen eine Repräsentation) des Wetters, der Frisur oder der Aufgaben im Bewusstsein, aber als ein Drittes. Wir können die ganze Zeit wissen, dass wir und unser Bewusstsein nicht das Wetter, die Frisur oder die Aufgaben sind.

Dies wird wesentlich anders, wenn wir über unser Bewusstsein nachdenken. Dann ist das Gedachte und das Denken darüber nicht mehr etwas Verschiedenes, sondern ein und dasselbe.

Denkend kann ich ohne prinzipielle Beschränkungen gerade auch über dieses Denken selbst nachdenken.

Selbstreflexion des Bewusstseins

Wir haben die Evolution vom Kosmos über das Leben beschrieben und wollen nun zeigen, wie mit der Protyposis die weitere Entwicklung hin zum Bewusstsein erklärt werden kann.

In der Reflexion können wir z.B. über eine Wahrnehmung oder eine Empfindung nachdenken. Wir hatten oben darauf verwiesen, dass die Modellierung von Reflexion über eine Wahrnehmung auch ohne Bewusstsein möglich ist, z.B. bei einem Schachcomputer, der die Stellung der Figuren wahrnehmen und daraus mögliche sinnvolle Züge berechnen kann. Was aber das Bewusstsein gegenüber allen anderen Informationsverarbeitungen auszeichnet, ist die Fähigkeit zur Selbstreflexion.

Da es keinen Bereich des menschlichen Bewusstseins gibt, der aus prinzipiellen Gründen für dieses Bewusstsein in seiner Selbstreflexion unerreichbar wäre, muss man für ein Verstehen und damit für ein Modellieren dieses Vorganges eine Struktur suchen, bei der ein Ganzes vollständig auf einen echten Teil abgebildet werden kann. Diese Eigenschaft kann mit neuronalen Netzen oder Computern nicht modelliert werden, mit ihnen gelangt man lediglich in den Turm der Metarepräsentation.

In der Selbstreflexion kann von einem Teil des Bewusstseins über das ganze Bewusstsein nachgedacht werden.

Ein Reentry bildet zwischen zwei Entitäten ab. Wir erinnern dazu an das Modell des Heizkörperthermostaten oder an die Beschreibungen der hormonellen Regulationen im Körper. Beim Thermostat wirkt die Temperatur der Zimmerluft auf das Ventil, welches seinerseits die Wasserzufuhr zu- bzw. abschaltet. Die nichtlineare Steuerung öffnet, wenn das Zimmer zu kalt ist und schließt dann wieder, wenn es hinreichend warm ist. Ebenso kann es in der Reflexion beschrieben werden. Ich denke über einen Baum nach, den ich wahrnehme. Auch dabei sind der Baum und mein Gedanke zweierlei.

Selbstverständlich sind wir der Überzeugung, dass bei allen Lebensprozessen und erst recht bei allen psychischen Vorgängen eine zutreffende Beschreibung nur mit der Quantentheorie möglich ist. Allerdings tritt diese Notwendigkeit nicht immer offen zutage. Eine Stelle, wo wir diese Notwendigkeit als offensichtlich aufgezeigt haben, ist die Selbstreflexion.

Bei der Selbstreflexion, die nur in einer Entität verbleibt, kann mit einem Teil unseres Bewusstseins über alle Bereiche des Bewusstseins, also über das ganze Bewusstsein nachgedacht werden. Eine solche Abbildung muss so sein, dass dabei nicht die Unterschiede in dem, was man bedenkt, dadurch verwischt werden, indem viel Verschiedenes auf ein Gleiches abgebildet wird. Es dürfen also nicht zwei verschiedene Urbilder auf das gleiche Zielbild geraten. Das schließt natürlich nicht die Bildung von Klassen aus, in denen mehrere Einzelobjekte in einer Gruppierung zusammengefasst werden, z.B. Linde, Erle, Buche als Baum. Gruppierung ist stets möglich, aber man darf nicht durch einen Mangel an freien Speicherplätzen dazu gezwungen werden.

Wenn wir daher das Prinzip von Selbstreflexion bedenken, so zeigt es sich, dass dabei ein Ganzes ohne Verlust und ohne Doppelbelegung auf einen Teil abgebildet wird.

Um zu zeigen, dass so etwas mit einem Computer nicht möglich ist, wollen wir probehalber erst einmal versuchen, dies modellhaft in einem System, das nur endlich viele Speicherplätze besitzt – so wie ein Computer – zu realisieren. Nehmen wir an, wir hätten zehn Speicherplätze. In diesen zehn haben wir zehn verschiedene Baumsorten gespeichert. Wenn jetzt der Computer ›über diese Bäume nachdenkt‹ – sie also abbilden soll und nicht einfach so stehen lässt, wie sie sind und ›ohne einige aus dem Gedächtnis zu streichen‹, dann muss er einige auf dieselbe Stelle setzen. Er wird also vielleicht unterscheiden in Laub- und Nadelbäume und dazu zwei ursprüngliche Exemplare ›vergessen‹, damit er für diese beiden neuen Begriffe, die beiden Repräsentanten, den Platz freibekommt.

Wenn wir uns überlegen, wie wir Menschen unser eigenes Denken reflektieren können, so sehen wir, dass wir nicht gezwungen sind, einen Teil des Bewussten vergessen zu müssen, und wir können außerdem im Prinzip über alles nachdenken, was uns überhaupt bewusst ist – auch über dieses Nachdenken.

So etwas ist mit obigem Computermodell und seinem endlichen Speicher prinzipiell unmöglich. Man könnte natürlich einwenden, dass man dem Computer eine weitere Festplatte spendieren könnte, und dass man außerdem von Anfang an mehr Speicherplätze zur Verfügung stellen könnte, als es Bäume gibt, so dass das ›Vergessen-Müssen‹ sich erübrigt. Diese Einwände sind berechtigt, und die rasend schnell voranschreitenden ›intelligenten Systeme‹ zeigen, dass vernunft-analoges Handeln durchaus technisch realisiert werden kann.

Der Unterschied zwischen solchen technischen Geräten und dem bewusstseinsfähigen Menschen liegt darin, dass der Mensch im Zusammenhang mit seinem Körper über alle seine Gedanken, Vorstellungen und Gefühle im Prinzip ohne jede Einschränkung nochmals nachdenken kann. Wir können also die Menge unserer bewussten Gedanken eineindeutig auf eine Teilmenge von ihnen abbilden. Das muss ein Modell ebenfalls reproduzieren können.

Ein Modell für Selbstreferenz

In der Mathematik gilt es als eine Trivialität, dass eine solche Abbildung (die also sowohl in der Hin- als auch in der Rückrichtung eindeutig ist) in endlichen Mengen prinzipiell unmöglich ist, aber in unendlichen Mengen stets möglich wird. Die einfachste einer solchen Abbildung einer unendlichen Menge auf einen echten Teil, ohne Auslassung und ohne Doppelbelegung, könnte beispielsweise die sein, die natürlichen Zahlen auf die Quadratzahlen abzubilden.

Wir nehmen an, wir könnten unsere bewussten Gedanken nummerieren. Man kann sich leicht vorstellen, dass wir unendlich viele mögliche Gedanken haben können. Wir postulieren also ›potentiell unendlich viele Speicherplätze‹, in die wir den ersten, zweiten usw. Gedanken einsetzen können.

Der Einfachheit halber wollen wir nur die natürlichen Zahlen 1,2,3, … dafür hinschreiben. Das Wichtigste sind dabei die drei Punkte hinter der letzten Zahl, die eine Offenheit anzeigen. Diese Unendlichkeit ist eine potentielle, man kann immer weiter zählen. In jedem Speicherplatz sitze erst einmal ein Gedanke, er soll durch eine natürliche Zahl repräsentiert werden.

Die ›Speicherbelegung‹ sehe daher am Beginn so aus:

1.Pl.	2.Pl.	3.Pl.	4.Pl.	5.Pl.	6.Pl.	7.Pl.	…
1	2	3	4	5	6	7	…

Nun verschieben wir unsere Inhalte, die durch natürlichen Zahlen dargestellt werden sollen. Dabei wird der Inhalt des ersten Platzes in den zweiten, der des zweiten in den vierten usw. verschoben. Damit schaffen wir leere Plätze für ›Repräsentanten‹, also für den Teil der Gedanken, die über das Denken nachdenken, und die auch ihrerseits über ihr Nachdenken weiter reflektieren können usw.:

1	2	3	4	5	6	7	…
↓	↓	↓	↓	↓	↓	↓	
2.Pl.	4.Pl.	6.Pl.	8.Pl.	10.Pl.	12.Pl.	14.Pl.	…

Nach dieser Verschiebung sieht jetzt unser Speicher wie folgt aus:

1.Pl.	2.Pl.	3.Pl.	4.Pl.	5.Pl.	6.Pl.	7.Pl.	8.Pl.	9.Pl.	10.Pl.	…
leer	1	leer	2	leer	3	leer	4	leer	5	…

und wir können eine Abbildung aller ursprünglichen Inhalte – das waren die durch die Zahlen 1, 2, 3, … charakterisierten Gedanken – auf einen echten Teil als Repräsentanten – beispielsweise die, die zu den Quadratzahlen 1, 4, 9, 16, 25, … gehören – ohne weiteres realisieren:

1.Pl.	2.Pl.	3.Pl.	4.Pl.	5.Pl.	6.Pl.	7.Pl.	8.Pl.	9.Pl.	10.Pl	…
1 ↔	1	4 ↔	2	9 ↔	3	16 ↔	4	25 ↔	5	…

Zu jeder Zahl gibt es genau ein Quadrat, und für jede Quadratzahl ist klar, was ihre positive Wurzel ist. Damit ist sowohl die Hin- als auch die Rückabbildung eindeutig – wie gefordert. Da es aber ganz viele Zahlen gibt, die keine Quadratzahlen sind, bilden die Quadratzahlen eine echte Teilmenge aus allen natürlichen Zahlen, die aber trotzdem alle natürlichen Zahlen repräsentieren können. Wir haben hier ein sehr einfaches Modell erstellt für das, was wir Menschen bei einer Reflexion über das eigene Denken tun – nämlich die Inhalte unseres Bewusstseins vollständig repräsentieren zu können durch Teile dieses Bewusstseins.

Wenn wir also eine theoretische Struktur suchen, mit der sich Bewusstsein modellieren lassen soll, so muss sie auf jeden Fall eine potentielle Unendlichkeit enthalten.

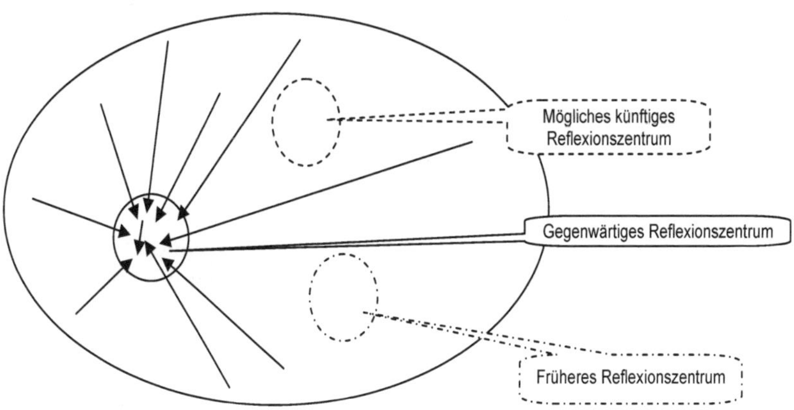

Abb. 33: Ein Teil des Bewusstseins kann über das ganze Bewusstsein reflektieren. Das Bild soll jeweils abstrakte Bereiche des Bewusstseins darstellen und keinesfalls räumlich eng lokalisierte Bereiche des Gehirns.

Nun reflektieren wir nicht ständig über unser Denken, und noch weniger wird stets ein und derselbe Bereich des Bewusstseins über das Ganze nachdenken. Das Reflexionszentrum wird sich durchaus zeitlich verschieben können. In der nachfolgenden Zeichnung werden die unendlich vielen Punkte des großen Ovals, mit dem das ganze Bewusstsein symbolisiert werden soll, auf einen kleineren Kreis in ihm abgebildet, der aber seinerseits immer noch unendlich viele Punkte enthält (die Mathematiker sprechen von ›Gleichmächtigkeit‹). Auch wenn dieser kleine Kreis seinerseits im Laufe der Zeit seine Lage und Größe verändert, so umfasst er doch stets unendlich viele Punkte und eröffnet damit jederzeit die geforderte Abbildungsmöglichkeit.

Klassische Modelle besitzen faktische Zustände, und eine faktische Unendlichkeit ist innerhalb des Kosmos nicht als Realität vorstellbar – potentielle Unendlichkeiten aber sehr wohl. Da bereits das einzelne Elektron in einem Wasserstoffatom einen unendlichdimensionalen Zustandsraum besitzt, wird verstehbar, dass im Rahmen der Quantentheorie die notwendige Unendlichkeit bereitgestellt werden kann.

Um möglichen Missverständnissen vorzubeugen soll noch angemerkt werden, diese Unendlichkeit ist eine mathematische ›Unendlichkeit‹ und ist als eine potentielle Unendlichkeit zu verstehen. Unendlichkeit ist hierbei also weder im philosophischen noch im theologischen Sinne gemeint. Außerdem sei daran erinnert, dass die unendlich vielen Zustände eines Elektrons nicht verwechselt werden dürfen mit unendlich vielen Freiheitsgraden,[11] die man manchen klassischen Systemen – wie z.B. einem klassischen elektromagnetischen Feld – zuschreiben kann. Ein klassisches Teilchen besitzt 3 Freiheitsgrade. In diesem Falle gibt es keine Unendlichkeit. Ein Quantenteilchen hat ebenfalls nur drei Freiheitsgrade – die ebenfalls durch die drei Richtungen im Raum ermöglicht werden. Es besitzt aber zu einem gegebenen Zeitpunkt unendlich viele verschiedene Möglichkeiten, welche Zustandswerte es annehmen kann, z.B. für die Energie oder den Drehimpuls.

Da der Quantenzustand erst vollständig durch alle diese Möglichkeiten erfasst wird, benötigen wir in diesem Fall unendlich viele Zahlen, um den Zustand des Quantenteilchens zu bestimmen – und nicht nur sechs wie beim klassischen Teilchen.

6.4 Informationsverarbeitung im Gehirn

Beim Menschen, so wie sonst auch im Tierreich, läuft der größte Teil der Informationsverarbeitung unbewusst ab. Ein bewusstseinsfähiges Gehirn stellt aus energetischer Sicht einen Luxus dar. Das menschliche Gehirn umfasst nur etwa 2 % der Körpermasse, benötigt aber rund 20 % des Energiebedarfes des Menschen. Daher ist zu erwarten, dass nur soviel Informa-

---

[11] Siehe 127.

tion im Bewusstsein präsent gehalten wird, wie unbedingt notwendig ist, und ein Großteil der Informationsverarbeitung in einem Lebewesen wird unbewusst geschehen. Die bei der Informationsverarbeitung entstehende Wärme wird dann minimal sein, wenn weitgehend reversibel gearbeitet wird, d.h. möglichst ohne Fakten, also möglichst quantisch.[12]

Alle Tätigkeit des Gehirns beruht auf elektromagnetischen Erscheinungen und deren Erlöschen bedeutet den Tod des Individuums. Daher soll zu Beginn dieser Überlegungen noch einmal kurz an die elektromagnetischen Phänomene erinnert werden, die bei der Informationsverarbeitung im Gehirn eine Rolle spielen. Alle Objekte – energetische wie die Photonen oder materielle wie Moleküle – sind letztlich Information.

Allerdings gibt es dabei Bits, die sehr leicht von ihrem Träger getrennt werden können, weil sie lediglich dessen momentanen Zustand kennzeichnen, und andere, deren Wegnahme eine grundlegende Änderung oder Zerstörung des Trägers zur Folge hätte. Erstere eignen sich daher besonders gut, bedeutungsvolle Information zu sein, die den Träger auch wechseln kann. Die Abb. 34 soll dies an dem simplen Beispiel eines Fax illustrieren.

Die Information und ihr Träger

Beim Fax bleibt trotz ständigem Trägerwechsels die Information dieselbe. Zuerst ist ein Gedanke im Gehirn, dann wird er zu Papier gebracht. Im Fax-Gerät wird er angeleuchtet und die reflektierte Helligkeit wird punktweise in elektrische Spannungsschwankungen übertragen. Diese laufen als Wechselstrom (als virtuelle und reelle Photonen) durch die Telefonleitung zur Sendeantenne der Funkstrecke, von wo sie als reale Photonen durch das Vakuum des Weltraumes zum Nachrichtensatelliten fliegen.

Nach Aufbereitung wird nun die Nachricht zu einem anderen Kontinent geschickt, und dann verläuft die Prozedur in umgekehrter Reihenfolge. Bei all diesen Vorgängen wird laufend die bedeutungsvolle Information auf immer wieder verschiedene Träger aufgebracht, ohne dass dabei ihre Bedeutung verändert werden würde.

Ein ähnlicher Wechsel findet sich auch bei der Informationsverarbeitung im Gehirn. Auch dabei werden ständig Träger gewechselt. So haben wir die Feldquanten des Elektromagnetismus in ihren verschiedenen Ausprägungen, von den extrem langwelligen, die im EEG, dem ElektroEncephaloGramm gemessen werden, bis zu Photonen im infraroten und sichtbaren Licht.

---

[12] Von allen Prozessen haben die reversibeln den höchsten Wirkungsgrad, sie erzeugen die geringste Abwärme.

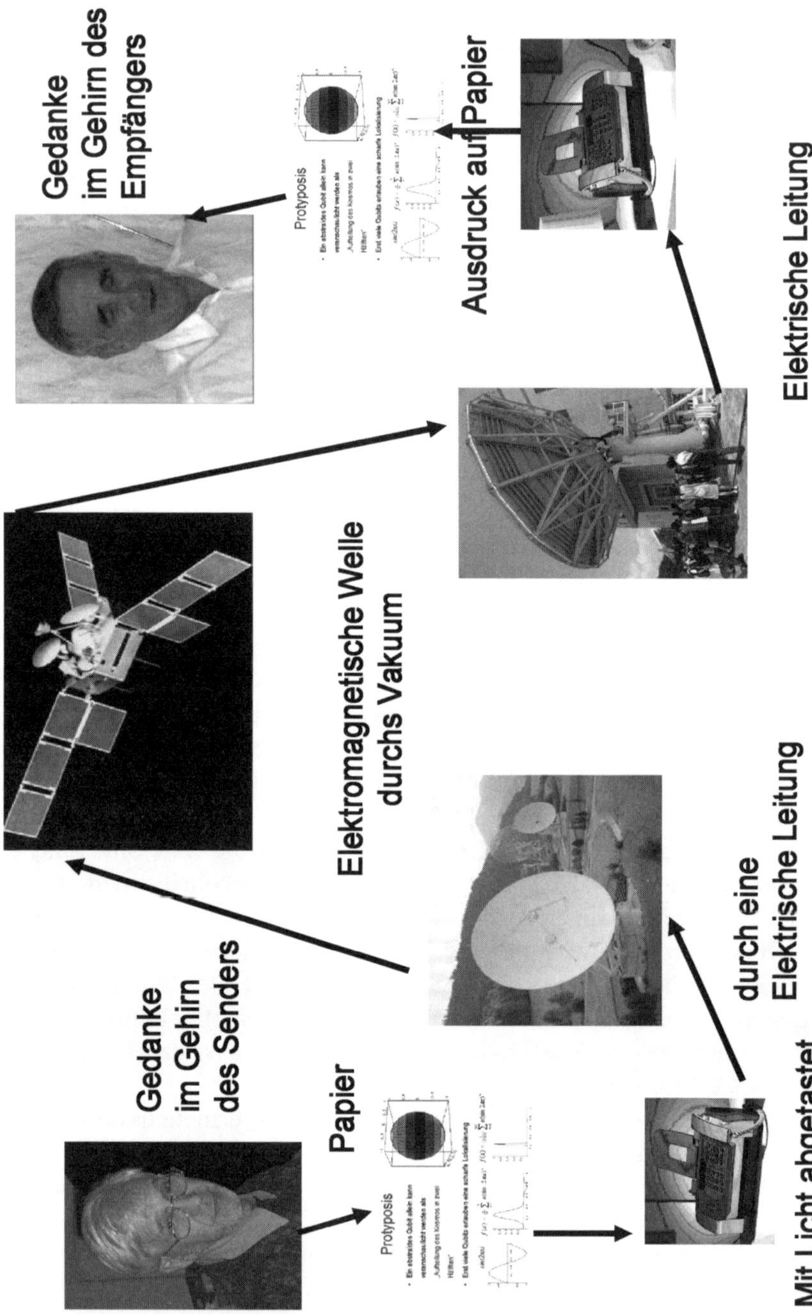

Abb. 34: Gleichbleibende Information wechselt ihren Träger.

Ferner gibt es die unterschiedlichsten Moleküle, die sowohl durch ihre leicht veränderlichen Faltungseigenschaften wie bei den Proteinen als auch durch ihre recht dauerhafte chemische Zusammensetzung wie bei den Nukleinsäuren, als Träger von Information wirken können.

Der Wechsel der Information zwischen verschiedenen Trägern muss außerdem im Zusammenhang damit gesehen werden, dass für eine strenge Trennung zwischen einer bedeutungstragenden Information und ihrem Träger keine scharfe Grenze besteht.

Wenn ein Glückwunsch an einem Blumenstrauß befestigt ist, ist die Frage, wo die Information aufhört und der ›Träger‹ beginnt, schwierig zu entscheiden. So dürfte es bei manchen chemischen Botenstoffen im Gehirn ebenfalls eine schwierige Frage sein, ob diese Moleküle die Bedeutung sind oder ob sie diese tragen. Möglicherweise lässt sich die Bedeutung eines Hormons nicht von seinem Molekül abtrennen. Ein triviales Beispiel dafür wäre ein Geldschein, dessen Kopie keinesfalls die gleiche Bedeutung wie das Original besitzt. Andererseits wird aber die Bedeutung eines Geldscheines durch eine Überweisung ersetzt. Hier wäre eine Übertragung der Bedeutung von einem Träger auf den anderen erfolgt.

Das Fließende dieser Grenze wird auch dadurch erkennbar, dass beispielsweise Psychotherapie bei bestimmten Erkrankungen oder Beeinträchtigungen durch eine Änderung der Informationsverarbeitung, z.B. durch eine Neubestimmung der Bedeutung von belastender Information, für den Betreffenden dieselben, sogar molekularbiologisch nachweisbaren Veränderungen wie Pharmakotherapie bewirken kann.

Quantenmechanische Phänomene im Gehirn

Noch bis vor kurzem gab es wie erwähnt eine weit verbreitete Meinung, dass die Quantenphysik für den Bereich des Gehirns und des Bewusstseins keine Relevanz besitzen würde. Dass aber die ganz konventionelle Quantenmechanik im Gehirn unbedingt zu beachten ist, hat bereits Friedrich Beck im Jahre 1992 in einer Arbeit mit J. Eccles gezeigt.[13] Beck zeigt, dass an den Synapsen Vorgänge auftreten, die nicht durch thermisches Rauschen, sondern lediglich durch einen quantenmechanischen Tunneleffekt erklärt werden können. Wir meinen, dass dies ein wichtiger Hinweis ist, weil bisher bei solchen Phänomenen mit dem Rauschen argumentiert wurde.[14] Wenn man die Verbindung zwischen dem Bewusstsein und dem Gehirn beschreiben will, ist über diese sehr wichtigen, aber rein quanten*mechanischen* Effekte hinauszugehen.

---

13 BECK, F. /ECCLES, J.C., Quantum; BECK, F., Brain.

14 Siehe 86.

Keine Trennung von Hard- und Software

Für biologische Wesen ist anders als bei den technischen Systemen eine Trennung in Hard- und Software nicht möglich.

Bei den technischen Geräten wird die Hardware durch den Informationsverarbeitungsprozess nicht verändert. Bei wiederbeschreibbaren Speichern wie Festplatten wird beispielsweise zwar für jedes Bit ein winziger Magnet gekippt, das Kippen kann aber jederzeit wieder rückgängig gemacht werden. Ansonsten hat der Inhalt des Speichers keinen Einfluss auf dessen Struktur.

Bei biologischen Systemen gibt es weder eine deutliche Trennung zwischen Informationsverarbeitung und Speicherung noch ist es möglich, klar zwischen Hard- und Software zu unterscheiden. Die Informationsverarbeitung und die Speicherung ändert die zelluläre Struktur, und diese wiederum arbeitet dadurch anders als zuvor.

Diese Untrennbarkeit ist eine notwendige Voraussetzung für den Erlebensaspekt des Bewusstseins, bei dem die Verwobenheit des Körpers mit dem von ihm getragenen Bewusstsein offensichtlich wird.

Die erste Stufe des Sehvorganges

Wie kann man sich das Entstehen von Bewusstsein anschaulich vorstellen?

Am Beispiel des Sehens soll skizziert werden, welche Informationsverarbeitungsprozesse dabei bekannt oder zumindest vorstellbar sind. Dieser Prozess, den wir hier schrittweise – seriell – und stark vereinfacht beschreiben, läuft in Wirklichkeit weitgehend parallel ab. So sind mindestens einige Photonen notwendig, damit überhaupt ein Seheindruck registriert werden kann. Normalerweise gelangen natürlich sehr viel mehr gleichzeitig ins Auge und werden gleichzeitig verarbeitet. Diese Lichtquanten werden dort absorbiert.

Bei dieser Absorption werden in den Sehzellen der Netzhaut Rhodopsin-Moleküle (›Sehpupur‹) umgeschaltet. Dieser Vorgang ist ein Quantenprozess, der als solcher auch bereits in der Biologie anerkannt wird. Bei dem inelastischen Stoß zwischen Photon und Molekül verschwindet das Photon.

Das Photon war der Träger einer Information, die natürlich nicht verschwinden soll. Deshalb wird die Information von ihrem energetischen Träger, dem Lichtquant, getrennt. Die für das Lebewesen relevante Trennung zwischen Träger und Bedeutung ist kontextabhängig. Sie passiert also an verschiedenen Stellen des Auges verschieden.

Eine erste Stufe dieser Trennung geschieht bereits im Auge selbst. Zapfen und Stäbchen verarbeiten das Photon, das wie gesagt dabei verschwindet. In seiner Energie war die Farbinformation in Form der Frequenz codiert.

Eine räumliche Bedeutung wird durch die Stelle auf der Netzhaut gegeben, wo es absorbiert worden ist. Die Intensität, die Zahl der Photonen, wird hauptsächlich durch die Stäbchen gemessen, während die Zapfen zwischen rot, grün und blau unterscheiden können. Es gibt Tiere, wie z.B. Zugvögel und Insekten, die auch die Polarisationsrichtung feststellen können, manche, wie die Bienen, auch UV-Strahlung.

Die Helligkeits-, Farb- und Ortsinformation wird nun umcodiert. Während das Licht mit seiner Wellenlänge zwischen 400 und 800 nm in einem Frequenzbereich von etwa 5 mal 10^{14} Hz schwingt, misst man am Gehirn Frequenzen in der Größenordnung von etwa 40 Hz. Dies könnte man vergleichen mit einem Fax, das über Satellit ebenfalls mit Frequenzen im GHz-Bereich gesendet wird, und dann relativ langsam nach dem Ausdrucken ins nächste Zimmer getragen wird. Die zu den 40 Hz gehörende Wellenlänge ist nun sehr viel größer, ca. 8000 km, und damit die Energie eines zugehörigen Photons sehr viel kleiner. Somit wird es möglich, bei gleich bleibender Energie die Photonenzahl zu vervielfachen. Aus einem Photon mit viel Energie, das von außen kommt, können sehr viele zellerzeugte Photonen mit sehr wenig Energie werden.

Nachdem wir die Grundzüge der Vorgänge am Auge geschildert haben, soll nun ein Blick auf die weiteren Stufen der Informationsverarbeitung geworfen werden.

Schichtenstruktur bei Sinneswahrnehmungen

Diese vielen Photonen bewirken eine beinahe klassische Erscheinung – ein fast sicheres ja-nein. Dem, was als Fakten in der Außenwelt erscheint, sollen schließlich ebenfalls faktische Wahrnehmungen entsprechen.

Jetzt haben wir ein Zusammenwirken von Quanteninformation, die auf viele Träger verteilt ist. Für die genaue Beschreibung der Abläufe sind dann Bilder von Pumpen und Förderbändern für Ionen nicht mehr ausreichend, weil sie die quantischen Abläufe in ihrer Differenziertheit natürlich nicht erfassen können.

Bei einer sehr groben Betrachtung allerdings kann man zum sogenannten klassischen Grenzfall übergehen, wie er in Kap. 4 beschrieben worden war und bei dem die Wahrscheinlichkeiten der Vorgänge zu Null oder Eins vereinfacht werden. Das Zusammenwirken der Quantenprozesse resultiert damit in einem Aktionspotential, welches wie ein Schaltvorgang verstanden werden darf. Das macht es auch erklärlich, dass dann Information vorerst einmal wie eine klassische, d.h. faktische Information zum Sehzentrum im Gehirn weitergeleitet werden kann, teilweise gelangt aber auch ein Teil der nun vielen Photonen an andere Hirnbereiche.

Im Rahmen der von uns propagierten dynamischen Schichtenstruktur ändern sich also die Informationsstrukturen im zeitlichen Prozess, klassische und quantische Anteile lösen sich ab.

An den Bifurkationsstellen können Quanten durch ihr Schalten neue Fakten bewirken.

Allerdings wird in der Literatur bisher weitgehend nur auf die klassische Beschreibung – nämlich auf elektromagnetische Wellen – zurückgegriffen.

Für die Sinneswahrnehmungen ist es zweckmäßig, wenn sie wie eine faktische Information zur Weiterverarbeitung geleitet wird. Die Daten aus den Sinnesorganen werden für das Erkennen von Fakten und für sich daraus ergebende Handlungsanweisungen benötigt, d.h. für beabsichtigte Fakten, und sollten daher nicht zuviel Unbestimmtheit beinhalten oder gar widersprüchliche Bilder liefern.

Die Information wird nun in bekannter Weise über Axone und Synapsen weitergeleitet. Die vielen Photonen können an verschiedene Orte geschickt werden, die Möglichkeit des sogenannten ›Blindsehens‹ ist eine Folge davon. Bei Schäden an der primären Sehrinde kann dennoch ein Teil der Information an anderen Stellen im Hirn weiter verarbeitet werden. Diese Verarbeitung kann aber nicht als Seh-Eindruck bewusst werden, obwohl die betreffenden Menschen unbewusst auf diese Information zurückgreifen können, z.B. indem sie u.U. Hindernissen ausweichen können, die ihnen nicht bewusst sind. Das Phänomen des Blindsehens ein wichtiges Beispiel, an dem deutlich wird, wie Bedeutung entsteht.

›Bedeutung‹ ist das Ergebnis einer Codierung, die in einem Lebewesen stattfindet. Sie kann bewusst und auch unbewusst Handlungen beeinflussen.

Bedeutungserzeugende Codierung ist wesentlich dadurch bestimmt, welches die Startpunkte und die Zielpunkte der Information sind, die im Bewusstsein zusammengeführt wird und wo sie bearbeitet wird. So kann ein Seheindruck, der bewusst werden kann, offenbar nur von Signalen aus der Sehrinde produziert werden. Dies wird gestützt durch die Befunde, dass bei einer Hirnoperation elektrische Reizungen an der Sehrinde selbst dann Seheindrücke ergeben, wenn zuvor keine Information aus den Augen gekommen war. Ebenso spricht dafür der von Damasio[15] erwähnte Befund, dass für eine rein gedankliche Vorstellung von Bildern die Sehrinde aktiviert wird. Gelangt Sehinformation an andere Hirnbereiche, so kann sie unbewusst durchaus weiterverarbeitet werden und Bedeutung für mögliche Handlungen erlangen.

Auch bei einem Tintenstrahldrucker liegt die Bedeutung nicht im Tintentröpfchen, obwohl ohne alle diese Tröpfchen nicht gedruckt werden kann,

---

15 DAMASIO, A., Irrtum, 146.

sondern im Zusammenspiel der Zielpunkte entsteht eine Ganzheit, in der die Bedeutung codiert ist.

Die elektrischen Impulse, als die die Photonen gemessen werden, sehen alle ›gleich‹ aus. Die Codierung und damit die Bedeutung kommen wie erwähnt von den Start- und Zielorten jeder Bearbeitungsstufe. Wie immer entsteht Bedeutung erst aus einlaufender Information und aus der bereits vorhandenen, sie ist – technisch gesprochen – Umcodierung.

Nicht nur die energiereichen Photonen, die ins Auge gelangen, sondern auch die energiearmen Photonen, die die elektrischen Impulse der Nervenfasern begleiten, können an Bifurkationsstellen etwas bewirken, z.B. den Abruf von klassisch gespeicherter Information durch Faltungsvorgänge an Proteinen oder das Auslösen einer Öffnung oder Schließung von Ionenkanälen o.ä.

Wichtig ist, dass die Quanteninformation Wirkungen erzielen kann, die einem riesigen Verstärkungsfaktor bei den beteiligten Energien entsprechen, die ausgelöst werden.[16] Eine künftige Aufgabe der experimentellen Hirnforschung wird sein, diese Prozesse weiter und noch genauer aufzuklären.

Es gibt mehrere Möglichkeiten der Photonen-Wirkung. Einmal werden sie an Synapsen direkt wirken. Da diese je nach ihrer Lage auf den Axonen unterschiedlich auf den Kern der Zelle einwirken, wird in der Zelle ein Aufintegrieren dieser verschiedenen Einwirkungen stattfinden. Bereits das zeigt, dass Neuronen wesentlich raffinierter arbeiten als einfache Schalter.

Eine andere wäre eine nichtlokale Einwirkung durch ausgedehnte Zustände und durch Tunneleffekte,[17] die zu quantentheoretischen Superpositionen führen können.[18] Solche Prozesse können an möglichen Bifurkationsstellen durch die Quanteneinflüsse des beschriebenen Photonenschwarms einen neuen Abschnitt der Informationsverarbeitung einleiten. Dieser wird wiederum in recht guter Näherung für eine gewisse Zeit deterministisch beschrieben werden können. Nicht nur beim Sehen, sondern auch bei allen anderen Prozessen der Informationsverarbeitung im Gehirn werden wir auf eine Abfolge von klassisch und quantisch zu beschreibenden Prozessen stoßen. Die sich daraus ergebende Mixtur von Fakten und Möglichkeiten garantiert optimale Bedingungen für die Lebewesen.

Dass Wahrnehmungen im ersten Schritt hauptsächlich faktisch aufbereitet werden, ist biologisch vernünftig. Dort ist das Faktische besser geeignet, um eine Eindeutigkeit zu erzielen. Andererseits lässt eine rein klassische

---

16 Wenn wir uns ein Bild dazu machen wollen, können wir uns eine Politikerin vorstellen, die durch den Wurf einer Sektflasche einen Ozeandampfer zu Wasser lässt. Wer an solchen Bildern Vergnügen hat, darf dann noch an einen sich anschließenden weitreichenden Stromausfall denken.

17 Siehe 102.

18 Siehe 96.

Informationsverarbeitung wenig Raum für ein Verständnis der dabei notwendigen Geschwindigkeiten:

Nervenverbindungen leiten elektrische Signale nur sehr langsam. Dies wirft die Frage auf, wie es das Nervensystem zustande bringt, trotz dieser langsamen Wechselwirkungen über große Entfernungen hinweg Synchronizität zu erzeugen, die im Millisekundenbereich präzise ist und keine Phasenverschiebungen aufweist.[19]

Interpretation von Wahrnehmungen – vorwiegend quantisch

Vor allem dann, wenn es im Gehirn um die Interpretation der Daten geht, ist das Quantische mit all seinen Möglichkeiten wieder unersetzlich. Nur mit den sehr effizienten Strukturen der Quanteninformation lässt sich die Geschwindigkeit und Effizienz der Interpretationen in der Psyche erklären. Sie zeigt, dass eine Quanten-Superposition für einen sehr schnellen Abgleich der neuen mit bereits gespeicherter Information unverzichtbar ist. Bei der Superposition werden beliebig viele Zustände zu einem neuen Gesamtzustand überlagert, so dass sie der Möglichkeit nach alle gleichzeitig präsent sind. Eine äquivalente Beschreibung wäre, dass ein Gesamtzustand in viele Teilzustände zerlegt wird. Durch die Superposition können alle solche Teilzustände gleichzeitig verarbeitet und auf ihre mögliche Passung mit dem gegebenen Zustand abgeprüft werden. (Abb. 35)

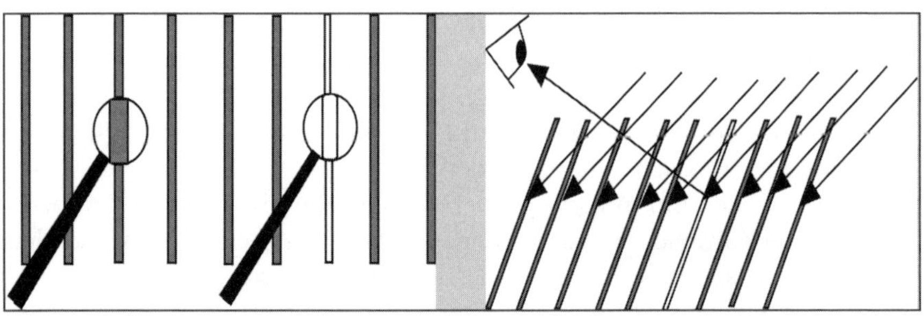

Abb. 35: ›Suche nach der Nadel im Heuhaufen‹, links klassisch – ein Halm nach dem anderen, rechts quantisch – alle auf einmal.

Die aus dem Quantischen folgende massive Parallelverarbeitung von Information liefert den wesentlichen Effekt für die Geschwindigkeit der Denkvorgänge. Bei einer klassischen Prüfung müsste jeder Zustand einzeln mit dem zu prüfenden Eingangszustand abgeglichen werden. In der Abb. 35 erläutern

---

19 SINGER, W., Beobachter, 58.

wir den Vorgang bildlich. Klassisch untersucht man Stück für Stück. Das ist zwar sicher, aber sehr langsam. Quantische Informationsverarbeitung geschieht so, dass im Grunde alles auf einmal abgeprüft wird. Das ist sehr schnell, ergibt aber nur ein wahrscheinliches Ergebnis. Dieses dann noch zu prüfen und eventuell in weiteren Durchgängen zu korrigieren, ist aber sehr viel schneller möglich als die klassische Einzelprüfung.

Von all diesen Schaltvorgängen in den Nervenzellen gehen wieder virtuelle und teilweise reale Photonen mit Wellenlängen bis in den Bereich des infraroten und vielleicht sogar des sichtbaren Lichtes aus.[20] Bei diesen Schaltvorgängen werden Energieniveaus von Molekülen geändert. Dabei wird, wie sonst auch, Energie als elektromagnetische Strahlung, d.h. als Photonen freigesetzt. Ihr Nachweis ist sehr schwierig, denn ihre Intensität ist sehr gering und außerdem ist die Reichweite infraroter Photonen in einem wässrigen Medium nur sehr kurz. Deshalb wird gelegentlich auch argumentiert, das Gehirn sei zu warm und zu dunkel, als dass dort Quantenphänomene eine Rolle spielen könnten. Tatsächlich trifft es zu, dass makroskopische Materie erst bei sehr tiefen Temperaturen in kollektive Quantenzustände gelangt, und so werden die Experimente zur Quanteninformation meist mit Photonen durchgeführt, die auch im Warmen ihre Quanteneigenschaften offenbaren. Was im Gehirn vorliegt, ist nicht etwa ein makroskopischer Quantenzustand der *Gehirnmaterie* – z.B. kein Bose-Einstein-Kondensat –, sondern ein Quantenzustand des *Bewusstseins*, den wir als unsere Gedanken kennen, und dessen hauptsächliche Träger sehr kurzzeitige Vorgänge von reellen und virtuellen Photonen der verschiedensten Wellenlängen sind.

Die Träger für diese Quanteninformation können sehr schnell wechseln – so wie die Botschaft eines Fax laufend ihren Träger wechselt.

Diese Photonen sind zumindest kurzzeitig von der Gehirnmaterie getrennt, ähnlich den Photonen in den Glasfasern, die auch Zimmertemperatur haben und an denen man die Experimente zur Quanteninformation durchführt. Bei denen ändert sich zwar die Wellenlänge – dies aber reversibel – und z.B. der Spin bleibt getrennt vom Glas. Damit liegt mit ihnen ein Quantensystem vor, das innerhalb des ›warmen und dunklen Gehirns‹ wirksam werden kann. Es ist möglich, dass auch die Isolation des Gehirns durch Hirnhaut und knöcherne Hirnschale eine Isolierung von der Umwelt unterstützt. Insgesamt haben wir keine Zweifel, dass Photonen Steuerungsvorgänge im Gehirn bewirken.

Außerdem wird es möglich, mit von außen eingestrahlten Photonen auch therapeutische Wirkungen zu erzielen, vor allem, wenn sie in geeigneter Weise vor allem den Nervenzellen zugeführt werden.[21]

Allgemein bekannt ist das Wirken von Lichttherapie bei Depression.

---

20 POPP, F.A. et al., squeezed light; POPP, F.A. /YAN, Y., Delayed luminescence.

21 Wir danken J. THERKORN, München, für diesbezügliche Hinweise.

Jeder Schaltvorgang beruht darauf, dass Ladungen ihre Geschwindigkeit ändern (ein Strom wird angehalten oder in Gang gesetzt), so dass – klassisch-physikalisch gesprochen – wegen diesen Beschleunigungen elektromagnetische Wellen ausgesendet werden. Je steiler die Schaltkurve ist, in desto kürzerer Zeit muss die Änderung geschehen und desto höhere Frequenzen werden in der Strahlung vorhanden sein. Die schnellen Änderungen sind also stets mit hohen Frequenzen verbunden, sehr kurzwellige Photonen können gut von Molekülen absorbiert werden, so wie beispielsweise Rhodopsin-Moleküle im Auge das Licht absorbieren. Langsame Änderungen, wie sie beispielsweise im Bereich von zehn bis hundert Hertz im EEG gemessen werden, entsprechen niedrigen Frequenzen und damit langen Wellenlängen.

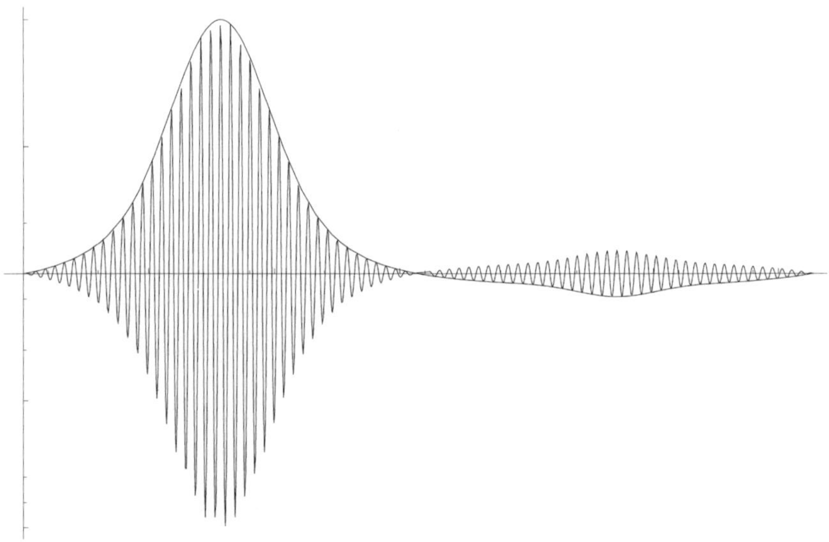

Abb. 36: Modulation von Schwingungen: Eine hochfrequente Schwingung ändert ihre Amplitude im Rhythmus von niederfrequenten Schwingungen.

Es kann sinnvollerweise darüber spekuliert werden, dass wie beim Rundfunk eine niederfrequente Information (Musik) auf einen hochfrequenten Träger (UKW) aufmoduliert wird. So könnten die in der Zelle erzeugten kurzwelligen Photonen der hochfrequente Träger von niederfrequenten psychischen Informationsverarbeitungsprozessen sein, z.B. die im EEG messbaren Schwingungen im Hertz-Bereich. Die in den Amplitudenänderungen deutlich werdenden Änderungen der Intensitäten der kurzwelligen Photonen können als veränderliche Eigenschaften von diesen angesehen werden. Zugleich könnten aber die langsamen Änderungen selbst auch als langwellige Photonen und damit als eigenständige Objekte betrachtet werden.

Wenn man die mit der Verarbeitung der Quanteninformation verbundene Nichtlokalität berücksichtigt, wird es gut nachvollziehbar, was sonst ein Rätsel bleiben muss:

> So scheint es im Säugerhirn weder für die Interpretation der Sinneswelt noch für die Bewertung von Systemzuständen eine zentrale Instanz zu geben. Dennoch wird ständig bewertet, entschieden und zielgerichtet gehandelt.[22]

Es wird aus den bisherigen Ausführungen bereits deutlich geworden sein, dass die Nichtlokalität, das henadische (auf Einheit zielende) Wirken und die große Geschwindigkeit der Quantenphänomene den Schlüssel zum Verstehen dieses Rätsels liefern. Es muss keine räumlich zentrale oder räumlich lokalisierte Instanz für die Einheit des Bewusstseins geben. Wir wissen natürlich, dass bestimmte Bereiche des Gehirns jeweils besonders aktiv sind und sich in ihrer Aktivitätsstärke abwechseln können. Hier geht es jedoch um das Bewusstsein, was als Quanteninformation stets den ganzen Leib als Träger des Erlebens und damit auch des Bewusstseins hat. Das lebendige Gehirn ist eine notwendige Bedingung für ein Bewusstsein.

Bisher hatte man vor allem außerhalb der Physik, wie beispielsweise in der Hirnforschung, oft noch die unzutreffende Vorstellung, die Quantentheorie sei allein im inneratomaren Bereich zuständig und außerdem sei sie ›unscharf‹. Daher konnte man eine verbreitete Scheu wahrnehmen, die Quantentheorie als Erklärungsgrundlage zu akzeptieren. Eine Einstellung wie die des Physiknobelpreisträgers Isidore Rabi, die vom Medizinnobelpreisträger Gerald Edelman zitiert wurde, ist dafür typisch:

> Rabi: ›Die Quantenmechanik ist nur ein Algorithmus. Benutze ihn. Er funktioniert, mach dir keine Gedanken‹
> Edelman: ›Rab, sage nicht, du wirst wie Einstein und fängst an zu zweifeln!‹
> Rabi (lachend): ›Hör mal, ich hab Schwierigkeiten mit Gott, warum sollte ich nicht auch Schwierigkeiten mit der Quantenmechanik haben?‹[23]

Wir hatten mit einer Betrachtung des Sehvorganges begonnen. Nach diesen Vorüberlegungen kommt man spätestens jetzt an der Tatsache des Erlebens und des Bewusstseins nicht mehr vorbei, denn das Sehen führt zu einem Erleben des Gesehenen und beim Menschen sehr oft zu dem Bewusstwerden des Gesehenen. Diesen Erscheinungen wollen wir uns jetzt zuwenden und zeigen, dass dabei Quantenüberlegungen unvermeidlich werden. In diesem Zusammenhang ist uns folgende Argumentationsfigur begegnet: ›Nur weil wir weder die Quantentheorie noch das Bewusstsein verstehen,

---

22 SINGER, W., Beobachter, 63.
23 EDELMAN, G.M., Feuer, 310.

folgt daraus nicht, dass sie etwas mit einander zu tun haben.‹ Der Folgerung ist unbedingt zuzustimmen, aus einer Häufung von Unkenntnis würden keine Zusammenhänge folgen. Wenn man aber diese Phänomene immer besser versteht, so wird deutlich, wie eng sie zusammenhängen.

Die Quantentheorie, die durch Quantenfeldtheorie und Quanteninformationstheorie viel umfangreicher geworden ist als die ursprüngliche Quantenmechanik, ist viel zu bedeutsam, als dass man sie lediglich als nützliche Rechenstruktur ansehen dürfte, über die man sich ansonsten keine Gedanken machen muss. Sie ist nicht nur für das Verstehen der unbelebten Natur, sondern auch – wie bereits dargestellt – für das Erklären von Leben und Geist unverzichtbar.

6.5 Erleben

Eine Begriffserläuterung von Erleben gibt der Philosoph Peter Bieri

> Für das Erleben dagegen ist wesentlich, dass es sich in dem, was es ist, nur dem Subjekt selbst ganz erschließt: Ich muss den Schmerz und die Angst fühlen, um sie vollständig zu kennen, und diese Kenntnis von innen macht mich zu einer Autorität. Eine solche Autorität gibt es im Körperlichen nicht: Dort sind die Phänomene öffentlich und allen in gleicher Weise zugänglich. Sofern wir ein Stück Natur sind, ist das Ziel der Erkenntnis Objektivität. Sofern wir ein Zentrum des Erlebens sind, kommt es auf die subjektive Vertrautheit mit dem Erleben an.[24]

Es ist vollkommen zutreffend, dass das Erleben ohne den Einschluss des erlebenden Subjektes nicht erklärt werden kann. Was Bieri hier als das ›Körperliche‹ bezeichnet, meint gewiss den materiellen Körper, der aus der Dritte-Person-Perspektive gesehen wird. Man denke beispielsweise an ein gebrochenes Bein, das im Röntgenbild objektiv wird, während der zugehörige Schmerz als subjektives Erleben nicht objektiviert werden kann.

Es ist allerdings ein Missverständnis, zu meinen, dass ›in der Natur‹ die äußeren Phänomene ›allen in gleicher Weise‹ zugänglich sein würden.[25] Dies ist lediglich dann wahr, wenn die Phänomene nur mit hinreichender Ungenauigkeit erkannt werden.

Sobald man aus dem Bereich der groben Fakten heraustritt und zu individuellen Quantenprozessen im Sinne Bohrs übergeht, wird ›Privatheit‹, fast sogar eine Art ›Subjektivität‹, zu einem Grundzug der Natur. Dieser lässt das Auftreten von Erleben zu einer Notwendigkeit werden, mit der zu rechnen ist, sobald in der Evolution Systeme erscheinen, die durch eine interne Informationsverarbeitung gesteuert werden.

---

24 Bieri, P., Bewusstsein.

25 Siehe auch 83.

Das Erleben stellt einen individuellen Prozess von Quanteninformationsverarbeitung dar, in welchem die wesentlichen internen Daten, also die körperlichen, und die wesentlichen externen Daten, also die aus den Sinnesorganen, zu einer Einheit zusammengefasst werden.

Dieser jedes Lebewesen stabilisierende interne Steuerungsprozess ist als ein individueller Quantenprozess zu verstehen. Er kann daher nicht von außen gewusst werden. Wenn dieser Quantenprozess vollständig gemessen würde und nicht nur teilweise – was ständig geschieht – sondern in seiner Ganzheit zu einem Faktum gemacht werden würde, so hätte dies den Tod des Lebewesens zur Folge, denn sämtliche quantischen Möglichkeiten einer Steuerung wären beseitigt.

Bei höherentwickelten Tieren und natürlich beim Menschen wird das Gehirn der wesentliche Träger dieses Quanteninformationsverarbeitungsprozesses sein. Damit wird gegenüber Einzellern, Pflanzen und Pilzen eine neue und sehr viel flexiblere Stufe der Informationsverarbeitung erreicht. Sie soll zur Abgrenzung von den Steuerungs- und Regulationsinformationen, die alle Lebewesen stabilisieren, als Erlebensprozess bezeichnet werden. Ein Erleben, das wesentlich mit einem Wissenserwerb über die Umwelt verbunden ist, wird oftmals als Kognition bezeichnet.

Mit einem entwickelten Gehirn entsteht die Möglichkeit, den Lebensvorgang in seinen wesentlichen Zügen in einer vorwiegend quantisch arbeitenden Informationsverarbeitung zu duplizieren, damit er präsent gehalten und schließlich bewusst werden kann.[26]

Da das meiste an diesem Prozess unbewusst und vieles vorbewusst abläuft, ist es nötig, zwischen Erleben und Bewusstsein zu unterscheiden.

Die vorbewussten Anteile des Erlebens werden stets sehr leicht bewusst werden können.

Wir hatten soeben verdeutlicht, dass das reflektierte Bewusstsein keinesfalls ohne seinen Quantenaspekt erklärt werden kann. Dies gilt selbstverständlich auch für das Erleben und alle anderen psychischen Prozesse. Da unser menschliches Erleben viele unbewusste Anteile hat, fällt es leicht, auch sehr vielen Tieren ein Erleben zuzusprechen. Das trifft selbst dann zu, wenn man sie noch nicht für bewusstseinsfähig halten kann. Allerdings sind wir sicher, dass dabei keine scharfen Grenzen gezogen werden können.

Dass Einzeller noch kein Erleben haben, ist gewiss keine unzulässige Aussage. Wirbeltiere und wohl auch z.T. Weichtiere, wie Tintenfische, sind sicherlich erlebensfähig, und bei Vögeln und Säugern gibt es keinen Grund, an ihrem Erleben zu zweifeln. Wer meint, dies sei ein unzulässiger Anthropomorphismus, der sei daran erinnert, dass nicht nur die Menschen

[26] Siehe 264.

mit den Tieren verwandt sind, sondern sogar auch die Tiere mit den Menschen.

Die Informationsverarbeitung in Gehirnen ist untrennbar mit Formen von Gedächtnis verbunden. Deshalb soll vor einer weiteren Untersuchung des Erlebens ein Blick auf verschiedene zeitliche Stufungen des Gedächtnisses geworfen werden.

Gedächtnis

Wir hatten Lebewesen definiert als bedeutungserzeugende Systeme, wozu eine intern gespeicherte Information notwendig war. Diese ist anfänglich wesentlich im Genom vorhanden und dort recht dauerhaft gespeichert. Sie stellt etwas Ähnliches wie einen Nur-Lese-Speicher dar, jedenfalls ist das Genom nicht für ein schnelles Ändern der gespeicherten Information vorgesehen. Mit der Entwicklung von Nervenzellen wurden eine dynamische Speicherung von Information und damit ein wesentlich flexibleres Verhalten möglich. Erleben beruht daher stets auch auf Gedächtnisleistungen. Aber auch beim Vorhandensein von Nervenzellen gibt es unterschiedliche Verarbeitungsformen. Genauso wie eine scharfe Trennung des Erlebens in seine unbewussten, vorbewussten und bewussten Anteile schwer durchzuführen ist, gilt dies ebenso für das Gedächtnis. Reine Instinkthandlungen scheinen auf dem Genom und auf direkt auf das Genom zurückgreifenden Informationsverarbeitungsprozessen zu basieren. Diese unflexible Form von Gedächtnis reagiert auf vorprogrammierte Reize in sehr stark determinierter Weise. Sie geben sich als reine Reiz-Reaktions-Ketten zu erkennen.

Jeder Erinnerungsprozess ist in seiner neuronalen Verarbeitung mit einer Schichtenstruktur von klassischen und quantischen Verarbeitungsstufen verbunden. Je mehr von diesen Stufen dabei beteiligt sein können, desto flexibler kann die einlaufende Information mit den Gedächtnisinhalten verknüpft werden.

Auch beim Gedächtnis wird die Natur alle die Möglichkeiten nutzen, die teilweise erst jetzt entdeckt werden. Seit langem ist bekannt, dass Informationsverarbeitungsprozesse mit sichtbaren Veränderungen an Synapsen verbunden sind. Diese Erscheinungen haben zu dem Modell neuronaler Netzwerke geführt, die sich erfolgreich technisch realisieren lassen. An ihnen wurden wichtige Erkenntnisse über die Arbeit des Gehirns gewonnen.

Nicht nur einfache Erkennungsaufgaben wie das Finden von Kanten oder Richtungen werden von einigen wenigen spezialisierten Neuronen erledigt. Auch die Orientierung im Raum kann mit relativ einfachen neuronalen Netzen erfolgen. Nur wenige Neuronen sind offenbar notwendig, um die Position des Körpers im Raume zu speichern und so etwas wie eine ›interne

Umgebungskarte‹ zu erstellen, andere Neuronen registrieren die Richtung, in die geblickt wird.[27] In solchen Fällen kann man das Geschehen sehr gut mit einfachen technischen und klassisch arbeitenden neuronalen Netzen simulieren.

Das Kurzzeitgedächtnis wird teilweise auf einer rein quantischen Zwischenspeicherung von Quanteninformation beruhen. Es hat daher einen stärker quantischen Charakter als andere Gedächtnisteile.

Das Langzeitgedächtnis muss über längere Zeiträume relativ stabil bleiben. Ähnlich wie bei der Dekohärenz[28] ist anzunehmen, dass auch hierbei über die exakten Quantenphasen gemittelt wird und die Datenspeicherung hauptsächlich auf klassische Weise erfolgen wird. Vor allem Proteine und Zucker werden die dafür geeigneten Träger sein. Die Gestalt solcher Moleküle darf oft wie eine klassische Größe angesehen werden, die (wie beim Schalter) zwischen klar unterschiedenen Stufen (z.B. verschiedenen Faltungsformen eines Proteins) wechseln kann. Allerdings wird auch diese klassische Speicherung auf Quantenphänomene zurückgreifen. Während in einem Computer die Information Bit für Bit seriell auf die Festplatte geschrieben wird, ist es hochwahrscheinlich, dass die Speicherung im Gehirn nach der Art des Hologramms geschieht. Da beim Vergessen oder auch bei gesundheitlichen Beeinträchtigungen zumeist nicht scharfe Bereiche der Erinnerung ausgeschnitten werden, sondern die Erinnerungen oftmals nur unscharf werden, hatte Karl Pribram ein ›holographisches Gedächtnis‹ postuliert.

Ein Hologramm ist eine Datenaufzeichnung, in der Information nichtlokal gespeichert wird. Technische Hologramme beruhen darauf, dass gleiche Photonen ununterscheidbar sind. Damit können diese Quanten etwas erzeugen, was im Wellenbild als Interferenz erscheint. Dazu kann man sich die Photonen als ausgebreitete Wellen vorstellen, bei denen die Zustände der quantischen Möglichkeiten aller Photonen für jeden Ort addiert werden. Eine solche Zustandsaddition haben wir in Abb. 14a[29] dargestellt. So können sich beispielsweise entgegengesetzte gerichtete Pfeile (Wellenberge und Wellentäler) gegenseitig aufheben. Es entstehen Interferenzfiguren ähnlich wie in Abb. 15.

Bei der technischen Erstellung eines Hologramms von einem Gegenstand wird ein Photonenstrahl aufgespalten, so dass der eine Teilstrahl am Objekt gestreut werden kann. Der ursprüngliche und der gestreute Strahl erzeugen ein Interferenzmuster. In diesem ist die Information über die Gestalt der streuenden Oberfläche enthalten. Fängt man dieses Muster mit den Molekülen eines Trägermaterials auf, im technischen Falle z.B. ein Film, so

---

27 FRANZIUS, M. /SPREKELER, H. /WISKOTT, L., Slowness.

28 Siehe 121.

29 Siehe 97.

kann das Interferenzmuster dauerhaft werden. Jeder einzelne Punkt des Films enthält aufsummierte Informationen von sämtlichen Punkten der Gegenstandsoberfläche. Wird der Film nun mit Photonen bestrahlt, so werden von jedem Punkt des Films Kugelwellen auslaufen. Je nach dem, wie hell oder dunkel der Film an der jeweiligen Stelle ist und wie stark daher der Film dort absorbiert, werden die von dort ausgehenden Wellen unterschiedlich intensiv sein. Dann wird hinter dem Film von den Wellen, die von den Filmpunkten ausgehen, ein Interferenzmuster entstehen. Dieses ergibt ein reales Bild der ursprünglichen Oberfläche, das man wie einen dreidimensionalen Körper betrachten kann. Während auf einer CD jedes Bit an *einer* Stelle durch *eine* Vertiefung gespeichert wird, wird beim Hologramm jedes Bit als Welle *im gesamten* Hologramm gespeichert. Das Hologramm ist daher die ›quantischste Form‹, in der Information klassisch gespeichert werden kann, denn alle Information wird überall auf dem Träger gespeichert.

Sowohl die Form des Vergessens als auch die assoziative Art des Erinnerns sprechen für eine weitgehend holographische Organisation des Gedächtnisses.

Während wir bisher auf die Abspeicherung von Daten geschaut haben, soll nun auch die Aktivierung von Gedächtnisinhalten durchleuchtet werden. Sie wird teilweise einem Vorgang entsprechen, den man in der Physik gewöhnlich als ›Präparation‹ bezeichnet. Dabei wird aus einer klassischen Vorgabe ein Quantenzustand erzeugt. Die dafür notwendige Isolierung des Gedankens könnte beispielsweise durch die Übertragung von einem materiellen Träger in der Nervenzelle auf Photonen geschehen, die dann zeitweilig isolierte Träger der Quanteninformation sind.

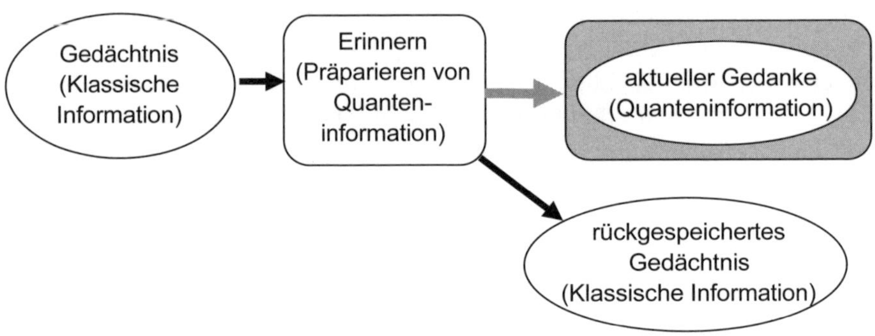

Abb. 37: Präparation einer aktivierten Erinnerung aus klassisch gespeicherten Gedächtnisinhalten.

Bei einer Präparation wird sich aus einer klassisch gespeicherten Erinnerung eine Fülle von Quantenmöglichkeiten eröffnen. Diese Möglichkeiten müssen der Situation bei der Abspeicherung nicht vollständig entsprechen. Daher kann man sich manchmal in einer lebhaften Weise an ein Geschehen erinnern, dass in dieser Form nicht stattgefunden haben konnte. Auch eine mit der Erinnerung verknüpfte Verarbeitung der Information, das Einbeziehen in andere Kontexte, kann dazu führen, dass die wieder neu abgelegte Information sich verändern kann.

Auf die große Geschwindigkeit bei der Verarbeitung von Quanteninformation ist oben bereits hingewiesen worden. Man kennt heute beispielsweise sehr effiziente Suchalgorithmen, die mit Methoden der Quantentheorie nach Daten, Mustern und Bildern suchen können, welche die Geschwindigkeit klassischer Verfahren um ein Vielfaches übertreffen.

Es ist experimentell bestätigt worden, dass bei Erinnerungsprozessen Hirnregionen einbezogen werden, die Gefühle und Affekte verarbeiten. Der Abgleich mit Gefühlen, der an der erinnerten Information vorgenommen wird, stellt einen Messvorgang dar und ermöglicht deren Bewertung.

Wie neue Experimente von K.G. Pearson[30] an Katzen zeigen, können darüber hinaus auch sonstige Körperrückmeldungen für die Abspeicherung von Information bedeutsam sein.

Wenn vor einer Katze plötzlich der Futternapf auftaucht, so bleibt sie erst einmal sehr konzentriert schauend stehen. Für den Versuch mussten die Katzen über ein kleines Hindernis steigen, das der Versuchsleiter nach dem Anhalten der Katze im Boden versenken konnte.

Wurde die Katze so angehalten, dass sie mit dem Kopf über das Hindernis gelangt war, aber noch nicht darübergestiegen, so hatte sie nach wenigen Sekunden die Existenz des Hindernisses vergessen und lief weiter, als wäre es nie vorhanden gewesen. War die Katze aber bereits mit den Vorderbeinen über das Hindernis gestiegen, so kletterte sie mit den Hinterbeinen über das nicht mehr vorhandene Hindernis, falls das Warten nicht zu lange gedauert hatte. Diese Erinnerung war erst nach zehn Minuten gelöscht.

Mit solchen Versuchen wird eine Unterscheidung zwischen einem Ultrakurzzeitgedächtnis und einem Kurzzeitgedächtnis experimentell verdeutlicht. Ersteres ist aus unserer Sicht ein Quantenzustand, der nicht im eigentlichen Sinne gespeichert wird und daher nach wenigen Sekunden vollständig vergessen ist.

Wird aber die betreffende Wahrnehmung mit einer Bewegung gekoppelt, so konnte sie bis etwa zehn Minuten im Kurzzeitgedächtnis verbleiben. Bei dieser Untersuchung wurde der Unterschied daran deutlich, ob die Katze mit ihren Vorderbeinen über das Hindernis gestiegen war oder nicht. Wir interpretieren dies als einen Zustand, der durch eine große Zahl von Träger-

---

30 PEARSON K.G. /MCVEA, D.A., Stepping.

photonen wie ein klassischer Zustand im Neuronennetzwerk läuft, denn hier werden Information aus den motorischen Bereichen mit denen aus der Sehrinde überlagert, die Menge der Photonen, die der Träger dieser Information sind, wird offenbar stark erhöht und der ganze Vorgang erhält somit einen eher klassischen Charakter.

Aus Experimenten mit technischen neuronalen Netzen, die klassisch arbeiten, ist bekannt, dass mit ihnen ein Kurzzeitgedächtnis simuliert werden kann. Zu dieser Interpretation passt auch die Erfahrung, dass Kinder gern das Lernen mit rhythmischen Bewegungen wie Klatschen oder Hüpfen verbinden.

Nach dieser sehr kursorischen Schilderung von Gedächtnis soll jetzt das eigentliche Erleben untersucht werden.

Abstufungen des Erlebens

Wir hatten darauf verwiesen, dass bei höherentwickelten Tieren und natürlich beim Menschen das Gehirn der wesentliche Träger eines sehr flexiblen Verarbeitungsprozesses von Quanteninformation ist. Dabei geht das Leben gleichsam im Erleben auf, dieser höherstufige Prozess dominiert den darunterliegenden.

Für die Basis des Erlebensprozesses, also für das Grunderleben, erstellt das Gehirn bzw. das gesamte Nervensystem einen Quanteninformationszustand, der eine dynamische und rückgekoppelte Abbildung wesentlicher Information einerseits aus dem Körper und den dort verankerten Grundgefühlen und aus dem Gedächtnis und andererseits aus langsam veränderlichen Anteilen der Umwelt darstellt.

Hierbei kommen bei den höher entwickelten Tieren Bewertungen zum Tragen, die nicht mehr allein auf der unmittelbaren Wahrnehmung basieren, sondern auch andere Aspekte einbeziehen können. Solche Grundgefühle können z.B. als zuversichtliche, gelassene, heitere oder depressive Stimmung wahrgenommen werden.

Auf diese Weise entsteht ein umfangreicher Zustand an Quanteninformation, der ständig präsent bleibt und sich zumeist nur relativ langsam verändert. Er wird bei den Menschen größtenteils unbewusst und teilweise vorbewusst bleiben, so beispielsweise der gegenwärtige Aufenthaltsort. Man ist sich fast immer im Klaren, wo man ist, macht sich das aber nur dann bewusst, wenn diese Klarheit verloren gegangen ist, z.B. durch Schlaf in nichtalltäglicher Umgebung. Dass ein gefahrloses ›Sein im Normalzustand‹ nicht bewusst gemacht wird, ist aus evolutionärer Sicht sehr sinnvoll.

Damit läuft ein unbewusstes *Grunderleben* während des ganzen Lebens mit und wird meist nicht bewusst reflektiert.

Wenn man von seiner quantischen Basis absieht, dann könnte das Grunderleben – mit hinreichender Vorsicht – in Analogie zum Betriebssystem eines Rechners betrachtet werden, welches die Grundlage für alle Anwendungsprogramme darstellt. Dieser Zustand von Quanteninformation liefert die Basis für den Abgleich mit derjenigen schneller veränderlichen Quanteninformation, die auf Grund entsprechender Reizstärke jeweils hinzukommt, und für deren aktuelle Bewertung. So werden die gleichen Reize in einer fröhlichen Grundstimmung anders bewertet als in einer depressiven.

Beim Menschen gibt es eine enge Beziehung zwischen dem Grunderleben und einer individuell herausgebildeten *psychischen Struktur*. Letztere bestimmt die Ausformung des Erlebens und das Verhalten durch die jeweils subjektive Bedeutungsgebung für die verarbeitete Information. Damit beeinflusst sie die Bewertungen für gegenwärtiges und künftiges Handeln. In Kommunikation und Interaktion verdeutlicht sich die Struktur. Die psychische Struktur wiederum kann sich – zumeist langsam – durch die Beziehungen und rückwirkend durch das eigene Erleben verändern.

Was wir als Grunderleben bezeichnen, scheint ähnlich zu dem zu sein, was Antonio Damasio als Hintergrundempfindungen beinahe lyrisch wie folgt beschreibt:[31]

> Als Hintergrundempfindungen bezeichne ich sie, weil sie aus ›Hintergrundzuständen‹ des Körpers und nicht aus Gefühlszuständen entstehen. Diese Empfindungsart ist kein Verdi der großen Gefühle, auch kein Strawinsky des intellektualisierten Gefühls, sondern ein Minimalist in Melodie und Rhythmus, das Empfinden des Lebens selbst, das Empfinden des Seins. Vielleicht kann sich dieser Begriff bei einer künftigen Analyse der Empfindungsphysiologie als hilfreich erweisen. Da Hintergrundempfindungen weniger intensiv als die oben beschriebenen emotionalen Empfindungen sind, werden sie weder als besonders positiv noch als besonders negativ erlebt, obwohl man sie durchaus als eher angenehm oder unangenehm wahrnehmen kann.

Die Gefühlszustände, die Damasio aus den Hintergrundempfindungen ausschließt, sind unserer Meinung nach die schnell veränderlichen Gefühlsbewertungen. Wenn diese in die Betrachtungen eingeschlossen werden, kommen wir zum eigentlichen Erleben.

Das ›Erleben‹ ist ein komplexer Zustand von Quanteninformation, der aus einer Verknüpfung von oben beschriebenem Basiserleben mit aktueller interner und externer Information, z.B. aus Sinnesorganen oder Gedächtnis, entsteht und das Gehirn eines Lebewesens zum Träger hat. Dieser Zustand kann auf äußere Informationen sehr variabel reagieren und stellt dabei in seiner Wirksamkeit eine Erweiterung und Flexibilisierung der bei allen Lebewesen vorhandene Top-Down-Steuerung dar.

---

[31] DAMASIO, A., Irrtum, 207.

Da für ein Lebewesen der eigene Körperzustand im Prinzip ›bekannt‹ ist, kann dieser durch das Nervensystem noch einmal codiert, also dupliziert werden. Solche duplizierte Information des Erlebens kann wesentlich einfacher und flexibler verarbeitet werden als die ursprüngliche, die auch noch unmittelbar im Körper verankert ist.

Das erklärt, wieso Erleben ein anpassungsfähiges Handeln erleichtert. Wenn das Gehirn in seiner Arbeit wesentlich beeinträchtig wird, wird der *Erlebensprozess* unterbrochen, z.B. in einer Narkose o.ä., während der *Lebensprozess* weiterlaufen kann, dessen wesentlicher Informationsgehalt sonst im Erleben noch einmal abgebildet wird.

Erleben ist Quanteninformation, die ein Abbild der eigenen Körperzustände mit Sinnesdaten variabel verknüpft.

Eine starre Instinkthandlung rechnen wir nicht zum Erleben. Das uns von Stefan Peters[32] vermittelte Beispiel der Grabwespe zeigt, dass man bei diesem Tier das Überprüfen der Brutkammer nicht als ›Erleben‹ klassifizieren kann.

Die Wespe legt in Erdlöcher Eier ab und versorgt die heranwachsenden Larven. Sie kann diese Höhlen und deren Versorgungsstand stets neu erlernen. Zugleich aber ist sie unfähig, von einem Instinktmuster abzuweichen, welches ohne Wiederholung durchaus sinnvoll ist. Bevor die Brut neu versorgt wird, wird die Beute vor der Höhle abgelegt, dann wird die Höhle inspiziert und danach die Beute rückwärts hineingezogen.

Wird nun während der Inspektion die Beute ein Stück vom Eingang des Loches weggezogen, so dass die Wespe die Höhle vollständig verlassen muss um die Beute wieder zu erreichen, dann zieht die Wespe die Beute wieder heran – und beginnt die Inspektion erneut. Diese Prozedur kann 30- bis 40-Mal wiederholt werden, ohne dass die Wespe in der Lage wäre, die stattgefundene Inspektion speichern zu können und aus dem Instinktprogramm auszusteigen.

Eine eigenständige Form des Erlebens ist das Traumerleben. Jeder, der ein Säugetier als Haustier besitzt, weiß, dass zumindest diese sehr intensiv träumen können, wahrscheinlich auch Vögel.

Während des Schlafens ist definitionsgemäß das Wachbewusstsein nicht präsent, während besagtes Grunderleben natürlich weiterhin vorhanden bleibt. So sind wir beispielsweise fähig, bei möglichen Gefahren den Schlaf zu unterbrechen. Zugleich können wir im Traum losgelöst von den Zwängen der Realität in ein umfangreiches Erleben eingebunden werden, welches gelegentlich sogar ins Wachbewusstsein übernommen werden kann. Dabei werden ›Tagesreste‹, also relativ aktuelle psychische Inhalte mit

---

32 PETERS, S., Anmerkungen, 33.

solchen aus dem Gedächtnis verarbeitet und vor allem wird ein Abspeichern ins Langzeitgedächtnis vorgenommen. Die motorischen Areale werden weitgehend stillgelegt, wodurch sowohl der Energieverbrauch dafür reduziert als auch die Gefahr von Selbstverletzungen beim Träumen verringert wird.

Das Erleben im Traum kann die im Unbewussten wirkenden quantischen Eigenschaften aufzeigen, da die Bilder und Vorstellungen nicht in dem sonst üblichen Maße an die logische Erfassung der Wachrealität gebunden sind. Die Objekte und Eigenschaften sowie Raum und Zeit werden weniger logisch verarbeitet, es können Vorstellungen auftreten, die sich sonst ausschließen. Beispielsweise kann man in einem Raum sein, dessen eine Tür zur Nordsee und die andere zur gleichen Zeit in die Alpen führen. Das Aufrufen abgespeicherter Information kann in Kombination mit neu zu speichernder Information zu Verdichtungen führen, d.h. zu neuen Symbolen. Ebenso können Verschiebungen auftreten, bei denen Eigenschaften auf andere Objekte übertragen werden[33] oder selbst zu Objekten werden.[34]

Dem Traum nicht unähnlich ist die ›Imagination‹, eine besonders in der Jungschen Psychologie verwendete Methode. Verena Kast schreibt dazu:

> Der Raum der Imagination ist der Raum der Erinnerung, er ist aber auch – und das in erster Linie – der Raum aktuell in die Gegenwart hereingeholten Zukunft. In der Imagination wird vieles möglich, was wir nicht für möglich halten.[35]

Im Wacherleben wird ein Teil der geistigen Kapazität dazu genutzt, eine große Portion der Information über unseren Körperzustand vorbewusst bereitzuhalten. Davon wiederum kann dann etwas zeitweilig im ›Arbeitsspeicher‹ zusammen mit weiterer Information aus Gedächtnis und Umwelt jeweils präsent sein und sogar bewusst werden.

Das Bindungsproblem

In den einzelnen Hirnarealen werden jeweils Teilinformationen verarbeitet, die außerdem z.T. zeitversetzt aus den verschiedenen Sinnesorganen dorthin gelangen. Als »Bindungsproblem« wird im Rahmen der Hirnforschung die Schwierigkeit bezeichnet, wie man verstehen kann, in welcher Weise diese Daten trotzdem zu einem einheitlichen Objekt der Aufmerksamkeit verbunden werden. So lange allein die Nervenzellen als real verstanden werden und damit lediglich eine Bottom-Up-Erklärung möglich ist, ist dieses Problem unlösbar.

---

33 Siehe auch 268ff.

34 Siehe 127.

35 KAST, V., Imagination, 11.

Erkennt man aber an, dass die Inhalte des Erlebens und des Bewusstseins in einem naturwissenschaftlichen Sinne ebenfalls real sind, dann wird auch eine Top-Down-Erklärung möglich, so dass ausgehend von bewussten und unbewussten Inhalten des Erlebens – z.B. von Gestalten in Form von Gedanken über Begriffe, Bilder, Gerüche u.ä. – nach den dazugehörigen Aspekten gesucht werden kann, die von den einzelnen Sinnesorganen geliefert werden, und die unter dem Dach der Gestalt zu einem einheitlichen Objekt zusammengebunden werden.

Beim Menschen sind die Sachverhalte gut untersucht. So schreibt Pöppel, dass das Ohr mit der höchsten Verarbeitungsgeschwindigkeit reagiert: In einem Intervall von 2–5 msec kann der Mensch noch getrennte Töne wahrnehmen, falls der Abstand kürzer wird, hört man nur einen Ton. Wir meinen, dass diese schnelle Reaktionszeit ein differenziertes Hören von Musik ermöglicht – und so das Erleben einer sehr strukturierten Gegenwart gestattet.

Die zeitliche Unterscheidungsfähigkeit beim Tastsinn beträgt 10 msec, sonst wird ein Einzelereignis wahrgenommen. Das Auge kann zwei Lichtreize im Abstand von 20–30 msec als ›nacheinander‹ trennen. Diese relative Langsamkeit des Auges ermöglicht es, einen Film mit nur 24 Bildern pro Sekunde als fortlaufendes Geschehen wahrzunehmen.

Das Gehirn legt Gleichzeitigkeitsfenster von 30–40 msec an. Was innerhalb dieser Spanne einläuft wird als gleichzeitig zusammengefasst. Im EEG werden bei Aufmerksamkeit neuronale Oszillationen von 30–60 Hz gemessen, was einer Schwingungsdauer von 33–16 msec entspricht. Unter Normalbedingungen würden mehrere Gleichzeitigkeitsfenster zu einem Zeitraum von bis zu 3 Sekunden zusammengefasst werden, so dass »die Gegenwart entsteht«. Dazu würde passen, dass konkrete Bewegungsabläufe nur bis maximal 3 sec vorher geplant werden könnten, das ist in etwa die Dauer eines Handschlages oder einer Lyrikzeile.[36]

Bereits Wilhelm Wundt (1832–1920), der die erste Psychologie-Professur in Deutschland innehatte, stellte u.a. zur Gegenwartsspanne des Bewusstseins Untersuchungen an.

Aus unserer Sicht dupliziert der Quantenprozess des Bewusstseins Quanteninformation aus mehreren Gleichzeitigkeitsfenstern und hält diese bis zu einem Zeitraum von etwa drei Sekunden präsent. Damit wird aus Erleben eine bewusste ›Gegenwart‹.

William James entwickelte aus psychologischer Sicht die Idee einer *ausgedehnten* und in ihrer Ausdehnung *strukturierten Gegenwart:*

> Die praktisch erkannte Gegenwart ist keine Messerschneide, sondern ein Sattelrücken mit einer gewissen ihm eigenen Breite, auf den wir uns gesetzt finden und von dem aus wir nach zwei Seiten in die Zeit hineinblicken.

---

36 PÖPPEL, E., Grenzen, 33ff.

Die Einheit des Aufbaus unserer Zeitwahrnehmung ist eine *Dauer* [duration], die einen Bug und ein Heck – gewissermaßen ein rückwärts- und ein vorwärtsblickendes Ende – hat.[37]

Das gegenwärtige Selbstbewusstsein und die Vergangenheit einer Person sind untrennbar miteinander verbunden. Dabei ist diese Verbindung zumeist unbewusst und wird in einer automatisierten Weise realisiert. Auf die »zeitliche Struktur des subjektiven Willensaktes selbst« und damit auch auf die zeitlichen Strukturen des Bewusstseins gehen Kupke und Vogeley ein.[38] Sie beziehen sich dabei auf Analysen von Joaquin Fuster[39] zur Funktionsweise des präfrontalen Kortex, nach denen eine temporale Integration von Vergangenem (»working bzw. short-term memory«) und Beabsichtigtem, d.h. Zukünftigem (»preparatory set«) mit Gegenwärtigem (»interference control«) geschieht. Kupke und Vogeley zeigen, dass dies Husserls Einsicht entspricht: »Zeitliche Erfahrung lässt sich nur im integrativen Zusammenwirken retentionaler (auf die Vergangenheit bezogener), protentionaler (auf die Zukunft bezogener) und präsentativer (auf die Gegenwart bezogener) apperzeptiver Akte verstehen.«[40]

Zur Bindung scheint es zu gehören, dass ›Koalitionen von Nervenzellen‹[41] die dasselbe Objekt bearbeiten, gemeinsam stark synchronisierte Schwingungen ausführen. Hingegen schwingen Nervenzellen, die Information von verschiedenen Objekten codieren, nicht synchron.

Diese Ergebnisse sollen aus der Sicht der Schichtenstruktur analysiert werden. Die von den Sinnesorganen einlaufenden Daten werden aufbereitet, um die verschiedenen Reaktionszeiten zu berücksichtigen. Wir haben dabei stets eine Vielzahl von paralleler Information zur Verfügung, die unterschiedlich auf Bewusstsein und Unbewusstes aufgeteilt wird. Durch die Aufbereitung werden aus einem Teil der einkommenden Information Fakten erzeugt, also klassische Bits. Ein weiterer Teil aber wird sich als quantische Information mit Quanteninformation aus dem Körper auf das Grunderleben einstimmen können. Da der Hauptteil der Informationsverarbeitung im Gehirn bekanntlich auf einer elektromagnetischen Basis geschieht, wird die Nichtlokalität der als Informationsträger fungierenden Photonen eine wesentliche Rolle spielen. Die quantenphysikalische Nichtlokalität stellt einen wichtigen Faktor zur Erklärung des Bindungsproblems dar, sie führt zur Superposition.[42] Die Superposition von Photonen ist keine Wechselwirkung, wie sie z.B. bei materiellen Körpern unter Vermittlung einer Kraft gegeben ist.

---

37 JAMES, W., Wahrnehmung; zitiert bei KUPKE, CH. /VOGELEY, K., Zeitlichkeit.

38 KUPKE, CH. /VOGELEY, K., Zeitlichkeit.

39 FUSTER, J., Cortex.

40 KUPKE, CH. /VOGELEY, K., Zeitlichkeit, 78.

41 MALSBURG, CH. VON DER, Gehirn; ders., correlation; SINGER, W. et al., assemblies.

42 Siehe 96f.

Hier soll sie noch einmal mit einem anderen Bild veranschaulicht werden, indem sie im Wellenbild erläutert wird. Jedes Photon entspricht einer ausgebreiteten Welle. Jede dieser Wellen kann an verschiedenen Orten mit verschiedener Intensität wirken. Die Quantentheorie zeigt weiter, dass Photonen gleicher Energie, d.h. gleicher Wellenlänge, und gleicher Polarisation (Spin der Photonen) nicht unterschieden werden können. Die ›Kohärenz‹ bedeutet, gleiche Photonen werden sich überlagern, wenn sie – bildlich gesprochen – der Möglichkeit nach zur gleichen Zeit am gleichen Ort sein können. Wenn sie dann in einem Experiment in gleicher Richtung laufen, so werden die Interferenzmuster deutlich sichtbar.

Die Nichtlokalität der Quantentheorie kann wie eine ›eingebaute Fourier-Analyse‹ interpretiert werden, denn die Teilchen- und die Wellendarstellung (die Orts- und die Impulsdarstellung) gehen durch Fourier-Transformation ineinander über. Die Verteilung der einlaufenden Information auf Photonen als Träger wird daher auch den Abgleich mit ebenfalls nichtlokal gespeicherter Information aus dem holographischen Gedächtnis ermöglichen. Hierbei ist ein sehr intensiver Rückkopplungsprozess zu erwarten, denn das Bindungsproblem kann nur durch das Zusammenspiel von einlaufender Bottom-Up-Information mit aus dem Gedächtnis aktivierter Top-Down-Information gelöst werden. Die Assoziativität von nichtlokalisierter Information, die Co-Präsens von verschiedenen Möglichkeiten, ist dabei wesentlich. Die Synchronisation von Nervenarealen führt zu intensiven nichtlokalisierten Effekten, bei denen dann die beteiligten interferenzfähigen Photonen als Träger von bedeutungsvollen Informationsaspekten wirken können, die durch die Synchronisation zu einem Ganzen zusammengefügt werden.

Beim Menschen scheinen die bedeutsamsten Impulse für die Bindung der Informationen, die aus den verschiedenen Kanälen einfließen, aus dem Optischen zu kommen. Darauf deuten auch neue Versuche hin, bei denen Probanden durch eine Kombination von technisch erzeugten optischen Signalen mit sensorischen Empfindungen ein Out-of-Body-Erlebnis vorgetäuscht werden konnte.[43] Auch die Tricks der Magier beruhen darauf, dass durch geeignete Ablenkung eine solche Bindung provoziert wird, die das gewünschte Erleben zur Folge hat.

Bindung kann in gewissem Maße auch aus dem Bewusstsein kontrolliert werden. So sind wir fähig, Blitz und Donner zu verbinden, auch wenn das Gewitter noch weit entfernt ist. Ähnliches gilt für andere Fälle des Auseinanderfallens von Sicht und Geräusch. Die meisten Bindungen werden vorbewusst und unbewusst ausgeführt, weil das wegen des dabei hauptsächlich quantischen Ablaufes sehr viel schneller erfolgen kann. Bewusstwer-

---

[43] EHRSSON, H.H., Out-of-Body; LENGGENHAGER, B. et al., Video.

dung ist zumeist auch mit begrifflicher Erfassung verbunden und damit mit der Schaffung von Fakten. Dieser Vorgang ist notwendigerweise zeitaufwendiger als das Vorbewusste, welches quantisch bleiben kann.

6.6 Entwicklung des Bewusstseins

Mit dem Bewusstsein gelangen wir in den Bereich, in dem das Psychische zum Wesentlichen wird. Heute wird zwischen Soma (Körper, einschließlich des Gehirns) und der Psyche unterschieden. Das ist eine pragmatische Differenzierung, die es ermöglicht, in der leib-seelischen Einheit Strukturen zu erkennen und zu unterscheiden.

Unter der Psyche wird die Gesamtheit aller seelischen Vorgänge, sowohl der bewussten als auch der unbewussten, einschließlich aller Aspekte des Erlebens verstanden. Das Verhalten wird im Wesentlichen von ihr gesteuert. Da eine Psyche zeitlich und begrifflich vor jeder Erkenntnis steht, stellt sie eine Grundgegebenheit dar. Sie kann daher zirkulär erschlossen werden: Die Psyche ermöglicht mit ihrer Fähigkeit des logischen Denkens das Erkennen der Strukturen in der Natur, aus denen wiederum die Existenzformen des Psychischen erschlossen werden können.

Wir zeigen, wie geistige Vorgänge auf Protyposis – abstrakte Quanteninformation – reduziert werden können und erläutern Quanteninformation als eine Entität, die bewusstseinsfähige Erwachsene in der Form ihrer Gedanken kennen.

Da wir das Körperliche – weil Ruhmasse besitzend – als kondensierte Protyposis erklären können, erweist sich die in der Erfahrung oft schwierige oder sogar unmögliche Trennung zwischen Körperlichem und Psychischem als der Ausdruck einer auch aus naturwissenschaftlicher Sicht gegebenen Einheit.

Evolution des Bewusstseins

Wenn wir die Stammesgeschichte der Menschen betrachten, so sehen wir eine lange Entwicklung bis in die Gegenwart. Allerdings ist sie verglichen mit der Gesamtzeit der kosmischen und auch der biologischen Evolution nur eine kurze Spanne. Die ersten Säuger waren sehr klein und lebten schon zur Zeit der Dinosaurier, also bereits vor mehr als 200 Mio. Jahren. Eine Trennung zwischen Schimpansen und Frühmenschen, so nimmt man heute an, erfolgte erst vor etwa 6 Mio. Jahren.

Wohl niemand wird mehr am Bewusstsein der Säuger zweifeln. Allerdings gibt es große graduelle Unterschiede, ein Ich-Bewusstsein ist nach heutiger Kenntnis nur bei Primaten, Delphinen und Elefanten nachweisbar. Als ein Kriterium dafür wird angesehen, ob sich die betreffenden Tiere im Spiegel erkennen. Dies wiederum sieht man daran, dass sie z.B. mit dem Rüssel einen weißen Fleck wegwischen wollen, den man ihnen vorher, von ihnen unbemerkt, ins Gesicht gemalt hat. Bei Elefanten war es natürlich besonders schwierig, einen so großen und stabilen Spiegel zu bauen, der beim Erforschen durch die Tiere nicht sofort zerbricht. Der zu erstaunlich empathischem Verhalten fähige Hund kann sich nicht als sich selbst im Spiegel erkennen.

Weder die Größe noch die Furchung des Gehirns allein scheinen für die Entwicklung des menschlichen Bewusstseins ausschlaggebend zu sein, die Dichte der Nervenzellen, ihre Anordnung in der Hirnrinde und die Anzahl der Synapsen spielen sicher eine Rolle. Die entscheidende Größe, an der ein deutlicher Unterschied zwischen Mensch und den verschiedenen Klassen der Wirbeltiere zu erkennen ist, ist das Verhältnis von Hirnmasse zur Körpermasse (Allometrie), das zugunsten des menschlichen Gehirns ausfällt.

Die Entwicklung der Gehirngröße und des Bewusstseins liefen beim Menschen weitgehend parallel, allerdings war das Hirnvolumen beim Neandertaler etwas größer gewesen als beim modernen Menschen. Bekanntlich macht man den Unterschied zwischen dem Menschen und den anderen Primaten am aufrechten Gang, am Gebrauch von Werkzeugen und vor allem an der Nutzung des Feuers, damit auch der Aufbereitung der Nahrung, dem Rückgang der Kaumuskulatur und schließlich an Kunst und an Bestattungsritualen fest. Werkzeuggebrauch allein kann aber kein Unterscheidungsmerkmal mehr sein, denn es gibt einfachen Werkzeuggebrauch bereits bei Primaten und sogar bei einigen Papageien und Rabenvögeln.

Tomasello[44] betont einen Unterschied in der psychischen Verarbeitung von Mensch und Menschenaffen. Bei letzteren sieht er zwar auch die Fähigkeit zur Nachahmung, weniger aber zu Imitation, die er davon unterscheidet und die er als wichtigen Schritt zur Identifikation ansieht. Wir verstehen Tomasello so, dass Nachahmung sich auf die äußere Handlung bezieht, Imitation hingegen auch auf Aspekte des inneren Prozesses des Handelnden.

Die Entwicklung der Sprachfähigkeit, die dem Menschen eine noch intensivere und genauere Teamarbeit als den Tieren ermöglichte, ist naturgemäß archäologisch sehr viel schwieriger zu ergründen als ein Handeln, welches dauerhafte Spuren hinterlässt, z.B. als Höhlenmalerei.

Den modernen Mensch, zu dem wir uns rechnen können, gibt es mindestens seit ca. 100.000 Jahren. Manche Forscher sehen ihn sogar bereits vor 200.000 Jahren. Von Afrika über Asien kam er vor rund 40.000 Jahren nach

---

[44] TOMASELLO, M., Entwicklung, 56.

Europa. Ein frühes Zeugnis kreativer Gestaltung wurde erst kürzlich in Form eines geschnitzten Mammuts in der Vogelherd-Höhle auf der Schwäbischen Alb gefunden. Dieser wird auf 35.000 Jahre geschätzt.

Die Beziehungen der Menschen untereinander scheinen bereits damals recht weiträumig gewesen zu sein. Immer wieder deuten Funde auf einen Handel hin, da vielfach Materialien gefunden werden, die es selbst in der weiteren Umgebung des Fundortes nicht gibt.

Von einem eindrucksvollen Wissen bereits vor der Bronzezeit über die Zeitabläufe, um die Zeiten für Aussaat, Rituale u.a. festlegen zu können, zeugt beispielsweise auch das in Mitteldeutschland durch Luftbild-Archäologie entdeckte ›Sonnenobservatorium‹ in Goseck bei Weißenfels, das mit ca. 7000 Jahren älter als Stonehenge ist. Die bronzene Nebra-Scheibe (unweit von Naumburg gefunden) ist ca. 2000–1600 v.Chr. hergestellt worden und zeigt Vollmond, Sichelmond und Plejaden sowie zwei Horizontbögen für den Jahresverlauf der Sonne. An ihr wurden Hinweise für Aussaat- und Erntedaten ablesbar.

Ca. 3500 v.Chr. entwickelten die Sumerer ihre Keilschrift und entkoppelten die gedankliche Information damit erstmals dauerhaft von ihren ursprünglichen Trägern, den Menschen und ihrem Bewusstsein.

U.a. wird auf vielen dieser Tontäfelchen ein berühmtes Epos übermittelt. Es berichtet von Gilgamesch (ca. 2652–2602 v.Chr.) einem König der sumerischen Stadt Uruk, der zu einem Drittel Mensch und zu zwei Dritteln Gott gewesen sei. Aufgrund seiner Handlungen verweigerten ihm die Götter die Unsterblichkeit, die Gilgamesch, trotz seiner Versuche nicht wieder bekommen kann, so dass er die Tatsache seines Sterbens akzeptieren muss.

Während die frühen Überlieferungen lange Zeit lediglich mündlich weitergegeben wurden, wird durch die Tontafeln dauerhaft formuliert nachweisbar, auf welchem hohen kulturellen Niveau bereits damals die Auseinandersetzung des Menschen mit seiner Endlichkeit stattfand.

Die Geschichte der Menschheit und ihre Vorstellungen über das Entstehen der Welt ist vielfach in den Mythen und Sagen im Kontext der jeweiligen Zeit bearbeitet und bewahrt worden. In unserem Zusammenhang sind die Interpretationen interessant, die in diesen Mythen eine Auseinandersetzung der frühen Menschen mit der Entwicklung ihrer geistigen und emotionalen Fähigkeiten sehen.

Für Erich Neumann[45] beginnt die Mythenbildung »mit dem Stadium des Enthaltenseins des Ich im Unbewussten«. Auch Norbert Bischof[46] zieht eine Parallele zwischen der Mythologie und der Entwicklungspsychologie. Er begreift den Mythos als Spiegelung der emotionalen Entwicklung des

---

45 NEUMANN, E., Ursprungsgeschichte.

46 BISCHOF, N., Mythen.

›Ichs‹. Immer wieder haben sich die Menschen Gedanken über das Entstehen der Welt gemacht. Dabei tritt nach Cassirer[47] die Schöpfung bei allen Völkern ursprünglich als Lichtschöpfung auf. Symbolisch würde dies das Auftauchen des Bewusstseins aus dem Unbewussten bedeuten.

Als Beispiel geben wir eine verkürzte Darstellung der Schöpfungssage der Maori:[48]

Die Himmel, die über uns sind, und die Erde, die unter uns liegt, sind die Erzeuger der Menschen und der Ursprung aller Dinge.

Denn früher lagen die Himmel auf der Erde, und alles war Finsternis. Nie waren sie getrennt gewesen. Und die Kinder des Himmels und der Erde suchten den Unterschied zwischen Licht und Finsternis zu entdecken – zwischen Nacht und Licht; denn die Menschen waren zahlreich geworden, aber die Finsternis währte noch fort. [...]

Es wird nun weiter berichtet, was die Kinder alles im Ringen nach dem Licht versuchten um die Eltern zu trennen.

Zuletzt erhob sich Tane-Mahuta, der Waldgott, um gegen Himmel und Erde zu kämpfen. Seine Arme erwiesen sich als zu schwach, so beugte er sein Haupt nieder, stieß mit den Füßen nach oben und riß sie auseinander. Da wehklagte der Himmel und rief die Erde: ›Weshalb dieser Mord? Warum diese große Sünde? Warum willst du uns vernichten? Warum willst du uns trennen?‹ Aber was kümmert dies Tane? Aufwärts sandte er den Einen, abwärts die Andere; und daher spricht man: ›Tane stieß, und Himmel und Erde wurden geschieden. Er ist's, der die Nacht von dem Tage getrennt hat.

Hier wird ein Schöpfungsmythos vorgestellt, der – wie in anderen Kulturen auch – eine Trennung der Welt in unterscheidbare Bereiche erzählt und damit die Möglichkeiten für Gestalten und Strukturen eröffnet. Zugleich stellt er die in der Entwicklung notwendige Ablösung des Menschen von Mutter und Vater dar.

Ebenfalls als einen evolutionären Mythos sieht Herbert Stein[49] eine der beliebtesten Sagen der Antike, den Mythos von Narzissus. Dieser Mythos liefert ein Motiv, das von den Künstlern vom Altertum bis zu Salvatore Dali u.a. aufgegriffen wurde. Allein in Pompeji wurden über 50 bildnerische Darstellungen zu diesem Thema gefunden. Ovid hatte die Sage in seinen »Metamorphosen« durch eine Verbindung mit der Sage von Echo erweitert: Nachdem der Flussgott Cephisos die Nymphe Liriope vergewaltigte, gebar diese Narzissus. Als Jüngling war er erfüllt vom Stolz auf seine eigene Schönheit. Auch die Nymphe Echo, die aufgrund eines Fluches nur die letzen Worte von anderen wiederholen konnte, verliebte sich in ihn. Eines Tages

---

47 CASSIRER, E.; zitiert nach NEUMANN, E., Ursprungsgeschichte, 92.
48 NEUMANN, E., Ursprungsgeschichte, 91f.
49 STEIN, H., Quantenphysik, 137f.

verirrt sich Narzissus auf der Jagd und ruft nach seinen Gefährten. Echo bezieht die Worte auf sich und will ihn umarmen. Narzissus jedoch verschmäht sie. Echo zieht sich in eine Grotte zurück, vergeht vor Gram, ihre Gebeine werden zu Fels und nur ihre Stimme bleibt erhalten. Narzissus hingegen wird wegen der Zurückweisung von Echo und anderen, die ihn lieben, dazu verdammt, sich selbst zu lieben und dieser Liebe nicht froh zu werden. Als er sich an einer Quelle ausruht und seinen Durst zu löschen suchte, erblickt er sein eigenes Spiegelbild. Er verliebte sich in dasselbe und verzehrte sich vor Sehnsucht danach von Tag zu Tag mehr und schwand dahin, bis sich sein Leib in die Blume verwandelte, die seinen Namen trägt. In einer anderen Version versucht er sich mit dem Bild zu vereinen und ertrinkt dabei.

Abb. 38: Narzissus, nach einem Wandgemälde aus Pompeji.

Herbert Stein[50] deutet die Erzählung so:

Hinter dieser Geschichte steht ein altes mythisches Bild, das nicht eine pathologische Fehlentwicklung darstellt, sondern eine Daseinsdeutung ist. Es ist der Mensch, der sich, anfangs noch ohne Spiegel, im Wasser selbst erblickt und erkennt. Im Ansatz ist das auch bei Primaten bekannt. Das Wasser muss klar und ruhig sein, um ein unverzerrtes Bild zu reflektieren. So ist das Bild nicht nur ein Faktum der Evolution,

50 A.a.O., 137.

sondern ein Symbol. Die Psyche muss klar und ruhig sein, um meditativ sich als das wahre Selbst zu erkennen – und dieses als identisch mit dem göttlichen Existenzgrund.

Stein geht davon aus, dass die Griechen diesen Mythos, den sie uns überliefert haben, bereits nicht mehr verstanden hätten und meint, dass der ursprüngliche Narziss das wahre Selbst liebt, das Göttliche in sich selbst.

Die ›Spiegelung‹ als Metapher, wie bei der ›Spiegelung des Säuglings im Auge der Mutter‹, und als Beschreibung der Fähigkeit zur Selbstwahrnehmung spielt eine wichtige Rolle bei der Untersuchung der Herausbildung des Ichs in der Stammesgeschichte und in der Individualentwicklung.

Julian Jaynes sah in seinem Buch über den »Bicameral mind«[51] einen entscheidenden Schritt zum Selbstbewusstsein kulturgeschichtlich belegt am Übergang von der Ilias zur Odyssee. Odysseus (ca. 8. Jh. v.Chr.) wird als erster Repräsentant eines selbstbewussten und nicht mehr durch ›Götter‹ geleiteten Menschen gesehen. Bei ihm ist eine Integration zu einem größeren Ich vollzogen. Zuvor wurden nach Jaynes das faktische Denken und die rationalen Schlüsse vom Unbewussten noch als ›fremd‹ kategorisiert. So sprechen in der Ilias die Götter noch direkt zu den Menschen, in der Odyssee kommen die eigenen Überlegungen des »listenreichen« Odysseus zum Tragen.

Ein anderer Versuch, die stammesgeschichtliche und die individualgeschichtliche Entwicklung zu verbinden und damit die Herausbildung des Bewusstseins kulturhistorisch zu erklären, stammt von Jean Gebser.[52] Nach ihm habe der Mensch bereits vier Bewusstseinsmutationen vollzogen. Er klassifiziert diesen Weg vom Ursprung ausgehend, aus dem sich die archaische Struktur entwickelt, aus dieser die magische und mythische Struktur, um schließlich zur mentalen zu gelangen.

Nach Gebser lassen sich unter Einbeziehung der modernen Physik Anzeichen für eine weitere, die integrale Struktur erkennen. Auch heute tragen die meisten Menschen die vorhergehenden Bewusstseinsstufen noch mehr oder weniger ausgeprägt in sich. Magisches sehen wir z.B. an der Zuschreibung von möglichem Unheil zu einem ›Freitag, den 13.‹ (Transatlantikflüge sind nach unserer Erfahrung dann sehr schwach besetzt), oder daran, Aussagen von Wahrsagerinnen u.ä. wie Tatsachen in das eigene Leben hineinzunehmen. Ebenso gibt es Familienmythen und kollektive Mythen, z.B. als Vorstellungen über die Geschichte der Vorfahren, und auch moderne kosmische Mythen über ›andere Universen‹. Gebsers Konzept eines integralen Bewusstseins ist besonders von Ken Wilber[53] weiterentwickelt worden.

---

51 JAYNES, J., Ursprung.
52 GEBSER, J., Ursprung.
53 WILBER K., Kosmos.

C. McPherson Smith[54] sieht als Ziel der kognitiven Archäologie, den Geist hinter dem Artefakt zu finden. Er schließt sich dem Stufenmodell der Entwicklung des Geistes an, das von Merlin Donald[55] in dessen »Origins of the Modern Mind« beschrieben wurde. Diese Entwicklung soll ihren Ausgang vor 4 Millionen Jahren bei den Australopithecinen in Afrika genommen haben, die noch zu keiner langen Speicherung des Geschehens fähig gewesen sein sollen, das Geschehen selbst aber begriffen hätten. Eine einfache Zeichensprache war erlernbar. Dieses »episodische Bewusstsein« habe sich vor 2 Millionen Jahren, als die Gattung Homo entstanden ist, zum »mimetischen Bewusstsein« entwickelt (von griech. Mimesis = Nachahmung). Wir verstehen dies so, dass dabei die Gegenstände eineindeutig und unreflektiert durch Begriffe repräsentiert – ›nachgeahmt‹ – werden. Diese frühen Menschen hätten ein Konzept gehabt wie man Werkzeuge macht, eine darstellende Kulturstufe sei dabei schon erreicht worden, Gesten dienten zur Kommunikation. Aufbauend auf einem Grundwortschatz habe sich vor 300.000 Jahren ein echter Wortschatz entwickelt. Funde wie 75.000 Jahre alte Muschelketten und Ritzzeichnungen in der Südafrikanischen Blomboshöhle zeugen davon.

Im mythischen Bewusstsein seien die Erscheinungen in eine eigene Vorstellungswelt geordnet worden. »So wie die Mimesis den Geist von seinem episodischen Bewusstsein gelöst hatte, so weitete die Sprache den Verstand über die sehr begriffliche Welt des mimetischen Bewusstseins hinaus.«[56] Damit wurden *verschiedene Bedeutungen zum gleichen Begriff* (Synonyme) möglich, eine Voraussetzung kreativen Denkens. Götter- und Heldensagen ermöglichten ein kulturelles Modell der Welt.

Durch Erfindung der darstellenden Kunst und vor allem mit der der Buchstabenschrift wurde die Information aus der Gegenwart befreit und abstrakte Schriftsysteme ergaben eine Art von universellem Sinnspeicher, der Zeit und Raum überschreitet.

Wenn wir die Entwicklung zusammenfassend betrachten, sehen wir im magischen Weltverständnis den Versuch, die innere und die äußere Welt als kausal verknüpft zu begreifen: Der Regen fällt, weil regelgemäß getanzt wurde. Und so, wie in jedem Frühjahr die Natur neu erwacht, wird durch die frühen Begräbnisrituale auch eine zyklische Existenz für das bewusstseinsbegabte Wesen Mensch gesichert. Wir vermuten zyklische Vorstellungen wegen der Beigaben, die für das ›nächste Leben‹ mitgegeben wurden, und wegen der wohl damals vorherrschenden matriarchalischen Gesellschaftsstruktur, der ein zyklisches Zeitverständnis näher liegt, wie es sich auch in frühen Religionen findet.

---

54 McPherson Smith, C., Stein.
55 Donald, M., Origins.
56 McPherson Smith, C., Stein, 58.

Im Magischen finden wir noch eine klare Zuordnung von Begriff und Objekt, die beim Übergang zum mythischen Denken gelockert wird. Vor allem eine reichhaltigere Grammatik sowie die zunehmende Möglichkeit, Homonyme und damit auch Metaphern bilden zu können, leiten einen neuen Entwicklungsschritt ein.

Während später in der mythischen Weltsicht die klare Kausalität zwischen den Gedanken und den Fakten der äußeren Welt aufgebrochen wird, bleibt allerdings in ihr eine sinnstiftende Beziehung zu meist personifizierten Ideen, zu Göttern und Heldenfiguren, bestehen. Deren narrative Darstellungen stellen den Beginn dessen dar, was heute als die frühesten Hochkulturen bezeichnet wird.

Die rationale Weltsicht ist gekennzeichnet durch eine klare Trennung der Welt in sichtbare Objekte und in unsichtbare Kräfte zwischen diesen. In ihrer weiteren Entwicklung wird die Realität mehr und mehr auf das Sichtbare eingeschränkt und das Geistige gerät immer stärker in die Rolle eines Epiphänomens. Kausale Beziehungen zwischen Geistigem und Materiellem werden immer mehr ausgeschlossen. Es wird postuliert, alle realen Abläufe seien letztlich gesetzmäßig determiniert, und die materielle Welt wird als »kausal geschlossen« angesehen.[57]

Diese philosophische Hypothese, die ihren Höhepunkt mit der klassischen Physik erreicht, wird durch die Weiterentwicklung der Naturwissenschaften korrigiert. Mit der Quantentheorie wird es möglich, die Innen- und die Außensicht auf neue Weise wieder zu verbinden und auch dem Geistigen aus naturwissenschaftlicher Sicht wieder eine fundamentale Bedeutung zu geben.

Allerdings treten nun an die Stelle von nicht zu rechtfertigenden Kausalbeziehungen zwischen dem Inneren und dem Außen Möglichkeiten von Quantenkorrelationen, die für hinreichend instabile Situationen sogar folgenreich sein können. Im achten Kapitel werden wir erwägen, welche noch weitergehenden Folgen aus dem Wiederentdecken dieser Verbindung zwischen Geistigem und Materiellem möglich werden.

Hinter diese Erkenntnisse wird man nicht wieder zurückgehen können. Wie Tomasello[58] betont, ist der Mensch von den Tieren auch dadurch unterschieden, dass bei ihm ein ›Wagenheber- oder Ratscheneffekt‹ dafür sorgt, dass kulturelle Errungenschaften im Wesentlichen nicht wieder verloren gehen. Allerdings zeigen die Auseinandersetzungen in den Kriegen und Bürgerkriegen des 20. Jahrhunderts, wie dünn die humanistische kulturelle Decke der Menschheit immer noch ist.

Intelligentes Verhalten ist bei vielen verschiedenen Arten wie, z.B. Vögeln, Meeressäugern, Elefanten, Primaten, Hunden usw. schon vorhanden.

---

[57] Siehe 311.

[58] TOMASELLO, M., Entwicklung, 54ff.

Der Mensch ist dasjenige unter den Lebewesen, das mit seinen geistigen Fähigkeiten am besten in der Lage ist, von der Handlung und sogar von Vorgestelltem abstrahieren zu können. Schließlich kann der Mensch sogar über sein Denken nachdenken. Mit der Entwicklung des Körpers, also auch des Gehirns, steigt die Kapazität der Informationsverarbeitung und ihre Differenzierung zu mehr rein geistigen Fähigkeiten.

Die Entwicklung des Individualbewusstseins

Das *Ich* wird als der zentrale Organisator des Psychischen gesehen, der sich zugleich intentional auf die Personen und Objekte ausrichtet, die ihn umgeben. Eine kurze Charakterisierung des Selbst wird für die psychologische Diagnostik wie folgt gegeben: Wenn das Ich sich selbst zum Objekt der Wahrnehmung nimmt wird es zum Selbst. Das *Selbst* wird daher in der Psychologie zumeist als die reflexive psychische Struktur gesehen. Dies ist mit ca. 18 Monaten durch die beschriebene Erfahrung des sich selbst Erkennens im Spiegel auch für andere wahrnehmbar, es entsteht ein *›Selbstbild‹*. Das Selbst fühlt sich von anderen bewertet, es reflektiert dies, bewertet sich schließlich selbst und entwickelt damit einen *›Selbstwert‹*. Das Selbst erlebt sich im günstigen Fall bei aller Veränderungsmöglichkeit als konstant erscheinend und kohärent, es bildet eine *›Identität‹* heraus. Es integriert alle psychischen Funktionen und Dispositionen zu einem Ganzen, es steuert sich selbst und organisiert die Beziehung zum Anderen.[59]

Daniel Stern[60] beschreibt die Entwicklung in einer anderen Weise von einem auftauchenden Selbst über ein Kern-Selbst bis schließlich zu einem narrativen Selbst, so dass sich ein autobiographisches Selbst herausbildet.

Die Betrachtung des Selbst kann man von verschiedenen Gesichtspunkten aus beginnen. Dabei lässt sich die Betonung unterschiedlich setzen. Man kann einmal vom erwachsenen, entwickelten Selbst aus starten, aber auch eine evolutiven Zugang wählen. Letzterer geht von den sich entwickelnden Informationsverarbeitungsfähigkeiten in der Stammesgeschichte aus, und führt die Entwicklung eines sich herausbildenden Ichs, das sich selbst repräsentieren kann, in der Individualgeschichte weiter.

Der erste Zugang scheint den Vorteil zu bieten, dass der Begriff der Repräsentation[61] unerklärt eingeführt werden kann, wie es in fast allen Beschreibungsweisen des Bewusstseins erfolgt. Dadurch wird der Erklärungsweg natürlich einfacher. Auf dem zweiten Weg kann man naturwis-

---

59 OPD, 67.

60 STERN, D., Säuglings.

61 Siehe 210.

senschaftlich erklären, wie sich Repräsentationen herausbilden, dass also etwas geschaffen wird, das etwas anderes bedeutet als es ist. Wir haben dargelegt, dass erst das Bewusstsein als Quanteninformation erklärt werden muss, in dem weitere Codierungen stattfinden können, in dem also Information über Information erzeugt wird, damit sich Repräsentanten entwickeln können. Dieser Prozess der Herausbildung bedeutungsvoller Information kann, wie oben dargestellt, über die Stammesgeschichte erklärt werden. Er ist nicht ausschließlich biologisch zu verstehen, sondern bei höher entwickelten Tieren und natürlich beim Menschen auch als Resultat einer kulturellen Entwicklung. *In der Kultur wird intersubjektive Information verfügbar, vermittelbar und bedeutungsvoll.* So übernehmen Vogeljunge die Melodien und Menschenkinder die Sprache der Eltern, für viele andere Säuger gilt ähnliches.[62] Erfahrungen werden auch durch körperliches Verhalten weitergegeben, z.B. bei dem über den Instinkt hinausgehenden Jagdverhalten von Raubtieren.

Information wird bedeutungsvoll, wenn sie letztlich der Stabilisierung und Erhaltung des fern vom Gleichgewicht arbeitenden Systems ›Lebewesen‹ dienen kann. Je weiter die Entwicklung voranschreitet, desto mehr können neben dem bloßen Überleben auch sekundäre Ziele bedeutungsvoll werden.

Solche sekundären Ziele werden beim Menschen hauptsächlich kulturell fundiert. Sie können sich z.B. sogar in Erscheinungen äußern, die aus biologischer Sicht ohne jeden Sinn erscheinen, z.B. die Opferung des eigenen Lebens für ideologische Überzeugungen und Ziele.

Neueste Untersuchungen[63] zeigen, dass sich offenbar die genetische Evolution des Menschen in den letzen Jahrtausenden beschleunigt hat. Für diese Vergrößerung der genetischen Variabilität können kulturelle Faktoren von wesentlicher Bedeutung sein. Ein Beispiel dafür ist die sich vor etwa 5000 Jahren in Nordeuropa mit dem Ackerbau herausgebildete Fähigkeit der Laktose-Toleranz, durch die Milchzucker auch nach dem zweiten Lebensjahr weiter verwertet werden kann.

Uns ist bekannt, dass für Altruismus und ähnliche Phänomene auch mit Modellen wie z.B. dem des »egoistischen Gens« mechanistische Erklärungsversuche erstellt werden. Der damit verbesserte Erhalt von Familie, Gruppe oder Art würde demnach letztlich auch der Verbreitung des eigenen genetischen Materials zugute kommen. Allerdings gibt es gegen eine solche Bottom-Up-Erklärung auch gut begründete Einwände. Das Konzept der Protyposis ermöglicht eine hier notwendige Ergänzung durch die mit ihr mögliche Erklärung einer Top-Down-Steuerung. Diese kann gegen die

---

62 Eine ausführliche Darstellung findet man z.B. bei TEMBROCK, G., Kommunikation.

63 HAWKS, J. et al., evolution.

Vorstellung von rein genetisch begründetem Verhalten auch kulturell fundierte Gründe setzen und damit andere als nur biologisch begründete Motivationen und Handlungsweisen erklären.

Die kulturelle Erzeugung von ›Bedeutung‹ im Bereich des Biologischen zeigt sich beispielsweise auch in der verschiedenen Ausformung von krankheitswertigen Symptomen, die je nach kulturellem Hintergrund auftreten oder auch nicht. Ein Beispiel dafür ist in unserer Kultur der Rückgang von Ohnmachtsanfällen auf neurotischer Basis, was aber in anderen Kulturen noch ein möglicher Ausdruck für dahinter liegendes psychisches Leid sein kann.

In der Individualentwicklung ist der Startpunkt die Vereinigung zweier Zellen und ihrer genetischen Information bei der Zeugung, die sich sofort zu einem neuen Ganzen entwickeln. Diese mitgelieferte Information ergibt den Rahmen, in welcher Weise einlaufende Information zu codieren ist und wie ihr damit Bedeutung verliehen wird. Wir können zwar verschiedene Zellstadien wie Morulastadium usw. feststellen, aber jeder Schritt ist in dieses Ganze eingebunden.

Im Mutterleib ist der sich entwickelnde Fötus von direkten äußeren Einflüssen nicht unabhängig, aber vor ihnen weitgehend geschützt. Er erfährt Einflüsse vor allem über den Körper und die Seele der Mutter. Deren Befindlichkeit ist wiederum nicht unabhängig von ihrem Eingebettetsein in ihre soziale Umgebung.

Natürlich sind die Auswirkungen von bestimmten Krankheiten oder von Stress der Mutter auf den Säugling zwar in vieler Hinsicht bekannt, ebenso wie die durch die Einnahme von Drogen wie Alkohol und Nikotin. Über die pränatalen Einflüsse auf die sich entwickelnde Psyche wissen wir noch wenig, aber die Erkenntnisse wachsen auch dort.

In der körperlichen und psychischen Einheit mit der Mutter zeigt die vorgeburtliche Entwicklung des Kindes die Herausbildung einer wachsenden Differenzierung bei der Verarbeitung der zugänglichen Information. Das Ungeborene tastet die Umgebung ab, kann am Daumen lutschen, vollführt Bewegungen, kann nach einer Entwicklungszeit Laute wahrnehmen und bestimmte Tonlagen ausfiltern. Man weiß heute, dass Neugeborene die Stimme ihrer Mutter und den Tonfall gehörter Texte wiedererkennen, wie auch im Mutterleib gehörte Musik und Lieder. Auch an Hundegebell kann sich das Ungeborene gewöhnen. Wenn es dies bereits im Mutterleib erfahren hat, erschrickt es nach der Geburt nicht dabei. Gustav H. Graber, der als der Begründer der pränatalen Psychologie gilt, geht von einem »unbewussten vorgeburtlichen Selbst« aus, »das fortwährend zur Verwirklichung im bewussten Selbst drängt«.[64]

64 Zitiert in: REITER, A., Individuation, 8.

Die Psyche des Neugeborenen darf somit keineswegs wie ein ›Nichts‹ verstanden werden. Diese Vorstellung bildet einen Gegenpol zu einer noch nicht lange überwundenen Meinung, dass der Säugling als ›tabula rasa‹ auf die Welt kommt, symbolisch als ›eine leere Tafel, die frisch beschrieben werden kann‹. Man hatte den Säuglingen, ähnlich wie den Tieren, deshalb auch kein inneres Erleben und kein Schmerzempfinden zugesprochen. Nach einem Bericht einer Kinderklinik, den man heute kaum mehr für möglich halten kann, wurden deshalb

> bis in die 60er Jahre des 20. Jahrhundert Neugeborene wie zu Darwins Zeiten ohne Narkose operiert, weil man annahm, dass Neugeborene noch keine Schmerzen empfinden können, entsprechend hoch war die perioperative Sterblichkeit.[65]

Das Kind wird normalerweise mit einem Ja zum Leben, einem Lebenstrieb geboren. Der angeborene Überlebenswille[66] äußert sich beim Säugling als Motivation, die auch auf Beziehung und Bindung gerichtet ist. Analog zum Trieb nach Nahrungsaufnahme, dem Hunger, nannte Freud den Trieb, der schließlich zur Sexualität führt und der schon beim Säugling angelegt ist, Libido. Er hat seine Quelle im Somatischen, d.h. dem Körperlichen, und wirkt auf das Seelische, »als psychischer Repräsentant der aus dem Körperinneren stammenden, in die Seele gelangenden Reize«.[67] Freud sah den gleichberechtigten Rang der auf Selbsterhaltung und der auf Arterhaltung gerichteten Lebensäußerungen, Hunger und Libido.[68] Wir hatten darauf verwiesen, dass Arterhaltung nicht notwendig für Leben ist, aber Lebensformen ohne Nachkommen aus der Evolution zwingend wieder verschwinden.[69] Freud sieht das Streben der ›Libido‹ daher zu Recht bereits beim Säugling angelegt, auch wenn naturgegeben dort noch kein direkter Zusammenhang zur Vermehrung deutlich wird. Die körperlichen und kommunikativen Bedürfnisse des Säuglings, sein Streben nach Bindung, lassen ihn aktiv werden in seiner Gestaltung der Beziehungen zu seiner Mutter, zu anderen Beziehungspersonen und auch zu physikalischen Objekten. M.B. Buchholz[70] beschreibt, wie C. Trevarthen anhand von Fotodokumentationen zeigen kann,

> dass Säuglinge schon 20 Minuten nach der Geburt sich von einem vor ihnen baumelnden Ball faszinieren lassen und ihm mit dem Blick folgen und dabei ein Selbstgefühl erkennen lassen; wenn sie sich bewegen, so beobachten sie aufmerksam, bewegt sich der Ball auch, weil er an einer Schnur an ihrem Zeh angebunden wird. Das ist ein ›communcation game‹ […] nicht weit von Wittgensteins Sprachspiel entfernt.

---

65 MAGAZIN Haunersche Kinder-Klinik.
66 Siehe 180.
67 FREUD, S., GW, Bd. X, 214.
68 Ders., GW, Bd. V, 33.
69 Siehe 173.
70 BUCHHOLZ, M.B., Sprache, 706.

Das Neugeborene ist neugierig, hat ein angeborenes Interesse an der Welt, die es umgibt. Da ein vertrauensvolles Eingebundensein für die Entwicklung wichtig ist, benötigt das Kind eine Sicherheit vermittelnde Umgebung und liebevolle Pflegepersonen. Nicht nur die körperliche Versorgung ist zu gewährleisten, sondern auch Aufmerksamkeitszuwendung und eine gute emotionale Atmosphäre mit einem empathischen Eingehen auf die Bedürfnisse des Kindes. Man kennt Bilder aus schlecht geführten Waisenhäusern und Heimen mit zu wenig Pflegepersonal, in denen neben dem Zurückbleiben der körperlichen Entwicklung ebenfalls keine altersentsprechende geistige Reifung möglich war, denn es gibt Zeitfenster für die Entwicklung des Bewusstseins allgemein und für das Erlernen spezieller Fähigkeiten wie der Sprache, die nicht voll rückholbar sind. Das Neugeborene ist also bereits viel aktiver, als ihm früher zugeschrieben wurde. Gleichwohl muss sich sein subjektives Empfinden weiterentwickeln, das ihm im Erleben gegeben ist, damit es sich selbst als Verursacher seines Handelns erfahren kann und es die eigenen intentionalen Zustände und die der anderen zu verstehen lernt.

Die enge psychische Verbundenheit von Mutter und Kind legt es nahe, dass sich in dieser engen Wechselwirkung zwischen manchen Teilbereichen der beiden Psychen gemeinsame kohärente Zustände herausbilden.[71] Vermutlich bestehen solche Zustände nach der Geburt weiter und werden später weniger wahrnehmbar, weil durch die Zunahme der Fakten, durch welche auch die psychische Trennung von Mutter und Kind immer deutlicher wird, wesentlich mehr Quantenkorrelationen unterbrochen als neue in der Wechselwirkung zwischen Mutter und Kind erzeugt werden. Vielmehr werden das Kind – und mit dessen Älterwerden ebenso die Mutter – unter Reduzierung der gemeinsamen Kontakte zunehmend weitere Felder ihrer psychischen Verbindungen pflegen.

Gewiss werden die Anlagen für bestimmte Fähigkeiten durch die in den Genen codierte Information mitgegebenen. Die Möglichkeit zur Expression der Gene, zu deren Wirksamwerden, hängt jedoch auch stark von epigenetischen Einflüssen ab, dem Zusammenspiel innerhalb des Körpers und besonders von der Umgebung des Kindes. Man kann annehmen, dass ebenfalls die subjektive Bearbeitung, die interne Informationsverarbeitung, auf das Abrufen der in den Genen gespeicherten Information zurückwirken wird. Solange allerdings lediglich das ›Gehirn‹ als real betrachtet wird, wird die Wechselwirkung von der Psyche auf die Gene nicht ins Zentrum der Forschung gelangen.

Das in Entwicklung befindliche Selbst wird allem, was in seinem Inneren und in der äußeren Umwelt geschieht, somit eine Bedeutung zuschreiben und es gewichten, und die äußeren Einflüsse in sein Erleben integrieren.

---

[71] Siehe 282.

Das Gehirn wächst erkennbar bis zum Abschluss der Pubertät. Die Kontaktstellen, die Synapsen zwischen den Nervenzellen, reifen bei entsprechend häufigen Nervenimpulsen aus. In diesem Entwicklungsprozess werden auch viele ungenutzte Verbindungen und Nervenzellen eingeschmolzen, die größte Zahl an Nervenzellen ist kurz nach der Geburt zu finden. Seit wenigen Jahren ist bekannt, dass allerdings noch bis ins hohe Alter in einem gewissen Rahmen eine Neubildung von Neuronen möglich ist.

In der frühen Kindheit wird viel durch Nachahmung, Imitation und Identifikation gelernt. Einen Beitrag zum Verstehen solcher sozialer Kommunikation liefert auch die Existenz von Spiegelneuronen. Sie sind sowohl bei einer aktuellen eigenen Handlung aktiv als auch beim Beobachten dieser Handlung bei einem anderen. Experimentelle Untersuchungen dazu sind seit längerem bei Makakken durchgeführt worden. Dabei wird ›gedanklich‹ die beobachtete Handlung mit vollzogen.[72] Eine Aktivität scheint besonders ausgeprägt bei der Beobachtung von nahe stehenden Affen aufzutreten. Die Spiegelneurone beim Menschen arbeiten offenbar noch effizienter und tragen zur Imitation und zur Identifikation mit den Eltern und zum Imitationslernen bei.

Als kanonischen Neurone werden solche bezeichnet, die sowohl aktiv werden, wenn ein Gegenstand wahrgenommen wird, mit dem eine Handlung durchgeführt werden könnte, als auch bei einer Handlung mit diesem selbst.

Die Spiegelneuronen und die kanonischen Neuronen zeigen die Realität der gedanklichen Vorstellungen auf. Eine gedachte oder vorgestellte Handlung wirkt in manchen Hirnarealen gleichermaßen wie eine durchgeführte.

Es gibt offenbar eine Analogie zu Orts- und Richtungsneuronen, wie sie beispielsweise bei Rattenversuchen aufgezeigt worden sind. Derartige Ortsneuronen reagieren auf den Ort. Während bei den Spiegelneuronen eine Handlung vorgestellt wird, wird hier die Vorstellung einer Art innerer Landkarte der Umgebung erstellt. Richtungsneuronen sind die Träger derjenigen Information, die die Blickrichtung in Relation zum Körper und der Umgebung repräsentiert.

Das Feuern der Neurone war bisher lediglich eine Frage der Physiologie, die Beziehung zur Psychologie kann hergestellt werden, indem mit der Protyposis diese Lücke geschlossen wird. Mit ihr kann verdeutlicht werden, dass jede Informationsverarbeitung bei Mensch und Tier mit einer Tätigkeit von Nervenzellen verbunden ist, ohne dass diese auf das physiologische Faktum allein eingeschränkt werden könnte. Die gedankliche Information aus einer nur vorgestellten Handlung kann also in manchen Hirnbereichen genauso wirksam sein wie die aus einer tatsächlich durchgeführten.

Im Laufe der Gehirn- und Bewusstseinsentwicklung fallen mit dem Zugrundegehen oder der Nichtnutzung angelegter synaptischer Verbindungen

---

[72] SCHUBOTZ, R., Gehirn.

Möglichkeiten weg und das Faktische wird verstärkt. Die Wahrnehmung wird eindeutiger, klarer, faktischer. Durch den Prozess der Wahrnehmung und des Lernens mit seinen Wiederholungen werden Synapsenverbindungen geschaffen, die eher klassisch arbeiten.[73] Gleichzeitig unterstützt das Wachstum des Gehirns insgesamt und bestimmter seiner Teile, wie des Hippocampus, die Abspeicherung und den Abruf von Gedächtnisinhalten. Mit diesem Wachstum werden im Bewusstsein Möglichkeiten für mehr Repräsentationen und für die Selbstreflexion erzeugt. Das Ich wird durch diesen Entwicklungsprozess gestärkt, die Trennung von innen und außen wird deutlicher, und gleichzeitig wird mehr Raum geschaffen für die interne Informationsverarbeitung und eine weitere Entwicklung des Selbst.

Affekte und geistige Entwicklung

Die unauflösliche Einheit von Psychischem und Körperlichem wird über die Emotionen, die Gefühle vermittelt. Die Affekte haben den ganzen Leib als Träger, nicht einzelne Zellen und vor allem auch nicht allein das Gehirn. So ist beispielsweise die Anzahl der Nervenzellen des Darmwandnervensystems von der gleichen Größenordnung wie die des Großhirns.

Wir verstehen ein Gefühl als einen einheitlichen Quantenzustand, der Körperliches und Psychisches zu einer Einheit zusammenfasst. Als Affekt bezeichnen wir einen solchen Zustand, bei dem der körperliche Anteil überwiegt, er wird also auch von außen deutlich sichtbar. Daher werden die Affekte entwicklungspsychologisch auch bei kleinen Kindern über den körperlichen Ausdruck definiert, denn dieser ist eindeutig an ein seelisches Befinden gekoppelt. Erst mit der Reifung des Gehirns wird es möglich, bei einem solchen Zustand eine stärkere Differenzierung zwischen Körperausdruck und Psyche zu erreichen, so dass das rationale Denken die körperlichen Anteile steuern und den kulturellen Normen anpassen kann. Wenn eine solche Bearbeitung und damit eine gewisse Ablösung vom Körperlichen gelingen, spricht man von »Gefühlen « oder von »Emotionen«. Andererseits können bei starken Affekten die körperlichen Anteile derartig beherrschend werden, dass dabei die Psyche im Wesentlichen durch den Körper gesteuert wird. Daher wurde bereits seit der Antike von den Philosophen die große Bedeutung der Affektregulation (›die Zügelung der Leidenschaften‹) für ein ethisch und moralisch einwandfreies Leben gesehen. Andererseits gab es gesellschaftlich akzeptierte Formen der Affektkanalisierung, die in dieser Form heute nicht mehr gebilligt werden – man denke an den großen zivilisatorischen Gewinn eines Fußballspiels im Vergleich zu Gladiatorenkämpfen.

---

73 Siehe Sehprozess 222.

Das Kind tritt mit seinen angeborenen Affekten in Kommunikation mit seiner Umgebung. Affekte verstehen sich nach Rainer Krause[74] »als ein Prozess, der die Motorik, die Physiologie, das Denken und das kommunikative Handeln geordnet ansteuert«. Die weite Bereiche des Körperlichen erfassende Ausprägung der Affekte ist an verschiedenen Komponenten in Annäherung objektivierbar. Eine motorisch-expressive Komponente ist ablesbar an der Mimik und den Lautäußerungen, mit der Wünsche signalisiert werden. Der physiologisch-hormonelle Teil stellt die interne Bereitschaft zum Handeln her. Als dritte Komponente sieht Krause eine mehr oder weniger deutliche Innervation der Skelettmuskulatur, die eine Bereitschaft anzeigt, nach außen zu handeln.

Durch die sich zunehmend entwickelnde Wahrnehmung und Differenzierungen der Affektbedeutungen, die auch von den Eltern erläutert und gespiegelt werden und die in das Erleben einfließen, wird dem Subjekt in seiner Individualentwicklung ein immer besseres Erfassen der Affekte möglich. Mit wachsender Bewusstwerdung wird ein erlebtes Gefühl aus der Erfahrung heraus vom Subjekt erkannt und später auch benannt werden können. Zwischen gefühlshaftem Grunderleben und Erleben sowie der denkenden Verarbeitung und Bewertung besteht eine sehr enge Rückkopplung, deren hypothetische Auflösung in einen nur linearen Zusammenhang nicht tatsächlich möglich ist.

Die sich erst in der Entwicklung des Individuums herausbildende Bedeutung der Gefühle setzt sich aus drei Anteilen zusammen: erstens aus der Wahrnehmung der körperlichen Korrelate, zweitens der Benennung und Erklärung dieser Wahrnehmungen und drittens der Wahrnehmung der situativen Bedeutung.[75]

Damasio differenziert etwas anders, indem von ihm die ursprünglichen Affekte als primäre Gefühle bezeichnet werden. Ihre corticale Basis ist wesentlich mit Amygdala und Hypothalamus verbunden. »Sekundäre Gefühle« entstehen durch ein Einbeziehen weiterer Hirnregionen, wie der frontalen Cortices, und werden mit einer erweiterten Bedeutung und mit einer gedanklichen Fassung versehen.[76]

Auch Fonagy et al. betonen aufgrund eigener Untersuchungen und in Zusammenfassung von Forschungsergebnissen von Entwicklungspsychologen, dass die Subjektivität des Säuglings nicht als gegeben vorausgesetzt werden kann. »Mentalisierung« stellt dabei ein Konzept dar, mit dem von ihnen der Prozess bezeichnet wird, »durch den wir erkennen, dass unser Geist unsere Weltwahrnehmung vermittelt«.[77]

---

74 KRAUSE, R., Krankheitslehre, Bd. 1, 61.

75 A.a.O., 61.

76 DAMASIO., A., Irrtum, 184f; ders., 190f.

77 FONAGY, P. et al., Mentalisierung, 225.

Mentalisierung wird im Prozess einer engen Interaktion erworben, Bindung ist somit kein Selbstzweck, sondern sie dient der Entwicklung eines Repräsentationssystems.

Unserer Meinung nach sprechen gute Gründe für die Annahme, daß die frühen Interaktionen zwischen dem Säugling und seiner Bezugsperson die primäre biologische Funktion erfüllen, die Entwicklung solcher mentalen Mechanismen zu fördern, die für die Entstehung eines Subjektivitätsgefühls und für die Herstellung jener interpersonalen Deutungsprozesse wesentlich sind, die ein Gewahrsein des Selbst als Akteur auftauchen lassen.[78]

Dazu müssen die Affektzustände des Kindes moduliert werden. Die Mutter »spiegelt« die affektiven Zustände des Kindes wieder, indem sie mit ihrer Mimik, Sprache und Benennung dem Affekt des Kindes Ausdruck verleiht. Sie »markiert« praktisch den affektiven Zustand des Kindes. Indem das Kind dieses Bild der Mutter internalisiert, kann es eine gesonderte sekundäre Repräsentanz herstellen, die assoziativ mit seinem Gefühlszustand verknüpft ist. Falls aber dieser Austausch misslingt, so[79]

wird das Verstehen intentionaler mentaler Zustände – wie Überzeugungen und Wünsche – des Selbst und anderer Personen vermutlich unzulänglich oder gar nicht entwickelt sein.

Fonagy et al.[80] gehen davon aus, dass das Kind zuerst im »Modus der psychischen Äquivalenz« wahrnimmt, in dem die »innere Welt der äußeren Realität entsprechen soll«. Später wird es in einem »Als-ob-Modus« Information in der spielerischen Auseinandersetzung mit der Umwelt im Inneren so handhaben, als hätten die Spielinhalte keinerlei Beziehung zur Außenwelt. Das Spiel ist deshalb so bedeutsam, weil damit vorerst von der Realität abgesehen werden kann. Die Integration dieser beiden Modi ist wichtig für die Mentalisierung (bzw. den Reflexionsmodus).

Wir können sagen, dass Realität und interne Möglichkeiten damit zugleich präsent gehalten werden. In der Sprache der Quantentheorie geht es hierbei weniger um ein bloßes Nebeneinanderstellen von Möglichkeiten aus der wahrgenommene Information, sondern um das Formen von etwas Neuem sowohl aus den Repräsentationen der Wahrnehmungen des Äußeren mit den Bildern, die aus dem Inneren stammen. Eine solche multiplikative Verknüpfung[81] erzeugt ein neues Ganzes aus den ursprünglichen Teilen. Dabei entstehen in kreativer Weise neue Zustände, die zuvor unrealisierbar waren.

Die Affektregulation des Säuglings geschieht somit anfangs vor allem durch die Bezugspersonen, ihr Eingehen auf seine Äußerungen und das

---

78 A.a.O., 225.

79 A.a.O., 303.

80 A.a.O., 10.

81 Mathematisch eine Tensorproduktbildung, siehe auch Seite 72.

Benennen derselben, das Mitschwingen bei Freude, ihr Trösten bei Kummer führen, wie beschrieben, zum Erkennen der eigenen Gefühle und zur Selbstregulation. Vorübergehend werden auch sogenannte »Übergangsobjekte«[82] wie ein Schnuller, ein Teddy oder ähnliches die Bezugsperson symbolisieren und das Kind beruhigen können. Wie wichtig die beschriebene Affektregulierung durch die Mutter ist, kann man in Verbindung zu den Untersuchungen von Damasio[83] sehen. Er propagiert die Wichtigkeit der Gefühle auch für die Vernunft. Nach ihm bildet sich ein körperliches Signalsystem heraus, die »somatischen Marker«. Die meisten entstünden »im Laufe unserer Erziehung und Sozialisation im Gehirn«, indem »bestimmte Klassen von Reizen mit bestimmten Klassen von somatischen Zuständen« verknüpft werden. Sie stellen einen Sonderfall der Empfindung dar, die aus den sekundären Gefühlen entstehen. Nach Damasio verwenden wir Menschen sie als eine Art Tendenzapparat, weil sie automatisch jene Elemente der Szenarien kennzeichnen, die mit einer gewissen Wahrscheinlichkeit relevant sind.

> Es dürfte deutlich geworden sein, daß zwischen den sogenannten kognitiven Prozessen und den Prozessen, die gemeinhin als ›emotional‹ bezeichnet werden, eine enge Partnerschaft besteht.[84]

Nach dieser Vorentscheidung durch die somatischen Marker kommt, wenn auch nicht allen Fällen, nach Damasio noch ein logischer Denkprozess hinzu. Wahrscheinlich erhöhen somatische Marker die Genauigkeit und Nützlichkeit von Entscheidungsprozessen.

Wir meinen, dass das Signalsystem, das Damasio als »körperlich« bzw. »somatisch« bezeichnet, ein einheitliches, also ein psychosomatisches Steuerungssystem darstellt, bei dem allerdings eine Trennung zwischen der bedeutungstragenden Information und ihrem Träger nicht immer einfach zu modellieren ist.

Es ist gewiss deutlich geworden, wie die frühen Bindungserfahrungen mit den engsten Bezugspersonen des Kindes die Bedeutungsgebung unterstützen und zum Teil erst kreieren. Norbert Elias[85] weist auf die wichtige Rolle hin, die darüber hinaus soziologische Effekte für das Herausbilden der Affektkontrolle haben. Er sieht zivilisatorische Faktoren beispielsweise in der zunehmenden Bevölkerungsdichte, in deren Folge sich eine wachsende Funktionsteilung und eine damit verbundene gegenseitige Abhängigkeit sowie soziale Durchlässigkeit und eine Reduzierung von Klassenschranken entwickeln.

---

82 WINNICOTT, D.W., Baby; ders., Kinderheilkunde.
83 DAMASIO, A., Irrtum, 243.
84 A.a.O., 239.
85 ELIAS, N., Zivilisation.

Eine zeitweilige Einschränkung oder der Verlust der Affektkontrolle schränkt die Fähigkeit des Rationalen stark ein. Dies wird auch in der Rechtsprechung berücksichtigt. Im sozialen Bereich mag es manchmal nützlich sein, durch eine bewusste Kontrolle des körperlichen Affektanteils diesen zu verbergen (Pokerface). Eine solche Kontrolle des Äußerlichen ist nicht gleichzusetzen mit einer echten Affektregulation und -verarbeitung, die durch eine Selbstreflektion u.a. auf eine emotionale Beruhigung und eine Minderung sozial ungünstiger Affekte zielt. Ein reifer Umgang mit Gefühlen bedeutet, diese in optimaler Weise zu nutzen.

In diesem Sinne wird auch das Denken durch die Emotionen in seinem Ablauf und in seiner Zielrichtung mitbestimmt. Es ist die *Qualität der vorherrschenden Affekte, welche die kognitive Aufmerksamkeit fokussiert und das Denken organisiert.* Geistige Arbeit z. B. setzt eine emotionale Gelassenheit, aber auch Wachheit und Neugier, in bestimmten Arbeitsabschnitten auch so etwas wie Arbeitswut voraus, damit schwierige Aufgaben bewältigt werden können. Objektgerichtete Affekte aber müssen dabei in den Hintergrund gestellt werden können. Wenn diese Affekte – wie z.B. Sehnsucht, Bedürftigkeit, Gekränktheit, Traurigkeit, Ärger, Beunruhigung – allzu deutlich hervortreten, lenken sie das Denken in eine bestimmte Richtung, und zwar hin zu Überlegungen und Handlungsvorstellungen, die darauf abzielen, eine vorgestellte beunruhigende, kränkende, deprimierende usw. Situation zu verändern. Arbeiten und speziell Lernen fällt solchen Menschen schwer, die stark unter dem Einfluss von Beziehungsaffekten stehen und wenig Möglichkeiten besitzen, sie vorübergehend beiseite zu stellen.[86]

Wir vermuten, dass bei starken Affekten die übergroße Anzahl von körperlichen Messprozessen an der Quanteninformation der Psyche verhindern, dass ein Teil des Bewusstseins sich so organisieren kann, dass es klassisch-logisch arbeiten kann. Die Verarbeitungskapazität des Gehirns ist dann so ausgelastet, dass keine Möglichkeit besteht, die notwendige Bereitstellung eines klassisch arbeitenden Bereiches zu sichern, der für ein logisches Arbeiten notwendig wäre.[87] Dies gilt auch für stark stressbelastete Situationen.

Entwicklung des rationalen Denkens

Das Anwachsen von getrennten Repräsentanzen und Reflexionsmöglichkeiten zeigt sich in verschiedenen Entwicklungsschritten. Mit neun Monaten kann das Kind sowohl die Mutter als auch einen Gegenstand gleichzeitig präsent halten, dem Kind wird es damit möglich, seine Ziele von den dazu notwendigen Mitteln gedanklich zu trennen. Tomasello nennt es das ›Neun-Monats-Wunder‹.

---

86 RUDOLF, G. /HORN, H., Psychotherapie, 33f [Hervorhebung von uns].

87 Siehe auch 263f.

Mit rund 18 Monaten kann sich das Kind im Spiegel erkennen. Vorher wird es interessiert das Kinderbild anschauen, den Spiegel untersuchen, auch dahinter ›suchen‹, nun kann es in seinem Bewusstsein einen Quanteninformationszustand aufbauen, der eine Repräsentanz für das eigene Ich darstellt, das damit zum Selbst werden kann. Das Kind lernt gleichzeitig immer mehr, von sich zu abstrahieren und eine »theory of mind« aufzubauen.

Dies meint die Vorstellung zu entwickeln, dass andere Menschen einen eigenen Geist besitzen, dessen Inhalte anders als die eigenen sind. Im Alter von dreieinhalb bis vier Jahren wird das Kind mit dem Wachstum des Bewusstseins fähig, in seinem Bewusstsein verschiedene Perspektiven in Beziehung zu setzen, die eigene und die eines anderen. Damit wird es möglich, eine andere Person zugleich mit deren verschiedenem Standpunkt, eigener anderer ›Geschichte‹ und unterschiedlichem Wissen zu sehen, die alle vom Eigenen verschieden sind.

Aus physiologischer Sicht kann man konstatieren, dass das Gehirn wächst und die Synapsenverbindungen im Laufe der Entwicklung eines Individuums stabiler werden. Besonders in der Pubertät kommt es zu Umorganisationen im Gehirn und zu einer verstärkten Herausbildung derjenigen Bereiche, die für Planung und abstrakt-logisches Denken zuständig sind.

Damit wird es aus Sicht der Schichtenstruktur möglich, dass im Bewusstsein auch immer umfangreichere Bereiche wie ›klassische Messgeräte‹ immer mehr logisch formulierbare Fragen stellen können. Ab dieser Zeit wird einem Jugendlichen auch mehr Verantwortungsfähigkeit und Verantwortung zugesprochen.

Einen stammesgeschichtlich und individualgeschichtlich besonders wichtigen Aspekt stellt die Entwicklung der Sprache dar. Durch die Beachtung des rhythmischen Mutter-Kind-Dialogs kann diese mit ihrer grammatischen Struktur besser verstanden werden. Trevarthen untersucht deshalb eine »dynamische emotionale Syntax; Phrasierungen und narrative Sequenzen der Gefühlskommunikation; die für die Struktur verbaler Sätze und ihre Botschaft grundlegend sind.«[88] Mit der Verbalisationsfähigkeit verändern und erweitern sich die Assoziationsfelder. Die sprachliche Begrifflichkeit verstärkt die Objekthaftigkeit der Beschreibung. Die zuvor beflügelnde gefühlsbesetzte Phantasie (ein Bauklotz wird schnell einmal zu einem Löwen) wird mehr auf die äußere Realität zurückgeworfen, andererseits wird das Denken in der weiteren Entwicklung auch vom Gegenständlichen ins Abstrakt-Strukturelle geführt, wie in der Mathematik, die als solche das klassisch-logische Denken besonders verstärkt und die in ihren Formeln Strukturen verdeutlicht. Bei vielen Menschen besteht aber das dringende

---

88 BUCHHOLZ, M.B., Sprache, 709.

Bedürfnis nach einer auch umgangssprachlichen Formulierung solcher Zusammenhänge. »Wir hängen in der Sprache.« Dies ist ein in der Physik berühmt gewordener Ausspruch von Niels Bohr. Er war der Erste, der im Zusammenhang mit der Deutung der Quantentheorie Schwierigkeiten überwinden konnte, die mit dem Fehlen einer dafür adäquaten Sprache verbunden waren. In diesem Zusammenhang erscheint es zumindest bemerkenswert, dass andere Kulturen, zumal solche mit einer breiten Meditationskultur, weniger Schwierigkeiten bei der Akzeptanz des mit der Quantentheorie verbundenen neuen Weltbildes zu haben scheinen.

Die Entwicklung des reflektierenden Bewusstseins

Nachdem wir das Erleben als einen Quanteninformationszustand erklärt haben, der wesentliche Daten aus dem Körper und aus dem Gedächtnis mit Sinnesdaten in Beziehung setzt, wollen wir nun den nächsten Schritt zu einem reflektionsfähigen Bewusstsein gehen. In dieses werden natürlich auch Vorstellungen und Phantasien einbezogen, die aus dem Gedächtnis heraus neu initiiert und kreativ weitergeführt werden.

Wir hatten verdeutlicht, dass für eine Reflexion das eigene Bewusstsein – jeweils kurzfristig und sehr flexibel – unterteilt werden muss. Dies wird nur möglich sein, wenn es umfangreich genug entwickelt ist. Nachdem dies beim heranwachsenden Menschen erreicht ist, kann ein Bewusstseinsanteil in zureichender Näherung so erscheinen und beschrieben werden, dass er mit faktischer, also klassischer Information arbeitet. Das Entstehen klassischer Eigenschaften wird in der Physik als ›partielle Spurbildung‹ bezeichnet. Dabei werden die Eigenschaften, für die im betreffenden Kontext die Quantengenauigkeit überflüssig ist, durch eine Mittelung faktisch gemacht. Das Ergebnis wird umso deutlicher klassische Züge annehmen, je mehr Zustände für eine solche Mittelung im betreffenden System zur Verfügung stehen.[89] Dann kann schließlich ein Anteil des Bewusstseins selbst und nicht nur der Körper wie ein klassisches ›Messgerät‹ wirken. Der klassische Anteil wird an den quantischen Anteil des Bewusstseins ›Fragen‹ stellen. Dabei werden die Möglichkeitsaspekte beseitigt und die ›Antwort‹ auf eine solche Frage wird ein Faktum. Die so erzeugten Fakten wiederum können als Ausgangspunkt für neue Quantenzustände dienen.

Da die Fakten den Gesetzen der klassischen Logik unterliegen, kann auf dieser Entwicklungsstufe mit dem reflektierenden Bewusstsein eine klassisch-logische Struktur des Denkens erreicht werden. Für das Unbewusste hingegen gelten auch Regeln, die dieser Logik nicht unterliegen, es ist

---

[89] Siehe 93.

daher durch einen deutlicheren Quantencharakter bestimmt. Für die durch die Erfahrung erworbenen Wenn-dann-Vorstellungen, die unbewusst geworden sind, bleibt natürlich deren klassisch-logische Struktur weitgehend erhalten, manchmal auch dann, wenn sie durch die individuelle Entwicklung überholt sind. Dazu mögen in der Kindheit Schlussfolgerungen verinnerlicht worden sein, die in ihrer Regelhaftigkeit den damaligen Erfahrungen entsprachen und hilfreich waren. Falls sich aber später die Realität und die Beziehungen verändern, so werden die damals der Anpassung förderlichen Kausalschlüsse nicht mehr zielführend sein können.

6.7 Bewusstsein – naturwissenschaftlich erklärt

Trotz all der riesigen Fortschritte bei der Erforschung der Hirntätigkeit war bisher die naturwissenschaftliche Erklärung von Bewusstsein an dem *begrifflichen Problem* des Bewusstseins gescheitert. Wenn man wie bisher und mit dem bisherigen Verständnis die Materie als naturwissenschaftliche Grundkategorie ansieht, bleibt das Bewusstsein unerreichbar. Ein dualistischer Weg würde zwar das Bewusstsein begrifflich einführen, es aber aus einer naturwissenschaftlichen Untersuchung ausschließen.

Wie wir gezeigt haben, führt der Weg zum Erklären des Bewusstseins über ein neues Verständnis von Materie.

Die Protyposis ist als Quanteninformation eine Größe, die wir einerseits als äquivalent zur Materie aufgezeigt haben und andererseits mit unseren Gedanken identifiziert haben. Daher kann sie bei genügender Sorgfalt und Differenziertheit des Denkens in einem naturphilosophischen Sinne durchaus als etwas ›Geistiges‹ verstanden werden. Da die Materie als ›kondensierte Protyposis‹ erklärt wurde, wird die Wechselwirkung zwischen Bewusstsein und Gehirn innerhalb einer einzigen Substanz geschehen. Damit ist jetzt die *begriffliche Voraussetzung* geschaffen, mit der die gegenwärtigen physiologischen und die psychologischen Forschungsergebnisse zusammengeführt werden können.

Wenn die *Gehirnkapazität* hinreichend anwächst, und die Quanteninformationsverarbeitung im Gehirn eine größere Variabilität ermöglicht, *kann Erleben zeitweilig bewusst werden.* Auch hierbei liegt es auf der Hand, dass keine scharfen Grenzen gezogen werden können, weder in der Evolution noch bei einem einzelnen Lebewesen. Auch bei uns Menschen ist die Grenze zwischen ›vorbewusst‹ und ›bewusst‹ fließend. Etwas schärfer ist sie vielleicht zwischen Wachsein und Schlafen, obwohl natürlich jeder den Tagtraum kennt, in dem diese Grenze verschwimmt.

Während Erleben ein Quanteninformationszustand ist, der eine Abbildung wesentlicher Aspekte des Körperzustandes umfasst, ist Bewusstsein seinerseits ein Quanteninformationszustand, der eine Abbildung wesentlicher Aspekte des Erlebenszustandes umfasst.

Damit Erleben bewusst werden kann, ist es notwendig, dass diese Quanteninformation präsent gehalten werden kann, während sie zugleich dupliziert und weiterentwickelt wird. Dies ermöglicht eine Wahrnehmung und damit Bewusstwerdung von Gegenwart, in der die vergehenden und die kommenden Gedanken koexistieren können.

Dieses Bewusstwerden ist offenbar daran gebunden, dass das Erleben in anderen Hirnregionen noch einmal aufbereitet wird. Es muss also eine Arbeitsteilung stattfinden, bei der zwar größere Hirnbereiche synchronisiert arbeiten,[90] aber keineswegs alle. Beispielsweise weist Linke[91] darauf hin, dass eine »vollkommene Synchronisation des Großhirns« zum Verlust des Bewusstseins führt, zu einem epileptischen Anfall.

Das Duplizieren von Quanteninformation ist ein aufwendiger Prozess. Daher wird nicht der gesamte Erlebenszustand dupliziert, sondern lediglich ein Teilzustand von ihm.

Der Zustand des ›Bewusstseins‹ bedeutet keinesfalls, dass alles Erleben oder alle Wahrnehmung tatsächlich bewusst werden.

Dieser sehr variable Ausschnitt der bewusst werdenden Information wird oft als ›Kegel der Aufmerksamkeit‹ bezeichnet, da man damit die Vorstellung eines ins Dunkle leuchtenden Scheinwerfers verbindet. Dieser Aufmerksamkeitskegel kann sowohl durch äußere Eindrücke als auch gleichermaßen durch die aktuellen Informationsverarbeitungsprozesse und durch solche, die im Grunderleben stattfinden, beeinflusst werden. Er kann sich durch seine quantische Eigenschaft so schnell ändern, dass manche Autoren statt vom ›Kegel‹ von mehreren ›Spots‹ sprechen.[92]

Vom Erleben her haben lediglich die Abweichungen von den Regelwerten des Körperzustandes eine Chance, eigenständig ins Bewusstsein zu gelangen, ebenso wesentliche oder gefährliche Umweltparameter. So treten Schmerzzustände unmittelbar ins Bewusstsein, dass es mir gut geht muss ich mir hingegen in einer Reflexion bewusst machen.

In hinreichend komplexen Gehirnen kann Erleben auch bewusst werden.

Das Gegenwärtighalten eines individuellen Quantenzustandes ist in einer so warmen und komplexen Umgebung, wie sie ein lebendes Gehirn darstellt, sehr schwierig.

Obwohl die Gedanken als Quanteninformation relativ gut von ihrer Umgebung isoliert sind, kann ein solcher Zustand nicht beliebig lange erhalten

---

90 Auf die hohe Bedeutung von solchen synchronisiert arbeitenden Nervenzellen für das Bewusstmachen haben z.B. VON DER MALSBURG und SINGER hingewiesen.

91 LINKE, D.B., Einsteins, 102.

92 ENGEL, A.K. et al., Vibrations.

werden. So schreibt Pöppel, dass normalerweise beim Menschen sich die Gegenwart bis zu maximal drei Sekunden erstreckt.[93] Wir definieren:

> *Bewusstsein ist ein zeitweiliger Zustand von Quanteninformation, welche aus dem Erleben dupliziert wird. So kann Bewusstsein im Aufmerksamkeitskegel jeweils wichtige Ausschnitte des Erlebens gegenwärtig haben. In diesem Sinne ist Bewusstsein Quanteninformation des Erlebenden über sein Erleben. Es ist wegen dieser Quanteneigenschaften notwendig subjektiv.*

Das zeitliche Vorhalten des Erlebens im Bewusstsein ermöglicht es, einen Teil der Folgen des künftigen Verhaltens bereits in der Informationsverarbeitung abzuschätzen, ohne die Handlung bereits konkret durchführen zu müssen.

Dieser große Zuwachs an Variabilität begründet den Überlebensvorteil von Bewusstsein, der es als evolutionär positiv erscheinen lässt – trotz des damit verbundenen energetischen Aufwandes für ein Gehirn mit einer zusätzlichen Kapazität.

Die enge Verbindung des Erlebens mit dem Körper über Affekte und Gefühle führt dazu, dass ständig Quantenteilzustände ›gemessen werden‹ (im Sinne der Physik). Der Körper erscheint dabei dem Bewusstsein gegenüber als klassisches Messgerät, das in diesem Prozess von Wechselwirkungen immer wieder Mikrofakten produziert. Aus diesen werden ebenfalls fortwährend neue Quantenzustände präpariert.

Bei unseren Sinnesorganen ist für eine Reaktion stets noch ein spezieller Träger notwendig, der die Information von außen heranführt, wie Photonen im Auge oder Moleküle beim Ohr.[94]

Bewusstsein und Gehirn

Die enge Wechselwirkung zwischen Bewusstsein und Gehirn darf keinesfalls einseitig gesehen werden. Es ist nicht so, dass das Bewusstsein auf dem Gehirn agiert wie ein Klavierspieler auf dem Klavier. Es ist aber auch nicht so, dass das Gehirn der alleinige Akteur ist und das Bewusstsein lediglich so etwas wie eine Leinwand, auf die ein Film projiziert wird, die aber für das Geschehen des Filmes bedeutungslos ist.

Die Quanteninformation des Bewusstseins kann Gehirnprozesse an ihren Bifurkationsstellen steuernd beeinflussen. Da natürlich Gedanken allein keine Energie bereitstellen können, können sie daher nur an solchen Zuständen von Gehirnteilen einwirken, die in diesem Moment so instabil sind,

---

93 PÖPPEL, E., Grenzen.

94 Schall ist mikroskopische Bewegung von Materie, z.B. von Luftmolekülen; im Weltraum ist ›Ruhe‹, da keine Luft vorhanden ist – alle Science-Fiction-Geräusche im Weltraum sind irreal.

dass sie von dieser winzigen Wirkung auch beeinflusst werden können. Jedenfalls folgt aus der Heisenbergschen Unbestimmtheitsrelation, dass der Energiesatz kein universell gültiges Dogma darstellt, sondern lediglich für hinreichend große Energien und Zeiträume von Bedeutung ist.

Gehirne können deshalb durch die Fähigkeit charakterisiert werden als dasjenige Organ, welches auf Quanteninformation reagieren kann, welche in Form von Gedanken vorliegt.

Zu den beschriebenen Wirkungen des Bewusstseins auf den Körper, z.B. das Vorbereiten und Durchführen einer Handlung, können diejenigen Wirkungen konkurrierend hinzutreten, die von unbewusster Quanteninformation stammen. Das kann beispielsweise der Fall sein, wenn jemand sich bewusst vornimmt, das Rauchen zu lassen, aber dann doch wieder zur Zigarette greift. Wie stark unbewusste Konflikte wirken können, ist in der psychoanalytischen Literatur höchst umfangreich beschrieben. Stress, starke Affekte und andere psychische Beeinträchtigungen können die Wirkungen aus dem Bewusstsein einschränken oder sogar verhindern. Dass umgekehrt auch der physische Zustand des Gehirns die Bearbeitung der Information beeinflusst, ist in unserer Kultur beispielsweise durch die Wirkung von Alkohol und auch von vielen Psychopharmaka bekannt. Schwere Erkrankungen des Gehirns, wie Alzheimer, Demenz u.a. wirken natürlich noch viel gravierender.

Beide Systeme, Gehirn sowie Psyche mit Bewusstsein und Unbewusstem, sind also gleichermaßen real und beeinflussen sich daher gegenseitig.

Die engen zeitlichen Korrelationen zwischen physischen und psychischen Prozessen werden heute immer besser untersucht.[95] Wir haben somit eine Wechselwirkung von Quanteninformation in Form von Gedanken mit Quanteninformation in Form von Photonen, Molekülen und Zellen. Gedanken und Gehirn durchdringen sich natürlich dabei.

Die Einwirkung des Bewusstseins auf unser Gehirn erleben wir ständig. Das Libet-Experiment, das in diesem Zusammenhang gern als Gegenargument verwendet wird, zeigt lediglich, dass die Beziehungen zwischen Gehirn und Bewusstsein unter einem kurzzeitigen und außerdem paradoxen Spannungszustand wesentlich anders sind als bei einer langfristigen Planung. Die Probanden *müssen* sich im Experiment innerhalb einer gewissen Zeitspanne *spontan* entscheiden. Dabei werden Gehirnreaktionen gemessen, die nach der Bildung eines zeitlichen Mittelwertes vor dem Bewusstwerden der Entscheidung liegen. Die bisher übliche Argumentation bestand darin, dass das Gehirn die Entscheidung fällen würde und das Bewusstsein diese Entscheidung lediglich mitgeteilt erhalten würde, nach dem diese gefällt sei.

---

95 Einen Überblick gibt KOCH, CH., Kintopp.

Wenn anstatt vom Gehirn vom Unbewusstem gesprochen würde, wäre die Beschreibung zutreffend. Die Probanden werden in einem Aufmerksamkeitszustand vor dem ablaufenden Zeiger sitzen. Da hierbei eine Entscheidung ohne jede Bedeutung, dafür aber unter Zeitdruck gefällt werden muss, kann es keine rationalen Gründe dafür geben, wann genau der Zeiger gedrückt wird. Natürlich könnten sich die Probanden vornehmen, bei einer bestimmten Zeigerstellung zu drücken, aber genau eine solche geplante Entscheidung war ja untersagt. Daher ist es zutreffend, dass in dieser Situation etwas anderes als eine ›freie Entscheidung‹ gemessen wird.

Der Proband hatte also frei entschieden, sich in einen Aufmerksamkeitszustand zu versetzen, der einem präsent gehaltenen quantischen Prozess entspricht. Da die Ratio das Drücken des Knopfes nicht steuern sollte, weil *Spontaneität gefordert* war, wird der Proband auf einen unbewussten Impuls warten, dessen Bewusstwerdung natürlich eine gewisse Zeit benötigt.

R. Funk[96] weist darauf hin, dass die von Libet entdeckte Vordatierung von Reflexdaten durch das Bewusstsein notwendig ist, weil dieses wesentlich langsamer arbeitet als die Reflexe. Damit wird dafür gesorgt, dass der »Reflexmensch« nicht mit dem »bewusst denkenden Menschen« in einen empfindungsmäßigen Widerspruch gerät.

So wie wir unsere Gegenwart verrechnen, wird auch hier ein ›Jetzt‹ erscheinen, das aus einer zeitlichen Verrechnung stammt, weil der spontane Impuls aus dem Unbewussten kommen musste. Anders ist es, wenn ein Nein die im Unbewussten vorbereitete Bewegung stoppt. Da das Unbewusste kein klares ›Nein‹ kennt, muss ein solcher Stopp bewusst initiiert werden. Dies entspricht übrigens der Erfahrung, dass die Quantentheorie auch kein eindeutiges Nein kennt. Deshalb wird das Nein sehr oft vom Bewussten ausgehen müssen. Oftmals üben kleine Kinder sich im Widerstand gegen die Anforderungen der anderen, sobald sie sich der Möglichkeit des ›Neins‹, d.h. einer Abgrenzungsmöglichkeit, bewusst werden. Dies nannte man früher in unserem Kulturkreis ›Trotzverhalten‹. Ein ›Nein‹ ist erst dann ein Nein, wenn es faktisch wird. Daher ist der Gedanke eines Neins ebenfalls als faktisch anzusehen. Ein solches Nein kann dann körperlich bereits vorbereitetes Handeln noch unterdrücken.

Quantenphänomene im Psychischen

Die Strukturen der Quantentheorie erlauben, zu einem besseren Verständnis der Psyche mit ihren bewussten und vor allem unbewussten Anteilen beitragen zu können.

---

96 FUNK, R., Zeit.

Aus der Quantentheorie ist bekannt, dass obwohl mit Gewissheit ein Quantenzustand (eine Möglichkeit) vorliegt, bei einer Nachprüfung trotzdem andere Quantenzustände gefunden werden können. Dem entspricht das gewiss jedermann als Ambivalenz bekannte Phänomen sich widersprechender Gefühle, die auch unbewusst sein können. Sie können sich im Bewussten durch Wünsche oder Ziele zeigen, die gleichzeitig vorliegen, obwohl sie sich faktisch gegenseitig ausschließen. Dazu gehören beispielsweise Konflikte im Spannungsfeld ›Nähe – Distanz‹ und ›Autonomie – Verbundenheit‹.

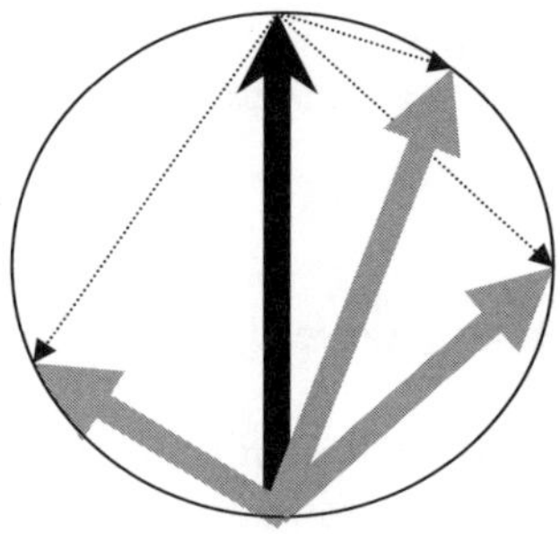

Abb. 39: Ein quantenphysikalisches Modell der Ambivalenz: Ein vorliegender psychischer Zustand (schwarz) kann Gefühle und Wünsche gleichzeitig beinhalten (grau), selbst wenn diese einander entgegengesetzt sind.

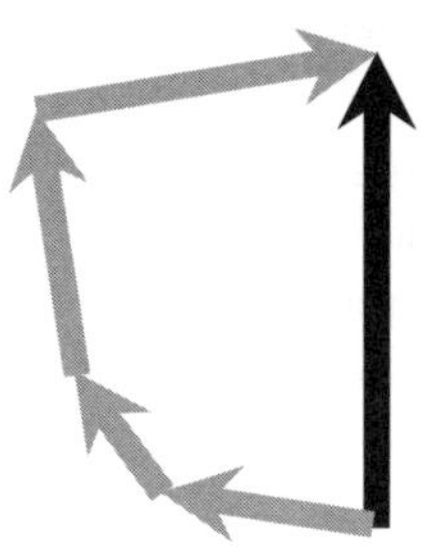

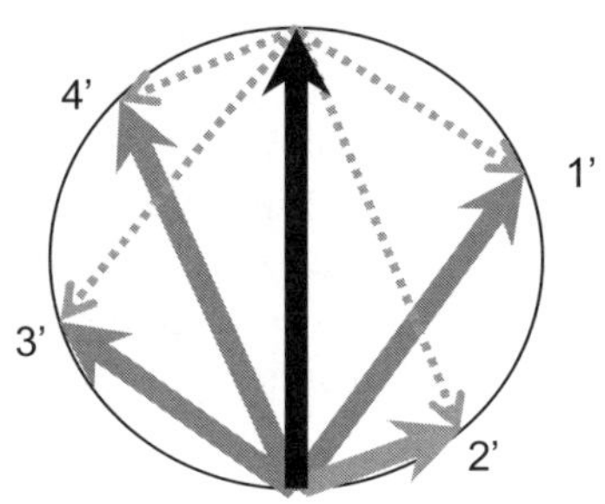

Abb. 40 a: Verdichtung von verschiedener Zuständen (grau) zu einem Gesamtzustand (schwarz).
Abb. 40 b: Verschiebung eines Quantenzustandes (schwarz) durch Projektion auf je einen anderen (1'–4'), von ihm verschiedenen Quantenzustand (grau), der bei einer entsprechenden Messung an ihm gefunden werden kann (Die unterschiedlichen Pfeillängen verdeutlichen die jeweiligen Wahrscheinlichkeiten dafür).

Ein anderes psychisches Phänomen ist die *Verdichtung*, die auch als eine *Symbolbildung* charakterisiert werden kann. Dabei werden verschiedene psychische Inhalte zu einer neuen Vorstellung komponiert. Dieser Vorgang entspricht einem möglichen Aufbau eines Quantenzustandes aus von ihm verschiedenen anderen Quantenzuständen. Deshalb sind Symbole oft sehr vieldeutig und müssen erschlossen werden. Bei einer *Verschiebung* wird z.B. ein bestimmter Affekt einer Vorstellung von dieser gelöst und auf einen anderen Zustand projiziert. Auch dies lässt sich mit einem Quantenmodell darstellen.

Die unbewussten, vorbewussten und bewussten Anteile des Erlebens werden beim Menschen unter dem Begriff des Psychischen zusammengefasst. Sobald erkannt ist, welche Bedeutung die Quantentheorie und deren Zusammenwirken mit dem Faktischen im Rahmen der Schichtenstruktur für ein Erklären des Psychischen hat, werden viele der dort zu findenden Vorgänge leichter verstehbar.

Die allmähliche Verfertigung der Gedanken

Bevor wir zum reflektierten Bewusstsein kommen, soll ein Blick auf die im Bewusstsein möglichen Quanteninformationsverarbeitungsvorgänge geworfen werden. *Dabei geht es im Gegensatz zu vielen anderen Darstellungen nicht allein um Abläufe im Gehirn, sondern vor allem auch um Quantenvorgänge in der Psyche selbst.*

Es ist einerseits ein jedermann geläufiger Effekt, dass jedes ›Benennen‹, d.h. die Umwandlung von Gedanken in gesprochene Fakten, Möglichkeiten verloren gehen lässt, die dem Sprecher zuvor präsent gewesen waren. Als Quanteninformation kann ein Gedanke noch all die Möglichkeiten beinhalten, die mit ihm mitschwingen, im gesprochenen Faktum werden diese hingegen verschwunden sein. Andererseits können durch das Aussprechen aus diesem Faktum neue, zuvor unzugängliche Gedanken entstehen. Von Heinrich v. Kleist gibt es eine kleine Schrift an Rühle v. Lilienstern ›Über die allmähliche Verfertigung der Gedanken beim Reden‹[97] in der es sehr schön heißt:

> Wenn du etwas wissen willst und es durch Meditation nicht finden kannst, so rate ich dir, mein lieber, sinnreicher Freund, mit dem nächsten Bekannten, der dir aufstößt, darüber zu sprechen. Es braucht nicht eben ein scharfdenkender Kopf zu sein, auch meine ich es nicht so, als ob du ihn darum befragen solltest: nein! Vielmehr sollst du es ihm selber allererst erzählen. Der Franzose sagt, l'appétit vient en mangeant, und dieser Erfahrungssatz bleibt wahr, wenn man ihn parodiert, und sagt, l'idée vient en parlant.

Dass ein ausgesprochener Gedanke neue Möglichkeiten eröffnet, die zuvor nicht zugänglich waren, ist besonders unter therapeutischen Aspekten wich-

---

[97] KLEIST, H. v., Gedanken, 1044f.

tig, weil dabei der Patient oder Klient durch sein Verbalisieren und die sich dabei ergebenden Assoziationen zu Einsichten gelangen kann, die ihm zuvor verschlossen waren.

Die vielen Möglichkeiten, die im Unbewussten noch mitschwingen, werden manchmal an Versprechern sichtbar. Nicht immer lässt ein Versprechen einen verdrängten Inhalt faktisch werden, es gibt auch die Möglichkeit, dass z.B. eine Vorformung von Muskeln des Sprechapparates zu anderen Worten als den intendierten führen kann.[98] Auch daran wird sichtbar, dass im Unbewussten in der Regel sehr viel mehr an quantischem Verhalten feststellbar ist als an einer rational durchformten Sprache.

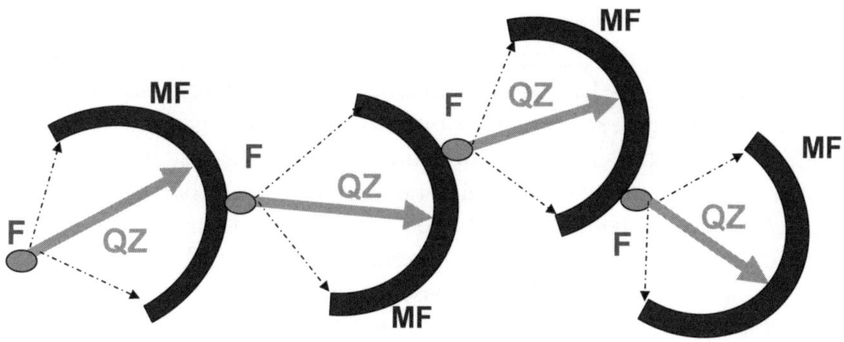

Abb. 41: Die allmähliche Verfertigung der Gedanken beim Reden: Beim freien Sprechen beginnen wir oft einen Satz, dessen Ende uns lediglich als Möglichkeit vorbewusst vorschwebt. Während des Redens wird der Satz vervollkommnet und wir setzen mit jedem ausgesprochenem Wort ein Faktum (F), aus dem ein weiterer Quantenzustand (QZ) mit einem neuen Möglichkeitsfeld (MF) erwächst.

Auch interessante neue Gesichtspunkte für die Literatur und ihre Rezeption ergeben sich aus der Berücksichtigung der Quantenaspekte des Bewusstseins, die sich von dort in anderen geistigen Bereichen auswirken können. Christian Gruber[99] stellt dies wie folgt dar:

Bei der Lektüre greift der Leser ein in diesen Raum der Bedeutungsmöglichkeiten, die das literarische System darstellt. Beim Lesen fallen ständig Entscheidungen darüber, wie bestimmte Passagen zu verstehen sind. Aus einer großen Anzahl von Sinnmöglichkeiten, die der Text und das literarische System, in das er eingebettet ist, bereithalten, macht der Leser ein Faktum, das er in die Welt trägt: die für ihn gültige Lesart. Das Quantensystem Literatur bricht in diesem Moment zusammen. Analog zu Modellierungen der Quantentheorie lässt sich dieses Zusammenbrechen als ein zufäl-

[98] Z.B. WIEDENMANN, N., Versprecher.
[99] GRUBER, CH., Literatur, 142f.

liges Ereignis begreifen, zufällig insofern, als jeder Leser entsprechend seines biografischen und intellektuellen Hintergrunds an einer anderen Sinnstelle in den Text und das mit ihm verknüpfte literarische System eindringt und auf diese Weise eine je andere Deutung zum Faktum wird. Von diesem veränderten Zustand aus, der den bereits bestehenden Lesarten unter Umständen eine neue hinzufügt und so das Beziehungsgeflecht aus Bedeutungsmöglichkeiten verschiebt, kann ein anderer Leser an einer anderen Stelle in das literarische System eindringen und verändert damit den Status quo erneut.

Reflektiertes Bewusstsein und freier Wille

Bei sehr hoch entwickelten Gehirnen eröffnet sich die Möglichkeit, dass deren Informationsverarbeitungskapazität so groß wird, dass eine Reflexion des Bewusstseins im Bewusstsein möglich wird. Das bedeutet, dass jetzt nicht nur der Körper, sondern auch Bereiche des Bewusstseins selbst Eigenschaften eines klassischen Informationsverarbeitungssystems annehmen können. Es sei hierzu noch einmal daran erinnert, dass große Quantensysteme klassisches Verhalten zeigen, wenn sie sich näherungsweise als ›aus vielen Untersystemen bestehend‹ gut beschreiben lassen.[100] Ein reflexionsfähiges Bewusstsein, das sich beim Menschen im Laufe der Individualentwicklung herausbildet, kann dann sogar wie ein System der klassischen Informationsverarbeitung tätig werden. Ein solches Bewusstsein wird fähig zu bewussten logischen Schlüssen.

Auch aus naturwissenschaftlicher Sicht ermöglicht ein solches reflexionsfähiges Bewusstsein, freie Entscheidungen fällen zu können. Üblicherweise nennt man eine Entscheidung frei, wenn sie aus einer Abwägung von Gründen und Motiven heraus gefällt wird, ohne dass aus naturgesetzlichen Ursachen vor dieser Abwägung bereits feststehen darf, wie die Entscheidung erfolgen muss. Zur Ermöglichung von Willensfreiheit gehört ebenfalls, dass eine entsprechende Handlung, die auf Grund eines Entschlusses eingeleitet wird, auch in kausaler Weise auf das Gewollte hinwirken kann.

Über das Problem der Willensfreiheit ist viel publiziert worden, einen guten Überblick über verschiedene Vorstellungen findet man bei Reischies et al.[101] Bei vielen Darstellungen wird sehr oft von einer kausalen Geschlossenheit der physikalisch beschreibbaren Welt ausgegangen.[102] Ob diese Annahme, die sich auf die Naturwissenschaft beruft, im Lichte der Quantentheorie überhaupt noch haltbar ist, wird dabei nicht erörtert.[103]

---

100 Siehe 93.
101 HEINZE, CH. /FUCHS, TH. /REISCHIES, F.M. (Hg.), Willensfreiheit.
102 So z.B. bei BIERI, P., Analytische; siehe auch 311.
103 Siehe auch 311.

Andere Autoren verlangen einen Determinismus, ohne zu erörtern, dass die naturwissenschaftliche Basis einer solchen Forderung, die klassische Physik, eine jegliche Form von Freiheit zwingend ausschließt und zu einer bloßen Illusion erklären muss.[104] Inkonsequenterweise wird dann allerdings die – sich in der Empirie oft bestätigende – Unterbrechung von Kausalketten gefordert, ohne sich und dem Leser zu verdeutlichen, dass diese zutreffende Annahme naturwissenschaftlich lediglich mit der Schichtenstruktur begründet werden kann.[105]

Willensfreiheit wäre erstens dann unmöglich, wenn die Welt in ihrem faktischen Verlauf tatsächlich determiniert wäre – und damit jeder Mensch mit all seinen Handlungen. Sie wäre zweitens ebenfalls unmöglich, wenn keinerlei – auch keine näherungsweise – Kausalbeziehung zwischen der Absicht und der beabsichtigten Handlung und ebenfalls zwischen der Handlung und deren Folgen bestehen würde, wenn also die Welt eine rein willkürliche Menge von zufälligen Ereignissen wäre, für die auch keine Wahrscheinlichkeitsgesetze zu finden wären. Die Schichtenstruktur zeigt, dass beide Annahmen für sich allein genommen unrichtig sind und dass sie stattdessen in einer gegenseitigen Ergänzung und damit Relativierung zutreffen.

Wir wollen jetzt skizzieren, wie ein Modell für freie Entscheidungen im Rahmen eines reflexionsfähigen Bewusstseins erstellt werden kann.

Es liegt auf der Hand, dass man mit naturwissenschaftlichen Argumenten lediglich zeigen kann, dass die beiden aufgeführten Bedingungen, die eine freie Entscheidung ausschließen würden, nicht erfüllt sind.

Freie Entscheidungen sind demnach möglich. Wären sie darüber hinaus auch notwendig, wären sie nicht frei.

In der Abb. 42 stellen wir vor, wie im Rahmen der Schichtenstruktur die Möglichkeit freier Entscheidungen modelliert werden kann.

Das Gehirn sei so hoch entwickelt, dass das Bewusstsein, dessen Träger es ist, reflexionsfähig ist.

Dann soll die Menge der möglichen Zustände, die dem Bewusstsein als einem System von bewusster und unbewusster Quanteninformation zur Verfügung stehen, durch das Oval 1 gekennzeichnet werden.

Dazu gehören neben dem Bewusstsein auch die im Unbewussten wirkenden Gefühle, ebenso unbewusste Vorstellungen und Phantasien. Für unbewusste Inhalte gibt es keine strenge zeitliche Ordnung. Sie genügen nicht einer diskursiven Logik, denn für sie gilt der Satz vom ausgeschlossenen Dritten (tertium non datur) nicht. Sie werden aber alle auch in die Abwägung einfließen, in der unter logischen Gesichtspunkten eine Entscheidung vorbereitet wird.

---

104 Z.B. PAUEN, M., Mythen.
105 Siehe auch 41.

Freuds Metapher, wir seien ›nicht Herr im eigenen Hause‹, bezieht sich darauf, dass wir nicht alle die Einflüsse aus dem Unbewussten kennen können, die aber trotzdem unser bewusstes Denken und Handeln mit beeinflussen. Diese Beeinflussung, die Freud als Determinierung bezeichnet, ist eine ›ziemlich weitgehende Festgelegtheit‹, wie sie auch aus der Schichtenstruktur zu erwarten ist – aber natürlich keine Determiniertheit in einem mathematischen oder philosophischen Sinne.

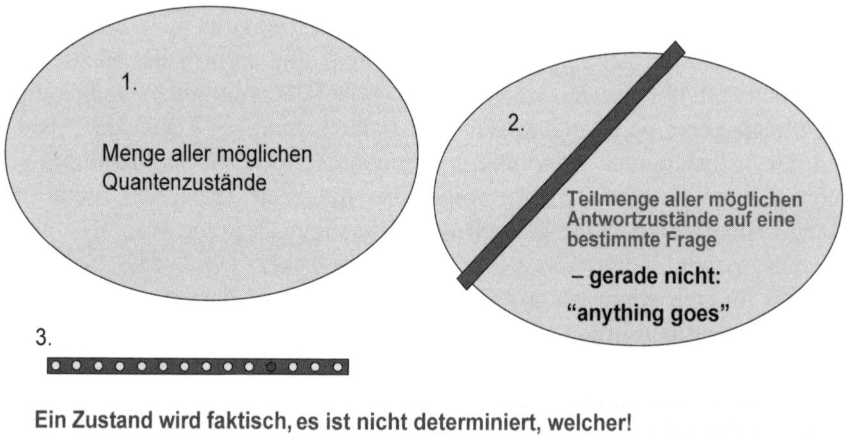

Abb. 42: Die Quantentheorie liefert ein Modell für freie Willensentscheidungen. Aus der Menge aller Quantenzustände wird durch die Fragestellung lediglich eine Teilmenge möglicher ›Antworten‹ ausgewählt, aber es ist nicht determiniert, welcher Zustand daraus faktisch wird. In Teil 3 sind die möglichen Antworten durch die Löcher dargestellt.

Wegen seiner Reflexionsfähigkeit kann nun ein Teil des Bewusstseins die Gründe abwägen, die vor der Entscheidung stehen. Dies kann in klassisch-logischer Weise durchaus wie bei einem deterministischen System geschehen.

Das Resultat wird (in der Sprache der Physik) eine Messanfrage sein. Aus der Quantentheorie folgt, dass eine mögliche Antwort keineswegs ein beliebiger Zustand aus der Fülle aller Quantenzustände sein kann. Eine solche Willkür wird durch die Quantentheorie ausgeschlossen. Ein Antwortzustand (Abb. 42, Teil 2) kann nur ein sogenannter ›Eigenzustand‹ zur Messanfrage sein. Diese infrage kommenden Zustände sind lediglich eine sehr enge Auswahl aus allen möglichen Quantenzuständen.

Durch diese auf einer Abwägung von Gründen beruhende Anfrage des momentan rational arbeitenden Teils des Bewusstseins wird eine rein willkürliche Entscheidung ausgeschlossen.

Der quantische Teil des Bewusstseins wird nun aufgrund dieser Anfrage in einen der möglichen Zustände übergehen.[106] Der sich ergebende Zustand und somit die Antwort ist nicht naturgesetzlich determiniert.

6.8 Subjektivität

Wie Kandel ausgeführt hat,[107] wird in der Erklärung der Subjektivität eine der größten wissenschaftlichen Herausforderungen der Gegenwart gesehen. Subjektivität wird oft auch als Erste-Person-Perspektive, als phänomenal erlebte Innenperspektive oder als Qualia benannt. Das damit Bezeichnete wird je nach Standpunkt sehr unterschiedlich auszudeuten versucht.

Wir verstehen erlebnis- und bewusstseinsfähige Lebewesen, wie z.B. Säuger, als Subjekte. Von Subjektivität wollen wir sprechen, wenn eine Erste-Person-Perspektive sich auch verbalisieren kann, wenn also auch gleichzeitig eine Dritte-Person-Perspektive eingenommen werden kann.

Subjektivität ist daher aus unserer Sicht eng mit Personalität verbunden. Dass das ein komplizierter Zusammenhang ist, wird auch daran deutlich, dass kleine Kinder vor der Herausbildung eines Ich-Bewusstseins über sich in der dritten Person sprechen: ›Max will Bonbons‹.

Wenn man lediglich mit dem überkommenen Materiemodell und seinen Atomvorstellungen arbeitet, so wird man eine ›Nichtreduzierbarkeit‹ des Bewusstseins und damit auch der Subjektivität postulieren müssen.[108] Man kann dann auch irrtümlich zu dem Schluss gelangen, dass es so etwas wie ein Selbst in Wirklichkeit nicht geben kann, ein solches aber durch Konstruktion wie real erscheinen würde.[109]

Aus naturwissenschaftlicher Sicht erinnern solche Diskussionen teilweise an die antiken Bemühungen, die Beschreibung der Bewegungen von Himmelskörpern durch eine immer weitergehende Hinzunahme von Epizyklen zu verbessern, bevor mit Kepler die antike Vorstellung der Kreisbewegung von Himmelskörpern abgelöst und ein grundsätzlich neues Modell eingeführt werden konnte.

Die für das Bewusstsein notwendige ›Kopernikanische Wende‹ kann allerdings lediglich vollzogen werden, wenn man sich – wie von uns dargelegt – von einigen seit der Antike überkommenen Vorstellungen über die Materie löst. Materie kann mit der Protyposis als geformte, noch bedeutungsfreie Quanteninformation verstanden werden. Die aus der Quanteninformation gestalteten Atome geben dem Körper seine Masse. Bedeutung für

---

106 Dies zeigt Teil 3 der Abb. 42.

107 Siehe 212.

108 Z.B. Roth, G., Denken.

109 Metzinger, Th., Niemand.

das Lebewesen erhalten sie durch all die mitvorhandenen Bedeutungen aus dem Kontext desselben, außerdem auch als Träger von ›bedeutungsvoller Information im engeren Sinne‹, nämlich derjenigen Information, die ihren Träger wechseln kann. Diese Information, die wesentlich in den Lebensprozess eingeht, erscheint im Nervensystem – und als Bewusstsein im Gehirn, u.a. als die Gedanken eines Lebewesens.

In der gegenwärtigen Diskussion wird die Subjektivität zumeist mit dem Begriff der Intentionalität verbunden. Seine Verwendung in der Psychologie geht auf den Psychologen Franz Brentano zurück, der damit die *Gerichtetheit* bezeichnet, die bewusste Vorgänge begleitet. Er schreibt:

> In der Vorstellung ist etwas vorgestellt, in dem Urteile ist etwas anerkannt oder verworfen, in der Liebe geliebt, in dem Hasse gehasst, in dem Begehren begehrt usw. [...] Kein physisches Phänomen zeigt etwas Ähnliches.[110]

Diese Gerichtetheit ist das Kernstück, welches bewusstseinsfähige Lebewesen von technischen Geräten der Informationsverarbeitung unterscheidet. Heutzutage wird der wichtigste Unterschied zwischen dem Bewusstsein und seinen technischen Simulationen oftmals und zurecht am Begriff der »Qualia« festgemacht, der verdeutlichen soll, dass ein bewusster Vorgang immer auch einen Erlebensaspekt beinhaltet, dass also *ohne Vermittlung einer weiteren Instanz stets präsent ist, wie es ist, dieses Erleben zu empfinden.*

Mit dem ›Erleben‹ wird, wie von uns dargelegt, eine reflexive Struktur erfasst, die aber nicht unbedingt den Grad des reflektierten oder gar klassisch-logischen Bewusstseins erreichen muss.

Es erscheint uns möglich, dass manche einfachen Tiere bereits ein Erleben haben, auch wenn bisher keine Gründe gefunden wurden, ihnen Bewusstsein zubilligen zu können. Allerdings fällt ein Erleben ohne Bewusstsein nach unserer Meinung nicht unter den Qualiabegriff.

Erleben wird durch die Quantenstruktur ermöglicht, die im Grunde eine potentielle Unendlichkeit bereits bei Tieren bereitstellt und die schließlich bei den höher entwickelten eine Selbstreflexion ermöglicht. Zumindest in einem bewusstseinsfähigen Lebewesen kann die Quanteninformation sich teilweise selbst kennen.

Die Existenz einer solchen Information über Information, einer codierten Information, ist Kennzeichen von hochentwickelten Lebensformen. Sie kann sich in Verbindung mit dem Körper, zu dem sie gehört, selber erleben und selbst kennen. Dies ermöglicht zu verwirklichen, was DuBois Reymond bereits vor 130 Jahren als eine Vision vorschwebte: »ob, wenn wir das Wesen von Materie und Kraft begriffen, wir nicht auch verständen, wie

---

[110] BRENTANO, F., Psychologie, 124.

die ihnen zugrunde liegende Substanz unter bestimmten Bedingungen empfindet, begehrt und denkt.«[111]

Wie wir dargelegt haben verdeutlicht die Quantentheorie ebenfalls, dass es auch aus naturwissenschaftlichen Gründen eine unerfüllbare Forderung wäre, das mit dem Qualiabegriff bezeichnete Erste-Person-Gefühl aus einer fremden Dritte-Personen-Perspektive voll erfassen zu wollen. Ein fremder, d.h. unbekannter Quantenzustand kann höchstens näherungsweise objektiviert werden. Das individuelle Erleben in seiner Einmaligkeit entsteht in der Verkopplung der einkommenden Information mit der im Individuum bereits vorhandenen und gespeicherten Information.

Bisher wurde oftmals für den Sitz eines ›Homunkulus‹, den man sich als Areal im Gehirn vorgestellt hatte, eine spezielle Stelle im Gehirn gesucht. Dabei wurde nicht gesehen, dass das Gehirn lediglich der Träger dieser Information ist. Die Nichtlokalität der Quantentheorie erleichtert es, auf die Vorstellung eines solchen spezialisierten Bereichs von Hirnmaterie zu verzichten. Für die Erscheinung der Reflexion sollte man den Begriff des ›Selbst‹ verwenden, denn es geht um ein Reflexionszentrum im Bewusstsein und nicht im Gehirn. Ein solches Reflexionszentrum kennzeichnet einen Prozess und nicht einen Ort. Es muss daher auch nicht an einem festen Ort lokalisiert sein.[112]

Durch die Schichtenstruktur im reflexionsfähigen Bewusstsein wird sowohl logisches Schließen als auch Kreativität erklärbar. Während bei einem rationalen, d.h. streng logischen Denken lediglich deutlich wird, was auf Grund der Annahmen bereits feststeht und somit dabei nichts ›Neues‹ entstehen kann, können die subjektiven Eigenschaften des Bewusstseins wegen ihrer quantischen Qualitäten zu einer Quelle der Intuition, werden. Hierbei spielen besonders auch die gefühlshaften Aspekte eine wichtige Rolle. Jenseits der rationalen Verarbeitung von Prämissen können neue Fakten möglich und neue Zusammenhänge gesehen werden. Durch Beiträge aus dem Unbewussten, z.B. bei freier Assoziation, und Offenheit für dabei entstehende neue Verbindungen werden ›Messergebnisse‹ möglich, die zuvor noch nicht festgelegt waren. Dazu ist es nützlich, sich noch einmal daran zu erinnern, dass Nervenzellen mit ihren Synapsen besonders viele ›Bifurkationsstellen‹ aufweisen, an denen dann Quanteninformation in das Makroskopische hineinwirken kann. Somit wird Kreativität möglich und Neues wird entstehen.

Durch die Größe des menschlichen Bewusstseins kann außer dem subjektiven Empfinden, in das die Information aus dem Körper einbezogen ist, eine Art neutraler objektiver Mitteilungsmöglichkeit entstehen: Neben dem

---

111 DuBois-Reymond, E., Grenzen.

112 Abb. 33, 217.

subjektiven ›ich fühle Schmerz‹, kann auch objektiviert werden ›mein Schmerz befindet sich an der rechten Seite, ist stechend und kommt alle paar Minuten‹. Auf dieser Stufe des Bewusstseins, also mit der Fähigkeit zu rationaler Reflexion und sprachlicher Mitteilungsfähigkeit, wird man dann auf jeden Fall von ›Subjektivität‹ sprechen können.

Beziehungen zwischen Psychen

Die Beziehungen zwischen zwei oder mehr Menschen und wiederum der Einfluss des Beziehungsgefüges zurück auf die Subjekte mit all ihren daraus folgenden Phantasien, Gefühlen und Taten sind Stoff in Geschichten, Dichtungen und Dramen – von den kleinsten bis zu den größten unter ihnen. Neben ihren Schilderungen in den dichterischen und anderen künstlerischen Darstellungen werden Beziehungsstrukturen vor allem auch in therapeutischen Prozessen sichtbar.

Besonders mit ihren unbewussten Anteilen im intersubjektiven Austausch werden Beziehungsaspekte immer stärker zum Gegenstand wissenschaftlichen Interesses von Entwicklungspsychologen[113] und auch von klinisch arbeitenden Psychologen und Ärzten.

Menschen sind im Laufe ihrer individuellen Entwicklung einer Vielzahl von Einflüssen ausgesetzt, die am Körperlichen und am Seelischen ansetzen und die manchmal für eine gute psychische Verarbeitung zu überfordernd sind und sogar traumatisierend wirken können. Zumeist betreffen sie wegen der Einheit von beiden sowohl Körper als auch Psyche. Dazu steht jeder Mensch mit seinen Konflikten im Kontext der Auswirkungen der familiären und gesellschaftlichen Geschichte mit Nachwirkungen, die sich unter Umständen über mehrere Generationen erstrecken.

Die Psyche, der am wenigsten statische Bereich der Menschen, ist in der modernen Welt großen Anforderungen ausgesetzt, wie z.B. durch Mobilität und die geforderte Anpassungsfähigkeit an wechselnde Bedingungen. Daher ist es wenig verwunderlich, dass an ihr die Belastung oft primär ansetzt. Sie äußert sich dann in psychischen und/oder psychosomatischen Symptomen oder beispielsweise auch darin, ›keinen Sinn‹ für sich in der Welt sehen zu können. Die Prognosen der Weltgesundheitsorganisation weisen auf eine weltweite Zunahme psychischer Erkrankungen hin.

Wenn Menschen therapeutische Hilfe suchen, werden in einer Therapie u.a. ihre Beziehungen und die damit verbundenen Probleme ins Zentrum der Betrachtungen rücken. Die Psychoanalyse erweist sich dabei als therapeutische Methode:

---

[113] 258f.

welche auf gegenseitigem Vertrauen und auf der Verpflichtung zur Wahrheit beruht. Das schließt auf Seiten des Patienten die Bereitschaft ein, sich zu öffnen, das eventuell bestehende Leid und den eigenen Kummer zu erzählen und darauf zu vertrauen, dass der Andere, der Psychoanalytiker, gut mit diesem Vertrauen umgehen wird.[114]

In einem solchen therapeutischen Prozess wird u.a. durch die freie Assoziation (ein möglichst unkontrolliertes Zulassen aller Einfälle, Gedanken und Gefühle) noch viel stärker deutlich, was auch in jeder zwischenmenschlichen Beziehung vorhanden ist, nämlich der große Anteil des Unbewussten der beteiligten Subjekte an jeder Kommunikation.

Dabei zeigt sich auch, wie außerordentlich schwierig es ist, eine ›Grenze des Selbst‹ zu konstruieren. Sie ist nicht willkürfrei festzulegen, denn Wirkungen überschreiten die Grenze des Ichs und durch die Reflexion wird auch Außerkörperliches in das Selbst einbezogen. Was sich zwischen dem Selbst und dem Anderen abspielt, beeinflusst auch das Unbewusste und hat zur Formulierung des Konzepts eines »relationalen Unbewussten« geführt.

Altmeyer[115] beschreibt diese relationale Dimension des Unbewussten als eine mentale Bezogenheit, die zur Grundausstattung der Psyche gehört. Dieses Phänomen wird unterschiedlich in Worte gefasst, so z.B. von Hans Loewald bereits 1977 als »meeting of minds«. Donald Winnicott spricht vom »potentiellen Raum«, Stephen Mitchel von der »relationalen Matrix«, Jessica Benjamin vom »geteilten Dritten« und Lewis Aron von »mentaler Begegnung«. Thomas H. Ogden versteht das »analytische Dritte« als ein in der Analyse erzeugtes Gemeinschaftsprodukt.

Altmeyer fasst zusammen:

Bei all diesen innovativen, transdisziplinär entstandenen Denkfiguren fällt eines auf: Sie umkreisen begrifflich eine eigentümliche psychische Bezogenheit des werdenden Selbst zum Anderen; sie unterstellen einen virtuellen Raum, in dem die *klassische Trennung von Innen und Außen virtuell aufgehoben ist.* Die Vorstellung eines in diesem Übergangs- oder Zwischenraum angesiedelten Unbewussten, ohne dass sie schon präzise ausformuliert wäre, findet in der Gegenwartspsychoanalyse allmählich schulenübergreifend Verwendung und gewinnt entwicklungspsychologisch wie klinisch an Bedeutung.[116]

Dieser Zustand wird vornehmlich dann spürbar werden, wenn eine sehr enge Verbindung zwischen Personen besteht. Dies ist bei der Mutter-Kind-Beziehung (natürlich auch in der Beziehung zu einer anderen Pflegeperson) vor allem während der frühen Entwicklung der Fall.

Norbert Bischof spricht vom »medialen Aggregatzustand« des Seelischen und verweist darauf, dass die Trennung in ›Ich‹ und ›Du‹ eine phylogenetisch

---

114 TÖMMEL, S., Freud, 9.
115 ALTMEYER, M., Wende.
116 A.a.O., 96 [Hervorhebung von uns].

späte Errungenschaft ist.[117] (Der Psychotiker leidet darunter, dass eine solche Trennung bei ihm unzureichend entwickelt ist.)

Bischof ist zuzustimmen, wenn er darauf verweist, dass F. Capras Analogisierungsversuch für die Bereiche des Seelischen und des ›Quanten*feldes*‹ ungenügend ist.[118] Erst Protyposis als Quanten*information* ist in der Lage, die notwendigen Strukturen bereitzustellen.

In der Therapie als einer besonderen Form der Begegnung mit einem klaren Setting in einer ruhigen, störungsfreien Umgebung wird wegen der intensiven psychischen Wechselwirkung ein zeitweiliger gemeinsamer Zustand zwischen manchen Teilen der Psychen der Beteiligten u.U. möglich.

Im Liegen und ohne Blickkontakt zum ›Gegenüber‹ im Raum ist aber auch eine größere Zuwendung und Konzentration zum eigenen Erleben mit den aufsteigenden Bildern, den emotional besetzten erinnerten Situationen, den Vorstellungen, Phantasien usw. gegeben.

Die von Freud geforderte »gleichschwebende Aufmerksamkeit« des Analytikers bedeutet eine weitgehende Unterbindung von Unterbrechungen durch Wertungen oder durch ein fortwährendes Konstatieren von Fakten. Dadurch kann der Möglichkeitsraum des Patienten und desgleichen der der Therapeutin erweitert werden.

Eine solche Erweiterung erleichtert es auch, Deutungen zu finden, die für tieferliegende und zumeist sonst unbewusst ablaufende Prozesse und unbewusst vorhandene Strukturen deren ›Be-Deutungen‹ bewusst werden lassen.

Als Übertragung bezeichnet man das Erleben und Bewerten der gegenwärtigen Beziehung zur Therapeutin unter dem Gesichtspunkt von Anteilen der Erfahrungen aus den früheren Beziehungen und die Projektion von Beziehungsmustern auf die Therapeutin und die Beziehung zu ihr. In der Gegenübertragung erkennt die Therapeutin die bei ihr vom Patienten ausgelösten Empfindungen.[119]

Wir hatten auf die große Rolle der Gefühle als Ausdruck der Einheit von Seele und Körper hingewiesen. Das emotionale Erinnern ist wichtig, da eine Bearbeitung und Neubewertung des Psychischen bewirken kann, nicht nur psychisches Leid, sondern auch körperliche Beschwerden zu lindern oder zum Verschwinden zu bringen.

Für einen derartigen Informationsverarbeitungsprozess hatten wir dargelegt, wie ein Erinnern, Bearbeiten und neu Abspeichern Gedächtnisinhalte und deren Bedeutungskontext verändern kann.[120] Interventionen des Therapeuten, die physikalisch als ›Messprozess‹ an den Quantenmöglichkeiten der Psyche des Patienten zu verstehen sind, erzeugen dort Fakten, z.B. formulier-

117 Bischof, N., Mythen, 145f.
118 A.a.O., 150f.
119 Abb. 43.
120 232ff.

te Gedanken, die ihrerseits neue Möglichkeiten eröffnen, die dem Patienten zuvor nicht offen standen.[121]

Gedanken und mit ihnen verbundene Gefühle können als bedeutungsvolle Quanteninformation in einer Top-Down-Steuerung auch in den Informationsverarbeitungsprozess des Körperlichen selbst einwirken, z.B. auf Instabilitätsbereiche des Stoffwechsels. Das gleiche gilt für unbewusste Quanteninformation, die mit ihren affektiven Anteilen in einer Therapie verändert wird. Damit ist erklärbar, dass unter Umständen eine Top-Down-Wirkung auf den ganzen Körper erfolgen kann. Psychosomatische Vorgänge werden durch das Einbeziehen dieses Konzeptes verstehbar.

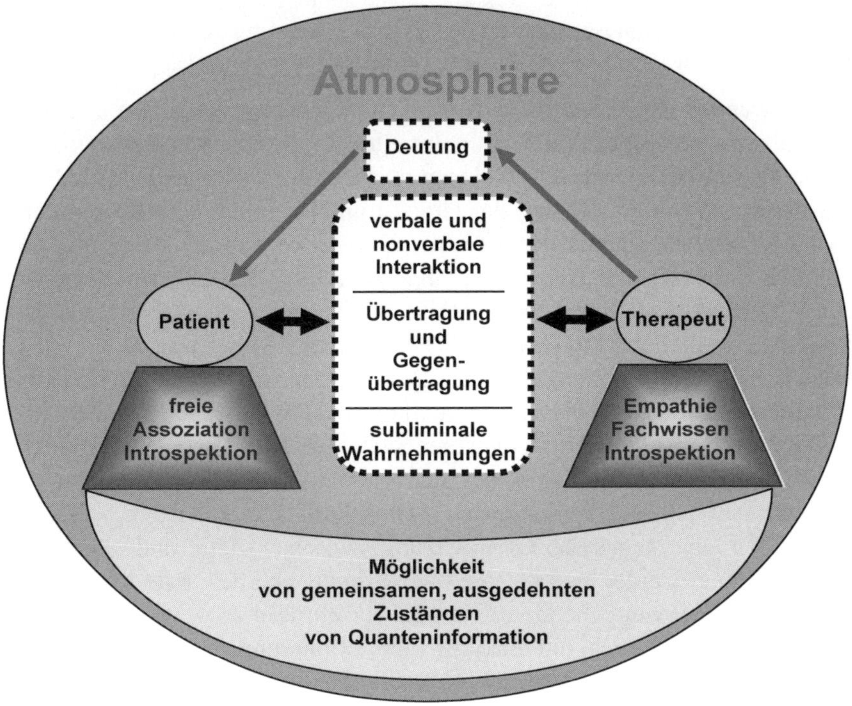

Abb. 43: Aspekte möglicher Beziehungen zwischen zwei Psychen.

Auf Seite 173 wurde darauf verwiesen, dass Bedeutung erst in Lebewesen entsteht. Für soziale Lebewesen und besonders für den Menschen entsteht Bedeutung sehr wesentlich im Kontakt mit Artgenossen. Dies geschieht nicht allein durch die verbale Kommunikation, sondern ebenfalls durch nonverbale und emotionale Kommunikation, also auch durch Körperaus-

121 Siehe Abb. 9 und Abb. 10 auf 82f.

druck und Gefühle. Dabei wird eine Bedeutung generiert, die oft unbewusst ist und bleibt.

Es gibt ferner subliminale Wahrnehmungen. Bei diesen gelangen die Reize nicht bis ins Bewusstsein, obwohl sie unterschwellig registriert werden und das Unbewusste beeinflussen können.

Über diese Phänomene hinaus tritt noch eine Wahrnehmung und Bedeutungserzeugung auf, die man als atmosphärisch bezeichnen kann. Gernot Böhme schreibt mit Blick auf die Ästhetik:

> Der primäre Gegenstand der Wahrnehmung sind die Atmosphären. Es sind weder Empfindungen noch Gestalten, noch Gegenstände oder deren Konstellationen, wie die Gestaltpsychologie meinte, was zuerst und unmittelbar wahrgenommen wird, sondern es sind die Atmosphären, auf deren Hintergrund dann durch den analytischen Blick so etwas wie Gegenstände, Formen, Farben usw. unterschieden werden.[122]

Wir verwenden den Gestaltbegriff als Kennzeichnung von allem überhaupt Erkennbaren, also auch für Nichtmaterielles. In diesem Sinne ist auch dasjenige, was als ›Hintergrund‹ deklariert wird, eine – wenn auch ausgedehnte – Gestalt.[123] Wenn bei Böhme der Hintergrund als ›Nichtgestalt‹ und damit als Gegensatz zu ›Gestalt‹ eingeführt wird, so ist das oft eine gute, aber lediglich pragmatische Unterscheidung. Im Alltag der Lebenswirklichkeit ist es meist evident, was der Hintergrund ist, auf einem abstrakten Bild beispielsweise jedoch keineswegs. Wenn Gestalt darüber hinaus auf ›materielle Gestalt‹ eingeengt würde, geriete man sogar in Widerspruch zur Naturwissenschaft, die mit einer Fülle nichtmaterieller Gestalten arbeitet.

Die ›Atmosphäre‹ kann aus unserer Sicht verstanden werden als ein Zustand von Quanteninformation, der sich spontan zwischen Psyche und Umgebung ausbildet. Die Wirkung des Atmosphärischen kann unbewusst und auch durch eine bewusste Grenzsetzung zwischen ›Ich‹ und ›Nicht-Ich‹ zurückgedrängt werden und beispielsweise durch eine bewusste Konzentration auf ein Detail weitgehend verloren gehen. Zumeist schwingt sie aber mit. Andererseits kann auch ein Faktum eine Erinnerung auslösen und damit etwas von der damaligen Atmosphäre wieder hervorrufen.

Stärker im Blickpunkt als die Beziehung zwischen Person und Umgebung steht natürlich die Beziehung zwischen den wesensgleichen Subjekten Patient und Therapeutin. Wir sehen das von Altmeyer beschriebene Phänomen eines virtuellen Raumes, »in dem die klassische Trennung von Innen und Außen virtuell aufgehoben ist« als eine eher psychologische Beschreibung eines kohärenten Zustandes von Quanteninformation, der seinen Träger zugleich in Teilbereichen der Psychen zweier Personen hat. Dieses Phäno-

---

122 BÖHME, G., Atmosphäre, 48.
123 146f.

men kann auch – wie aufgezeigt – z.B. als »geteiltes Drittes« oder als ein Zustand eines »potentiellen Raumes« bezeichnet werden.

Dabei ist darauf zu verweisen, dass eine solche intersubjektive unbewusste Struktur weder als Kraftfeld noch als Informationsaustausch – vielleicht gar mit einem realen Austausch von Energie – missverstanden werden darf. Sie stellt vielmehr einen gemeinsamen Quantenzustand dar, der in einer Wechselwirkung entstanden und als nichtlokal zu verstehen ist und der seinen Träger in Teilbereichen der Psychen der Beteiligten gemeinsam hat. In der üblichen Sprechweise der Quantenphysik würde man ihn als ›verschränkten Zustand‹ bezeichnen. Die in einem solchen Quantenzustand enthaltenen Möglichkeiten können bei einer faktisch fassbaren Erkenntnis (einer ›Messung‹) in den beteiligten Psychen zu Veränderungen am Unbewussten führen, die unter Umständen sogar eine Auswirkung im Bewussten haben.

Daneben werden natürlich auch all die anderen fühlbaren oder sprachlich formulierbaren Prozesse in der Beziehung ablaufen und deutlicher wahrnehmbar sein. Alle diese Vorgänge verändern nicht nur den Patienten, sondern beeinflussen und verändern auch die Therapeutin.

Trotz einer gewissen Regelhaftigkeit psychischer Prozesse ist natürlich jeder Patient und jeder therapeutische Prozess im Grunde ein Einzelfall und kann daher letztlich keine Gesetzesförmigkeit erwarten lassen. Allenfalls wird man relativ Ähnliches in den individuellen Psychen mit regelhaften Wahrscheinlichkeitsaussagen erfassen können.

Das, was in Abb. 43 mit dem Schwerpunkt auf einem therapeutischen Setting veranschaulicht wird, ist selbstverständlich teilweise in jedem aufrichtigen Gespräch möglich. Wenn mit der Protyposis das jeweilige Bewusstsein von zwei Psychen als real betrachtet werden darf, so wird es einfacher, auch naturwissenschaftlich zwei Subjekte in Interaktion zu sehen – und nicht nur zwei Gehirne. Bei Beziehungen zwischen erwachsenen Menschen ist zu bedenken, dass dabei bei jedem zugleich die Erste- und die Dritte-Person-Perspektive mitschwingen und somit die jeweiligen subjektiven Bezüge vom Betroffenen selbst teilweise ›objektiviert‹ werden können.

Hier soll nicht auf psychische Erkrankungen oder die therapeutische Praxis ausführlich eingegangen werden. Quantenphysikalische Ergebnisse hat z.B. Madert[124] in sein Therapiekonzept von »Trauma und Spiritualität« eingebaut. Die Bedeutung des Unbewussten und seine große Reichhaltigkeit, die hier auch nicht behandelt werden konnte, sind ausführlich in dem von Gödde und Buchholz[125] herausgegebenen dreibändigen Werk nachzulesen. Dort finden sich auch Betrachtungen aus kulturellen Bereichen und Perspektiven sowie Verbindungen zur Therapie.

---

124 MADERT, K.-K., Trauma.

125 BUCHHOLZ, M.B. /GÖDDE, G., Unbewusste.

7. Naturphilosophische Ausblicke

Wissenschaft ist gewiss der beste und sicherste Zugang zur Wirklichkeit, aber sie wird bis heute manchmal so missverstanden, als ob sie die Quelle von absolut verlässlichen Erkenntnissen sei. Diese Meinung wird außerdem oft noch mit mehr oder weniger modifizierten Atomvorstellungen verbunden, die dann einen sicheren Startpunkt zu versprechen scheinen. Spätestens im 20. Jahrhundert haben aber auch die sogenannten ›exakten Wissenschaften‹ – und voran die Mathematik – lernen können und müssen, dass das Idealbild einer unbezweifelbaren Gewissheit unerreichbar ist.

7.1 Aspekte von Gewissheit und Wahrheit

Das ›Beweisen‹ gehört zur Logik, und dort lernt man, wie aus welchen Voraussetzungen welche Schlüsse bewiesen werden können. Aber natürlich kann man dabei nichts darüber sagen, ob und wie weit den postulierten Voraussetzungen zu trauen ist. In der Mathematik bezeichnet man solche Voraussetzungen als Axiome. Von diesen fordert man lediglich, dass sie sich nicht widersprechen, und dann leitet man alle Theoreme ab, die in einem Theoriebereich gelten.

In welchem Sinne man davon sprechen kann, dass die Axiome auch ›wahr‹ sind, ist im Rahmen der heutigen Mathematik eine sinnlose Frage. David Hilbert, einer der größten Mathematiker und ein Verfechter der axiomatischen Methode, soll einmal über die Bedeutung der Axiomatik in der modernen Mathematik eine flapsig klingende aber sehr bedeutsame Aussage gemacht haben: Statt ›Punkt, Gerade, Ebene‹ könnte man auch sagen: ›Liebe, Rose, Schornsteinfeger‹. Daran soll deutlich werden, dass die Mathematik eine Wissenschaft reiner Strukturen ist. Wichtig sind nur die strukturellen Verbindungen, ohne jede konkrete Bedeutung ist dasjenige, was in Verbindung gesetzt werden soll.

Im Rahmen der Naturwissenschaften ist jedoch die konkrete Bedeutung das eigentlich Wichtige.

Man möchte ja in den Naturwissenschaften nicht nur logisch einwandfreie Strukturen errichten, sondern sie sollen auch unbedingt etwas von der erfahrbaren Wirklichkeit zutreffend erfassen. Die alten Griechen konnten sich noch vorstellen, dass die Axiome so evident sind, so dass ihre Geltung über jeden Zweifel erhaben sei. Spätestens die Entwicklung der Physik des 20. Jahrhunderts hat die Wissenschaft aus diesem schönen Traum erweckt. Heute haben wir keine Hoffnung mehr, evidente Axiome finden zu können, die mit voller Gewissheit als Basis der Physik gewählt werden könnten.

Gemeinsam mit C.F. v. Weizsäcker habe ich (TG) viele Jahre an dem Versuch gearbeitet, zu prüfen, ob man logisch korrekt zeigen könnte, dass die Physik immer dann gelten muss, wenn Erfahrung möglich ist. Dann nämlich müssten die so gefundenen physikalischen Gesetze notwendig in jeder empirischen Erfahrung gelten.

Heute weiß ich, dass die Hoffnung auf ein einziges logisch geschlossenes und abgeschlossenes Theoriegebäude leider unerfüllbar ist. Bereits in der Mathematik konnte Gödel für ein hinreichend komplexes Gebiet (d.h. eines, das zumindest die Arithmetik umfasst) beweisen, dass in ihm eine Widerspruchsfreiheit nicht bewiesen werden kann. Man beachte die Paradoxie dieser Aussage!

Für die Realwissenschaften liegen die Sachverhalte noch ungünstiger. Die zerlegende Beschreibung der klassischen Physik und die henadische, auf Einheit zielende der Quantenphysik können zwar jeweils in Grenzprozessen auseinander hergeleitet werden, aber ihre komplementären mathematischen Strukturen bilden Aspekte der Wirklichkeit ab, die sich gegenseitig ergänzen und die sich deshalb im Rahmen einer klassischen Logik teilweise widersprechen müssen. Der Grund dafür liegt darin, dass – wie erwähnt – jedes Naturgesetz und damit die Gültigkeit der Logik dadurch möglich wird, dass Konkretes vernachlässigt wird. Naturgesetz und klassische Logik – die Logik der Fakten – bedingen einander strukturell. Die Natur selbst ist reichhaltiger als allein die Fakten vermitteln können.

An dieser Stelle ist noch einmal daran zu erinnern, was die Reduktion bedeutet, die für eine naturwissenschaftliche Erklärung eines Sachverhaltes erforderlich ist. Reduktion meint nicht, dass aus den bekannten Phänomenen und Strukturen bereits alles Neue zwingend hergeleitet werden könnte. Sie bedeutet vielmehr, dass zu den bekannten Phänomenen eine neue, aber wohlverstandene bzw. gut verstehbare (d.h. mathematische und/oder begriffliche) Struktur hinzukommt. Dies ist nicht nur für neue Erkenntnisse in der reinen Mathematik der Fall, sondern auch für das Wahrnehmen von Strukturen in der nicht von Menschen erdachten, sondern vorgefundenen Natur. Der mit der Protyposis ermöglichte ontologische Monismus wird daher ergänzt durch einen Dualismus der Beschreibungsformen, wie wir es mit der Schichtenstruktur dargelegt haben.

Die Schichtenstruktur ist zwar ein mächtiges Erkenntniswerkzeug, sie liefert jedoch keine ›Weltformel‹ in einem mathematischen Sinne, sie ist kein durchgängig logisches Gebilde aus einer einzigen Struktur. Dieser Sachverhalt kann auch anders ausgedrückt werden:

Die Natur kann nicht in eine einzige logische Struktur gepresst werden.

Wir kommen hier an eine zentrale Begrenztheit des rationalen Denkens überhaupt. Dieses war gestartet mit der von Descartes gefundenen ›Gewissheit‹, dass eine ›klare und sichere Erkenntnis‹ möglich sei. Die weitere Entwicklung des Denkens hat jedoch aufgezeigt, dass zwar verlässliche Theorien über Teilbereiche möglich sind, das ›Ganze‹, das ›Sein‹ als solches, jedoch nicht zu fassen ist. In der Gegenwart hat besonders Martin Heidegger auf diesen Aspekt des Denkens immer wieder hingewiesen. Einen gut lesbaren Überblick über dieses Gedankengut gibt beispielsweise J. Oberthür.[1]

Wir können aus je einem bestimmten Blickwinkel stets nur einen Teilaspekt der Natur als mathematische Struktur erfassen. Gewiss lassen sich die einzelnen Aspektbereiche so aneinanderfügen, dass der Übergang von einem zum nächsten glatt und stimmig ist. Dennoch kann es bei einem ›vollen Umlauf durch alle verschiedenen Aspekte der Wahrheit‹ geschehen, dass am Schluss ein Widerspruch auftaucht. Im »Kreativen Kosmos« ist ein mathematisches Modell zur Erläuterung und Erklärung eines solchen Sachverhaltes aufgezeigt worden.[2] Wir wollen das dort Gesagte hier in einen Zusammenhang mit der zweiten Quantisierung setzen, an die noch einmal erinnert werden soll.[3] Bei ihr wird das höherstufige Objekt aus einer unbestimmten Vielzahl von einfacheren Quantenobjekten gebildet. So werden für die Beschreibung eines Quantenfeldes die Quantenteilchen miteinander multiplikativ verknüpft, wodurch ein neues Gebilde aus vielen Quantenteilchen entsteht. Danach werden Superpositionen[4] von Zuständen mit verschiedenen Anzahlen betrachtet. Das bedeutet, dass die Teilchenanzahlen nicht als Fakten, sondern als verschiedene Möglichkeiten gesehen werden. Das Quantenfeld erweist sich damit mathematisch als eine Summe über Potenzen von Teilchen.

Bei den Rechnungen mit diesen Möglichkeiten sind nicht nur reelle Zahlen zu verwenden wie in der klassischen Wahrscheinlichkeitstheorie, sondern auch imaginäre, also Zahlen, deren Quadrate negativ sind. Die Kombinationen dieser beiden Zahlensorten werden als ›komplexe Zahlen‹ bezeichnet, erst mit ihnen wird die Mathematik für alle Rechenarten ›komplett‹.

Als Weiteres soll der Begriff der Funktion nochmals erläutert werden. Eine Funktion beschreibt die Zuordnung eines Funktionswertes zu jedem

---

1 OBERTHÜR, J., Heidegger.

2 GÖRNITZ, TH. /GÖRNITZ, B., Kosmos, Anhang 14.

3 Siehe 127ff.

4 Die Superposition (deutsch Überlagerung) von Zuständen erzeugt aus diesen einen neuen Zustand. Er wird mathematisch durch die Vektorsumme dargestellt, womit die gleichzeitige Möglichkeit der verschiedenen erzeugenden Teilzustände erfasst wird; 96.

Element aus dem Definitionsbereich, z.B. einer Menge von Zahlen. Das ist nur dann eine sinnvolle Bildung, wenn diese Zuordnung eindeutig ist. Wenn man beispielsweise eine Liste von Waren hat, so kann jeder Position ein Preis zugeordnet werden. Es ist durchaus möglich, dass zwei verschiedene Waren den gleichen Preis haben, aber eine Ware soll nur einen Preis erhalten.

Die Mathematiker kennen viele Sorten von Funktionen, z.B. heißen sie stetig, wenn sie keine Sprünge machen. Wenn man sie als glatte Linie ohne Knicke zeichnen kann sind sie differenzierbar.

Eine besonders wichtige und besonders leicht zu behandelnde und zu untersuchende Gattung bilden die ›analytischen‹ Funktionen. Sie sind ein mathematisches Abbild der zweiten Quantisierung und daher besonders wichtig für das Beschreiben der Natur.

Die Mathematik erfasst auch Strukturen, die sich in der Erfahrung oftmals schwer fassen lassen können. Bei den analytischen Funktionen findet sich die verblüffende Eigenschaft, dass ein beliebig kleiner Ausschnitt von ihr den gesamten Funktionsverlauf im gesamten Raum festlegt. Man könnte dies – mit hinreichender Vorsicht – vielleicht sogar als eine mathematische Formulierung der von vielen Mystikern gesehenen Äquivalenz von Mikrokosmos und Makrokosmos deuten.

Analytische Funktionen lassen sich als eine Summe über verschiedene Potenzen der Zahlen selbst darstellen. Daraus kann man begründen, dass sie unendlich oft differenzierbar sind, sozusagen ›unendlich glatt‹. Diese Summen sind stets in einem Kreis definiert. In diesem ›Konvergenzbereich‹ bleiben diese Summen endlich und dessen Rand ist dadurch festgelegt, dass es mindestens einen Punkt gibt, in dem die Summe unendlich groß wird und damit keine normale Zahl mehr darstellt.

Wir berichten das alles hier, weil Bernhard Riemann eine besondere Eigenschaft festgestellt hat. Die Funktionswerte analytischer Funktionen bilden über den komplexen Zahlen eine glatte Fläche. Wenn man verschiedene sich überschneidende Konvergenzbereiche hat, dann fallen die Funktions-Flächen der Überschneidungen zusammen, so dass man von einer ›unendlich glatten‹ (mathematisch: analytischen) Fortsetzung von einem Bereich in den nächsten spricht. Auf einer solchen ›Riemannschen Fläche‹ kann man sich vollkommen glatt und ohne Hindernisse oder Durchschneidungen bewegen. Wenn man jedoch einem Umlauf um die Singularität vollführt, also um den Punkt, in dem die Funktion unendlich (also unlogisch) wird, dann kann etwas sehr Merkwürdiges passieren. Man gelangt wieder über den gleichen Ausgangspunkt, aber zu einem anderen Ergebnis, also zu einem ›Widerspruch‹.

Dies ist aus unserer Sicht eine sehr zutreffende mathematische Illustration zu einer tiefen philosophischen Wahrheit.

Hierzu möchten wir an eine erhellende Geschichte von Nils Bohr erinnern. Auf die Frage nach dem Unterschied zwischen einer wahren Aussage und einer tiefen philosophischen Wahrheit antwortete Bohr: ›Der Gegensatz, die Verneinung, einer wahren Aussage ist eine falsche Aussage. Hingegen ist der Gegensatz, die Verneinung, einer tiefen Wahrheit wiederum eine tiefe Wahrheit.‹ Seine Schüler bezeichneten diese Aussage Bohrs als eine tiefe Wahrheit.

Wenn man eine Wahrheit, die sich nicht mit der normalen Logik fassen lässt, meditierend umdenkt, so wird zu erwarten sein, dass man dabei auf einen Widerspruch, auf ein Paradoxon stoßen wird. Ein Zusammenfallen der Widersprüche, ›Coincidentia oppositorum‹, findet sich bei vielen Philosophen, z.B. bereits bei Nicolaus von Cues,[5] wenn dieser vom Göttlichen spricht.

Die mathematische Struktur der Quantentheorie erzwingt eine Einbindung in das Ganze. Diese wiederum führt bereits damit über das Empirische hinaus, denn Empirie, Erfahrung, ist stets nur von Ausschnitten aus der kosmischen Wirklichkeit möglich.

Wir haben sehr viele empirische Daten *aus* dem Kosmos und verstehen seine Struktur immer besser. *Aber bereits die endliche Lichtgeschwindigkeit führt dazu, dass wir nur eine ›Momentaufnahme‹ des Kosmos besitzen.* Wir können immer nur dasjenige beobachten, das gerade so weit von uns entfernt ist, dass das Licht vom jeweiligen Ausgangspunkt, z.B. einer Galaxie, gerade jetzt bei uns ankommt. Das Licht, was zuvor von dort ausgestrahlt worden war, ist an uns vorbei und kann nie wieder eingeholt werden. Wie beispielsweise die Andromedagalaxis vor 3 Millionen Jahren ausgesehen hat, können wir niemals wissen, denn das Licht von damals ist bereits vor 500.000 Jahren an der Erde vorbei gelaufen. Und solches Licht, was später, z.B. vor einer Million Jahren ausgestrahlt worden ist, ist noch nicht bis zu uns gelangt.

Obwohl wir stets mit der Erfahrung lediglich Ausschnitte erfassen können, besitzen wir dennoch theoretische Strukturen, die Aussagen über das Ganze machen.

Die Naturwissenschaft selbst zielt also bereits mit ihrem Gefüge auf das Eine in dem Sinne, den wahrscheinlich bereits die frühen Philosophen mit eingeschlossen haben. Aber wie bei diesen schon zu sehen ist, fragt und denkt der Mensch stets auch über das gesicherte Wissen hinaus. Der Mensch kann – vielleicht scherzhaft – als das Tier bezeichnet werden, das Zugang zur Transzendenz haben will und kann.

Dieses Wissen ist verbunden mit einem anderen, denn der Menschen ist auch das einzige Lebewesen, dass weiß, dass es sterben muss. Auch Tiere

---

[5] Siehe 298.

ahnen einen herannahenden Tod, aber der Mensch weiß schon bei voller Gesundheit darum.

Dieses Wissen konfrontiert den Menschen mit der Frage nach dem Sinn seines Daseins. Aus Endlichem ist für viele ein Sinn schwer zu extrahieren. Natürlich kann man stets versuchen, für sich und für andere die Zukunft zu gestalten oder die Umwelt zu bewahren. Dass dies anerkennenswerte Motive sind, soll natürlich in keiner Weise bestritten werden. Dass aber beispielsweise in wenigen Milliarden Jahren die Erde insgesamt aufhören wird zu existieren und mit ihr natürlich auch ›Umwelt‹ oder ›Humanismus‹, ist für manchen Menschen schwer zu verkraften. Daher postulieren selbst dezidiert antireligiöse Ideologien etwas Ähnliches wie einen gleichsam ›unendlichen Aufstieg einer klassenlosen Gesellschaft‹ oder ein ›Tausendjähriges‹, d.h. endloses ›Drittes Reich‹.

Die auf Einheit zielende Struktur der modernen Naturwissenschaft bringt diese in eine gewisse Nähe zu einer nichtwissenschaftlichen Wahrnehmung der Einheit, zu dem, was wir als Spiritualität definieren werden. Diese Einsicht beginnt heute, auch in anderen Systemen von Weltbeschreibung Fuß zu fassen. Wir werden in Kapitel 8.2 darauf eingehen.

Monismus oder Dualismus?

Spätestens seitdem mit der Allgemeinen Relativitätstheorie eine wechselseitige Beeinflussung sogar von Raum und Zeit mit den materiellen Inhalten erkannt worden ist, wurde in den Naturwissenschaften die Vorstellung inakzeptabel, es könnte eine Einwirkungsmöglichkeit ins Materielle geben, die keiner Rückwirkungsmöglichkeit unterliegen würde. Über Jahrhunderte hatte man den Raum entweder als das unveränderliche Behältnis des Materiellen wie bei Newton oder als eine vorgegebene Denknotwendigkeit wie bei Kant verstanden. Mit Einsteins Allgemeiner Relativitätstheorie wurde es theoretisch möglich, dass der Raum (und sogar auch die Zeit) nicht mehr ein feststehendes unwandelbares Behältnis bereitstellen, sondern zu einer dynamischen Größe werden, deren Struktur durch die in ihr enthaltene Materie und Energie verändert wird. Heute gibt es eine Unzahl von Beobachtungsdaten, an denen diese ›Krümmung des Raumes‹ deutlich ablesbar wird. Bei den Schwarzen Löchern wird die Krümmung so stark, dass sie sich aus unserem Kosmos abschnüren und jeden Weg von Innen nach Außen unterbinden. Die Raumkrümmung ihrerseits verändert das Bewegungsverhalten der Materie.

Wir haben bereits aufgezeigt, dass es auch unabhängig von der Diskussion mit der Allgemeinen Relativitätstheorie sinnvoll ist, nicht – so wie Descartes – mehrere Substanzen annehmen zu wollen, sondern eine letzte Einheit zu postulieren.

7.2 Der Weg zur Erklärung der Welt

Hier kann lediglich ein sehr kurzer und nur sehr ausschnittsweiser Blick auf die Geschichte der abendländischen Philosophie geworfen werden. Dieser Ausschnitt wird sich vor allem der Erkenntnistheorie widmen und besonders dem Unterschied zwischen einer monistischen und einer dualistischen Weltsicht. Das, was jetzt auch im Rahmen der Naturwissenschaften gedacht werden kann und was es erlaubt, die menschlichen Erfahrungen ohne einen tiefen Riss ganzheitlich zu verstehen, hatte viele nichtnaturwissenschaftliche Vordenker. Hier ist lediglich Raum, von diesen vielen großen und bedeutenden Denkern einige wenige skizzenhaft darzustellen. Es wird jedoch deutlich werden, dass das, was wir im vorliegenden Buch gezeigt haben, im Laufe der Zeit bereits immer wieder einmal wahrgenommen und gedacht worden ist – bisher allerdings nicht im Rahmen der Naturwissenschaft.

Am Beginn dieser Geschichte des Denkens finden wir zwei offensichtliche Wahrheiten – tiefe Wahrheiten, die sich logisch widersprechen.

Parmenides, der etwa 515–445 v.Chr. lebte, stammte aus Elea, weshalb er oft ›der Eleat‹ genannt wird. Er vertrat eine Sicht, bei der er von allem Konkreten abstrahierte, um zum universellsten Begriff zu kommen. Mit dem ›Sein‹ fand er eine Kategorie, die allem, was existierte, zugesprochen werden musste.

Von dem, was mit diesem Universalbegriff bezeichnet wird, kann es einsichtigerweise nicht Zweierlei geben. Wenn es so etwas wie ›Sein-1‹ und ›Sein-2‹ gäbe, so würden diese beiden Substanzen dennoch ›sein‹ müssen und daher Unterkategorien des ›Seins‹ sein. Nach Parmenides ist also das Sein ›Eines‹. Weiterhin aber kann es das ›Nichts‹ nicht geben, denn das Nichts ist nicht. Eine zwingende logische Folgerung ist dann, dass es auch das ›Werden‹ als den Übergang vom ›Noch-nicht-Seienden‹ – also vom Nichts – zum Sein nicht geben kann. Deshalb ist bei Parmenides das Sein unentstanden und unvergänglich.

Es ist aber offensichtlich, dass es eine zweite, gleichermaßen tiefe Wahrheit gibt.

Der Zeitgenosse des Parmenides, Heraklit aus Ephesus, der etwa 550–475 v.Chr. lebte, war der Verkünder dieser zweiten Wahrheit. Heraklit sprach davon, alles ist ›Werden‹. Das berühmteste seiner Zitate (von denen leider nur sehr wenige überliefert sind) »Man steigt nie zweimal in den gleichen Fluss«, ist ebenfalls unleugbar zutreffend. Sobald man aus dem Wasser kommt ist bereits wieder frisches Wasser da.

Zwei unbezweifelbare Wahrheiten – wie kann man sie zusammendenken?

Ein bis heute prominent gebliebener Verschlag kam von den Atomisten. Ein Mitbegründer des Atomismus war Leukipp, der im 5. Jh. v.Chr. lebte und vermutlich aus Milet stammte. Ein Denker, der diese Gedanken weiter ausgebaut hatte, war Demokrit aus Abdera (460–370 v.Chr.). Die Atomisten sahen, das Sein ist unvergänglich und unveränderlich. Aber sie meinten auch, es kommt in ganz vielen Exemplaren vor. Da jedes von ihnen ein ›Eines‹ ist, sind sie unzerlegbar. Daher werden sie Atome (Unteilbares) genannt. Das Werden kommt dadurch zustande, dass die Atome sich zusammenfügen und wieder auseinandergehen. Für die Bewegung war ein ›Nichts‹ notwendig, das wir heute ›leerer Raum‹ nennen.

Wenn man nicht weiter nachfragt ist dies eine sehr gute Erklärung: Alles Seiende sind Atome, ist Materie. Wenn man aber tiefer bohrt, so erscheint die Erklärung – Materie wird dadurch erklärt, dass sie aus kleinen Stücken von Materie besteht – doch als recht unvollkommen.

Ein anderer Lösungsvorschlag kam von Platon.

Platons Vorstellungen

Platon wird 427 v.Chr. in Athen geboren und lebte dort bis 348 v.Chr. Sein Lehrer war Sokrates, den er in seinen Schriften lebendig werden lässt. Platon studierte die damalige Philosophie, u.a. Heraklit sowie die Eleaten und Pythagoräer. Später gründet Platon in Athen seine berühmte »Akademie«, an der auch Aristoteles Mitglied wurde. Platon hatte die Einsicht, alles was erkennbar ist, ja alles was es gibt, sind ›Gestalten‹. Das waren bei ihm nicht notwendig ›Gestalten von etwas Materiellem‹, sondern durchaus auch geistige, ideelle Gestalten.

Dieser von Goethe gern verwendete Begriff der ›Gestalt‹ macht im Deutschen deutlich, dass es hierbei um etwas geht, das eine gleichsam objektive Bedeutung hat. Meist wird ›eidos‹ mit ›Idee‹ übersetzt. Dabei kann aber heutzutage leicht eine Vorstellung eines lediglich subjektiven Gedankens verbunden werden, von etwas, ›was man sich halt so ausdenkt‹. Natürlich darf dieser bedeutsame Aspekt des ›Gewusstseins‹ nicht ausgeklammert werden, aber es ist wichtig, dass die Platonischen Ideen keineswegs als ›nicht real‹ im Sinne von Träumerei oder Phantasie interpretiert werden dürfen.

Gestalten kann man erkennen und verstehen, vor allem dann, wenn sie in mathematischer Form vorliegen.

Eine mathematische Gestalt ist genau das, was sie ist, sie ist nichts mehr und nichts weniger als das. Die Gestalt des Dreiecks ist nicht ein gemaltes, sondern das ›reine, wirkliche Dreieck‹, für welches die Sätze der Euklidischen Geometrie erkennbar wahr sind.

Der Nus (νοῦς, nūs), der Geist, ist bei Platon dasjenige, was den Menschen in die Lage versetzt, die Ideen zu erfassen, d.h. die Realität zu erkennen. Er ist bei Platon verbunden mit der Seele eines Menschen, die aus der Weltseele erschaffen wird.

Platon kannte die Lehre von den vier irdischen Elementen Feuer, Luft, Wasser und Erde. Etwa seit einem Jahrhundert wussten damals die griechischen Gelehrten nicht nur, dass die Erde eine Kugel ist, sie wussten sogar auch, dass die Sonne größer als die Erde ist. Die Sonne konnte also aus keinem der irdischen Elemente bestehen, denn ein irdisches Element hätte den rasenden täglichen Umlauf um die Erde nicht ausgehalten. Ein fünftes Element war also für den ›Äther‹ und seine Bestandteile nötig.

Mathematik war zu Platons Zeit Geometrie. Dort faszinierten regelmäßige Gebilde. In der Ebene gab es gleichseitige Dreiecke, Vierecke (die Quadrate), Fünfecke, Sechsecke usw. Aber von den Körpern wusste man, dass es lediglich fünf regelmäßige Körper gab. Platon meinte nun, dass das kein Zufall sei, sondern dass die Atome der vier Elemente und des Äthers genau die Gestalt der fünf regelmäßigen Körper haben müssten.

Das Tetraeder hat die schärfsten Spitzen, seine Atome stechen, wenn man die Hand zum Feuer bringt. Aus den Erdatomen kann man tatsächlich etwas gestalten und bauen, sie passen aufeinander. Das Oktaeder der Luft ist fast genauso flüchtig wie das Atom vom Feuer und beim fast tropfenförmigen Ikosaeder kann man das Fließen des Wassers deutlich erkennen.

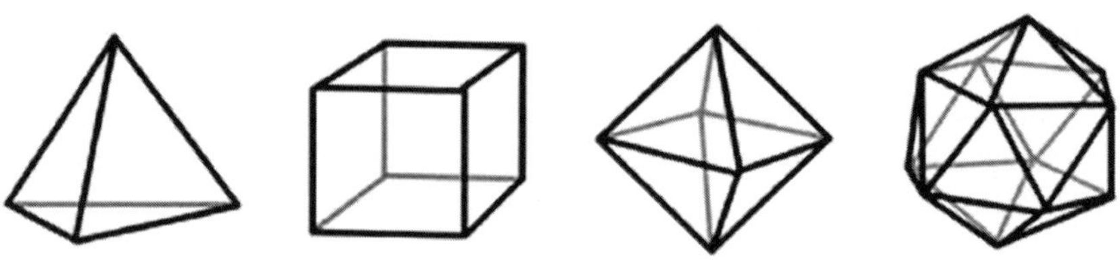

Abb. 44: Die Platonischen Körper, Tetraeder, Hexaeder (Würfel), Oktaeder, Ikosaeder, sind die Atome von Feuer, Erde, Luft und Wasser.

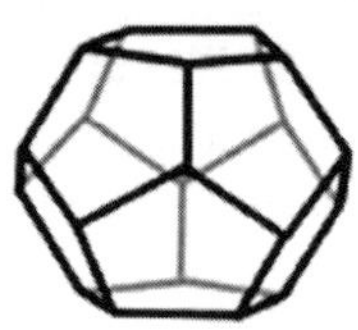

Abb. 45: Der fünfte Platonische Körper: Das Dodekaeder für den Äther.

Alle Atome der vier irdischen Elemente sind aus gleichseitigen oder, im Falle des Quadrates, aus rechtwinklichen mathematischen Dreiecken konstruiert. Ein Dreieck aber ist eine reine mathematische Gestalt, etwas, das vollkommen erkannt werden kann, und das seinerseits nichts Materielles ist.

Mit diesem Vorschlag konnte Platon die damals bekannte Materie, d.h. ihre Atome, aus nichtmateriellen Gestalten modellieren, nämlich aus mathematischen Dreiecken. Diese sind nichts Körperliches, können aber zu Körpern zusammengesetzt werden.

Allerdings wird es damals nicht so sehr verschieden von späteren Zeiten gewesen sein und stark mathematisierte Konstrukte wird man nur mit Distanz betrachtet haben.

Spätere Interpretationen von Platons Erklärungen haben die Gestalten als etwas dargestellt, was man sich bloß ausdenkt, als Ideen, die jemand im Kopf haben kann oder auch nicht. Und dass die Wirklichkeit (also die Atome) etwas sein sollte, was man sich lediglich ausgedacht hat, das war den meisten Menschen und Philosophen dann doch zu unglaubwürdig.

Was dabei nicht beachtet wird, ist, dass eine Gestalt zwar erkannt werden kann und in sofern auch in jemandes Bewusstsein sein kann, dass eine Gestalt aber mehr ist als nur eine Vorstellung. Zwar sind alle Gedanken auch Gestalten, aber nicht alle Gestalten sind Gedanken.

So abstrakt zu denken, wie es Platon damit vorgeschlagen hatte, war und ist nicht jedermanns Sache.

Aristoteles

Wesentlich mehr der Erfahrung des Alltags verbunden und damit auch praktischer dachte Aristoteles, genannt »der Stagirite«. Er wird 384 v.Chr. in Stagira in Thrakien geboren. Er war Mitglied von Platons Akademie und später der Lehrer von Alexander dem Großen. Aristoteles starb 322 v.Chr. auf der Insel Euböa.

Aristoteles stellte die Materie, die ›hyle‹ (= Holz) als einen Grundbegriff neben die Form (eidos) als zweiten. Somit kann man den Aristotelischen Entwurf als einen dualistischen ansehen. (Zur Abgrenzung von Platon hat Aristoteles für dessen Begriff ›Gestalt‹ den der ›idea‹ verwendet).

Als einfaches Beispiel denken wir an einen Tisch. Seine Materie ist das Holz, seine Gestalt[6] ist die des Tisches. Die Gegenstände in ihrem Zusammensein von Form und Materie sind bei Aristoteles das Reale. Das war sehr praktisch, und wenn man nicht darüber hinaus auch noch erklären wollte, was denn die formlose und damit eigenschaftslose Materie eigentlich sein soll, woraus sie besteht, so war es auch vollkommen ausreichend.

Als weiteren Begriff führt Aristoteles den Nus (Geist) ein. Bei ihm hat dieser als Denk- und Erkenntnisvermögen einen göttlichen Charakter und wirkt gleichsam von außen auf den Menschen ein.

---

6 Später, in der Lat. Rezeption: ›forma‹ – Form, Gestalt, Figur.

Mit seinem Entwurf hat sich Aristoteles gegen Platon abgegrenzt und damit viel Erfolg gehabt. Aristoteles hält Platons Ideen, die von Aristoteles wie erwähnt mit ›idea‹ bezeichnet werden, für überflüssig, da bei ihm die Form (eidos) der Gegenstände diesen immanent ist. Im Verlauf der Geschichte wird die ›Gestalt‹, die Idee, oft mit dem ›Geist‹ verschmolzen und dann werden die Ideen zu den ›Gedanken Gottes‹. Mit der frühen Unterscheidung von Geist und Materie blieb unklar, wie beide miteinander in Beziehung stehen – und daran sollte sich bis ins 20. Jahrhundert nichts ändern.

Für das tägliche Leben jedenfalls war das Denken des Aristoteles am praktischsten und so blieb es für lange Zeit tonangebend.

Meister Liä Dsï

Ganz verschwanden aber Überlegungen, die in Platons Richtung gingen, nicht aus dem Denken der Menschen. Sie waren auch unabhängig von ihm in anderen Kulturkreisen zu finden. So gibt es eine dazu passende Darstellung der Weltentstehung aus dem Chinesischen (Meister Lie, 450 v.Chr.):

»Meister Liä Dsï sprach: »Die alten Weisen nahmen das Lichte und das Finstere als Grundursache der Welt. Aber alles Körperliche entsteht aus Unkörperlichem; so muß doch auch die Welt einen solchen Ursprung haben. Darum sage ich: Es gibt eine Urwandlung, einen Uranfang, ein Urentstehen, eine Urschöpfung.[7]

Die Urwandlung ist der Zustand, da die Kraft noch nicht sich äußert. Der Uranfang ist der Zustand, da die Kraft entsteht. Die Urentstehung ist der Zustand, da die Form entsteht. Die Urschöpfung ist der Zustand, da der Stoff entsteht. Den Zustand, da Kraft, Form und Stoff noch ungetrennt durcheinander sind, nennt man Dasein. Dasein bedeutet den Zustand, da die Dinge miteinander und durcheinander sind und noch kein gesondertes Fürsichsein haben.«

Ein bemerkenswerter Satz, der Kraft, Form und Stoff in eins setzt: »Den Zustand, da Kraft, Form und Stoff noch ungetrennt durcheinander sind, […] noch kein gesondertes Fürsichsein haben.« Und auch die Reihenfolge, erst Kraft, dann Form und dann erst Stoff, ist bemerkenswert.

Plotin

Der Abschluss der antiken Philosophie wird bei Plotin gesehen, der etwa von 205 n.Chr. bis etwa 270 lebte. Bei ihm wird Platonisches und Aristotelisches Gedankengut weiter durchdacht.

---

[7] LIÄ DSÏ, Buch.

Jenseits des Seins steht das Eine. Die Emanation des Nus, des Geistes aus dem Einen, wird vom Nus fortgesetzt zur Bildung der Seele. Die Weltseele ist wie der Geist ungeteilt, durch die Aufteilung auf die Körper beginnt eine Trennung. Bei Plotin steht die Seele zwischen dem Geist und der Materie. So schreibt er am Beginn in den psychologischen Untersuchungen der vierten Enneade:

Ueber das Wesen der Seele oder In wiefern lässt sich sagen, dass die Seele zwischen der ungetheilten und getheilten Substanz in der Mitte steht?:

In der intelligiblen Welt befindet sich die wahrhafte Wesenheit: der Geist ist das beste derselben; Seelen sind aber auch dort; von dort aus sind sie ja auch hier. Und jene Welt hat Seelen ohne Körper, diese dagegen die in Körpern befindlichen und durch die Körper getheilten.

Dort ist der ganze Geist zusammen und nichts unterschiedenes und getheiltes, zusammen auch alle Seelen in dieser einigen Welt, nicht in räumlicher Geschiedenheit. Der Geist nun ist stets ununterschieden und nicht getheilt, die Seele aber bloss dort ununterschieden und ungetheilt; es liegt aber in ihrer Natur getheilt zu werden. Denn ihre Theilung ist das Sichentfernen und in den Körpertreten. Mit Recht sagt man also bei den Körpern von ihr, sie sei getheilt, weil sie sich so entfernt und getheilt ist.[8]

Damit erinnert der Begriff der Seele an das, was heutzutage unter dem Psychischen verstanden wird. Die Seele schlägt in Plotins Konzeption eine Brücke zwischen dem Körperlichen und Plotins Begriff von Geist, den dieser rein transzendent versteht. Mit seiner intelligiblen, d.h. verstehbaren und einsichtigen Welt des Geistes und erst recht mit dem Einen greift Plotin weit über das naturwissenschaftlich Erfassbare hinaus ins Transzendente.

Der Abstieg geht dann weiter:

Die unterste Stufe des Seelischen, wo es sich mit einem Leib umkleidet, ist die Natur. Natur ist Abbild der intelligiblen Welt und insofern vollkommen, aber immerhin nur ein Abbild; darum weniger Geist, weniger Kraft, Freiheit, Aktivität; dafür um so mehr Passivität. Jetzt entstehen auch Raum und Zeit. An die Stelle der Freiheit tritt der Instinkt. Die Seele ist an sich nämlich frei und setzt darum spontan von sich aus neue Ursachenreihen. »Sie ist eine erstbewegende Ursache« (Enn. III 1, 8).

Aber nur, solange die Seele außerhalb des Leibes steht, ist sie ganz Herr ihrer selbst. Im Leib ist sie nicht mehr unabhängig, sondern wird verknüpft in die innerweltlichen Kausalreihen. [...] Die letzte Stufe der Emanation ist die Materie. Sie ist überhaupt nichts Positives mehr, sondern nur noch Negation.[9]

Der Philosoph Werner Beierwaltes beleuchtet Plotins Ziel, mit der begrifflichen Anstrengung einer Selbst-Reflexion den Ursprung der Wirklichkeit von Sein, Denken und Leben zu ›schauen‹: »*Das wahre Selbst*

---

8 PLOTIN, Enneade 4.1.1.

9 HIRSCHBERGER, J., Geschichte, 9204.

thematisiert vor allem den Zusammenhang von Seele und Geist, die Selbstvergewisserung des Denkens« in der sich »ein Zugang über den Nus hinaus in das Eine selbst« eröffnet.[10] Für den Menschen und seine Seele eröffnet sich die Möglichkeit der Schau des Einen.

> Die Seele selbst muss wie ein Sehen sein. Gegenstand des Sehens ist für sie der Geist; sie ist unbestimmt bevor sie sieht, aber von Natur zum Denken geschaffen. Sie ist also im Verhältnis zum Geist Materie.[11]

Freundlicherweise hat uns der Braunschweiger Philosoph Claus Arthur Scheier darauf hingewiesen, dass der uns vom Frankfurter Altphilologen Roland Schüßler vorgeschlagene Begriff der Protyposis in der antiken Literatur wohl nur bei Plotin in den Enneaden über die Zahlen zu finden ist.[12]

> Das Seiende also, das in der Zahl besteht, ist Zahl, wenn es als ein Vieles erregt wurde; es war aber gleichsam eine Rüstung auf die seienden Dinge und (kai [...] kai = eigentlich: ›sowohl‹) eine *Vorausdarstellung im Umriss* (= protyposis), (›als auch‹) gleichsam Einheiten, die einen Ort (topon) darbieten, für das, was auf sie gegründet werden soll.

Wir haben die Protyposis als abstrakte und vorerst bedeutungsfreie Quanteninformation dargestellt, in die sich gegebenenfalls Gestalten oder auch Bedeutungen einprägen können. Sie kann damit wiederum selbst auch zum Träger von konkreten Gestalten und Bedeutungen werden, für die sich die Zahl der Qubits bestimmen lässt, die solches Seiendes jeweils konstituieren. Insgesamt öffnet sich damit für uns sogar nachträglich ein sinnvoller Bezug zu Plotins Begriffsverwendung.

Mittelalterliche Philosophie

Auch hier beschränken wir uns aus einer riesigen Fülle an philosophischem Material nur auf drei Denker, von denen wir der Meinung sind, dass besonders bei ihnen Gedanken zu finden sind, die in die Gegenwart reichen: Meister Eckart, Johannes Duns Scotus und Nicolaus von Cues.

Meister Eckart (etwa 1260–1327) stammte aus Thüringen und war u.a. Generalvikar der Dominikaner von Böhmen und Professor der Theologie in Straßburg. Er starb, bevor das Inquisitionsverfahren gegen ihn eröffnet

---

10 BEIERWALTES, W., Selbst.

11 PLOTIN, Enneaden II,4.1, Quellen, 7035.

12 PLOTIN, Enneade VI.6.10: »ἐστῶς οὖν τὸ ὂν ἐν πλήθει ἀριθμός, ὅτε πολὺ μὲν ἠγείρετο, παρασκευὴ δὲ οἷον ἦν πρὸς τὰ ὄντα καὶ προτύπωσις καὶ οἷον ἑνάδες τόπον ἔχουσαι τοῖς ἐπ αὐτὰς ἱδρυθησομένοις.« obige Übersetzung aus: Enneaden, Quellen.

worden war. Bei Eckart finden wir deutliche und gut verstehbare Beispiele für das, was als ›negative Theologie‹ bezeichnet wird:[13]

> Darum soll deine Seele nichtgeistig sein, frei von allem, was Geist ist, und soll geistlos dastehn; denn liebst du Gott, wie er Gott ist, wie er Geist ist, wie er Person ist und wie er Bild ist, das muss alles hinab. ›Wie soll ich ihn denn lieben?‹ Du sollst ihn lieben wie er ist: ein Nichtgott, ein Nichtgeist, eine Nichtperson, ein Nichtbild, sondern: wie er ein blosses, pures, reines Eins ist, gesondert von aller Zweiheit, und in dem Einen sollen wir ewiglich versinken von Nichts zu Nichts. Das walte Gott.

In der mystischen Erfahrung, die hier spricht, finden wir eine Einheit der Gegensätze, die auch später wieder aufgenommen wird und die in den quantentheoretischen Äquivalenzen von Masse und Bewegung, Objekt und Eigenschaft oder Fülle und Leere auch für die moderne Naturwissenschaft bedeutsam wird.

Dem Religionsphilosophen Axel Schmid[14] verdanken wir Hinweise auf die bedeutsame Weiterentwicklung der mittelalterlichen Philosophie durch Johannes Duns Scotus (1266–1308). Dieser schottische Franziskaner lehrte als Theologe u.a. in Oxford, Paris und Köln. Duns Scotus sieht, dass die Individuen nicht vollständig durch den Begriff gefasst werden können. Wir hatten in der Einleitung darauf verwiesen, dass das Allgemeine durch eine Abstraktion erhalten wird, bei der die Unterschiede zwischen Individuen als unwesentlich deklariert werden.

Scotus verweist nun darauf, dass die Gemeinsamkeiten zwischen den Individuen auf einer »natura communis« beruhen. Diese naturgegebene Gleichheit ist die Voraussetzung, die eine Bildung von sozusagen natürlichen Allgemeinbegriffen ermöglicht. In den Allgemeinbegriffen kommt der Anteil der natura communis zum Tragen, der zumindest eine gewisse Zeit lang das Dauerhafte an den wechselnden Individuen kennzeichnet. In der »distinctio formalis« wird von Scotus der Unterschied zwischen Individuum und natura communis bestimmt.

Im Lichte der Quantentheorie und der Evolution erscheint uns der Entwurf von Duns Scotus sehr modern.

Die Evolution der Protyposis erzeugt Gestalten, die von den Galaxien über Sterne und Planeten bis zu den verschiedenen Lebewesen eine gleichsam natürliche Verwandtschaft aufweisen und daher auch eine sinnvolle Bildung von Abstraktionen ermöglichen.

Zugleich zeigt die mathematische Struktur der Quantentheorie, dass das Individuelle auch naturwissenschaftlich nicht vollständig fassbar ist.

Wir haben gezeigt, dass ein unbekannter ›individueller Quantenzustand‹ nicht tatsächlich bekannt werden kann. Nach einer Messung ist es möglich

---

13 MEISTER ECKHART, Predigten, 8867.

14 SCHMIDT, A., Natur.

zu sagen, wie er jetzt ist und wie er vorher keinesfalls gewesen sein kann. Daraus folgen lediglich gewisse Wahrscheinlichkeitsaussagen über den vorherigen Zustand, mehr aber nicht.

Ein Begriff im Gegensatz zu einem Namen bezeichnet eine Vielheit von Objekten, die unter ihn fallen. Er entsteht durch das Weglassen der Unterschiede. Dasjenige, was diese Unterschiede ausmacht und daher begrifflich nicht fassbar sein kann, wird bei Scotus als »haecceitas« (von Lat. *haec*: – diese) genannt. Sie kennzeichnet das Individuelle in seiner *einmaligen Individualität*.

Ein anderer der großen Vordenker der Gegenwart war Nicolaus von Cues (1401–1464). In seinem großartigen Werk »Von der Wissenschaft des Nichtwissens (De docta ignorantia)« entwickelt er wichtige Grundzüge einer negativen Theologie weiter. Bei ihm finden wir auch die Paradoxien des Unendlichen anschaulich geschildert. Er zeigt, dass ein unendlicher Kreis mit einer unendlichen Geraden und auch mit einem unendlichen Dreieck zusammenfällt. Diese Einsichten gelten heute in der Mathematik als trivial, waren aber damals und sind es außerhalb der Mathematik bis heute keineswegs. Auch sein Hinweis darauf, dass (Natur-)Wissenschaft lediglich vergleichen kann, denn jede Messung ist ein Vergleich des Maßstabes mit dem zu Messenden, zeugt von einem tiefen Verständnis.

> Alle Forschung ermißt aber das Ungewisse durch proportionale Vergleichung mit etwas vorausgesetztem Gewissen. Jede Forschung ist mithin eine vergleichende (comparativa est omnis inquisitio), mittelst einer Proportion. […] Jedes Forschen bewegt sich also in einer leichten oder schwierigen vergleichenden Proportion nach einem Unendlichen hin, das als Unendliches, indem es sich jeder Proportion entzieht, unbekannt ist. Da die Proportion ein Zusammenstimmen in einem gewissen Einen und zugleich ein Anderssein ist, so läßt sie sich ohne Zahl nicht denken.[15]

Cues Gedanken über die Bedeutung der Zahlen für jede wissenschaftliche Erkenntnis und über die schwierige Rolle des Unendlichen in der Naturerkenntnis klingen bereits sehr modern.

Dass Naturwissenschaft letztlich nicht ›ohne Zahl‹ zu denken ist, dem ist auch aus heutiger Sicht kaum etwas Wesentliches hinzuzufügen.

Im Elften Kapitel stellt er weitere Einsichten vor, die für die Neuzeit fundamental geworden sind:[16]

> Wir wissen nun, daß das Universum dreieinig und daß es nicht ein Universum gibt, das nicht eine Einheit ist aus Möglichkeit, Wirklichkeit und vereinigender Bewegung, sowie daß kein Wesen absolut, ohne die andern bestehen kann, weßhalb nothwendig Alles in den verschiedensten Gradunterschieden besteht, so daß im ganzen Universum nicht zwei Dinge einander vollkommen gleich sind. […]

---

15 CUES, N. v., Nichtwissens, 8972.

16 A.a.O., 9101.

Es ist daher, […] unmöglich, […] daß diese sichtbare Erde oder Luft, Feuer oder sonst irgend Etwas das feste und unbewegliche (Welt-)Centrum bilde. Und wiewohl diese Welt nicht unendlich ist, so kann sie doch auch nicht als endlich gedacht werden, da sie keine Grenzen hat, in welche sie eingeschlossen ist. Es kann somit auch *die Erde, die das Centrum nicht sein kann, nicht ohne alle Bewegung sein,* (terra igitur, quae centrum esse nequit, motu omni carere non potest); Wie die Erde nicht das Centrum der Welt ist, so ist es auch nicht die Sphäre der Fixsterne oder ein Anderer Umkreis derselben,

Ein nicht unendlicher Kosmos, der zugleich ohne Grenzen ist – so etwas kann erst mit Einsteins Allgemeiner Relativitätstheorie theoretisch ausgeführt werden.

Die Einheit aus ›Möglichkeit, Wirklichkeit und vereinigender Bewegung‹ sind die Formen, in denen uns heute in der Naturwissenschaft die Protyposis begegnet, nämlich als Quanteninformation mit und in ihrem Möglichkeitscharakter, als massive Materie, welcher von vielen Menschen die ausschließliche Wirklichkeit zugesprochen wird, sowie als Energie, also als Bewegung.

Neuzeit

In vielen Darstellungen sieht man in Kopernikus und in seinem 1543 erschienen Werk »De revolutionibus orbium coelestium« den eigentlichen Beginn der Neuzeit an, obwohl er, wie man bei Cusanus sehen kann, in der Tradition der geistesgeschichtlichen Entwicklung steht. In seinem posthum erschienen Buch setzt er die Sonne in den Mittelpunkt der Welt und macht die Erde zu einem der Planeten, die um diese auf Kreisen laufen. Damit werden die unschönen Epizykel des Ptolemäus überflüssig, auch wenn die Beschreibung damit noch keineswegs exakter wird als bei diesem.

Giordano Bruno (1548–1600) übernimmt Gedanken des Cusaners und von Kopernikus und entwickelt daraus ein pantheistisches Weltgebäude, das ihn in Konflikt mit der Kirche brachte. Dieser eskalierte dermaßen, das Bruno schließlich auf den Scheiterhaufen landete.

So wie es bereits Platon getan hatte lässt Bruno in einem Dialog sein monistisches Gedankengut von seinen Protagonisten Teofilo entwickeln:

TEOFILO. Wenn also Geist, Seele, Leben sich in allen Dingen vorfindet und in gewissen Abstufungen die ganze Materie erfüllt, so ist der Geist offenbar die wahre Wirklichkeit und die wahre Form *aller* Dinge. Die Weltseele ist also das constituirende Formalprincip des Universums und dessen, was es enthält; d.h. wenn das Leben sich in allen Dingen findet, so ist die Seele Form aller Dinge; […]

DICSON. Ihr stimmt also in gewisser Weise der Meinung des Anaxagoras bei, welcher die particulären Naturformen verborgene nennt, in gewisser Weise derjenigen Platon's, welcher sie aus den Ideen ableitet, in gewisser Weise derjenigen des Empedokles, welcher sie aus dem Intellect entspringen lässt; in gewisser Weise derjenigen des Aristoteles, der sie gleichsam aus dem Vermögen der Materie hervorgehen lässt?

TEOFILO. Ja wohl; denn wie gesagt, wo die Form ist, ist in gewissem Sinne alles; wo Seele, Geist, Leben ist, ist alles. Der Bildner ist die Vernunft vermittelst der idealen Arten und der Formen; wenn die Vernunft die Formen nicht aus der Materie hervorlockt, so erbettelt sie sie doch auch nicht ausser ihr; denn dieser Geist ›erfüllt das All‹.[17]

Bei Bruno finden wir auch recht moderne mathematische Überlegungen:[18]

Sagt mir: was ist der graden Linie unähnlicher als der Kreis? was dem Graden entgegengesetzter als das Krumme? Dennoch stimmen sie im Princip und im kleinsten Teile überein. Denn welcher Unterschied ließe sich – wie Cusanus, der Enthüller der schönsten Geheimnisse der Geometrie so vortrefflich bemerkt hat, – zwischen dem kleinsten Bogen und der kleinsten Sehne entdecken? Ferner im Größten: welcher Unterschied ließe sich zwischen dem unendlichen Kreise und der graden Linie finden? Seht ihr nicht, wie der Kreis, je grösser er ist, sich um so mehr mit seinem Bogen der Gradlinigkeit nähert? Wer ist so blind, dass er nicht sähe, wie der Bogen, je größer er wird, und je größer der Kreis, dessen Teil er ist, um so mehr sich der graden Linie annähert, die durch die Tangente bezeichnet wird?

Auch Galileo Galilei (1564–1642) steht an der Schwelle zur Neuzeit. Sein grundlegendes Verdienst besteht in der Etablierung des Experimentes in den Naturwissenschaften. Während bis dahin die Natur so betrachtet und untersucht worden war, wie sie ist, also sehr verbunden mit den phänomenologischen Erfahrungen, begann mit Galilei etwas Neues. Im Experiment wird eine künstliche Situation geschaffen. Durch Isolation von äußeren Einflüssen wird es möglich, allein die Auswirkungen von solchen Änderungen zu erkennen und mathematisch zu erfassen, die nur von einer einzigen Einflussgröße stammen.

In anderer Hinsicht war Galilei noch fest den antiken Vorstellungen verhaftet. So war er nicht fähig, die überragende Leistung Keplers zu erkennen, der als erster die Jahrtausende alte Vorstellung über die kreisförmige Bewegung der himmlischen Körper durchbrechen konnte. Das Trägheitsprinzip, wie es Galilei aufgestellt hatte, behauptet noch fälschlich, dass Trägheitsbahnen Kreise um die Himmelskörper sein würden.

Johannes Kepler (1571–1630) war wie erwähnt der erste, der den Übergang von einer reinen Kinematik, also einer bloßen Beschreibung der Bewegungen, die bei den Himmelskörpern aus ästhetischen Gründen symmetrisch zu sein hatten – also Kreise –, zu einer Dynamik eröffnete.

Das Durchbrechen der symmetrischen Bahnkurven durch Kepler ermöglichte später bei Newton die Verschiebung der Symmetrie auf das Kraftge-

---

17 BRUNO, G., Ursache, 1100; ders.,11008.
18 A.a.O., 11117.

setz. Das Newtonsche Gravitationsgesetz erlaubt mit seiner Kugelsymmetrie die Existenz von nichtkreisförmigen Bahnkurven.

Bereits bei Kepler finden sich Überlegungen, ob zwischen Sonne und Erde etwas Ähnliches wirken könnte, wie man es von der Magnetkraft kannte.

René Descartes (1596–1650) lebte in einer äußerst unruhigen Zeit. In manchen Gegenden Mitteleuropas wurden zwei Drittel der Bevölkerung durch Krieg und Kriegsfolgen ausgerottet. So ist seine Philosophie durch ein nachdrückliches Streben nach Sicherheit ausgezeichnet. Sicherheit erhält man, indem man das Bezweifelbare ausräumt.

In diesem Bestreben fand Descartes zweierlei Unbezweifelbares.

Das erste waren seine zweifelnden Gedanken, denn daran, dass er zweifelte, konnte er unmöglich zweifeln.

Der andere Bereich, der unbezweifelbare Wahrheiten zu Verfügung stellt, war – bei Descartes durch Gottes Güte garantiert – die Mathematik. Mathematik war damals nicht Rechnen, sondern Geometrie, und ausgedehnte Körper sind der Gegenstand der Geometrie. Die denkende und die ausgedehnte Substanz – res cogitans und res extensa – waren die beiden unbezweifelbaren Gewissheiten.

Die Einsicht von Descartes, dass die Gewissheit der Mathematik nicht aus ihr selbst heraus gewährleistet werden kann, wurde allerdings recht bald vergessen. Daher bedeutete es im 20. Jahrhundert eine riesige Überraschung, als Kurt Gödel beweisen konnte, dass die Mathematik tatsächlich keine absolute Sicherheit bieten kann.

Die Trennung in zwei Substanzen, die in der Übernahme von Cartesianischem Gedankegut immer weiter vertieft wurde, hat bis in die Gegenwart das naturwissenschaftliche Denken beeinflusst. Dabei wurde das Materielle immer mehr zur alleinigen Realität und dem Geistigen wurde immer mehr eine bloße Scheinexistenz zugesprochen.

Gegen eine solche Aufspaltung der Realität gab es immer wieder philosophische Gegenentwürfe.

Ein wichtiger Denker am Beginn der Neuzeit, der die Kluft zwischen Materiellem und Geistigem schließen wollte, war Baruch de Spinoza (1632–1677). Dieser jüdische Philosoph war von allen Seiten, auch von jüdischen, heftigen Angriffen ausgesetzt und musste seinen Lebensunterhalt durch das Schleifen optischer Gläser bestreiten.

Spinoza richtete sich gegen den Entwurf von zwei Substanzen, allerdings aber auch gegen einen freien Willen. Diese Ansicht über die Determiniertheit hat möglicherweise Einstein für Spinozas Philosophie eingenommen. Gegen den Entwurf von Descartes führt Spinoza die Frage an:[19]

---

[19] Spinoza, B., Ethik, 4857.

Was, frage ich, versteht er denn unter Vereinigung des Geistes und des Körpers? Welchen klaren und deutlichen Begriff hat er von einem mit irgendeinem Teilchen einer Masse eng vereinigten Denken? Ich wünschte fürwahr, daß er diese Vereinigung aus ihrer nächsten Ursache erklärt hätte! Er hat aber den Geist so verschieden vom Körper aufgefaßt, daß er weder von dieser Vereinigung noch vom Geiste selbst eine besondere Ursache angeben konnte, sondern selbst genötigt war, auf die Ursache des ganzen Universums, d.h. auf Gott, zurückzugehen.

Spinozas Ansatz sucht eine Einheit der Wirklichkeit, in welcher die Unterschiede zwischen dem Materiellen und dem Geistigen lediglich graduell sind. Die Vorstellung, dass Materie aus Teilen besteht, wird von ihm verworfen.[20]

Meiner Meinung nach wenigstens habe ich klar genug bewiesen, daß keine Substanz von einer andern hervorgebracht oder geschaffen werden kann. Weiter habe ich gezeigt, daß es außer Gott keine Substanz geben und keine begriffen werden kann, und daraus habe ich den Schluß gezogen, daß die ausgedehnte Substanz eines von den unendlichen Attributen Gottes sei.

Wer indessen genau aufmerkt, wird finden, daß ich bereits darauf geantwortet habe; da ja alle diese Beweise sich nur auf die Annahme gründen, daß die körperliche Substanz aus Teilen zusammengesetzt ist, was aber von mir bereits als widersinnig erwiesen wurde.[21]

Spinoza wird sehr verschieden gedeutet. Manche Interpreten sehen ihn als Materialisten,[22] denn Geist sei Körper.

Andere wiederum lesen bei ihm Körper ist Geist ist Gott. Vor allem seine Formel ›Deus sive natura – Gott oder Natur‹ wird oft so interpretiert, als sei Gott lediglich ein anderer Name für die – natürlich materielle – Natur.

Wir danken Gerda Lier für den Hinweis auf einen Brief Spinozas an Heinrich Oldenburg, den Sekretär der Royal Society, der eine differenziertere Sichtwiese nahe legt.[23]

Spinoza schreibt in diesem Brief, dass er ihm ›offen‹ seine ›Ansicht‹ mitteilen will und erklärt dann, dass er ›über Gott und Natur eine ganz andere Meinung‹ habe, ›als jene, die von den modernen Christen gewöhnlich vertreten wird.‹ ›Ich fasse‹, so fährt Spinoza fort, ‹nämlich Gott als die immanente und nicht als die äußere Ursache aller Dinge. Ich behaupte eben, dass alles in Gott lebt und webt, geradeso wie Paulus und vielleicht auch alle antiken Philosophen, wenn auch in anderer Weise, und […] alle alten Hebräer, soweit man aus manchen freilich vielfach verfälschten Traditionen

[20] A.a.O., 4367.

[21] A.a.O., 4369.

[22] KLAUS, G. /BUHR, M., Wörterbuch, 544f.

[23] »Das Spinoza-Zitat findet sich im Brief Nr. 73 an Heinrich Oldenburg. Er ist undatiert, aber eine Antwort auf einen Brief vom 15. 11. 1675 und wiedergegeben in: Baruch de Spinoza, Sämtliche Werke, Bd. 6: Briefwechsel, Übersetzung u. Anm. v. Carl Gebhardt; 3. Aufl., Hg. m. Einl., Anh. u. erw. Bibliographie v. Manfred Walther, Hamburg (1986) 276«.

schließen darf. Wenn es aber Leute gibt, die meinen, der Theologisch-politische Traktat [ein Hauptwerk Spinozas] gehe davon aus, dass Gott und die Natur (worunter sie eine Masse oder eine körperliche Materie verstehen) eines und dasselbe seien, so sind sie ganz und gar im Irrtum.‹

Das wissenschaftliche Werk Isaac Newtons (1643–1727) wird zumeist als der eigentliche Beginn der abendländischen Naturwissenschaft angesehen. Newtons Principia, der Start einer wissenschaftlichen Mechanik, erschien 1687. Lange Zeit war der Öffentlichkeit unbekannt, dass sich Newton auch sehr intensiv mit alchimistischen und theologischen Studien befasst hat.

Mit der von Newton und unabhängig von ihm auch von Leibniz entwickelten Differentialrechnung erhielt die Naturwissenschaft zum ersten Male ein mathematisches Mittel, mit dem das künftige Verhalten eines Systems aus seinem gegenwärtigen Zustand errechnet werden kann. Aus dieser Mathematik folgte ein wissenschaftlich begründeter Determinismus, der ohne eine metaphysische oder gar religiöse Begründung auskam.

Die großen Erfolge, die sich sehr schnell auch auf technischem Gebiet einstellten, ließen bald die mechanische Beschreibung von Materie als einzige wissenschaftliche Denkmöglichkeit erscheinen. Wie wir gezeigt haben, ist dieser Glaube bis heute noch ziemlich lebendig.

Deutscher Idealismus

Unter allen Philosophen war Immanuel Kant (1724–1804) einer der besten Kenner der Naturwissenschaft seiner Zeit. Die unausweichlichen Folgerungen der ihm bekannten Naturwissenschaft für jedes vernünftige Konzept von Freiheit waren ihm völlig klar. Ohne Freiheit würde allerdings sein kategorischer Imperativ eine leere Konstruktion bleiben, denn wenn man so determiniert wäre, wie es die klassische Physik behaupten muss, wäre eine Aufforderung zu moralischem Handeln unsinnig.

C.F. v. Weizsäcker meinte zu uns im Gespräch, dass dieses Dilemma möglicherweise der Grund für Kant war, ein nicht den Naturgesetzen unterliegendes »Ding an sich« zu erfinden, um Raum für Freiheit zu behalten. Er meinte weiter, mit der Quantentheorie hätte Kant dieses Postulat nicht mehr nötig gehabt.

Der Siegeszug des mechanischen Materialismus in Frankreich, in dessen Gefolge der Geist als eigenständig existierende Größe praktisch abhanden kam, bewirkte vor allem in Deutschland eine Gegenreaktion in der Form des deutschen Idealismus und dessen kulturellen Bundesgenossen, der Romantik.

Fritz Siemsen hat sich eingehend mit deren wichtigen Einflüssen vor allem auf die Entwicklung der Elektrodynamik befasst und dies auch didaktisch gut aufbereitet dargestellt.[24] An Stelle materieller Kügelchen trat »reine Tätigkeit«, ein »Fluidum«, das später zum Feldbegriff führte. So schreibt Schelling 1802: »Beinahe könnte man sich wundern, daß noch kein Naturforscher auf den Gedanken gekommen ist, die elektrische Materie möchte etwa das Fluidum sein, das einige Physiker in den Körpern zirkulieren lassen, um ihre Elastizität zu erklären.«[25]

Der dänische Physiker H.Ch. Oerstedt (1777–1851), der in einem regen Austausch mit den Schriftstellern und Philosophen in Weimar und Jena stand, entdeckte 1820 in Kopenhagen die magnetische Wirkung fließender Elektrizität.

In der Neuzeit ist wahrscheinlich Schelling (1775–1854) derjenige Denker, der die Gedanken des ›Einen‹ am beherztesten wieder aufgreift. Bei ihm steht hinter der Natur wieder der Geist, aber nicht wie bei Fichte durch eine »Setzung des Ich«, sondern als ein Geist, der sich objektivieren kann. Schelling schreibt in seinem »System des transzendenten Idealismus«:[26]

> Wenn Leibniz die Materie den Schlafzustand der Monaden, oder wenn sie Hemsterhuis den geronnenen Geist nennt, so liegt in diesen Ausdrücken ein Sinn, der sich aus den jetzt vorgetragenen Grundsätzen sehr leicht einsehen läßt. In der Tat ist die Materie nichts anderes als der Geist im Gleichgewicht seiner Tätigkeiten angeschaut. Es braucht nicht weitläufig gezeigt zu werden, wie durch diese Aufhebung alles Dualismus oder alles reellen Gegensatzes zwischen Geist und Materie, indem diese selbst nur der erloschene Geist, oder umgekehrt jener die Materie, nur im Werden erblickt, ist, einer Menge verwirrender Untersuchungen über das Verhältnis beider ein Ziel gesetzt wird.

An anderer Stelle schreibt Schelling:[27]

> Um in die tiefsten Geheimnisse der Natur einzudringen, muß man nicht müde werden, den entgegengesetzten und widerstreitenden äußersten Enden der Dinge nachzuforschen; den Punkt der Vereinigung zu finden, ist nicht das Größte, sondern aus demselben auch sein Entgegengesetztes zu entwickeln.

Schelling sieht diese Einheit der Gegensätze besonders deutlich bei Giordano Bruno, welcher seinerseits die ›Coincidentia oppositorum‹ bei Nicolaus von Cues gefunden hatte. Hirschberger meint dazu in seiner Geschichte der Philosophie,[28] dass Schelling die Problematik der klassischen abendländischen Metaphysik und ihre Frage nach dem Verhältnis von Gott und Welt, anders als Kant und sein transzendentaler Subjektivismus, wieder im Sinne echter Objektivität gestellt hat.

---

24 SIEMSEN, F., Ursprung; ders., Fluidum; ders., Achim; ders., Goethe.
25 SCHELLING, F.W., Natur, 12613.
26 Ders., Idealismus, 13568.
27 Ders., Bruno, 14052.
28 HIRSCHBERGER, J., Geschichte II., 10428.

So intensiv sich Schelling auch mit der Physik seiner Zeit beschäftig hat und wie nahe seine Überlegungen manchen Aspekten der modernen Physik auch kommen, ein wichtiger Auffassungsunterschied zwischen Schellings Philosophie und einer modernen Naturwissenschaft wird aus seiner Einleitung zu den »Ideen zu einer Philosophie der Natur«[29] deutlich:

Aus der Einleitung wird man sehen, daß mein Zweck nicht ist, Philosophie auf Naturlehre *anzuwenden*. Ich kann mir kein betrübteres Taglöhnergeschäft denken als eine solche Anwendung abstrakter Prinzipien auf eine bereits vorhandene empirische Wissenschaft. Mein Zweck ist vielmehr, die Naturwissenschaft selbst erst philosophisch *entstehen* zu lassen, und meine Philosophie ist selbst nichts anders als Naturwissenschaft.

Das »Taglöhnergeschäft« einer Anwendung von mathematischen und anderen Prinzipien auf empirische Wissenschaft ist aber gerade der Kern der Naturwissenschaft.

Schelling hatte in seiner Philosophie den Aspekt des »Einen« besonders betont. So war es wenig verwunderlich, dass sein älterer Studienfreund und späterer Gegner Hegel (1770–1831), dessen beruflicher Aufstieg nicht so steil verlief, den entgegengesetzten Aspekt der – Platonisch gesprochen – »unbegrenzten Zweiheit« hervorhob.

Hegel machte sich über Schellings Absolutes, die Indifferenz, die Einheit aller Gegensätze, lustig, wenn er in der Vorrede zur »Phänomenologie des Geistes« schreibt:[30]

Dies eine Wissen, daß im Absoluten alles gleich ist, der unterscheidenden und erfüllten oder Erfüllung suchenden und fordernden Erkenntnis entgegenzusetzen oder sein *Absolutes* für die Nacht auszugeben, worin, wie man zu sagen pflegt, alle Kühe schwarz sind, ist die Naivität der Leere an Erkenntnis.

Hegel zeigt, wie im Dreiklang von These, Antithese und Synthese die Entwicklung des »*Logos* zu sich selbst« gesehen werden kann. Auch er geht vom Absoluten aus, das aber bei ihm nicht statisch gedacht ist, sondern als Leben, Entwicklung und Geist.

Wir hatten davon gesprochen, dass das Vakuum der Elementarteilchenphysik den Unterschied von Sein und Nichts relativiert, dass es zugleich die Fülle aller möglichen Teilchen darstellt. Hegel schreibt in der Wissenschaft der Logik:

Dagegen ist aber gezeigt worden, daß Sein und Nichts in der Tat dasselbe sind oder, um in jener Sprache zu sprechen, daß es gar nichts *gibt*, das nicht ein *Mittelzustand zwischen Sein und Nichts* ist.[31]

---

29 SCHELLING F.W., Natur, 12433.
30 HEGEL, G.F.W., Phänomenologie, 15573f.
31 Ders., Logik, 39822.

Auch in manchen anderen Punkten hat sein Entwurf Ähnlichkeit mit dem, was in unserem Buche vorgestellt ist. Hegel spricht davon, dass der in der Weltgeschichte der Weltgeist selbstbewusst werden müsse.

Diese Bewegung ist der Weg der Befreiung der geistigen Substanz, die Tat, wodurch der absolute Endzweck der Welt sich in ihr vollführt, der nur erst *an sich* seiende Geist sich zum Bewußtsein und Selbstbewußtsein und damit zur Offenbarung und Wirklichkeit seines an und für sich seienden Wesens bringt und sich auch zum äußerlich *allgemeinen*, zum *Weltgeist*, wird.[32]

Ehe daher der Geist nicht *an sich*, nicht als Weltgeist sich vollendet, kann er nicht als *selbstbewußter* Geist seine Vollendung erreichen. Der Inhalt der Religion spricht darum früher in der Zeit als die Wissenschaft es aus, was der *Geist ist*, aber diese ist allein sein wahres Wissen von ihm selbst. [...][33]

Der Geist kommt also nach Hegel durch seine Entwicklung zu Bewusstsein und Selbstbewusstsein erst zu seinem eigentlichen Wesen.

Das erinnert durchaus an unsere Feststellung, dass es zum Wesen von Information gehört, bedeutungsvoll und schließlich sich ihrer selbst bewusst zu werden, und dass man daraus durchaus auf einen teleologischen Aspekt der Evolution schließen kann.

Die Wandlung am Beginn der Moderne

Wie meistens war es auch am Beginn der Moderne so, dass in dem Bereich der Kunst schon etwas verspürt worden ist, was noch keineswegs ins allgemeine Bewusstsein gelangt war. Der leider sehr früh verstorbene Maler Franz Marc, der als Kriegsfreiwilliger bereits 1914 gefallen war, schrieb in seinen Aphorismen:[34]

Schon Leibniz wollte erkannt haben, daß die Materie »auch« Geist ist. Aber was für eines langen Weges (und Umweges über den Materialismus) hat es bedurft, um zu erkennen, daß die Welt nur Geist, nur Psyche ist und die zaubervollen Naturgesetze nur unsere zweite, geistigere, tiefere Form und Formel für die Psyche, für unsere eigene Psyche bedeuten. Die Naturgesetze sind das Werkzeug unsrer zweiten, besseren Einsicht, unsres zweiten Gesichts, mit dem wir das Weltgeschehen heute betrachten. Die kommende Zeit, die »Epoche des Geistigen«, wie sie Kandinsky nennt, wird ihre ethischen und künstlerischen Formen aus den Gesetzen des exakten Wissens schöpfen.

Die moderne Naturwissenschaft beginnt mit der Arbeit von Max Planck (1858–1947) aus dem Jahre 1899, in dem dieser zum ersten Male das Wir-

---

32 Ders., Enzyklopädie, 18900.

33 Ders., Phänomenologie, 16427.

34 Marc, F., Aphorismus 44 und 46.

kungsquantum vorgestellt hat. Planck war fest dem Weltbild der klassischen Physik verbunden und erkannte sofort, dass mit der Quantisierung der Wirkung – Wirkungen können nicht beliebig klein werden, ohne exakt Null zu werden – der mathematischen Basis der klassischen Physik der Boden unter den Füßen weggezogen wurde. Der Unterschied von Null zu einer tatsächlichen Wirkung ist also der ›Quantensprung‹, die kleinstmögliche Veränderung.

Im Jahre 1905 veröffentlichte Einstein (1879–1955) unter anderem die Arbeiten zur Speziellen Relativitätstheorie und vor allem die über die Lichtquanten. Damit setzte er den Grundstock für das, was heute als ›zweite Quantisierung‹ bezeichnet wird. Wie wir geschildert haben, hatte sich Einstein nie mit der grundlegenden Möglichkeitsstruktur der Welt anfreunden können, die durch die Quantentheorie aufgezeigt worden ist. Sein berühmter Ausspruch, »der Alte würfelt nicht« zeigt seine deterministische Sicht sehr deutlich. Dieter Hattrup[35] hat dieses Problemfeld gründlich aufgearbeitet. Er analysiert, warum viele Naturwissenschaftler, so wie Einstein, an einer deterministischen Weltsicht festhalten: »Ohne Weltformel im strengen Sinne des Vorherwissens gibt es keinen Fortschritt, der sich an die Stelle der Religion setzen könnte.«

Auch Erwin Schrödinger (1887–1961), der mit seiner berühmten Gleichung die erste tatsächlich handhabbare Form der Quantenmechanik entwickelt hatte, stand dem Möglichkeitscharakter der Quantentheorie ablehnend gegenüber. So hat auch er in seinem Buch »Was ist Leben«[36] noch wenig Raum für quantenphysikalische Phänomene gesehen.

Andere Physiker, wie beispielsweise Bohr, Heisenberg, Pauli und Weizsäcker, erkannten in der Quantentheorie die Chance, auf dem Wege der Naturwissenschaft den Zwängen eines mechanisch-deterministischen Weltverständnisses zu entrinnen.

Niels Bohr (1885–1962) war der große geistige Gegenspieler Einsteins, wenn es um das Verstehen der naturwissenschaftlichen Ergebnisse aus der Quantentheorie ging. Bohr wusste darum, dass sich die ganze Wirklichkeit nicht in ein einziges, logisch widerspruchsfreies System pressen lässt.[37]

Bei Werner Heisenberg (1901–1976), dem Entdecker der Quantenmechanik, finden sich viele Belege für ein neues Verständnis von Materie. Er sah, dass die von Platon angedachte Möglichkeit, die Materie durch ›Gestalten‹ bzw. ›Ideen‹ zu erklären, von der modernen Naturwissenschaft übernommen werden könnte. Sein Schüler und Freund C.F. v. Weizsäcker (1912–2007) hat dann als erster den Versuch unternommen, dies tatsächlich durchzuführen.

---

35 HATTRUP, D., Einstein, 278.
36 SCHRÖDINGER, E., Leben.
37 Siehe 288.

Ein weiterer wichtiger Autor ist in diesem Zusammenhang auch Wolfgang Pauli (1900–1958). Er war Physiknobelpreisträger und Einstein wollte ihn zu seinem Nachfolger haben. Pauli war einerseits bekannt für seine immense mathematische und physikalische Begabung und berüchtigt für seine beißende Kritik an fachlich Ungenügendem.

Andererseits hatte Pauli eine Seite, die seine Kollegen zu seinen Lebzeiten eher im Kuriosen verorteten. Als Pauli-Effekt wurden parapsychologische Phänomene bezeichnet, die offenbar durch ihn ausgelöst wurden. So hatte Pauli bei seinen experimentell arbeitenden Freunden Laborverbot, um damit beispielsweise Explosionen von Glasgeräten zu vermeiden.

Weniger bekannt war, dass er einen jahrzehntelangen Gedankenaustausch mit dem Begründer der ›Analytischen Psychologie‹ C.G. Jung hatte, der als Briefwechsel auch zum großen Teil publiziert worden ist.[38] Pauli suchte eine ›Hintergrundsphysik‹, die es ermöglichen sollte, sowohl die physischen als auch die psychischen Phänomene zu behandeln und die ebenfalls einen Raum für teleologische Betrachtungen in den Naturwissenschaften eröffnet:

> Die finale Betrachtungsweise muss in der Produktion der ›Hintergrundsphysik‹ durch das Unbewusste des modernen Menschen eine Zielrichtung auf eine künftige, Physis und Psyche einheitlich umfassende Naturbeschreibung erblicken, von der wir heute aber nur eine vorwissenschaftliche Stufe erleben.[39]

Wir sind der Meinung, dass das Konzept der Protyposis das Gesuchte leistet.

7.3 Die philosophische Bedeutung der Protyposis

Der Philosoph Peter Bieri kennzeichnet sehr treffend den sogenannten wissenschaftlichen Realismus.[40]

> Traditionelle Theorien des Geistes beruhten oft auf der Prämisse, daß es eine Aufgabe der Philosophie sei zu entscheiden, was für Arten von Entitäten es gibt. Der ontologische Dualismus war ein gutes Beispiel für diese Auffassung: Ob die Wirklichkeit außer physischen Entitäten noch eine besondere Kategorie mentaler, nicht-physischer Entitäten enthält, galt als eine Frage, die in den Zuständigkeitsbereich der Philosophie fiel. Im wissenschaftlichen Realismus dagegen sind ontologische Fragen Fragen, die nach den Gesichtspunkten empirischer Theorienbildung zu beantworten sind. Wenn wir wissen wollen, was es gibt oder was wirklich ist, so müssen wir nachsehen, worüber die jeweils besten empirischen Theorien reden. Genauso wenig wie es eine strikte Unterscheidung zwischen empirischer Wissenschaft und Begriffsanalyse gibt,

---

38 Meier, C.A., Pauli.
39 A.a.O., 177.
40 Bieri, P., Analytische, 22.

gibt es eine strikte Unterscheidung zwischen empirischer Wissenschaft und Ontologie. In ontologischen Fragen ist die Wissenschaft das Maß aller Dinge.

Wenn die »jeweils besten empirischen Theorien« zurate gezogen werden, so ist zu erwarten, dass auch in der Analytischen Philosophie des Geistes von den ›Realisten‹ die Quantentheorie als die Theorie mit der genauesten Beschreibung der Welt, deren Geltungsrahmen weiter geht als derjenige der klassischen Physik, künftig nicht mehr a priori aus den Überlegungen ausgeschlossen wird. Dann wird man nicht mehr zu Schlussfolgerungen kommen, die mit moderner Wissenschaft kaum zu vereinbaren sind.

Die Geschichte der Relativitätstheorie oder der Quantentheorie zeigen, wie lang und mühsam der Weg sein kann, alte Vorstellungen, an die man sich über Jahrhunderte gewöhnt hat, durch bessere zu ersetzen, die aber gegenwärtig noch ungewohnt sind.

Die Weiterentwicklungen in den Naturwissenschaften geschieht in der Regel weniger durch eine Verfeinerung der Experimentiermethoden allein, sondern auch durch eine darauf reagierende Änderung unserer Begriffe und Vorstellungen. Die praktische Anwendung ist in der Geschichte der Menschheit sehr oft einem theoretischen Verständnis vorausgegangen. Man denke nur an das Feuer, das seit Jahrtausenden gehandhabt und erst in der Neuzeit tatsächlich verstanden wurde. Aus den bisherigen Darstellungen ist gewiss deutlich geworden, dass Heisenbergs Einschätzung, die Quantentheorie sei die *philosophisch* wichtigste Entdeckung des 20. Jahrhunderts, keineswegs übertrieben ist. An der Quantentheorie wird sichtbar, dass die aus dem Alltag heraus entwickelten Unterscheidungen, die wir zumeist als prinzipielle Trennungen begreifen, lediglich sehr zweckmäßige und praktische Bildungen sind. Dass es die Quantentheorie möglich macht, die Unterscheidung zwischen Objekt und Eigenschaft zu relativieren, erkennen wir als einen besonders wichtigen Zug an ihr.

> *Die Quantentheorie ist zu verstehen als die notwendige Selbstkorrektur einer Wissenschaft, die bis dahin die Welt letztendlich in unveränderliche Fundamentalobjekte zerlegen wollte und die damit den Beziehungscharakter der Wirklichkeit leugnen muss, der eine Ganzheit mehr sein lassen kann als die Summe ihrer Teile. Die Quantentheorie ist die notwendige Selbstkorrektur einer Wissenschaft, welche die uns Menschen unmittelbar gegebene Offenheit und Unbestimmtheit der Zukunft leugnen musste.*

Der menschliche Geist ist in der Geschichte des Denkens aus zwei verschiedenen Richtungen eingeführt worden. Der eine Weg führte vom Göttlichen, dem Nus, der Weltseele, zum menschlichen Geist, der ein Funke dieses göttlichen Feuers ist. Der andere Weg kommt aus der Evolution, in der sich der Mensch mit seinem Bewusstsein aus tierischen Vorfahren entwickelt hatte. Von diesen waren die frühesten ohne Bewusstsein und spätere entwickelten als Tiere ein Bewusstsein, blieben aber noch ohne Selbstbewusstsein. Wie sind diese beiden Denkrichtungen zu versöhnen?

Auf dem naturwissenschaftlichen, dem evolutiven Weg zeigt sich die Vermehrung der Quanteninformation und mit dieser Zunahme wächst die Komplexität für die der Protyposis möglichen Strukturen. Hier kann man davon sprechen, dass das Bewusstsein Quanteninformation ist, die sich in einem lebenden Körper selbst kennt und erlebt. So entsteht in der Evolution der menschliche Geist.

Quanteninformation lässt sich – wie gesagt – in Qubits zerlegen bzw. aus Qubits aufbauen. Allerdings verschwindet bei einer Zerlegung in Qubits normalerweise das Wesentliche am Geistigen, die Bedeutung. Wenn z.B. ein Bild gescannt wird, ist das ›Aussehen‹ in den Bits nicht mehr wahrzunehmen. In einer Beziehung zu einem Programm kann jedoch die ›Bedeutung‹ aus diesem Bitgewusel wieder hergestellt werden. Noch deutlicher als beim Scannen, bei der Produktion von klassischen Bits, ist für die Quanteninformation erkennbar, dass – wie wir dargelegt haben – eine Zerlegung eines Ganzen in Qubits, also die messende Erfassung einer Bitanzahl, dasjenige nicht ergreifen kann, was in der Ganzheit über die bloßen Teile hinausreicht.

Während in vielen geisteswissenschaftlichen Untersuchungen das Empfinden verdeutlicht wird, dass ›der Geist mehr ist als ein Menge von Bits‹, kann mit der Quantentheorie dieser Eindruck mittels einer mathematischen Theorie erklärt und verdeutlicht werden.

Weizsäcker entwickelte die ersten Vorstellungen über die fundamentale ontologische Rolle der Quanteninformation. Auch von der Technik wurden diese Gedanken aufgegriffen. Konrad Zuse, der Erfinder der programmierbaren Rechenmaschine, publizierte in den 1960er Jahren Ideen, in denen ebenfalls Quantenbits als Grundlage der Wirklichkeit angedacht wurden.[41]

Mit der Protyposis wird es jetzt auch naturwissenschaftlich verstehbar, dass psychische Information sich auch körperlich ausdrückt, und Phänomene von Psychosomatik bis zu Placebowirkungen u.ä. werden erklärbar; die Bedeutung, die einer Information gegeben wird, kann Bewertungen und Einstellungen und sogar auch körperliche Symptome ändern.

Eine Übertragung von Information, d.h. die reguläre ›Nachrichtenübermittlung‹, ist an einen energetischen oder materiellen Träger gebunden. Das ist der Bereich, in dem die Relativitätstheorie gültig ist. Reale Informationsübertragung beim Tunneleffekt ist, wie erwähnt, an sehr kurze Abstände gebunden (nicht mehr als eine oder zwei Wellenlängen). Anderenfalls ist die Dämpfung so stark, dass von einer Übertragung von bedeutungsvoller Information nicht mehr sinnvoll gesprochen werden kann. Aus der Quan-

---

41 ZUSE, K., Raum.

tentheorie folgt aber darüber hinaus, dass es psychische Zustände geben kann, die Raum und/oder Zeit übersteigen.[42] Sie ermöglichen jedoch keine Informationsübertragung im eigentlichen Sinne, sondern müssen als ›nichtlokale Korrelationen‹ zwischen Quanten*möglichkeiten* verstanden werden. Bei einem lokalen Eingriff ändern sich diese Quanten*möglichkeiten*, es werden aber keine Informationen von einem Ort zum anderen übertragen.

Mit der Schichtenstruktur wird der Tatsache Rechnung getragen, dass wegen der henadischen, auf Einheit zielenden Struktur der Quantentheorie, für uns Menschen die Quanteneffekte nur an isolierten Objekten deutlich werden können. Isolierung andererseits ist lediglich im Rahmen der Mathematik der klassischen Physik definiert.

Eine ähnliche Figur wie die Schichtenstruktur hatte bereits Platon mit seinen beiden Prinzipien der »Einheit« und der »unbegrenzten Zweiheit« geschaffen. Über die Einheit könnte man nicht einmal behaupten, sie ›sei‹, denn bereits damit habe man eine Zweiheit von ›Eines‹ und ›Sein‹. Die Unbegrenztheit der Zweiheit erlaubt eine immer weitergehende Unterteilung des Seienden in Objekte.

In der Philosophie des Geistes wird gegenwärtig oft mit der »kausalen Geschlossenheit der physischen Welt« argumentiert. Prägnant formuliert Bieri das damit Gemeinte:[43]

> Der Gedanke, daß die physische Welt in sich kausal geschlossen ist, entsteht mit der Entwicklung der modernen Physik im 17. Jahrhundert. Es ist der Gedanke, daß jedes physische Phänomen durch andere *physische* Phänomene verursacht wird: daß wir den Bereich physischer Phänomene nicht verlassen müssen, wenn wir nach einer Kausalerklärung für ein physisches Phänomen suchen. Diesen Gedanken kann man auch als ein regulatives Prinzip empirischer Forschung formulieren: Ein physisches Phänomen gilt erst dann als erklärt, wenn wir eine *physische* Ursache dafür gefunden haben. Dieses Prinzip kann man *methodologischen Physikalismus* nennen. [...] wenn wir den methodologischen Physikalismus auf Verhalten und auf alle körperlichen Phänomene anwenden, so können diese Phänomene erst dann als erklärt gelten, wenn wir *physische* (physiologische) Ursachen für sie gefunden haben.

Diese aus der klassischen Physik hergeleitete Forderung ist aus der modernen Naturwissenschaft nicht zu begründen. Wie aus unseren Darstellungen deutlich geworden sein wird, markiert dieses aus dem 17. Jahrhundert stammende Prinzip die Grenze zwischen der klassischen und der modernen Physik.

Heute ist es lediglich als ein sehr nützliches und praktikables, aber nicht mehr als fundamental zu verstehendes Prinzip anzusehen. Mit der Quantentheorie hat die Physik entdeckt, dass die Kausalvorstellungen der klassischen

---

[42] EINSTEIN-PODOLSKI-ROSEN-Phänomene (EPR), 104.
[43] BIERI, P., Analytische, 6.

Physik in der Realität lediglich ›ungefähr‹ gelten. Bei hinreichend genauen Untersuchungen findet man, wie von uns beschrieben, verschiedene Wirkungen bei gleichen Ursachen und verschiedene Ursachen bei gleichen Wirkungen.[44] In diesem Sinne kann eine kausale Geschlossenheit damit nicht mehr als universelles regulatives Prinzip gelten.[45] Dieses Missverständnis trägt teilweise zum schlechten Ruf des »Physikalismus« bei manchen Geisteswissenschaftlern bei, für den die moderne Physik am wenigsten vermag.

Man kann, wie erwähnt, aus der Quantentheorie schließen, dass es keinen durchgängigen Determinismus der Fakten gibt. Da es in der kosmischen Evolution immer wieder echt zufällige Fakten gibt, wird auch immer wieder Neues entstehen. Dieses Neue ist wegen dieser Zufälligkeit auch nicht prognostizierbar, aber nach seinem Entstehen ist es die selbstgestellte Aufgabe der Naturwissenschaft, dessen Entstehen zu erklären.

Die neuen empirischen Daten aus der beobachtenden Kosmologie, die die im Einklang mit dem Protyposis-Modell stehen, verweisen auf einen Kosmos, der zeitlich und räumlich begrenzt ist. Er ist vor langer Zeit in einem Zustand gewesen, der nach allen gegenwärtigen Kenntnissen als ›Beginn des Universums‹ charakterisiert werden kann. Das Volumen des Kosmos dürfen wir zu jeder Zeit als endlich betrachten. Auch wenn ein solches endliches Volumen automatisch die Frage nach dem ›Außerhalb‹ oder dem ›Dahinter‹ provoziert, kann es nach der gegenwärtigen Wissenschaft ›für uns‹ kein Außen geben.

Die Zusammenschau der naturwissenschaftlichen Ergebnisse zeigt:

Die Wirklichkeit ist im Grunde geistig.

Das Neue daran ist, dass das tatsächlich Einfache nicht mehr das Kleine ist, sondern dass man formulieren kann: *Das Einfache ist das Ganze.* Diese Einsicht ist geeignet, der naturwissenschaftlichen Erkenntnis Wege zu öffnen, die ihr bislang verschlossen sind. Die Quantentheorie zeigt Wechselbeziehungen zwischen dem Großen und dem Kleinen auf, die aber nicht rein räumlich interpretiert werden sollten. Ein Qubit ohne Träger ist räumlich groß, aber vom Informationsgehalt winzig.

Selbstverständlich ist die Naturwissenschaft aus methodischen Gründen an das Beobachtbare und das experimentell Prüfbare gebunden. Dennoch kann sie eine Öffnung zu Phänomenen bewirken, die bisher in ihrem Rahmen nicht einmal vorstellbar gewesen waren. Heute wird deutlich, dass die Annäherung an die Wahrheit von verschiedenen Seiten her zu geschehen

---

[44] Im Zusammenhang mit dem Messprozess, 79ff, haben wir gezeigt, dass der gleiche Quantenzustand unter demselben Messvorgang verschiedene Ergebnisse liefern kann und dass andererseits verschiedene Quantenzustände beim gleichen Messvorgang das gleiche Ergebnis liefern können.

[45] HATTRUP, D., Einstein, untersucht theologischen Folgerungen dazu.

hat, von der Naturwissenschaft, von der Geisteswissenschaft und auch von der Religion. Heute kann man formulieren:

Das Tor zur Transzendenz steht wieder offen.

7.4 Einige Spekulationen

Nachdem der Leser mit uns einen langen Weg zurückgelegt hat, auf dem wir die Strukturen der Welt und ihre Entwicklungen dargelegt haben, sollen nun diese Resultate noch einmal bedacht werden. Dies wird auch die Möglichkeit bieten, spekulativ über weitere Folgerungen nachzudenken.

Die Äquivalenz von Fülle und Nichts

Zu den großen Rätseln des Denkens gehört die bei den Mystikern zu findende Aussage, dass die Fülle, Gott, mit dem Nichts zusammen fällt.

Nach Nicolaus von Cues gelangen alle Gegensätze der Welt in ihm zur Einheit, ist er die Coincidentia oppositorum. Oder wie es Meister Eckhart der große mittelalterliche Philosoph und Mystiker (1260–1327) über Gott formuliert:

Du sollst ihn lieben wie er ist: ein Nichtgott, ein Nichtgeist, eine Nichtperson, ein Nichtbild, sondern: wie er ein blosses, pures, reines Eins ist, gesondert von aller Zweiheit, und in dem Einen sollen wir ewiglich versinken von Nichts zu Nichts.[46]

Wir hatten bei der Schilderung des Vakuum-Zustandes bereits davon gesprochen, dass man sich die existierenden Elementarteilchen vorstellen darf wie eine Umorganisation all der Quanteninformation, die das physikalische Vakuum darstellt. Auch hier gelangt man wieder an die bei Eckard oder wie hier bei Nicolaus gesehenen Paradoxien des Unendlichen.

Das absolut Größte ist daher eine Einheit, die Alles ist und in der Alles ist, weil es das Größte ist. *Weil es keinen Gegensatz hat, so coincidirt mit ihm das Kleinste*, es ist daher auch *in Allem*.[47]

Eine analoge Paradoxie findet sich in der Quantentheorie.

Das Vakuum, das man sich gemeinhin als das Nichts vorstellt, erweist sich im Rahmen der Protyposis als ein Ausdruck von unendlich großer Information. Wenn für jeden Raumpunkt postuliert wird: ›Kein Teilchen ist hier vorhanden‹, so wird über jeden der unendlich vielen Raumpunkte eine Aussage

---

46 MEISTER ECKHART, Predigten, 8867.
47 CUES, N. V., Nichtwissens, 8974.

gemacht. Eine solche potentiell unendlich große Quanteninformation, die mathematisch die Struktur des Vakuums besitzt, trägt mit der Möglichkeit einer Umorganisation zugleich das Potential für eine beliebige Menge an Quantenteilchen in sich.

Hier übersetzen sich Visionen der Mystiker in die mathematische Sprache der Quantentheorie.

Zur Entwicklung des Kosmos

Die Entwicklung des Kosmos haben wir auf Seite 167 vorgestellt als das Resultat des Anwachsens der Protyposis.

Je mehr von dieser Quanteninformation vorhanden ist, desto genauere Unterteilungen des kosmischen Raumes werden möglich. Normalerweise wird diese genauere Unterteilung als Expansion des Kosmos bezeichnet. Für diese Beschreibung wird unsere Maßeinheit, das Meter, als eine über beliebige Zeiten konstant bleibende Größe angesehen, und durch die Zunahme der Protyposis wächst der in dieser Weise in Metern gemessene kosmische Raum.

Wir wollen nun eine andere Sichtweise darlegen. Sie ist zwar eine mathematisch triviale Konsequenz, gibt aber doch zu anderen Bildern und Vorstellungen Anlass.

Wie bereits Nicolaus von Cues gezeigt hat, gilt für die Wissenschaft allgemein und für die Physik besonders, dass wir stets nur Verhältnisse klassifizieren und behandeln können.

Wenn wir sagen, dass der kosmische Raum expandiert, so bedeutet das, dass das Verhältnis des Krümmungsradius zum Meter größer wird. Heute ist es 14 Mrd. Lichtjahre zu einem Meter. Ein solcher Quotient kann aber stets auch so geschrieben werden, dass auf dem Bruchstrich eine 1 steht: $a/1 = 1/(1/a)$. Dann hätten wir im neuen Bild einen festen kosmischen Radius, und ein ›Meter‹, welches im Verhältnis zum Kosmos immer kleiner wird.

Der Kosmos besitzt also in diesem Bild eine konstante Größe, und die wachsende Information in ihm erlaubt es, diesen Raum immer feiner und immer genauer zu unterteilen. Statt einer immer größeren Leere und Zerstreuung aller Materie assoziiert man mit diesem Bild eher eine zunehmende Fülle. In diesem Bild des Kosmos ›entweicht‹ nichts aus ihm und die Fülle der Möglichkeiten wächst.

Dies erinnert an das kabbalistische Bild des Zimzum, nach dem ›Gott in sich‹ Raum schafft für die Welt. Dann muss sich dieser Raum nicht aufblähen, sondern er wird immer interessanter, immer mannigfaltiger, immer reicher in seiner inneren Struktur, indem diese sich immer weiter verfeinert.

Was ist Zeit?

In diesem Bild des Kosmos wird es allerdings schwierig, ein Modell für das Entstehen von Fakten zu realisieren. Hier ist von einem ›Verschwinden in der Tiefe des kosmischen Raumes‹ nichts mehr zu spüren. Für den in dieser Weise betrachteten Kosmos als Ganzen ist daher die Unterscheidung zwischen Fakten und Möglichkeiten keine simple Angelegenheit mehr. Keine der quantischen Möglichkeiten geht verloren, und die für *uns* fundamentale Unterscheidung zwischen Vergangenheit, Gegenwart und Zukunft erscheint beinahe wie eine Illusion.

Lediglich das Anwachsen der Quanteninformation lässt noch so etwas wie eine Art von Veränderung und damit von Zeit spüren.

Hier stellt sich eine philosophische Frage. Wir hatten gezeigt, dass die Quantentheorie als genaueste und beste naturwissenschaftliche Theorie selbstverständlich an die Realstruktur der Zeit gebunden ist. Nun ergibt sich aus der konsequenten Anwendung dieser Theorie, dass für den Kosmos die Voraussetzung der Zeitlichkeit nicht mehr ohne weiteres als erfüllt angesehen werden kann.

Dies kann einmal bedeuten, dass die Anwendung von Naturwissenschaft überhaupt, also einer gesetzesförmigen Struktur – die nur für ›Vieles‹ sinnvoll ist –, auf das *Unikat* ›Kosmos‹ zweifelhaft ist. Wir würden dann damit den Geltungsrahmen jeder denkbaren allgemeinen Theorie übersteigen.

Derartiges kennen wir aus der Geschichte der Naturwissenschaften von speziellen Theorien seit langem. So wird bekanntlich die Newtonsche Mechanik falsch, wenn man zu großen Geschwindigkeiten oder zu starken Gravitationsfeldern oder zu hoher Genauigkeit übergeht. Dann treten an ihre Stelle die Spezielle und die Allgemeine Relativitätstheorie und die Quantentheorie.

Es ist aber angesichts des unerhörten Erfolges der Quantentheorie auch vorstellbar, das wir Menschen mit ihr eine Struktur gefunden haben, die ihrerseits grundlegender ist als dasjenige, was wir bisher als Voraussetzung für ihre Gültigkeit angenommen hatten, nämlich die Existenz der Zeit und des Raumes in der Weise, wie sie uns aus dem Alltag geläufig sind.

Man kann darüber nachdenken, ob nicht hinter der linearen Struktur der Zeit, so wie wir Menschen sie normalerweise von der Uhr vorgeben lassen und akzeptieren, eine wesentlich schwerer zu verstehende Struktur verborgen sein mag.

Gestützt wird diese Vermutung auch von der Tatsache, dass offenbar isolierte Systeme, die wegen ihrer Isolierung Quanteneffekte verdeutlichen können, auch eine ›private Zeit‹ haben – so wie es die spezielle Relativitätstheorie beschreibt und wie es viele Experimente aufzeigen. Dazu würde auch die von Weizsäcker seit langem gehegte Vermutung passen, dass die

Spezielle Relativitätstheorie im Grunde selbst eine Folge einer abstrakten Quantentheorie ist.

Auch der Physiknobelpreisträger Paul Dirac hat die Quantenaspekte der Relativitätstheorie als das an ihr Wesentliche angesehen.[48] Oft wird dargestellt, dass von Einstein eine ›Gleichberechtigung aller Bezugssysteme‹ gezeigt worden sei, die eine Existenz eines ›besonderen Bezugssystems‹, das man als universelles Ruhsystem deklarieren könnte, ausschließen würde. Auch diesbezüglich ist Dirac zuzustimmen, der dies als eine irrtümliche Folge von unzureichenden Experimenten erklärte, denn, so Dirac, die Hintergrundstrahlung stellt im gesamten Kosmos ein ausgezeichnetes Bezugssystem zur Verfügung.

Die ›Eigenzeit‹ verschiedener relativistischer Systeme wird in gegenseitigen Messungen deutlich. Wenn darüberhinaus ein System so gut isoliert ist, dass auch keine Fakten entstehen, weil keine Information entflieht, dann gibt es in ihm lediglich Möglichkeiten.

Wenn diese Überlegungen auf den Kosmos als Ganzen angewendet werden, dann entsteht im Rahmen der Quantentheorie die ernsthafte Frage, ob und wie es dann ›Zeit‹ für den Kosmos gibt.[49] Peter Eisenhardt untersucht diese Frage, indem er von der Aristotelischen Vorstellung ein ›zeitfreien Bewegung‹ ausgeht.[50]

Die Zunahme der Fülle an Möglichkeiten, die ihrerseits nicht vergehen und die wir in der Wissenschaft heute als ›Expansion des Kosmos‹ bezeichnen, wäre aus unserer Sicht das Bild einer Zeit, die aber ihrerseits mehr Eigenschaft mit dem gemeinsam hätte, was bei manchen Philosophen, wie z.B. Augustinus, als Ewigkeit bezeichnet wird: »Wenn dagegen die Gegenwart immer gegenwärtig wäre und nicht in die Vergangenheit überginge, so wäre sie nicht mehr Zeit, sondern Ewigkeit.«[51]

›Außerhalb des Kosmos‹ – eine sinnvolle Frage?

Wir hatten davon gesprochen, dass die Lösung der Allgemeinen Relativitätstheorie für das Innere der Schwarzen Löcher das physikalisch unsinnige Verschwinden aller Materie in einem mathematischen Punkt zur Folge hat. Dabei hat man quasi ›durch Beschluss‹ die Quantentheorie außer Kraft gesetzt.

Wird aber die Quantentheorie berücksichtig, so verschwindet dieses sinnlose Ergebnis und das Innere eine Schwarzen Loches unterscheidet

48 DIRAC, P.A.M., Einstein.
49 ZEH, H.D., time; KIEFER, C., gravity.
50 EISENHARDT, P., Webstuhl.
51 AUGUSTINUS, Bekenntnisse, 11. Buch, 14. Kap; siehe auch GÖRNITZ, TH., Ewigkeit.

sich in seiner Struktur nicht vom Inneren des Kosmos, in dem wir uns vorfinden.[52]

Selbstverständlich sind alle die Schwarzen Löcher, die wir in unserem Kosmos finden, kleiner als der Kosmos selbst.

Während das Schwarze Loch von außen gesehen einen Horizont besitzt, in den zwar etwas hinein, aber aus dem nichts heraus kann, hat es von innen her betrachtet keinen Rand, keinen Horizont, sondern ist ein geschlossenes Ganzes, zwar endlich groß, aber ohne jede fassbare Grenze (Man denke an eine Ameise auf einem Luftballon, die kein ›Ende des Ballons‹ findet).

Zwar verlässt die Frage nach einem ›Außerhalb des Kosmos‹ wegen der Unmöglichkeit eines empirischen Zuganges nach ›draußen‹ ganz klar den Bereich der Naturwissenschaften, aber da wir in unserem Kosmos viele Schwarze Löcher vorfinden, in die wir nicht hineinschauen können und aus denen man nicht herausschauen kann, ist es möglich darüber zu spekulieren, ob wir uns nicht selbst im Inneren eines Schwarzen Loches befinden, das wir als unseren Kosmos bezeichnen. Jedenfalls kann eine solche Vorstellung gegenwärtig nicht widerlegt werden.

Der Einfluss der Kultur auf das Erklären von Natur

Es ist ein historisches Faktum, dass sich die Naturwissenschaften mit all ihren Erfolgen allein im abendländischen Kulturkreis entwickelt haben. Natürlich gehören dazu auch die negativen Folgen, die sich aus ihrer Nutzung ergeben, vor allem, wenn diese losgelöst von Ethik und Moral erfolgt. Zwar ist Religion keinesfalls mit Ethik zu verrechnen, aber alle religiösen Weltbilder – wie Weltbilder allgemein – haben auch ethische ›Konsequenzen‹.

Da frühere Ethiken zumeist im Transzendenten bzw. im Religiösen fundiert wurden, wurde eine Loslösung von ihnen dadurch erleichtert, dass gegen sie Argumente vorgebracht wurden, die zumeist naturwissenschaftlich untermauert worden waren.

Man kann sich daher fragen, ob nicht heute die Naturwissenschaften ihrerseits der Gesellschaft verdeutlichen sollten, dass solche Argumente sich keineswegs auf ›Wissenschaft‹ berufen können.

Auch scientistische Argumente drücken lediglich Glaubenseinstellungen aus, falls sie in einer ›wissenschaftlichen Mimikry‹ Aussagen über Bereiche machen, die einer naturwissenschaftlichen Prüfung nicht zugänglich sind. In diesem Fall sind sie keineswegs besser oder vernünftiger fundiert als religiöse Einstellungen, falls diese die eigene Tradition ehrlich aufarbeiten

---

52 GÖRNITZ, TH. /RUHNAU, E., Black Holes.

und die Ergebnisse der Aufklärung sowie die wissenschaftliche Entwicklung reflektieren.

Wir können annehmen, dass ohne die Betonung eines diskursiven und rationalen Denkens eine Herausbildung der naturwissenschaftlichen Denkweise nicht erfolgt. Andererseits zeigt die Entwicklung der abendländischen Kultur, dass andere Aspekte einer geistigen Wirklichkeit oft hinter den rationalen zurücktreten mussten. Es ist ein großer Vorteil der Rationalität, dass sie oft fähig ist, solche Verkürzungen selbst wieder korrigieren zu können.

In den anderen Kulturen sind natürlich ebenfalls gewaltige technische Leistungen vollbracht worden, man denke an die Pyramiden in Ägypten oder daran, dass in China bereits vor sehr langer Zeit Schießpulver, Drucklettern und Papiergeld erfunden worden waren. Vor allem in den östlichen Kulturkreisen war die Wahrnehmung eines Ganzen, anders als im Abendland, nie derartig wie hier aus dem Blick geraten. Daher haben sie mit den Vorstellungen der Quantentheorie viel weniger Probleme als der Westen. Allerdings war im Osten auch die Rationalität nie so wichtig genommen worden, dass man etwas der klassischen Physik Vergleichbares entwickelt hätte.

Wir Abendländer sind den Juden und den Griechen zu Dank verpflichtet. Jan Assmann hat darauf verwiesen, dass das bei den Juden bestehende Bilderverbot besonders die Abstraktionsfähigkeit befördert hat.[53] Von den Griechen haben wir – über die Vermittlung durch die Araber – das skeptische Fragen gelernt. Und ohne die Entgötterung der Erscheinungen am Himmel und auf Erden, die das jüdisch-christliche Erbe des Abendlandes darstellt, hätte sich der empirische Zugang zur Welt nicht durchsetzen können, der die andere Voraussetzung der Naturwissenschaften darstellt.

Heutzutage ist die Entwicklung in der Naturwissenschaft so weit gediehen, dass vor uns ein Weg einer sich vereinheitlichenden Sicht auf die Welt zu sehen ist. Auf diesem Weg werden sich die Unterschiede zwischen der östlichen und der westlichen Sicht relativieren.

Die durch die Quantentheorie wieder ins Bewusstsein gerückte Fülle der Möglichkeiten, die keinesfalls mit Beliebigkeit verwechselt werden darf, eröffnet somit Horizonte, die aus Sicht der Naturwissenschaften zuvor nicht gesehen werden konnten. Wir sind sicher, dass das Erfassen der tieferen Strukturen der Realität im Kosmos, in der irdischen Natur und im Menschen dazu anregen wird, den gesamten Komplex von Natur- und Geisteswissenschaften, von Ökonomie, Kultur und auch von Religion neu zu bedenken.

---

53 ASSMANN, J., Unterscheidung.

8. Spiritualität und Religion

Während wir im vorigen Kapitel die wissenschaftlichen Resultate noch einmal reflektierend durchdacht haben, werden wir im letzten Kapitel deutlich über den Bereich der Wissenschaften hinausschreiten. Die notwendigen Grenzen der Wissenschaften sind gewiss erkennbar geworden. Sie sind vor allem methodisch bedingt. Diese Grenzen markieren jedoch keine Grenzen des Fragens und des Weiterdenkens. Bereits im Felde der sogenannten exakten Wissenschaften ist deutlich geworden, dass eine vollständige logische Modellierung aller Erscheinungen nicht zu gewinnen ist. Da die Gegenstände der Naturwissenschaften durch Abstraktion und Isolation entstehen, können ihre Gesetze nur Wahrscheinlichkeitsaussagen liefern, denn auch die ›exakten Gesetze‹ der klassischen Naturwissenschaft beruhen auf der Fiktion getrennter Objekte – und diese Fiktion ist nur bei hinreichender Ungenauigkeit und nur mit Wahrscheinlichkeit akzeptabel.

Daraus folgt, dass wir ihnen zwar weitgehend vertrauen dürfen, dass aber eine letzte und logisch zwingende Gewissheit für sie nie gegeben sein kann. Naturgemäß wird es daher außerhalb der Wissenschaften um diese Punkte noch unsicherer bestellt sein. Dennoch gehört es zum Menschsein, auch Fragen zu stellen, auf die keine überprüfbaren Antworten zu erhalten sind.

8.1 Über ›Hier und Jetzt‹ hinaus

Ein unbezweifelbares und hinreichendes Kriterium, das vormenschliche von menschlichen Fossilien unterscheidet, sind Funde, die auf Bestattungsrituale deuten. Während Tiere manchmal ein Spüren ihres nahen Todes haben können, ist der Mensch nicht nur das Tier, welches weiß, dass es sterben muss, sondern auch das Wesen, das eine Ahnung davon haben kann, dass das Ende des Lebens nicht das Ende von allem sein muss. Heute kann man konstatieren, dass der Kosmos eine Einheit ist, in dem sich zwar alles verändert, aus dem aber nichts verloren gehen kann. Das konnte man natürlich in früheren Zeiten nicht als eine wissenschaftliche Aussage formulieren, aber die Menschen haben immer wieder Erfahrungen gemacht, die Derartiges nahe gelegt haben. Neben den Begräbnissen sind Darstellungen der Kunst ein Kennzeichen, welches Mensch und Tier unterscheidet. In der Kunst der frühen Menschen wird das Wahrnehmen einer Beziehung zwischen dem Natürlichen und dem Geistigen erstmals auch für die Nachwelt sichtbar. Die Menschen konnten eine Einheit zwischen dem Wahrgenommenen und dem Gedachten ausdrücken, weil sie entsprechende Erfahrungen besaßen.

So, wie in allen Bereichen die Gaben der Menschen unterschiedlich ausfallen, ist dies auch in dem Felde gegeben, das heute als Spiritualität bezeichnet wird. Eine gewisse Rot-Grün-Schwäche kann mir (TG) zeigen, dass es Erscheinungen gibt, die für die anderen offensichtlich sind und die von mir nur mit Anstrengung zu sehen sind. Anderen geht es so mit der Wahrnehmung mathematischer Strukturen, die für die einen trivial und für andere nicht ohne Mühe zu erfassen sind.

Heute kann aus dem Gefüge der Naturwissenschaft auf eine universelle Einheit geschlossen werden, die allem Geschehen zugrunde liegt. Das Zerfallen der einen Wissenschaft in getrennte Teilbereiche ist vor allem der Begrenztheit der Lern- und Auffassungsfähigkeit des einzelnen Menschen geschuldet und den verschiedenen Methoden, die sich aus den verschiedenen Gegenstandsbereichen der Einzelwissenschaften ergeben. Trotzdem sehen es viele Wissenschaftler ebenso wie wir als ein erstrebenswertes Ziel an, der *einen* Wirklichkeit letztlich mit *einer* wissenschaftlichen Beschreibung gegenübertreten zu können.

Die Natur besteht nur vordergründig aus getrennten Objekten. Ihre Basis ist Protyposis, abstrakte Quanteninformation, eine Struktur, die man dem Bereich des Geistigen zuordnen kann und die vor allem nichtlokalisiert zu denken ist.

Wir hatten darauf verwiesen, dass Bedeutung aus bedeutungsfreier Information durch die Verarbeitung in einem Lebewesen, z.B. einem Menschen entsteht. Dabei gibt es keine physikalischen Gründe, weshalb ein solcher Kontakt lediglich über die Sinnesorgane erfolgen müsse. Die Welt ist voll von Erzählungen, die über diesbezügliche Wahrnehmungen berichten. Wir wissen natürlich auch, dass sich unter derartigen Berichten vieles befindet, was aus Geltungsdrang und ähnlichen Motiven frei erfunden ist. Und da alle solche Ereignisse ihrem Wesen nach Unikate, d.h. Einzelerscheinungen sind, ist auch eine Überprüfung in der Regel kaum möglich. Dennoch gibt es Berichte, die man als glaubhaft einstufen wird.

Hierzu passt als Illustration ein Vorfall, den E. Gaddini,[1] ein sehr korrekt mitschreibender italienischer Arzt und Vorsitzender der italienischen psychoanalytischen Gesellschaft, vom Ende einer Sitzung beschreibt. Der Patient berichtete ihm zu diesem Zeitpunkt, dass er die Empfindung eines ungeheuren Stoßes auf seine linke Seite habe. In der folgenden Sitzung erfuhr Gaddini, dass der Pkw der Mutter des Patienten im selben Moment

---

1 GADDINI, E., Ich, 271.

von einem Autobus von links erfasst und zerquetscht worden war. Es gelang Gaddini nicht, den Patienten dazu bringen zu können, dass er sich in dieser Therapiestunde an die Empfindung aus der letzten erinnern konnte.

Hier haben wir die Schilderung eines Vorganges, der innerhalb der Denkweise der klassischen Physik als purer Zufall oder als Schwindel verstanden werden müsste. Ein effektheischender Betrug des Patienten scheidet aus, da dieser selbst das Faktum des Unfalls bei der Schilderung noch nicht bewusst kennen konnte und er danach die Angelegenheit nicht mehr präsent hatte.

Gaddini gehörte zu den Psychoanalytikern, die für solche Fragen aufgeschlossen sind, während viele – Freud eingeschlossen – solche Vorgänge eher verabscheuen. Freud war allerdings Wissenschaftler genug, um auch selbst ähnliche Ereignisse zu untersuchen, obwohl sie seinen Vorstellungen von einer naturwissenschaftlich erfassbaren Realität entgegenstanden.[2]

Das größte Problem für eine sachgerechte und wissenschaftliche Durchdringung von all derartigen Phänomenen dürfte darin bestehen, dass sie den herrschenden Vorurteilen über eine ›wissenschaftlich begründete Struktur der Welt‹ zu widersprechen scheinen. Seit etwa 250 Jahren wird in unserer Kultur die Realität mehr und mehr und heute von vielen Menschen ausschließlich an dem festgemacht, was landläufig unter Materie verstanden wird.

In dieses Weltbild passen die Erscheinungen, über die wir jetzt sprechen, selbstverständlich in keiner Weise hinein.

Das Verhältnis zu diesen Phänomenen ist darüberhinaus verbunden mit dem Missverständnis, dass die Wissenschaft, deren ungeheuren Erfolge in den technischen Anwendungen heute die Lebensgrundlage unserer Zivilisation bereitstellen, ausschließlich zu diesem überkommenen Weltbild passen würde. Allerdings bietet weder das Weltbild des 19. Jahrhunderts einen passenden Rahmen für die modernen Wissenschaften, noch sind die technischen Folgen der Anwendung von Wissenschaft nur positiv zu sehen. Möglicherweise stützen sich beide Fehler gegenseitig. Die Verkürzung der Wirklichkeitsbeschreibung auf eine ausschließlich materialistische und deterministische Struktur hindert sowohl das Wahrnehmen von ganzheitlichen als auch von seelischen Bezügen. In der Sprache wird dies besonders deutlich. Während man zu Freuds Zeiten in der Wissenschaft noch von ›Seelenheilkunde‹ sprechen konnte, ist der Begriff ›Seele‹ heute weitgehend aus dem wissenschaftlichen Sprachschatz verschwunden. Der Psychiater Daniel Hell[3] zeigt die Wandlung der Seelenvorstellungen über die Generationen hinweg knapp und übersichtlich in der Tabelle 1.

---

2 FREUD, GW, Bd. XVII, 27–44.
3 HELL, D., Seelenhunger, 65.

Entwicklung der Seelenvorstellungen

Frühkulturen	Seele wird konkret vorgestellt als Lebewesen (z.B. Vogel) oder Organ (z.B. Blut) – animistisch-konkretistisches Modell
Antike Hochkulturen	Seele/Geist wird immateriell gefasst als gestaltendes Prinzip, z.B. als Logos – abstrakt-rationales Modell
Moderne (seit Aufklärung)	Seele/Geist wird zum erkennenden Subjekt und mit Selbstbewusstheit identifiziert (dem erkennenden Subjekt steht das erkannte Objekt gegenüber) – subjektorientiertes Modell
Spätmoderne	Heterogenität der Modelle mit Tendenz zur Rekonkretisierung seelischer Phänomene als materielle Ereignisse im zentralen Nervensystem – Tendenz zu objektorientiertem Modell

Tab. 1: Entwicklung der Seelenvorstellungen (nach Hell).

Es ist unbezweifelbar, dass in den Wissenschaften eine riesige Menge an zutreffenden Erkenntnissen über die Welt angesammelt worden ist. Stützt man sich aber lediglich auf einen Teil von diesen, wird dies Befangenheiten erzeugen. Wenn man lediglich Fakten über getrennte Objekte zulässt, muss eine Beschreibung sehr viel eingeschränkter sein als eine solche, die auch die Möglichkeiten und die Beziehungen mit einschließen kann. Blickt man offen auf die moderne Naturwissenschaft, so kann man leicht erkennen, dass sie gegenüber allen Phänomenen, die mit Quanteninformation zu tun haben, sehr viel weniger einschränkend ist, als es die klassische Physik notwendigerweise sein musste.

Auch in früheren Zeiten hat es immer wieder für außergewöhnliche Phänomene begabte Menschen gegeben, denen derartige Ereignisse zugestoßen sind und die solche Einsichten intuitiv erfassen konnten. Solange in einer Kultur die Vorurteile der klassischen Physik nicht überhand genommen hatten, konnte man Derartiges auch akzeptieren. Andere Kulturen bejahen beispielsweise Heilungen durch Schamanen usw.

Natürlich sind die Überlieferungen auch voll von Geschichten über falsche Propheten, das Alte Testament ist ein anschauliches Beispiel dafür. Eine kritische Haltung ist also zu allen Zeiten erforderlich gewesen, ein völliges Leugnen greift aber auch zu kurz. Heute, hundert Jahre nach der Entdeckung der Quantentheorie, beginnen sich die Verhältnisse wieder zu verändern. Heute können wir feststellen, dass ein solches Ereignis, wie Gaddini es schildert, zu keinem Gesetz der Physik im Widerspruch steht. Dazu muss man sich allerdings klar machen, dass aus einer solchen Wahrnehmung in keinem Falle mit Sicherheit bereits schon auf die faktische Realität des Wahrgenommenen geschlossen werden kann. Trotzdem kann sich aber später die Richtigkeit des Wahrgenommen erweisen. Das physikalische Modell dazu liefern seit einiger Zeit EPR-Experimente, bei denen man heute die Existenz von Korrelationen nachweisen kann, die Raum und Zeit überschreiten, allerdings experimentell realisierbar bisher lediglich an sehr einfachen Systemen.[4]

8.2 Spiritualität

Ingrid Riedel verweist darauf, dass Spiritualität ein Modewort geworden sei. Sie führt aus:

> »Spiritual« nannte man damals (wie auch heute noch) den geistlichen Seelsorger in Klöstern, der die Seelen der ihm Anvertrauten zu geleiten suchte. Spiritualität war dementsprechend religiöse Praxis im Sinne andächtigen, ehrfürchtigen Umgangs mit der Seele als dem göttlichen Anhauch im Menschen (*spiritus*). [...] Der heutige Begriff »Spiritualität« meint ebenfalls eine religiöse Praxis, die sich aber weitgehend von der ursprünglichen Bindung an die christlichen Konfessionen gelöst hat und auch Traditionen aus anderen Religionen aufgenommen hat, [...] Weil der Begriff »religiös« heute zu stark an die Zugehörigkeit zu einer bestimmten, religiösen Konfession gebunden scheint, meidet man ihn eher und sagt lieber »spirituell«, um damit die weltoffene Freiheit der eigenen spirituellen Praxis zu betonen.[5]

Unter Spiritualität verstehen wir ein – in der Regel nichtwissenschaftliches – Wahrnehmen der Einheit der Welt, die durch die universelle Gültigkeit der Quantentheorie auch an die Naturwissenschaften angebunden werden kann. Sie ist eine Erscheinung, deren Realitätsbezug von Wissenschaftlern nicht mehr in gleicher Weise ignoriert wird wie noch vor wenigen Jahren.

Aus der henadischen Struktur der Quantentheorie folgt, dass es eine umfassende Grundstruktur der Welt gibt, die über Information begründet wird und die die Trennung der Wirklichkeit in einzelne Objekte als praktisch sehr nützliche, aber im Letzten nicht wahre Beschreibung des Realen aufzeigt.

Bewusstsein als Quanteninformation, die sich selbst kennt und erlebt, ist als Quanteninformation zumindest prinzipiell in der Lage, etwas von dieser Einheit zu erfassen. Da das aus einer wissenschaftlichen Beschreibung der Realität folgt, wird es heute möglich, sich diesem Feld der Erfahrungen unabhängig von philosophischen oder religiösen Voreinstellungen zu nä-

---

4 Siehe 104.

5 Riedel, I., Welt, 157.

hern und sich spirituellen Erfahrungen zu öffnen. So hat der streng naturalistisch denkende Philosoph Thomas Metzinger kürzlich geschrieben:

> Während Spiritualität damit zu tun hat, zu sehen, was *ist*, die Suche nach emotionaler Sicherheit loszulassen und die Verantwortung für das eigene Leben zu übernehmen, kann der religiöse Glaube eher als ein Versuch gesehen werden, genau diese Verantwortung loszuwerden und einen ganz neuen Realitätstunnel zu schaffen, eine neue Form des bewussten Erlebens.[6]

Dem Phänomen der Religiosität werden wir uns weiter unten zuwenden, jetzt ist erst einmal anzuerkennen, dass hier formuliert wird, dass »Spiritualität damit zu tun hat, zu sehen, was ist«.

Die Quantentheorie als eine universelle Theorie lässt eine abstrakte Quanteninformation – von uns als Protyposis bezeichnet – als ein durchgängiges Prinzip vom Kosmos bis zum Bewusstsein des Menschen erkennen. Sie begründet somit aus einer ganz anderen Richtung kommend auf eine neue Weise und mit neuen Folgerungen die Einheit des Seienden. Sie ermöglicht ebenfalls, die gleichberechtigte Realität von Leib und Seele auch naturwissenschaftlich zu denken.

Alfons Reiter, der als Psychologe die Spiritualität sehr hoch schätzt, verweist auf mögliche »Fallen« einer »Spiritualität als Vermeidung von Beziehung«, denn »spirituelle Zustände können auch Fluchtbewegungen sein, [...] begleitet von einem Rückzug aus der mitmenschlichen Umwelt«.[7]

In der Meditation ermöglicht die seelisch-körperliche Übung, einen Teil des Bewusstseins schützend so zu isolieren, dass er als Quantenzustand offen wird für die Einheit der Wirklichkeit, in der alle Trennungen aufgehoben sind. Dieser Zustand selber kann sich weit über den eigenen Körper hinaus ausbreiten und zu einer intensiven Einheitserfahrung führen. Die physiologischen Begleitzustände, die zugleich die Reaktionen auf den Träger dieses Zustandes darstellen, werden sehr unterschiedlich beschrieben und hängen auch von den verschiedenen Meditationsschulen ab. Ein Beispiel, welches eine spezielle tantrische Meditation mit tiefster Konzentration beschreibt, wird von dem Hindu Gopi Krishna dargestellt. C.F. v. Weizsäcker hat uns darüber berichtet, wie dieser den Kontakt zu ihm gesucht hatte, und hat dann mit ihm gemeinsam publiziert.[8]

In tiefen Meditationszuständen dieser Kundalini-Erfahrungen (Schlangenkraft) ist anzunehmen, dass der damit verbundene quantische Zustand des Bewusstseins seinen Träger merklich über das Gehirn hinaus bis auf das Rückenmark ausdehnt. Gopi Krishna schreibt über jahrelange Übungen und

---

6 METZINGER, Preis, 47.

7 REITER, A., Individuation, 135ff, einen direkten Bezug zur Psychotherapie findet man auch bei QUECKELBERGHE, R., Grundzüge.

8 Eine derartige Erfahrung beschreiben WEIZSÄCKER, C.F. v. /GOPI KRISHNA, Basis, 17ff.

schließlich aufsteigende Empfindungen, die mit großen Glücksgefühlen und einer Ausweitung des Bewusstseins verbunden waren. Nach dieser lebensverändernden Erfahrung berichtet er allerdings ebenfalls sehr freimütig, dass die sich über zwölf Jahre daran anschließenden Krisen durch die Unterstützung der Familie überwunden werden konnten und nicht in den »Wahnsinn als Ende« führten. Danach stellte sich ein Zustand eines neuen Bewusstseins ein, der auch in der Alltagswelt Bestand hatte und zu einer Übernahme der Verantwortung für den Frieden in der Welt und zwischen den Menschen führte.

Auch die Spiritualität ist, wie jeder andere Bereich des Realen, von verschiedenen Seiten zugänglich. Einmal gibt es Begabungen und Erfahrungen, zum anderen gibt es den Zugang von der Wissenschaft her.

Spiritualität ist Wahrnehmung der Einheit der Wirklichkeit und Anerkennen des Geistigen als Realität.

Wenn wir uns von der Wissenschaft her dem Spirituellen nähern, so begegnen wir zuerst der Protyposis. Diese universelle, primär bedeutungsfreie Quanteninformation hat einen unauflöslichen Bezug zum Kosmos als dem Ganzen des Seins. Damit stellt sie eine Realisierung der innerkosmischen Einheit dar, die als die Grundlage aller Spiritualität betrachtet werden kann. Da die Physik bisher keine Gründe kennt, an der universellen Gültigkeit der Quantentheorie zu zweifeln, folgt eine ebenfalls universelle Einheit dieser Grundsubstanz der Wirklichkeit. Wenn es daher gelingt, die Auflösung der Wirklichkeit in einzelne Objekte als Leistung unseres Bewusstseins zu begreifen und damit wenigstens teilweise wieder aufzuheben, wird ein Zugang zu dieser fundamentalen Einheit möglich.

Psychische Phänomene als selbsterlebte Quanteninformation können alle die physikalischen Eigenschaften aufweisen, die wir über Quanteninformation dargelegt haben. Dies betrifft besonders die Nichtlokalität. Berichte über gemeinsame Quantenzustände von Personen, zwischen denen eine enge geistige Bindung bestanden hatte, sind nicht selten. Dann gibt es glaubwürdige Fälle von Vorahnungen. In tiefer Meditation werden Zustände erreicht, die als ›zeitfrei‹ beschrieben werden, so wie es die Quantentheorie von einem individuellen Zustand kennt, innerhalb dessen ebenfalls kein Zeitablauf auszumachen ist.

Größere Furore haben Berichte über ein ›Gottesmodul‹ im Gehirn hervorgerufen. Manche haben Derartiges bereits zum Anlass genommen, von einer ›Neurotheologie‹ zu sprechen.

Es gibt viele Interpretationen von hirnphysiologischen Experimenten mit Blick auf außergewöhnliche Bewusstseinszustände, die nahe legen wollen, dass diese auf die Irrealität der beschriebenen Vorgänge verweisen würden. Begründet wird diese Meinung einerseits mit der Tatsache, dass Zentren im

Gehirn gefunden wurden, die bei derartigen Vorgängen besonders aktiv sind. Andererseits kann man dort durch entsprechende Reizungen entsprechende Wahrnehmungen provozieren.

Neuere Untersuchungen zeigen, dass man beispielsweise mit einer sehr raffinierten Technik Zustände simulieren kann, die einer ›Out-of-Body-Erfahrung‹ entsprechen. Dabei werden taktile Täuschungen in Kombination mit optischen erzeugt, die – ähnlich wie bei den bekannten optischen Täuschungen – so angelegt sind, dass man damit irreale Wahrnehmungen provoziert.[9]

Aus diesen Experimenten einen ›Beweis‹ für die Irrealität von außergewöhnlichen Erfahrungen ableiten zu wollen, die nicht künstlich provoziert worden sind, ist nicht überzeugend. Da für sämtliche Informationsverarbeitungsvorgänge Zentren im Gehirn existieren, die dabei jeweils eine erhöhte Aktivität zeigen, wäre es mehr als seltsam, wenn es nicht auch in diesen Fällen zutreffen würde. Jedes Hirnareal ist für eine bestimmte Wahrnehmung organisiert und spezialisiert – Sehzentrum, Hörzentrum usw. Dieser Spezialisierung entspricht ein bestimmter Aspekt in der äußeren Realität und es ist nicht so, dass die Vorgänge im Gehirn die Erklärung für diese äußeren Erscheinungen liefern, sondern umgekehrt werden die Erscheinungen im Gehirn durch die Vorgänge erklärbar, die sie auslösen: So Feuern die Nervenzellen im Sehzentrum natürlicherweise wegen der ins Auge gelangenden Photonen.

Wir meinen, dass das Gehirn der Menschen bereits seit langem auch auf die Nutzung von solchen Quanteneffekten abgestimmt ist, die die Physik erst jetzt in ihrer Breite zu entdecken beginnt.

Wenn man sich klar macht, dass das Gehirn aus energetischer Sicht ein sehr aufwendiges Organ ist, so spricht wenig dafür, dass sich in der Evolution ohne hinreichenden Grund ein Bereich entwickelt hätte, der mit der Realität nicht das Geringste zutun haben sollte. Wenn also tatsächlich so etwas wie ein ›religiöses Zentrum‹ im Gehirn gefunden wird, so liegt der Schluss nahe, dass bestimmte Erscheinungen in der Welt die Herausbildung dieses Zentrums gefördert haben, anders wäre der energetische Aufwand für einen solchen Hirnbereich kaum erklärlich.

Unser Stirnlappen ist darauf spezialisiert, die Vorgänge in unserer Wahrnehmung und in unserem Bewusstsein zu reflektieren. Es gibt keinen Grund dafür, anzunehmen, dass diese Vorgänge weniger real sind als diejenigen, für die sich andere Hirnareale spezialisiert haben. Das Konzept der Protyposis zeigt vielmehr, dass auch die sonstigen Bewusstseinsvorgänge naturwissenschaftliche Realität sind.

---

[9] Ehrsson, H.H., Out-of-Body; Lenggenhager, B. /T. Tadi, /Th. Metzinger /O. Blanke, Video.

Bedeutungsvolle Information ist stets ›Information über etwas‹. Dieses ›etwas‹ kann dabei vollkommen beliebig sein, es kann Materie betreffen: ›Dort liegt ein Stift‹. Es kann etwas Energetisches bezeichnen: ›Die Kugel rollt‹ – es kann aber auch Information betreffen: ›Dieser handschriftliche Buchstabe wird ein »n« und kein »u« sein‹.

Dass eine künstliche Reizung einen subjektiven Eindruck hervorrufen kann, der den oben beschriebenen Vorgängen entspricht, ist kein Argument gegen deren Realitätsbezug. Schließlich ist es auch möglich, durch Reizungen am Gehirn optische Eindrücke künstlich hervorzurufen, ohne dass man deswegen argumentieren würde, die sonst wahrgenommene äußere sichtbare Realität existiere nicht.

Die Wahrnehmung von Einheit muss nicht notwendig erst mit dem Menschen in die Evolution gelangt sein, allerdings kann erst der Mensch sie bewusst reflektieren. Die Biologen berichten von einer Raupe, Attacus edwardsii, die Blätter zum Verpuppen rollt. Dieses Blatt wird in der Nähe mit weiteren gerollten Blättern umgeben, die wie die Puppe aussehen, aber leer sind. Mögliche Fressfeinde werden damit offenbar teilweise getäuscht.[10] Vielleicht könnte auch eine vollkommen ungerichtete Mutation, so wie sie bisher biologisch dargestellt wird, zusammen mit der Selektion einer evolutionären Auslese diesen komplizierten Vorgang erklären.[11] Zumindest ist der Versuch einer solchen Erklärung unwiderlegbar. Wenn man sich aber daran erinnert, dass Mutationen nichts anderes sind als Quantenvorgänge, so wird man aus der heutigen Kenntnis der in der Natur möglichen Vorgänge annehmen müssen, dass in der real abgelaufenen Evolution die effizientesten Verfahren verwendet worden sind. Es ist sehr wahrscheinlich, dass auch im Falle dieser beschriebenen Raupe räumlich und zeitlich nichtlokale Quanteneffekte aufgetreten sind.

Außergewöhnliche Bewusstseinszustände

Bisher ist es noch immer so, dass weniger die Wissenschaften als vielmehr die Dichter und anderen Künstler sich den Erfahrungsbereichen von nichtalltäglichen Bewusstseinszuständen und der Einheit der Wirklichkeit zuwenden. Goethe formulierte in den Epirrhema:

Nichts ist drinnen, nichts ist draußen:
denn was innen, das ist außen.
So ergreifet ohne Säumnis
Heilig öffentlich Geheimnis!

---

10 SCHOMMERS, W., Kosmos, 159.
11 Siehe 182.

Der Schriftsteller Romain Rolland sprach gegenüber Sigmund Freud vom »ozeanischen Gefühl«, das gepaart sei mit einer Verbundenheit mit dem All, der »Empfindung der Ewigkeit« und einem Aufgehen im Unbegrenzten.[12] Rolland sah darin die Basis jeder echten Religiosität, die mit derartigen Erfahrungen verbundene Aufhebung der Ich-Grenzen und das Eins-Sein mit dem All als beglückende Elemente.

Freud akzeptierte eine Aufhebung der Grenzen zwischen Ich und Du nur für den Zustand der Verliebtheit. Sonst nimmt er an, dass es sich bei ›ozeanischen‹ Gefühlen um ein »Überleben des Ursprünglichen« aus der individuellen Entwicklung handelt: »Ursprünglich enthält das Ich alles, später scheidet es eine Außenwelt von sich ab.«[13] Das religiöse Bedürfnis leite sich von der infantilen Hilflosigkeit und der durch sie geweckten Vatersehnsucht ab. Verallgemeinerungen ähnlicher Ansichten über Projektionen gehören heute zum Konsens weiter Kreise der Gesellschaft und gelten als Ausdruck wissenschaftlichen Denkens.

Da derartige Erlebnisse von sich auflösenden Ich-Grenzen natürlich stets auch mit einer Verarbeitung im Gehirn verbunden sind, können sie unter Umständen ebenfalls durch den Einsatz von Drogen simuliert werden.

Nach diesen von der Wissenschaft herkommenden Betrachtungen wollen wir noch zwei Praktiker zu Wort kommen lassen. David Steindl-Rast und Willigis Jäger gehören zu den in Deutschland bekanntesten spirituellen Lehrern. Beide sind Benediktiner und Zen-Meister. Steindl-Rast schildert sehr anschaulich das Wesen der Meditation:[14]

> Sammlung jedoch ist jene umfassende Art von Aufmerksamkeit, die T.S. Eliot »Konzentration, die nichts ausgrenzt« nennt. Das ist natürlich ein Paradox. Aber sollten wir hier nicht ein Paradox erwarten? Laufen nicht alle Gegensätze in Gott zusammen? Wie also sollten wir – ohne das Paradox – Gott im Gebet begegnen?
>
> Wie aber kann es Konzentration ohne Ausgrenzung geben? Einfach deshalb, weil Konzentration Konzentration bleiben und doch mit einer ganz und gar anderen Haltung zusammenfließen kann, die sie einbeziehen läßt, was Konzentration allein eher ausgegrenzt hätte. Sammlung besteht aus zwei Teilen. Konzentration ist nur einer davon. Der andere ist das, was ich Staunen nenne. Staunen steht hier für eine Art dauernder Überraschung. Aber unsere beiden Bestandteile der Sammlung lassen sich nicht in eins bringen. Staunen und Konzentration scheinen einander entgegen zu laufen. Während Konzentration, wie wir gesehen haben, dazu neigt, das Sichtfeld einzuengen, wirkt Staunen expansiv. Daß diese beiden Bewegungen in der Sammlung zusammenlaufen, ist nichts als ein weiterer Ausdruck des Paradoxen.

Willigis Jäger stellt die Mystik in den großen Rahmen der Wirklichkeit:

---

12 FREUD, S., GW XIV, 421ff.

13 A.o.O., 425.

14 STEINDL-RAST, D., Fülle, 42.

Der mystische Weg ist nicht Regression, er ist Erfüllung unseres Menschseins. Es geht um ein Mehr an Menschsein. Menschsein mit allen Potenzen, die uns möglich sind. Es geschieht durch die Integration des Personalen ins Sein. Mystik ist daher ihrem Wesen nach revolutionär. Sie gibt sich mit dem Status quo nicht zufrieden. Sie bleibt der ständige Jungbrunnen der Religion. Sie steht positiv zur Glaubensgemeinde (Kirche), weil sie aus der Einheitserfahrung lebt. Mystik ist aber deswegen nicht konfessionsgebunden. Mystik übersteigt in der Erfahrung den konfessionellen Rahmen. Es gibt eine transkonfessionelle Spiritualität. Es gibt eine säkulare Mystik. Ja, es gibt eine Spiritualität ohne personalen Gott.[15]

Einer der einflussreichsten katholischen Theologen des 20. Jahrhunderts, Karl Rahner, formuliert in seinen »Schriften zur Theologie«:[16]

Im Wissen um die Belastung des Begriffes ›Mystik‹ (der recht verstanden, kein Gegensatz zu dem einen Glauben im Heiligen Pneuma ist, sondern dasselbe) könnte man sagen: der Fromme von morgen wird ein ›Mystiker‹ sein, einer, der etwas ›erfahren‹ hat, oder er wird nicht mehr sein, weil die Frömmigkeit von morgen nicht mehr durch die im Voraus zu einer personalen Erfahrung und Entscheidung einstimmige, selbstverständliche öffentliche Überzeugung und religiöse Sitte aller mitgetragen wird, die bisher übliche religiöse Erziehung also nur noch eine sehr sekundäre Dressur für das Religiös Institutionelle sein kann.

Auch im evangelischen Raum mehren sich Stimmen, die eine Stärkung dieses Bereiches anmahnen. In einem Kommentar zu dem evangelischen Impulspapier »Kirche der Freiheit« des Rates der Evangelischen Kirche in Deutschland (EKD) von Anfang Juli 2007 schreibt Christoph Quarch:

Nicht äußere Zeichen, sondern die in Leib und Seele erfahrene Präsenz Gottes ergreift Menschen in der Tiefe des Herzens. Und ohne diese Ergriffenheit wird es keinen Mentalitätswandel geben. Die Kirchen bräuchten nicht so viel über Qualitätsmerkmale, Kernkompetenzen und Profilbildung nachzudenken, wenn sie diese einfache Wahrheit beherzigen würden: Wandel erwächst nur aus spirituellem Aufbruch.[17]

8.3 Religion

Mit diesem Unterkapitel sind wir nun am schwierigsten und wohl auch umstrittensten Bereich angekommen, dem wir uns mit unserem Buch zuwenden wollen.

Margarete: Nun sag', wie hast du's mit der Religion?
Du bist ein herzlich guter Mann,
Allein ich glaub', du hält'st nicht viel davon.

---

15 JÄGER, W., Mystik, 148f.

16 RAHNER, K., Frömmigkeit, 335.

17 QUARCH, C., Himmel, 33.

Faust: Laß das, mein Kind! Du fühlst, ich bin dir gut;
Für meine Lieben ließ' ich Leib und Blut,
Will niemand sein Gefühl und seine Kirche rauben.[18]

Über den eigenen Glauben zu sprechen war in unserer Kultur bis vor kurzer Zeit fast tabu und religiöse Inhalte gelten in der Regel noch als etwas mit der Wissenschaft ›Unvereinbares‹. Vor allem in Wissenschaft und Philosophie wird religiöser Glaube oft als eine ›Peinlichkeit‹ empfunden, von der es evident ist, dass man damit als aufgeklärter und moderner Mensch nichts zu tun hat.

Der Zugang zum Bereich des Religiösen ist in unserem Lande sicherlich weitgehend und zutreffend durch die Bemerkung von Jürgen Habermas von der »religiösen Unmusikalität« erfasst. Aber selbst die Kenntnis wenigstens über die kulturellen Aspekte der Religion ist allgemein nicht mehr sehr ausgeprägt. Dazu kommt erschwerend hinzu, dass religiöse Inhalte gelegentlich so dargestellt werden, dass viele Menschen dies als Zumutung empfinden.

Zwei Zeugnisse, die uns in ihrer Deutlichkeit beeindruckt haben, geben eine weitgehend typische Haltung wieder. Steven Weinberg, Nobelpreisträger für Physik, schließt »Die ersten drei Minuten«, sein sehr bekannt gewordenes Buch über Kosmologie, mit den sehr ehrlichen Worten:[19]

Manche Kosmologen finden dieses Modell eines schwingenden Universums aus philosophischen Gründen anziehend, vor allem wohl, weil es – wie das ›steady state‹-Modell – das Problem der Genesis geschickt umgeht. […]

Doch wie auch immer all diese Probleme gelöst werden mögen und welches kosmologische Modell sich auch immer als zutreffend erweisen mag – für uns wird es nicht besonders tröstlich sein. Der Vorstellung, daß wir ein besonderes Verhältnis zum Universum haben, daß unser Dasein nicht bloß eine Farce ist, die sich aus einer mit den ersten drei Minuten beginnenden Kette von Zufällen ergab, sondern daß wir irgendwie von Anfang an vorgesehen waren – dieser Vorstellung vermögen wir Menschen uns kaum zu entziehen. Ich befinde mich, während ich diese Worte niederschreibe, auf dem Heimflug von San Francisco nach Boston, 10.000 Meter hoch über Wyoming. Die Erde unten wirkt sehr freundlich und anheimelnd: hier und da ein paar Wolken, die wie Flaumfedern aussehen, Schnee, den die untergehende Sonne in rötliches Licht taucht, Straßen, die das Land in gerader Linie durchschneiden und die kleinen Städte miteinander verbinden. Man begreift kaum, daß dies alles nur ein winziger Bruchteil eines überwiegend feindlichen Universums ist. Noch weniger begreift man, daß dieses gegenwärtige Universum sich aus einem Anfangszustand entwickelt hat, der sich jeder Beschreibung entzieht und seiner Auslöschung durch unendliche Kälte oder unerträgliche Hitze entgegengeht. Je begreiflicher uns das Universum wird, um so sinnloser erscheint es auch.

---

18 GOETHE, J.W. V., Faust, 172.
19 WEINBERG, ST., Minuten, 161f.

Doch wenn die Früchte unserer Forschung uns keinen Trost spenden, finden wir zumindest eine gewisse Ermutigung in der Forschung selbst. Die Menschen sind nicht bereit, sich von Erzählungen über Götter und Riesen trösten zu lassen, und sie sind nicht bereit, ihren Gedanken dort, wo sie über die Dinge des täglichen Lebens hinausgehen, eine Grenze zu ziehen. Damit nicht zufrieden, bauen sie Teleskope, Satelliten und Beschleuniger, verbringen sie endlose Stunden am Schreibtisch, um die Bedeutung der von ihnen gewonnenen Daten zu entschlüsseln. Das Bestreben, das Universum zu verstehen, hebt das menschliche Leben ein wenig über eine Farce hinaus und verleiht ihm einen Hauch von tragischer Würde.

Bedeutsame und ernstzunehmende Vorbehalte gegen jede Form von Religion werden an diesem Zitat deutlich, z.B. »das Umgehen der Genesis«. Weinberg hatte sein Buch mit einer Schilderung der Weltentstehung aus der Edda begonnen, in der die erwähnten Götter und Riesen ihr Unwesen treiben.

Es gibt religiöse Erzählungen, die nicht wesentlich anders klingen als diese heiligen Texte unserer germanischen Vorfahren. Wenn diese Texte dann so vermittelt werden, als seien sie Augenzeugenberichte eines tatsächlichen Geschehens, kann damit bei nüchtern und ehrlich denkenden Menschen keine wesentlich andere Reaktion als bei Weinberg hervorgerufen werden.

Die Stellung des Menschen in einem riesigen Kosmos, in dem – wie viele Biologen sagen – eine ziel- und sinnlose Evolution abläuft, ist von Weinberg zutreffend erfasst. »Ein Hauch von tragischer Würde« wäre dann das Einzige, was uns Menschen noch bleiben würde.

Die andere Stellungnahme kommt von dem anderen großen Brennpunkt der gegenwärtigen Wissenschaften, aus dem Umfeld der Hirn- und Bewusstseinsforschung. Der Philosoph Thomas Metzinger bekennt, welche Probleme des Menschenbildes er sieht:[20]

Wie immer man zur christlichen Weltanschauung steht – keiner kann ernsthaft bestreiten, dass das klassische abendländische Menschenbild und die christliche Moral in den letzten 2000 Jahren bei allen moralischen Meinungsverschiedenheiten im Alltag doch immer den minimalen Grundkonsens innerhalb unserer westlichen Kultur geliefert haben. […]

Und eines ist klar: Die Neuro- und Kognitionswissenschaften können die von ihnen verursachte Leere nicht füllen. […]

Sollte uns das nicht gelingen, steuern wir auf eine geistesgeschichtliche Krise zu – mit unabsehbaren Folgen für die Gesellschaft. Denn das allgemeine Bild des Menschen ist eine der wichtigsten Grundlagen unserer Kultur. Seine Besonderheit besteht darin, dass es sehr subtil und doch äußerst wirksam die Art und Weise beeinflusst, wie wir im Alltag miteinander umgehen und wie wir uns selbst erleben.

und dann formuliert er:

---

[20] METZINGER, TH., Preis, 42.

Ich weiß nicht, wie es Ihnen geht – ich persönlich finde das neue Bild des Menschen mehr als ernüchternd, ja fast schon entwürdigend. Es zeigt uns als Wesen, die sich danach sehnen, unsterblich zu sein, aber schrittweise entdecken müssen, dass sie seelenlose Ego-Maschinen sind. Es gibt wirklich keinen Grund, die Evolution zu glorifizieren: Sie hat Milliarden unserer biologischen Vorfahren geopfert. Der Prozess hat uns Gefühle und Interessen verliehen, aber er nimmt keinerlei Rücksicht auf sie.

Metzinger sieht die Religion als einen Versuch, den Konsequenzen der Moderne zu entgehen.[21] In einem Interview ergänzte er:

Es ist nicht einfach, damit zu leben. Ich frage mich aber, ob es einen dritten Weg gibt, vielleicht eine radikal individualistische, jenseits vom reaktionären Irrationalismus der organisierten Religion liegende Spiritualität, die dezidiert nichts glaubt und für empirische Erkenntnisse offen ist, die aber weiß, dass es Dinge gibt, über die wir aus prinzipiellen Gründen nicht reden können.

Man wird einer solchen Haltung Respekt zollen, auch wenn man ihren Duktus nicht teilen muss. Aus diesen Zitaten ist sehr gut erkennbar, vor welchen geistigen Problemen die Menschen heute stehen.

Wenn manche die wissenschaftlichen Ergebnisse nicht als wichtige Erkenntnisse über Strukturen der Wirklichkeit, sondern darüber hinaus als ›Wahrheiten‹ in einem fundamentalen oder gar religiösen Sinne glauben, dann ist das, was Weinberg und Metzinger schreiben, eine wohl notwendige Konsequenz eines solchen Glaubens.

Die Sicht auf das ›eigentlich Unmögliche‹

Wenn wir noch einmal kontrastierend die Evolution überdenken, so können wir formulieren:

Evolution kann verstanden werden als ein Realwerden von etwas, das zuvor als etwas Unmögliches erscheinen musste.

Leben ist eigentlich unmöglich, denn dass ein instabiles System längere Zeit stabil bleibt, ist sehr unwahrscheinlich.

Bewusstsein ist eigentlich unmöglich, denn dass eine nichtmaterielle Quanteninformation etwas Materielles steuert, ist sehr unwahrscheinlich.

Diese Sätze ließen sich fortsetzen:

Religion ist eigentlich unmöglich, denn dass es Wesentliches gibt, das der wissenschaftlichen Empirie unzugänglich ist, ist sehr unwahrscheinlich.

Eine evolutionäre Struktur der Entwicklung des Wissens wird besonders deutlich in der Entwicklung der Naturwissenschaft erkennbar. Es gibt in ihr nicht, wie Thomas Kuhn[22] postuliert hatte, eine Abfolge gleichwertiger

---

21 Siehe Zitat 324.

22 KUHN, TH., Struktur.

Paradigmen, sondern vielmehr eine Aufwärtsentwicklung. Etwas, was in früheren Theorien erfolgreich war, wird in den Naturwissenschaften für künftige Zeiten beibehalten. An den Grenzbereichen, wo etwas unsicher wird und man genauer forschen muss, eröffnen sich neue Felder.

Die Newtonsche Mechanik bleibt gültig und wird verwendet werden, solange es denkende Menschen gibt. Die Welt der robusten Körper wird weitgehend mit ihr beschrieben werden. Hingegen können instabile Systeme wie Lebewesen ohne Quantentheorie nicht erklärt werden. Und in der Evolution bleibt das Offenbarwerden des Geistigen als steuernde Realität ohne die Protyposis unerklärlich.

Wir sehen, dass an den Rändern, wo die bisherigen Theorien nicht greifen, Raum für Neues offen wird. *Zugleich werden aber die wissenschaftlichen Theorien immer genauer und damit immer weniger exakt in dem Sinne, wie wir es erklärt haben.* Während die klassische Physik streng deterministisch ist, entwickeln sich gemäß der Quantentheorie nur noch die Wahrscheinlichkeiten nach deterministischen Gesetzen. Wenn wir noch darüber hinausgehen, so werden keine Gesetze mehr möglich sein. In diesem Sinne markiert die Quantentheorie eine Grenze der gesetzesförmigen Naturwissenschaften.

Aber nichts zwingt uns, diese Grenze – so wie dies aus den Zitaten von Metzinger und Weinberg deutlich wird – als die Grenze dessen anzusehen, was für die Menschen bedeutsam sein kann. Heute erleichtert die Protyposis, die Grundsubstanz, die am ehesten mit etwas ›Geistigem‹ veranschaulicht werden kann, den Blick für die volle Wirklichkeit zu öffnen, die den Abstraktionen der Naturwissenschaft zu Grunde liegt.

Von der Immanenz zur Transzendenz

Transzendenz (vom Lateinischen *transcendere* ›überschreiten‹) meint etwas, das möglicherweise jenseits der Grenzen des allgemein Erfahrbaren, des intersubjektiv Prüfbaren und des Raumzeitlichen liegt. Definitionsgemäß kann es daher einer naturwissenschaftlichen Behandlung nicht zugänglich sein und ebensowenig einer Aufweisbarkeit. Daher ist es evident, dass eine Leugnung der Transzendenz nicht widerlegt werden kann. Andererseits gibt es immer wieder Erfahrungen von Individuen, die nahe legen, dass die Realität nicht auf das empirisch Prüfbare eingeschränkt werden kann und dass dieses prinzipiell nicht ausreichend sein kann, die Existenz des Existierenden zu begründen: ›Warum ist Etwas und nicht Nichts, und welchen Sinn hat das Ganze?‹

Wir meinen, dass es keine vernünftigen Gründe gibt, auf das Nachdenken über das Transzendente zu verzichten und das Nachspüren zu unterlassen.

Dort können Menschen Sinn und Grund für ihre Existenz finden, und das Leben des Einzelnen kann damit Halt erfahren.

Da das Materielle in unseren Denktraditionen nie mit Transzendenz in Verbindung gebracht wird, würde dessen Ausschließlichkeit gleichzeitig eine Verunmöglichung religiöser Vorstellungen bedeuten. Genau ein solcher Ausschließlichkeitsanspruch kann sich aber heute nicht mehr auf die Naturwissenschaften berufen. Damit kann das Verhältnis zwischen Wissenschaft und Religion nicht nur verbessert, sondern insgesamt auf eine neue Basis gestellt werden.

Zu dem Verhältnis von Geist und Materie und die damit verbundene Frage des Sinns hatte der Konzilstheologe Prof. Ratzinger[23] (heute viel bekannter unter dem Namen Papst Benedikt XVI.) ausgeführt:

> Bei Teilhard de Chardin findet sich […] folgende geistvolle Bemerkung: »Was einen Materialisten von einem Spiritualisten unterscheidet ist keineswegs mehr (wie in der fixierenden Philosophie) die Tatsache, daß er einen Übergang zwischen physischer Infra-Struktur und psychischer Super-Struktur der Dinge zuläßt, sondern *nur*, daß er den *endgültigen* Gleichgewichtspunkt der kosmischen Bewegung zu Unrecht auf seiten der Infra-Struktur, das heißt des Zerfalls, setzt.« Über Einzelheiten dieser Formulierung wird man sicher streiten können; das Entscheidende scheint mir hier aber treffsicher erfaßt: die Alternative Materialismus oder geistig bestimmte Weltbetrachtung, Zufall oder Sinn, stellt sich uns heute in der Form der Frage dar, ob man den Geist und das Leben in seinen ansteigenden Formen nur als einen zufälligen Schimmel auf der Oberfläche des Materiellen (das heißt des sich nicht selbst verstehenden Seienden) oder ob man ihn als das Ziel des Geschehens ansieht und damit umgekehrt die Materie als Vorgeschichte des Geistes betrachtet. Trifft man die zweite Wahl, so ist damit klar, daß der Geist nicht ein Zufallsprodukt materieller Entwicklungen ist, sondern daß vielmehr die Materie ein Moment an der Geschichte des Geistes bedeutet.
>
> Dies aber ist nur ein anderer Ausdruck für die Aussage, daß Geist geschaffen und nicht pures Produkt der Entwicklung ist, auch wenn er in der Weise der Entwicklung in Erscheinung tritt. Jeder Mensch ist mehr als das Produkt von Erbanlage und Umwelt, keiner resultiert allein aus den errechenbaren innerweltlichen Faktoren, das Geheimnis der Schöpfung steht über jedem von uns. Sodann wäre die Einsicht aufzugreifen, daß Geist nicht als etwas Fremdes, als eine andere, zweite Substanz zur Materie hinzutritt; das Auftreten des Geistes bedeutet nach dem Gesagten vielmehr, daß eine voranschreitende Bewegung an dem ihr zugewiesenen Ziel ankommt.

Auch wenn man über einzelne Passagen diskutieren kann, so ist doch die Metapher vom »Geist als Schimmel« eine sehr treffende. Sie kennzeichnet eine Sichtweise, die sich heute gerade nicht mehr auf die Naturwissenschaft stützen kann, denn der Geist ist keine zweite Substanz, die zur Materie hinzutreten müsste. Dass der »Geist geschaffen ist«, ist natürlich keine

---

23 In SCHULZ, H.J. (Hg.), Gott, 240f.

Aussage der Naturwissenschaften, diese kann höchstens konstatieren, dass der Geist der Menschen »in der Weise der Entwicklung in Erscheinung tritt«.

Transzendenz bedeutet notwendig ein Heraustreten aus dem Bereich des Empirischen. Daher ist es wenig verwunderlich, wenn der Zugang zu ihr sehr verschieden gesehen wird.

Buddhismus und Hinduismus sehen das Verhältnis der Religionen zueinander ähnlich wie in dem indischen Gleichnis von dem Elefanten und einer Gruppe von Blinden. Jeder von ihnen betastet den Elefanten an einer anderen Stelle, und dann fangen sie an, über das zu streiten, was sie wahrgenommen haben. Dazu passt, dass die formulierten Aussagen der Religionen sehr unterschiedlich klingen, während die tiefen mystischen Erfahrungen, die aus den verschiedenen Religionen berichtet werden, offenbar etwas in der Tiefe Gleiches in sehr verschiedenen Metaphern formulieren.

Zwischen Immanenz und Transzendenz muss man keine Widersprüche konstruieren. Man kann im empirisch Erfahrbaren Hinweise auf etwas davon nicht Erfassbares sehen – oder auch nicht. Beide Haltungen sollten die jeweils andere respektieren. Da mit der Transzendenz der Bereich des Aufweisbaren und Überprüfbaren überschritten ist, verbleibt kein Feld für eine zwingende logische Argumentation.

Was ist Religion?

Wenn man sich dieser Frage stellt, so kann man mit Sebastian Görnitz-Rückert antworten:[24]

> Eine allgemeine Definition von ›Religion‹ anzugeben, ist außerordentlich schwierig. Es gibt eine Unzahl von Bestimmungsversuchen, die mit dem Problem kämpfen, eine Bestimmung zu finden, die einerseits weder zu unspezifisch-weit noch zu kulturspezifisch-eng ist, die sowohl Religion aus einer Außenperspektive (also funktional) wie einer Innenperspektive (also substantiell) zu erfassen ermöglicht. Dieses Dilemma einer ›universalen und gleichzeitig gehaltvollen Definition‹ ist kaum zu lösen – notwendig ist auf jeden Fall eine Verbindung von theoretischer und empirischer Ebene, also sowohl ein apriorischer Definitionsversuch als auch ein korrektiver Rekurs auf die tatsächlichen (gelebten) Religionen.

Trotz der Schwierigkeiten einer begrifflichen Erfassung ist ein erster Bezug durch die lateinische Bedeutung von *religio* als »Rückbindung« gegeben. Wenn man sich fragt, ›Rückbindung an was?‹, so sieht man in den verschiedenen Religionen, dass sie den Menschen dazu verhelfen können, trotz der Endlichkeit ihres Lebens und auch der Endlichkeit all der anderen Ob-

---

[24] GÖRNITZ-RÜCKERT, S., Paradigma, 152f.

jekte in der Welt einen den Bezug zum ›Urgrund des Seins‹, zum ›Göttlichen‹ zu geben. Damit kann das Gefühl des Eingebettetsein in ein größeres Ganzes verbunden sein und die Möglichkeit, einen Sinn für das Leben zu finden. Da in diesem Feld der Bereich des Objektivierbaren und experimentell Prüfbaren überschritten ist, kann neben der Gewissheit eines Glaubens natürlich immer wieder auch der Zweifel seinen Raum beanspruchen.

Ideologien übrigens versuchen gleichermaßen, einen überzeitlichen Sinn zu stiften und ihn trotzdem innerweltlich zu realisieren. Von Seiten der atheistischen Philosophie wird das Sinnangebot der Religion als ein Ausdruck von Realitätsflucht oder gar von Schwäche angesehen, den sich diejenigen Menschen als Illusion zulegen, die der grausamen Wahrheit einer absoluten Sinnlosigkeit nicht ins Gesicht sehen können.

Eine weitergehende Interpretation von Religion gibt beispielsweise Bischof Wolfgang Huber, der Ratsvorsitzende der Evangelischen Kirche in Deutschland:[25]

Das kommt auch in dem Begriff Religion zum Ausdruck. Er wird oft auf religare (lat., zurückbinden) zurückgeführt. Ich halte es aber für sehr viel wahrscheinlicher, dass Religion etymologisch zurückgeht auf religere (lat., wieder lesen, etwas immer wieder tun). Man versichert sich eines tragenden Grundes für das eigene Leben dadurch, dass man dieses Grundes in regelmäßig wiederholten Handlungen gewiss wird, dass man Gott in wiederkehrenden Riten und in einem als verbindlich anerkannten Handeln verehrt. Es gehört ja zu den Kennzeichen unserer Zeit, dass diese Dimension des Glaubens wieder verstärkt ins Bewusstsein tritt.

Wir möchten hier nicht in eine umfassende Diskussion eintreten und zitieren eine aus unserer Sicht gute Zusammenfassung:[26]

Religiöse Fragen beziehen sich nicht auf etwas in der Welt, sondern auf die Welt selbst. In ihnen geht es nicht um Einzelnes in der Welt, sondern um die Welt selber und um das In-der-Welt-Sein. Bei nicht-religiösen Fragen wird die fraglose Selbstverständlichkeit der Welt vorausgesetzt. Religiöse Fragen dagegen gehen auf Distanz zur Welt insgesamt. Aussagen über ein Jenseits zur Welt, eine andere Welt, haben nur Sinn, wenn sie nicht von einer isolierten Sonderwelt reden, sondern den Unterschied zwischen der einen und der anderen zu bedenken geben: Was macht unsere Welt aus, woher kommt sie, wohin geht sie, was ist ihr Sinn.

Aussagen über eine andere Welt sind nicht beweisbar. Sie haben aber ihre Wahrheit darin, dass sie Fragen an unsere Welt stellen und dazu führen, sie anders zu sehen. Religiöse Fragen sind Fragen aus einem Weltabstand.

Dies ist freilich ein in sich fast unmöglicher Vorgang, denn niemand kann einen Standpunkt außerhalb der Welt einnehmen. Daher kommt es auch, dass in den Religi-

---

25 HUBER, W., Interview.

26 GÖRNITZ-RÜCKERT, S., Religionsunterricht, M25.

onen mehr Fragen gestellt als Antworten gegeben werden können. Wenn religiöse Antworten sich von den Fragen ablösen und verselbstständigen, entstehen Illusionen und Vertröstungen. Die andere Welt, von der die Religion gerade trotz gegenteiliger Erfahrungen weiß und von der sie nicht abgeht, ist gegenwärtig als Sehnsucht und als Versprechen.

So gesehen ist jede Einstellung areligiös, die dabei stehenbleibt, dass das, was ist, alles ist. Religiös sein heißt hingegen, die Welt nicht eindimensional sehen, sondern in der Welt die Dinge sehen, die über sie hinausweisen.

Wir sehen in der möglichen Einbindung des Menschen in einen Sinnzusammenhang einen wesentlichen Aspekt der Religion. Dabei kann die durch Abstraktion gewonnene Beschreibung der intersubjektiven Empirie überstiegen werden und es eröffnet sich die Möglichkeit, ein Sinndefizit der innerweltlichen Objekte zu beheben. Als ein Beispiel dafür, was mit Sinndefizit gemeint ist, kann das Zitat von Steven Weinberg auf Seite 330f dienen.

Mit der Möglichkeit zur Sinnstiftung kann Religion in einer gewissen Weise sogar als eine der Grundlagen von Empirie angesehen werden, die als solche der Empirie vorausgehen muss. Wir hatten bereits davon gesprochen, dass der Mensch wegen des Wissens um seinen Tod einen – oft unbewussten – Sinn (gemeint in dessen weitester Bedeutung) für sein irdisches Weiterleben benötigt. Viele Menschen haben damit Probleme, einen solchen Sinn länger als für nur eine begrenzte Zeit aus einer ebenfalls vergänglichen Sache zu schöpfen. Auch das Interview von Metzinger auf Seite 332 kann so verstanden werden, dass ohne Sinn nihilistische Schlussfolgerungen wohl kaum vermeidlich sind. Ein solcher Nihilismus wäre aber weder für den Einzelnen noch für die Gesellschaft und auch nicht für solche kulturelle Errungenschaften wie die Wissenschaft befruchtend. Auch Wissenschaft lässt sich ohne Sinn schwer betreiben.

Da das Religiöse definitionsgemäß – zumindest zum Teil – jenseits der Empirie liegt, entzieht es sich zwingend einem empirischen Aufweis. In der Vergangenheit sind immer wieder Versuche unternommen worden, so etwas wie ›Gottesbeweise‹ zu erstellen. Heute kann man verstehen, dass etwas intersubjektiv Nichtobjektivierbares keinen objektiven Charakter erhalten kann. Daher ist die Idee eines Gottesbeweises nicht folgerichtig. Viel passender ist aus unserer Sicht der christliche Sprachgebrauch von ›πίστις – pistis – Treue, Glaube, Vertrauen, Zutrauen, Beweis‹.

Da Transzendenz definitionsgemäß ›furchtbar weit weg‹ ist, haben Religionsstifter wie beispielsweise Buddha oder Jesus immer wieder auf die notwendigen Zwischenglieder zum Alltagsleben verwiesen. Mit dem Achtfachen Weg oder der Bergpredigt wird der Sinn aus dem Transzendenten ins Diesseitige hineingeholt. Dahinter steht die tiefe Wahrheit, dass das Transzendente verfehlt wird, wenn es nicht auch im Hier und Jetzt gelebt wird. Auch Psychotherapeuten wie Viktor Frankl sehen dies ähnlich. Er fand die Kraft, das Leiden, erst im Ghetto und dann im KZ, zu überstehen, indem er sich in seinem Geist über die körperlichen Bedrängnisse hinwegsetzte. Auf einem Todesmarsch stellte er sich vor, am Katheter zu stehen und eine Vorlesung zu halten. Solange er noch im Ghetto Theresienstadt war (1942–1944), hielt er für seine Mitgefangenen Vorträge, eine Ankündigung von ihm trägt die handschriftliche Notiz:[27]

> Es gibt nichts auf der Welt, das einen Menschen so sehr befähigte, äußere Schwierigkeiten oder innere Beschwerden zu überwinden, – als: das Bewußtsein, eine Aufgabe im Leben zu haben.

In einem seiner Bücher schreibt er:[28]

> Will der Mensch zu seinem Selbst, will er zu sich kommen, so führt der Weg über die Welt. Mit anderen Worten: Existenz, die nicht den Logos, sondern sich intendiert, verfehlt sich; aber sie verfehlt sich nicht weniger, wenn sie nicht – den Logos intendierend – sich transzendiert – mit einem Wort: Intentionalität gehört zum Wesen menschlichen Daseins und Transzendentalität zum Wesen von so etwas wie Sinn und Werten.

»Man kann die Bibel entweder ernst nehmen oder wörtlich.«

Die großen abrahamitischen Religionen berufen sich auf Heilige Schriften. Je nach Sichtweise gibt es Diskussionen darüber, wie sie zu lesen und wie mit diesen umzugehen sei.

Aus unserer Sicht liegt das Problem nicht darin, ob Gott zu den Menschen ›spricht‹, eventuell sogar – wie im Islam oder bei den Verfechtern der Inspirationslehre – diktiert oder nicht. Das eigentliche Problem besteht in der Eigenschaft jeder Form von Sprache, dass diese prinzipiell nicht in der Lage ist, das Gemeinte tatsächlich adäquat und gar eindeutig auszudrücken. Diese Erkenntnis ist nicht neu, so formuliert bereits Meister Eckhart in seinen Predigten: »Was ich gefunden habe, das kann niemand in Worte fassen.«

Sprache kann wegen ihrer begrifflichen Verfassung stets nur approximativ dem Absoluten oder dem Transzendenten nahe kommen und nur näherungsweise mit ihm in Einklang gelangen. Wie Duns Scotus bereits darlegte, kann der ›Begriff‹ das ›Einmalige‹ nicht fassen. Daher sind Offenbarungen immer wieder in der jeweiligen und gegenwärtigen Sprache auf ihren Kern zurückzuführen, gerade damit ihre unaussagbare Grundbedeutung nicht verloren geht.

---

27 FRANKL, V., Faksimile.
28 Ders., Existenzanalyse, 103f.

Selbst bei einer hypothetischen ›Verbalinspiration‹ kann der Hörer nur das aufnehmen, was seine gegenwärtige Sprache mit ihren Möglichkeiten ihm jetzt erlaubt. Wenn das Alte Testament mit zwei Schöpfungsgeschichten beginnt, die sich in den Einzelheiten grundlegend widersprechen, so haben die Autoren und Redakteure damit die Notwendigkeit eines reflektierenden Durchdenkens von Vornherein eingebaut, was dann in theologischen Reflexionen fortgeführt wurde. Jedes Zeitalter hat die Möglichkeit, die Erfahrungen der Vergangenheit zu integrieren und wird daher die überlieferten Offenbarungen im Lichte der eigenen Verstehensmöglichkeiten neu durchdenken müssen.

C.F. v. Weizsäcker hat in solchen Zusammenhängen stets gern gesagt: »Man kann die Bibel entweder ernst nehmen oder wörtlich.«

Die kulturelle und gesellschaftliche Einbettung sinnstiftender Vorstellungen

Religionen (und Ideologien, die sich als sinnstiftend verstehen) stehen wie alle geistigen Aktivitäten, z.B. die Wissenschaften, auch in einem kulturellen Umfeld, das sie beeinflusst. Da die Religion sich aber dem Transzendenten zuwendet, also einem Gebiet, worüber empirische Daten nicht möglich sein können, sind bei ihr die Fragen einer sozialen Kontrolle sehr viel schwieriger zu behandeln als in der Naturwissenschaft. Gleiches gilt für Ideologien, die ebenfalls Sinn aus etwas nicht Zugänglichem zu ziehen versuchen.

Wenn wir zum Vergleich die Wissenschaft betrachten, so sehen wir in ihr ein weites Feld der differenziertesten Fähigkeiten, aber auch Enthusiasten, Außenseiter und Sonderlinge. Hier sorgt die soziale Kontrolle dafür, dass bewährte Konzepte nicht ohne Not und vor allem nicht ohne gründliche Untersuchungen beiseite gelegt werden. Dazu kommt in den Naturwissenschaften noch das nicht zu überschätzende Kriterium der experimentellen Prüfung und in vielen Bereichen auch das der mathematischen Konsistenz.

Damit ergibt sich in den Naturwissenschaften ein Rahmen, der mit einer weitgehenden Kontrolle vor dem lediglich Wünschbaren schützt.

Wie in allen sonstigen Bereichen sind auch im Felde der Religion die menschlichen Begabungen und Möglichkeiten unterschiedlich ausgeformt, so dass sich sehr unterschiedliche Herangehensweisen ausprägen werden. Hier reicht das Feld von Menschen mit unmittelbaren spirituellen Erfahrungen, die je nach Umfeld unterschiedlich gedeutet werden, über diejenigen, die derartigen Berichten vertrauen, bis zu denjenigen, denen alles suspekt ist, was über das Empirische hinausreicht.

Bereits seit frühester Zeit wird beispielsweise an Begräbnisritualen deutlich, dass Sinnstiftung nach Gemeinschaft sucht. Daher organisiert sich auch Religion in sozialen Bezügen. Derartige soziale Strukturen befördern die Reflexion der religiösen Inhalte und den Austausch darüber. Sie sind ferner geeignet, z.B. den Bettelmönchen und Mystikern einen sozialen Rahmen zu geben, der ihre leibliche Existenz sichern kann.

Zugleich aber wird ein solcher Rahmen zu einer Ritualisierung führen und zu einer Elite, der die Verwaltung der Rituale obliegt. Als Konsequenz werden sich gesetzesförmige Verhaltensregeln für die Gläubigen und weiterhin auch Machtstrukturen ergeben. Wie in allen anderen sozialen Zusammenhängen werden derartige Machtstrukturen immer wieder Gründe liefern, die sich ergebenden negativen Aspekte von Machtgebrauch auch auf die Religion an sich auszudehnen.

Dieses Problem ist bis heute von einer Lösung weit entfernt. Religion, von der wir wie viele andere auch meinen, dass sie den Menschen durch die Bindung an das Göttliche frei machen sollte für einen menschlichen Umgang miteinander, wurde und wird noch immer zu einer Quelle von Unfreiheit und Unterdrückung. Religion sollte den Menschen in Beziehung zum Göttlichen – in der Sprache der Philosophen »dem Einen« – bringen und doch trennen die Religionen die Menschen voneinander.

Eine im Letzten nicht tatsächlich und vor allem nie vollständig in Sprache ausdrückbare Wahrheit wird auf Teilaspekte eingegrenzt und diese werden absolut gesetzt. Damit werden aus unterschiedlichen Sichtweisen unüberbrückbare Mauern sowohl zwischen als auch innerhalb der Religionen.

Die Frage, der man sich stellen muss, ist natürlich, ob das an den Religionen liegt oder am Wesen des Menschen und an seinem bis jetzt in der Evolution erreichten Zustand seines Bewusstseins, da Ideologisierung und ihre Folgen auch im eigentlich Nichtreligiösen auftreten.

Die in der Gegenwart zu beobachtenden Gespräche zwischen den Konfessionen und Religionen geben uns Anzeichen für die Hoffnung, ›den Anderen‹ das Heil nicht mehr ›mit Feuer und Schwert‹ bringen zu wollen. Es ist auch zu hoffen, dass künftig weniger als heute noch Religion dazu missbraucht werden kann, um das Durchsetzen ökonomischer Ziele zu verbrämen.

Wir sehen natürlich auch die Gründe, die gegen eine solche Hoffnung stehen, meinen aber, dass es künftig ein aufgeklärtes Verhältnis zur Religion und zwischen den Religionen geben wird – trotz (oder vielleicht auch wegen) der schrecklichen Erfahrungen mit nichtreligiösen Heilsideologien im 20. Jahrhundert, denen mehr Menschen zum Opfer fielen als in allen historischen Vernichtungsereignissen zusammen, die im Namen von Religionen geschehen sind.

8.4 Verschiedene Blickrichtungen auf die Transzendenz

Wenn man die verschiedenen Religionen betrachtet, so scheint es, dass in ihnen jeweils verschiedene Aspekte des Göttlichen besonders hervorgehoben werden.

In der Vielfalt der frühen Götterwelten mit ihren menschlich-allzumenschlichen Eigenschaften kann man gewiss auch Projektionen im Sinne Feuerbachs sehen. In der Gestalt des mythischen Denkens werden Eigenschaften personalisiert. Ein wichtiger Schritt und wohl auch ein Zeichen geistiger Weiterentwicklung in Richtung auf eine stärkere Abstraktion ist der Übergang zum Monotheismus. Historisch scheint Echnaton der erste Herrscher gewesen zu sein, der den Monotheismus als Staatsreligion eingeführt hat.[29] Dass mit einer solchen hochgradigen Abstraktion viele Menschen Schwierigkeiten hatten, wird im Alten Testament deutlich, wo immer wieder über Götzendienste berichtet wird.

Wenn über die verschiedenen Religionen gesprochen wird, so verweisen wir gern auf den Dalai Lama, der immer wieder öffentlich betont hat, dass die Menschen ihr Heil zuerst in ihren eigenen Religionen suchen sollen:

›Ich glaube, es ist das Beste, als Gläubiger bei der Religion zu bleiben, mit der man aufgewachsen ist, an die man gewöhnt ist und mit der man vertraut ist‹, sagte das geistige Oberhaupt der Tibeter in einem Radiointerview.[30]

In ähnlicher Weise sieht es C.F. v. Weizsäcker, wenn er schreibt:[31]

Es wäre aber eine schwere Täuschung, zu meinen, die hohe Ausbildung von Verstand und Willen sei an sich ein Irrweg. In ihrer höchsten Stufe, geleitet von einer Wahrnehmung des Ganzen, als Vernunft und Sittlichkeit, sind beide unerläßliche Elemente der Menschlichkeit. Es gibt keine Rückkehr in die älteren Kulturen. Eben darum wirkt die Ver-Inderung so vieler westlicher Meditationsnovizen als eine für Abendländer und Inder gleichermaßen peinlich anzuschauende psychische Regression, ein Infantilismus.

Wir werden daher lediglich versuchen, die in unseren Augen wesentlichen Aspekte der verschiedenen Religionen kurz anzudeuten, wohlwissend, dass es sich dabei um äußerst komplexe und vielgestaltige Phänomene handelt. Wir sind uns auch bewusst, dass es Richtungen oder Tendenzen gibt, das von uns hier Skizzierte anders zu sehen – auch deshalb, weil sie aus einen ganz anderem religiösen und kulturellen Umfeld stammen als dem unseren. Wir können über die anderen Religionen weder auf der Basis von eigenem tiefen Erleben noch auf Grund von langjährigen wissenschaftlichen Studien spre-

---

29 ASSMANN, J., Unterscheidung.

30 DALAI LAMA, Interview.

31 WEIZSÄCKER, C.F. v., Wahrnehmung, 319.

chen. Unser eigenes Erleben betrifft hauptsächlich die Erfahrungen mit einer deutschen lutherischen Kirche der zweiten Hälfte des 20. Jahrhunderts.

Der Hinduismus, die älteste der Hochreligionen, betont den Aspekt des Göttlichen (Brahman) im Menschen (Atman) sehr stark, er sieht den Menschen als letztlich dem Göttlichen wesensgleich. Nach ihm ist *alles* Verschiedene Ausformung des Einen, des Göttlichen. Seine Wiedergeburtslehre hat heute für viele Menschen im Abendland eine große Anziehungskraft.

Der aus ihm erwachsene Buddhismus betont vor allem, dass er das Göttliche un- oder überpersönlich versteht. Bei ihm wird auch die Identität von Fülle und Nichts besonders hervorgehoben. Die von ihm postulierte ›Nichtexistenz des Ich‹ sehen wir als Ausdruck einer tiefen mystischen Erfahrung, zu der erst ein sehr hochentwickeltes ›Ich‹ gelangen kann. Sie deckt sich mit Aussagen, die wir auch in der christlichen Mystik finden.[32]

Diese ›Nichtexistenz des Ich‹ hat mit der von Seiten der Hirnforschung manchmal postulierten ›Nichtexistenz des Selbst‹, die als wissenschaftliche Aussage unhaltbar ist, wohl nichts gemeinsam. Hierzu passt ein Geschichte, die wir von Willigis Jäger gehört haben: Ein Pharao und ein Mönch machten die gleiche Aussage: ›Ich bin Gott‹. Der Pharao kam in die Hölle, denn er meinte sich als Person. Der Mönch kam in den Himmel, denn er meinte nicht sich als Person. Soviel zu identisch klingenden Aussagen.

Im Gegensatz zu einer Betonung des Nichtpersönlichen sehen wir im Judentum, der ältesten der drei ›abrahamitischen Religionen‹, dass Gott in persönliche Beziehung zum Menschen tritt. Er erwählt Menschen und vermittelt ihnen seinen Willen, der auch ein ethisches und moralisches Handeln der Menschen untereinander zum Ziel hat.

Im Judentum gibt es ein strenges Bilderverbot, gewiss deshalb, damit man sich nicht auf ein Gottesbild festlegt oder gar einen Götzen materiell realisiert, während gleichzeitig der Mensch als Ebenbild Gottes gesehen wird.

Der Islam betont die absolute Transzendenz und Verschiedenheit Gottes von allem Innerweltlichen, so dass Gott auch jenseits aller Logik und Ethik gesehen wird. Andererseits wird mit den ethischen Satzungen seines Buches die Religion zugleich zu Jurisdiktion und politischer Verfassung.

Im Unterschied zu anderen Religionen erklärt das Christentum, Gott wird Mensch. Der Theologe Eugen Biser betont, dass dadurch im Christentum der Mensch zum Individuum wird. Durch die Trinitätslehre, dass Gott eine unauflösliche Einheit von Vater, Sohn und Heiliger Geist ist, kann dieses Menschwerden mit der gleichzeitigen Transzendenz und absoluten Andersartigkeit Gottes und mit seiner Verbindung zu den Menschen zusammengedacht werden.

---

32 BRÜCK, M. V., Weisheit.

Wenn man die Bibel ernst nimmt, dann ist auch die in ihr aufgestellte These fundamental, dass der Mensch als Ebenbild Gottes zu verstehen ist. Diese Ebenbildlichkeit kann nicht darin bestehen, dass Gott zwei Arme und Beine hätte, sondern darin, dass wir mit der Möglichkeit, Geist zu gebrauchen, etwas besitzen, das uns zum Ebenbild Gottes werden lässt. Die Vernunft befähigt uns, Erkenntnisse über die Welt und die Strukturen und Abläufe in ihr zu erkennen sowie zwischen »Gut und Böse zu unterscheiden«. Zugleich ist die Vernunft in der Lage, die Beschränkungen ihrer Rationalität rational zu überdenken.

Eine wichtige Reflexion steht bei dem evangelischen Theologen Dietrich Bonhoeffer in dessen Briefen aus seiner Nazi-Haft:

Gott als moralische, politische, naturwissenschaftliche Arbeitshypothese ist abgeschafft, überwunden; ebenso aber als philosophische und religiöse Arbeitshypothese (Feuerbach!). Es gehört zur intellektuellen Redlichkeit, diese Arbeitshypothese fallenzulassen bzw. sie so weitgehend wie irgend möglich auszuschalten. Ein erbaulicher Naturwissenschaftler, Mediziner etc. ist ein Zwitter.

Wo behält nun Gott noch Raum? fragen ängstliche Gemüter, und weil sie darauf keine Antwort wissen, verdammen sie die ganze Entwicklung, die sie in solche Notlage gebracht bat. Über die verschiedenen Notausgänge aus dem zu eng gewordenen Raum habe ich Dir schon geschrieben. Hinzuzufügen wäre noch der salto mortale zurück ins Mittelalter. Das Prinzip des Mittelalters aber ist die Heteronomie in der Form des Klerikalismus. Die Rückkehr dazu aber kann nur ein Verzweiflungsschritt sein, der nur mit dem Opfer der intellektuellen Redlichkeit erkauft werden kann.

Er ist ein Traum nach der Melodie: ›O wüßt' ich doch den Weg zurück, den weiten Weg ins Kinderland.‹ Diesen Weg gibt es nicht – jedenfalls nicht durch den willkürlichen Verzicht auf innere Redlichkeit, sondern nur im Sinne von Matthäus 18,3,[33] d.h. durch Buße, d.h. durch letzte Redlichkeit.

Und wir können nicht redlich sein, ohne zu erkennen, daß wir in der Welt leben müssen – ›etsi deus non daretur‹. Und eben dies erkennen wir – vor Gott! Gott selbst zwingt uns zu dieser Erkenntnis. So führt uns unser Mündigwerden zu einer wahrhaftigen Erkenntnis unserer Lage vor Gott. Gott gibt uns zu wissen, daß wir leben müssen als solche, die mit dem Leben ohne Gott fertig werden. Der Gott, der mit uns ist, ist der Gott, der uns verläßt (Markus 15,34)[34] Der Gott, der uns in der Welt leben läßt ohne die Arbeitshypothese Gott, ist der Gott, vor dem wir dauernd stehen. Vor und mit Gott leben wir ohne Gott.

Gott läßt sich aus der Welt herausdrängen ans Kreuz, Gott ist ohnmächtig und schwach in der Welt, und gerade und nur so ist er bei uns und hilft uns. Es ist Mat-

---

[33] »Und sprach: Wahrlich ich sage euch: Es sei denn, daß ihr umkehret und werdet wie die Kinder, so werdet ihr nicht ins Himmelreich kommen«.

[34] »Und um die neunte Stunde rief Jesus laut und sprach: ›Eli, Eli lama asabthani?‹ das ist verdolmetscht: Mein Gott, mein Gott, warum hast du mich verlassen?«.

thäus 8,17[35] ganz deutlich, daß Christus nicht hilft kraft seiner Allmacht, sondern kraft seiner Schwachheit, seines Leidens! Hier liegt der entscheidende Unterschied zu allen Religionen. Die Religiosität des Menschen weist ihn in seiner Not an die Macht Gottes in der Welt, Gott ist der deus ex machina.

Die Bibel weist den Menschen an die Ohnmacht und das Leiden Gottes; nur der leidende Gott kann helfen. Insofern kann man sagen, daß die beschriebene Entwicklung zur Mündigkeit der Welt, durch die mit einer falschen Gottesvorstellung aufgeräumt wird, den Blick freimacht für den Gott der Bibel, der durch seine Ohnmacht in der Welt Macht und Raum gewinnt. Hier wird wohl die ›weltliche Interpretation‹ einzusetzen haben. [36]

Wissenschaft und Schöpfung

Besonders in der Physik gibt es immer wieder Bestrebungen, eine endgültige, abschließende Theorie zu finden. Es ist klar, dass dies eine große intellektuelle Herausforderung darstellt und damit auch einen wichtigen Motivationsfaktor anzeigt. Allerdings hat Chaitin[37] in einer Weiterführung von Gödelschen Erkenntnissen bewiesen, dass es selbst in der Mathematik immer wieder wahre Sätze gibt, die zufällig sind, d.h. die aus den vorhandenen Axiomen nicht begründet werden können. Bei der Mathematik wird man den Eindruck haben, dass sie die geordnetsten Strukturen behandelt, die man sich vorstellen kann. Sie haben genau diejenigen Eigenschaften, die man ihnen mit den betreffenden Axiomen zugesprochen hat. Wenn also bereits für die Mathematik zutrifft, dass es dort Unvorhersehbares gibt, so wird das sehr viel mehr auch auf die Strukturen zutreffen, die durch einen Abstraktionsprozess aus der Realität erzeugt werden und für die die Geltung von Gesetzen viel weniger sicher ist als für mathematische Strukturen.

Das bedeutet, dass auch in der realen Natur immer wieder mit Überraschungen zu rechnen ist, die aus den bis dahin gefundenen Gesetzen nicht gefolgert werden können. Damit wird also weder Naturwissenschaft noch Mathematik tatsächlich vollendet werden können. Auch wenn die gefundenen Erklärungen einen immer größeren Bereich der Realität erfassen und sehr gut beschreiben werden, werden dennoch immer wieder Situationen auftreten, in der neue Erscheinungen neue Erklärungen einfordern. Mit einer Erweiterung der axiomatischen Basis muss gezeigt werden können, wie die neuen Ergebnisse mit den bereits bekannten Gesetzmäßigkeiten zu verbinden sind.

---

[35] »Auf das erfüllt würde, was gesagt ist durch den Propheten Jesaja, der da spricht: ›Er hat unsere Schwachheiten auf sich genommen, und unsere Seuchen hat er getragen‹«.

[36] BONHOEFFER, D., Widerstand, 194f.

[37] CHAITIN, G., Unknowable.

Über das Verhältnis von Naturwissenschaft und Religion schreibt Dietrich Bonhoeffer 1944 aus seiner Haft, ein Jahr vor seiner Ermordung durch die Nazis:[38]

> Das Weizsäckersche Buch über das »Weltbild der Physik« beschäftigt mich noch sehr. Es ist mir wieder ganz deutlich geworden, daß man Gott nicht als Lückenbüßer unserer unvollkommenen Erkenntnis figurieren lassen darf; wenn nämlich dann – was sachlich zwangsläufig ist – sich die Grenzen der Erkenntnis immer weiter hinausschieben, wird mit ihnen auch Gott immer weiter weggeschoben und befindet sich demgemäß auf einem fortgesetzten Rückzug. In dem, was wir erkennen, sollen wir Gott finden, nicht aber in dem, was wir nicht erkennen; nicht in den ungelösten, sondern in den gelösten Fragen will Gott von uns begriffen sein. Das gilt für das Verhältnis von Gott und wissenschaftlicher Erkenntnis. Aber es gilt auch für die allgemein menschlichen Fragen von Tod, Leiden und Schuld. Es ist heute so, daß es auch für diese Fragen menschliche Antworten gibt, die von Gott ganz absehen können. Menschen werden faktisch – und so war es zu allen Zeiten – auch ohne Gott mit diesen Fragen fertig, und es ist einfach nicht wahr, daß nur das Christentum eine Lösung für sie hätte. Was den Begriff der ›Lösung‹ angeht, so sind vielmehr die christlichen Antworten ebensowenig – oder ebensogut – zwingend wie andere mögliche Lösungen. Gott ist auch hier kein Lückenbüßer; nicht erst an den Grenzen unserer Möglichkeiten, sondern mitten im Leben muß Gott erkannt werden; im Leben und nicht erst im Sterben, in Gesundheit und Kraft und nicht erst im Leiden, im Handeln und nicht erst in der Sünde will Gott erkannt werden. Der Grund dafür liegt in der Offenbarung Gottes in Jesus Christus. Er ist die Mitte des Lebens und ist keineswegs ›dazu gekommen‹, uns ungelöste Fragen zu beantworten.

Zu diesem Themenkreis findet man weitere interessante Untersuchungen aus etwas anderer Sicht beispielsweise bei D. Hattrup oder L. Hill[39]

Eine in der westlichen Kultur besonders beachtete Beziehung besteht zwischen den Naturwissenschaften und dem ersten Schöpfungsbericht des Alten Testamentes. Wir hatten es bereits als eine besondere Leistung der Autoren und Herausgeber von Genesis, des Ersten Buch Moses, gewürdigt, dass sie durch das Einbeziehen von zwei Schöpfungsgeschichten, die sich in Einzelheiten grundlegend widersprechen, jedem Leser deutlich machen, dass dasjenige, worum es in diesen großartigen Erzählungen geht, nicht in adäquater und zutreffender Weise in Sprache gefasst werden kann. Die Transzendenz kann lediglich durch Metaphern umschrieben werden.

Dessen ungeachtet ist es immer wieder eine überraschende und nachdenklich machende Tatsache, wie gut sich dieser etwa zweieinhalb Jahrtausende alte Text zu den Ergebnissen der Wissenschaft zumindest teilweise parallelisieren lässt. Wenn man diesen philosophisch sehr reflektierten Text mit anderen Texten vergleicht, beispielsweise dem Maori-Mythos auf Seite

---

38 BONHOEFFER, D., Widerstand, 170f.
39 HATTRUP, D., Weltformel; HILL, L., Naturgesetz.

246, so wird sofort deutlich, dass eine nur irgendwie geartete Parallelität zu wissenschaftlichen Erkenntnissen über die Evolution von Kosmos, Leben und Mensch von einen Schöpfungsmythos in keiner Weise als selbstverständlich zu erwarten ist. Auch der zweite Schöpfungsbericht des Alten Testamentes kann nicht zu Ergebnissen der Wissenschaft in Beziehung gesetzt werden.

Vollkommen anders tritt uns der erste Schöpfungsbericht entgegen. Wenn wir aus der Gegenwart in die Vergangenheit schauen, dann muss natürlich auch der Schöpfungsbericht rückwärts gelesen werden, um ihn mit den Befunden zu vergleichen. Kenntnis über die Vergangenheit erhalten wir durch Nachforschen in der Erde bei der Suche nach Fossilien und durch ein Hinausblicken in den Kosmos, denn das Licht aus sehr großen Entfernungen ist sehr lange unterwegs und gibt somit Kunde von früheren Zeiten. Um stimmungsmäßig etwas vom Alter von Genesis 1 zu vermitteln, verwenden wir den Text aus der Lutherbibel von 1545.

»Der sechste Tag: VND Gott sprach/ Lasst vns Menschen machen/ ein Bild/ das vns gleich sey/« Vor 40.000 Jahren kamen die modernen Menschen nach Europa. Seit etwa 100.000 bis 200.000 Jahren gibt es sie auf der Erde. Davor, aber auch noch am sechsten Tag, steht: »VND Gott sprach/ Die Erde bringe erfür lebendige Thier/ ein jglichs nach seiner art/ Vieh/ Gewürm vnd Thier auff Erden/« Vor etwa 350 Mio. Jahren kamen die ersten primitiven Tiere an Land, um sich dann dort in viele verschiedene Arten weiterzuentwickeln.

»Der fünffte Tag: VND Gott sprach/ Es errege sich das Wasser mit webenden vnd lebendigen Thieren/« Vor etwa 500 Mio. Jahren entstanden die ersten Tiere im Meer. »Der vierte Tag: VND Gott sprach/ Es werden Liechter an der Feste des Himels/ vnd scheiden tag vnd nacht/« Vor etwa 4,5 Mrd. Jahren entstanden Sonne, Mond und Erde, die hier erstmals als Lampen, und nicht wie in allen anderen zeitgenössischen Religionen als Götter bezeichnet werden.

Über den zweiten Tag heißt es: »Der ander Tag: VND Gott sprach/ Es werde eine Feste zwischen den Wassern/ vnd die sey ein Vnterscheid zwischen den Wassern.« Nach der Trennung von Licht und Materie entstanden die ersten Sterne und Galaxien. Bilder von frühen Galaxien kennt man heute aus Entfernungen von bis zu etwa 11 Mrd. Lichtjahren. (Licht legt in einem Jahr 9.460.500.000.000 km $\approx$ 10 Billionen km zurück.) »Der erste Tag: VND Gott sprach/ Es werde Liecht/ Vnd es ward Liecht.« Erst seit 300.000 Jahren nach Urknall, also seit etwa 13,5 Mrd. Jahren, läuft das Licht frei durch den Kosmos, zuvor war ›alles Strahlung‹. Heute erfüllt das Licht von damals als Mikrowellen-Hintergrund-Strahlung den Kosmos gleichmäßig.[40] Der erste Tag beginnt mit der berühmten Sequenz: »AM

40 Siehe 168.

anfang schuff Gott Himel vnd Erden.« Der Rückwärtsgang im Alten Testament endet hier, wo sein Text beginnt. Auch die Beobachtungsmöglichkeiten enden an der Hintergrundstrahlung. Was war davor?

Im Neuen Testament – am Beginn des Johannes-Evangeliums – verweist eine Stelle noch weiter an den Anfang:

»JM anfang war das Wort.«

Das Substantiv Logos (*λόγος*), das Luther hier mit ›*Wort*‹ übersetzt, hat auch die Bedeutungen von ›*Rede*‹, ›*Satz*‹, ›*Sinn*‹, sogar von ›*Rechnung*‹. In naturwissenschaftlicher Sprache kann man ›*Information*‹ wählen.

Damit kann eine weitere Analogie zu naturwissenschaftlichen Ergebnissen möglich werden. Während die alte atomistische Erklärung für Materie: ›Materie wird dadurch erklärt, dass sie aus kleinen Stücken von Materie besteht‹ im Grunde nichts erklärt, kann man mit der Protyposis den ›Logos als den Grund von allem‹ durchaus auch naturwissenschaftlich denken.

Da Naturwissenschaft wegen ihrer Beschränkung auf die Empirie nicht ›vor den Anfang‹ reichen kann, so kann sie auch nichts über ›den Grund von Allem‹ sagen. Wenn die Schöpfung mit der Bemerkung abgeschlossen wird: »V*nd sihe da /es war seer gut,«* so lassen die empirischen Ergebnisse der kosmologischen Forschung durchaus Raum für einen Glauben, dem es möglich ist, einen Sinn im Ganzen zu sehen.

Negative Theologie

Aus den Schriften der Mystiker wird besonders viel von dem deutlich, was man als »negative Theologie« bezeichnet. Dahinter steht die Erkenntnis, dass jede konkrete Aussage über das Göttliche falsch ist, das Gegenteil davon aber auch.

Wie wir bereits erörtert haben, führen schon in den Wissenschaften die fundamentalen Wahrheiten offenbar notwendig in Paradoxien. Diese Einsicht gilt umso mehr bei dem, was einer empirischen Prüfung nicht mehr zugänglich ist.

Dennoch wird man nicht im Negativen stecken bleiben wollen. Daher sind auch positive Aussagen notwendig, wenn diese mit hinreichender Vorsicht formuliert werden. Die »Coincidentia oppositorum«, die Identität der Gegensätze, erlaubt keine zu eingleisigen Aussagen. Dies hatte sogar die organisierte Kirche erkannt, die im 4. Laterankonzil von 1215 feststellte, dass alle Aussagen über Gott ihm unähnlicher sind als ähnlich. Heute, wo wir die modernen Erkenntnisse aus der Quantentheorie und Mathematik besitzen, kann auch in der Wissenschaft eine solche Aussage viel leichter akzeptiert werden als noch vor hundert Jahren.

Dass bestimmte offenbare Wahrheiten dennoch erst erkannt werden können, wenn die Zeit dafür reif geworden ist, hat Goethe einmal so formuliert:

> Man erblickt nur, was man schon weiß und versteht. Oft sieht man lange Jahre nicht, was reifere Kenntniß und Bildung an dem täglich vor uns liegenden Gegenstande erst gewähren läßt. Nur eine papierne Scheidewand trennt uns öfters von unsern wichtigsten Zielen, wir dürften sie keck einstoßen und es wäre geschehen. [41]

Ein wichtiger Aspekt des Göttlichen ist Personalität. Wenn Personalität als die reflexionsfähige Selbstbezüglichkeit eines hinreichend großen Systems von Quanteninformation erklärt wird, so wird man nicht umhinkönnen, die Möglichkeit dafür dem Göttlichen zubilligen zu müssen, eine solche Fähigkeit scheint bei ihm unvermeidlich zu sein. Dennoch gilt gleichberechtigt die ebenfalls aus dem christlichen Gedankengut stammende Aussage von Meister Eckhart »ein Nichtgott, ein Nichtgeist, eine Nichtperson«.

Trinität als Personifizierung einer Eigenschaft

Der Mensch als lokalisiertes Wesen erfasst mit seinen Analysen lediglich Teile des Ganzen, aber das reflexive Bewusstsein kann eine Ahnung des Ganzen entwickeln. Über den Zusammenhang zwischen den Teilen und dem Ganzen schreibt der evangelische Theologe Wolfhard Pannenberg:

> Der als Schöpfer geglaubte Gott der biblischen Überlieferung muss als Ursprung sowohl der Verschiedenheit unter seinen Geschöpfen als auch der sie verbindenden Einheit gedacht werden. Das leistet der trinitarische Gottesgedanke des Christentums, weil in der Person des vom Vater verschiedenen und sich von ihm unterscheidenden ewigen Sohnes der Ursprung für die Verschiedenheit auch einer Welt von Geschöpfen untereinander und vom Schöpfer liegt. Im trinitarischen Leben Gottes ist dieser Unterschied zugleich aufgehoben durch die Gemeinschaft des Geistes, die den Sohn mit dem Vater verbindet.[42]

---

41 GOETHE, J.W. v., Abendgesellschaft.

42 PANNENBERG, W., Verhältnis, 108.

Fazit

Wir haben gezeigt, dass mit der Protyposis, einer abstrakten und kosmologisch fundierten Quanteninformation, der entscheidende Faktor der kosmischen Evolution etwas Geistiges ist und dass das Materielle eine zwar bedeutsame, aber nachgeordnete Rolle spielt. Mit der Quantentheorie haben die Naturwissenschaften zum ersten Male die Möglichkeit, die hinter den Alltagserscheinungen verborgene Einheit der Wirklichkeit erkennen und beschreiben zu können, zu der die Menschen bisher lediglich in ihren spirituellen Erfahrungen einen Zugang haben konnten.

Mit der Protyposis wird es erstmals möglich, Materie tatsächlich zu erklären, d.h. sie auf etwas zurückführen zu können, von dem wir – zumindest in der Form unserer bewussten Gedanken – eine unmittelbare Kenntnis haben können. Das ermöglicht darüber hinaus naturwissenschaftliche Erklärungen für ›Leben‹ und für ›Bewusstsein‹, die bisher an konzeptionellen und begrifflichen Schwierigkeiten scheitern mussten.

Wäre der Ablauf der Welt vollständig determiniert, so hätten wir Menschen keine Chance einer tatsächlichen Einwirkungsmöglichkeit auf die Zukunft. Die Erfolge der klassischen Naturwissenschaften zeigen zwar, dass eine relativ gesetzmäßige Beschreibung der Abläufe im Weltgeschehen eine recht erfolgreiche Gebrauchanweisung ist, aber immer wieder ergeben sich labile Situationen, in denen eine Steuerung möglich und erforderlich wird. Spätestens an diesen Stellen reicht die klassische Beschreibung nicht mehr aus und die zumeist verborgene Beziehungsstruktur der Wirklichkeit, die durch die Quantentheorie erfasst wird, erhält Relevanz. Sie zeigt uns, dass die Zukunft im Grunde offen ist.

Bei sehr genauen Untersuchungen eröffnen somit die Naturgesetze einen Raum für Freiheit, denn diese Offenheit ermöglicht auch ein Handeln ohne die Fesseln eines fiktiven Determinismus. Zwar sind die künftigen Möglichkeiten nicht beliebig, wie uns die Quantentheorie lehrt, aber die kommenden Fakten werden wesentlich mit durch die Art und Weise festgelegt, wie wir heute die Welt befragen und verstehen wollen.

Instabilitäten ermöglichen Steuerung, also die Veränderung der materiellen Entwicklung durch die Einwirkung von Information. Die Quantentheorie wiederum zeigt, dass dabei Neues entstehen kann, das bis dahin noch nicht einmal vorstellbar gewesen war. Somit ist der Mensch immer auch Mitgestalter seiner Zukunft. Da er das einzige Lebewesen auf der Erde ist, das diese Einsichten besitzen kann, folgt daraus auch eine entsprechende Verantwortung für die Zukunft des Lebendigen auf der Erde.

Geistige und technische Möglichkeiten sind in diesem Sinne stets auch Verpflichtungen. Der Mensch als zum Geist befähigtes Wesen kann das Land fruchtbar, aber auch unfruchtbar werden lassen. Die größten Verheerungen haben bisher die Kriege verursacht, von denen bei genauer Betrachtung höchstens eine winzige Gruppe der Beteiligten und Betroffenen etwas für sich Positives erreichen konnte. Wenn man das unermessliche Leid sieht, was dem entgegensteht, so bleibt das Ringen um Frieden die vordringlichste Aufgabe der Evolution des Menschen.

In den theoretischen Durchdringungen der ethischen Fragen wird zurecht sehr oft darauf verwiesen, dass aus dem Sein noch kein Sollen folgt, dass man allein aus dem Gegebenen nicht herleiten kann, wie die Zukunft werden soll. Als Nebenbemerkung sei noch einmal daran erinnert, dass eine solche Frage natürlich vollkommen sinnlos wäre, wenn die Zukunft bereits determiniert wäre.

Mit der Protyposis ist die entscheidende Grundstruktur des Kosmos zutreffend gefunden und verstanden. Information ist eine Entität, die nach ›Information‹ strebt – gemeint in dem Sinne von Erkenntnis und Bedeutung. Damit wird es auch einleuchtend, dass ihre Evolution ein natürliches Ziel besitzt. In einer religiösen Ausdrucksweise sprach Teilhard de Chardin vom »Punkt Omega«.[1] Aber auch in einer nichtreligiösen Denkweise wird es möglich, ein Ziel im evolutiven Geschehen sehen zu können, das von Philosophen z.B. als ein Selbsterkennen des Geistigen bezeichnet worden ist. Mit der Anerkennung eines Zieles der kosmischen Evolution kann es vielleicht leichter fallen, sich den Verpflichtungen stellen zu können, die einem Einzelnen oder den Menschen und weiter gefasst jeder Gattung intelligenter Lebewesen aus ihren geistigen und technischen Möglichkeiten erwachsen.

Die Einmaligkeit jedes Subjektes sollte dazu führen, jedem Menschen sein Recht auf ein menschenwürdiges Leben auch zu ermöglichen. Die Menschenrechte, die aus der griechischen Philosophie und aus der Säkularisierung christlichen Gedankengutes erwachsen sind, bieten einen Rahmen, hinter den keine moderne Gesellschaft mehr zurückgehen kann. Da auch die Tiere als Subjekte anzusehen sind, sollte eine vertiefte Wahrnehmung und Anerkennung des Wesens der Tiere erfolgen und damit ein besserer und achtsamerer Umgang mit ihnen.

Das Erkennen des Beziehungscharakters der Wirklichkeit – also auch in der unbelebten Natur – wird es erleichtern, die Rolle der Beziehungen ebenfalls im gesellschaftlichen Bereich wahrzunehmen. Die Dialektik von Loka-

---

1 CHARDIN, T. DE, Kosmos.

lität und Nichtlokalität, von Teil und Ganzheit schlägt sich nicht allein im Ökologischen nieder, sie ist auch in der Ökonomie bedeutsam und bisher nur ungenügend wahrgenommen.

Der sogenannte Zwang des Faktischen ist stets etwas lediglich Relatives, im evolutionären Geschehen ist immer Platz für vollkommen Neues. Die Vielfalt des Lebendigen zu bewahren und zu erweitern bleibt eine Aufgabe, die sich auch auf das kulturelle Umfeld der Menschen bezieht. Wir sind der Meinung, dass der Mensch ein wichtiges Glied in der Entwicklung der Protyposis zu einer immer differenzierteren und reflektierteren Form von Quanteninformation darstellt, die noch viel weiter über die biologische Entwicklung hinausreichen wird, als es bis jetzt mit dem menschlichen Bewusstsein erreicht worden ist.

Derartige Überlegungen sind erst einmal bezüglich des Menschen im Gesellschaftlichen und bezüglich der Natur im ›Innerkosmischen‹ verankert, sie eröffnen aber auch die Möglichkeit, darüber hinaus zu gehen – einmal ins Persönliche und andererseits ins Transzendente.

Was alle organisierten Religionen verkünden und wonach sich die Herrschenden bisher selten gerichtet haben, ist der mangelnde Segen auf ungerechter Machtausübung, die oft mit einem ›Sachzwang des Faktischen‹ begründet wird. Hier besteht sowohl für die Wissenschaften als auch für die Religionen noch ein großer Erkenntnisbedarf, denn das Faktische stellt wie erwähnt lediglich einen Teil des Wirklichen dar.

Ein anderer Aspekt, der sich aus unseren Untersuchungen ergibt, betrifft die Persönlichkeit des Menschen.

Dass mit dem Tode das Materiell-Körperliche natürlich nicht verschwindet, ist für jedermann evident. Aber auch die Information, die dasjenige ausmacht, was wir als Persönlichkeit ansehen, verschwindet nicht deshalb, weil sie sich von ihrem Träger löst.

Die Religionen enthalten Beschreibungen davon, mit welchen Metaphern man versuchen kann, diesen Vorgang in das unzureichende Mittel der Sprache abzubilden. Sie sind im Wesentlichen kongruent zu Berichten von Menschen, die sogenannte Nahtoderfahrungen gemacht haben, aber auch zu Berichten von Menschen, die als Sterbebegleitung diesen Vorgang auch wissenschaftlich untersucht und ausgewertet haben. So verwendet Monika Renz die Metapher des »Aufgehens in ein größeres Du«.[2]

Aus naturwissenschaftlicher Sicht kann nichts, auch keine Quanteninformation, den Kosmos verlassen. Selbstverständlich ist die Struktur dieser Information nach dem Tode jedenfalls verschieden von der des Lebendigen, aber sie existiert weiterhin.

---

2 RENZ, M., Chance.

Wir haben dieses Buch Carl Friedrich v. Weizsäcker gewidmet. Mit Dankbarkeit blicken wir zurück auf mehr als zwei Jahrzehnte, in denen wir beide viele gemeinsame Stunden des Gespräches oder des gemeinsamen Schweigens bei unvergesslichen Bergwanderungen mit ihm verbringen konnten. Er gab uns und vielen anderen Menschen mit seinen Überlegungen und Arbeiten wichtige Anstöße im Denken und zum Handeln. Deshalb möchten wir mit einem Zitat von ihm schließen, zu dem aber unbedingt der Hinweis gehört, dass er sein Leben lang bewusst und aktiv ein Glied seiner Kirche geblieben ist:[3]

Einige Zeit danach nahm ich auf einmal in kurzer und tiefer Erschütterung wahr, daß ich an meinen religiösen Kindheitsglauben nicht mehr gebunden war. Der bisherige Konflikt von Kirche und Naturwissenschaft schien mir dabei weniger einschneidend. Um es an der Debatte über Wunder zu erläutern: Einerseits konnte man auf Wunderberichte die Psychologie der Zeugenaussage anwenden. Andererseits sind empirisch gefundene Naturgesetze unter bestimmten Versuchsbedingungen gefunden; in Gegenwart eines vom göttlichen Geist erfüllten Menschen könnten andere Gesetze ins Spiel kommen. Schließlich schien mir die Tendenz, die religiöse Wahrheit durch Brüche in der göttlichen Ordnung der Natur zu bestätigen, eher unfromm. Viel tiefer griff die Kritik des Historismus. Daß ich als Lutheraner erzogen bin, kann kein Argument für die Richtigkeit des Luthertums sein; daß ich als Christ getauft bin, beweist nicht die Falschheit der asiatischen Religionen; daß ich aus einer religiösen Tradition komme, beweist nicht die Wahrheit der Religion. Es hat mich seitdem, bis heute, gewundert, daß es gebildete religiöse Menschen gibt, die diese einfachen Denkschritte nicht vollzogen haben und damit den bequemsten Argumenten der antireligiösen Aufklärung hilflos gegenüberstehen.

Ich war nun auf der hohen See, religiöse Erfahrung selbst wiedergewinnen und selbst buchstabieren zu müssen.

---

3 WEIZSÄCKER, C.F. V., Garten, 557 [Hervorhebung von uns].

Danksagung

Ein ganz besonderer Dank für ihre stete Bereitschaft, das Geschriebene durchzuarbeiten, Fragen zu stellen und konkrete Hinweise zu geben, gilt Frau Eriks Weber-Berg. Frau Annelies Wolfram sei dafür ebenso gedankt. Von Frau Gerda Lier erhielten wir wertvolle Hinweise zur antiken und neuzeitlichen Philosophie und von unserem Sohn Sebastian Görnitz-Rückert zu vielen unserer theologischen Fragen.

Neben diesen Personen danken wir allen Seminarteilnehmern, die in den letzten Jahren interessante Wochen in guter Atmosphäre mit uns verbracht haben. Sie haben sich, ihr Wissen und ihre Fragen eingebracht und uns damit viele Anregungen gegeben. Der gleiche Dank gilt Studenten und Hörern in Vorlesungen und anlässlich von Tagungen.

Herrn Spill von Vandenhoeck & Ruprecht gilt unser Dank für seine Lektoratsarbeit.

Literatur

ALTMEYER, M., Die intersubjektive *Wende* der Psychoanalyse und das relationale Unbewusste, in: BUCHHOLZ, M.B./GÖDDE, G., *Praxis,* 93–122.

ASSMANN, J., Die Mosaische *Unterscheidung* oder der Preis des Monotheismus, München, 2003.

AUGUSTINUS, Die *Bekenntnisse* des heiligen Augustinus, Übers. v. LACHMANN, O.F., http:// gutenberg.spiegel.de/?id=19&autor=Augustinus,%20%20Aurelius&autor_vorname=%20Aurelius&autor_nachname=Augustinus.

BAASKE, PH./WEINERT, F.M./DUHR, ST./KONO H. LEMKE/M.J. RUSSELL/BRAUN D., *Extreme Accumulation* of Nucleotides in simulated hydrothermal Pore Systems, PNAS, Bd. 104, 9346–9351 (2007).

BARUT, A.O./DOEBNER, H.-D. (Hg.), *Conformal* Groups and Related Symmetries, Physical Results and Mathematical Background, Lect. Notes in Physics 261, Berlin ect., 1986.

BECK, F./ECCLES, J.C., *Quantum* aspects of brain activity and the role of consciousness, Proc. Natl. Acad. Sci. USA, 1992; 89: 11357–11361.

BECK, F., Quantum *Brain* dynamics and Consciousness, in: VAN LOOCKE, P. (Hg.), The Physical Nature of Consciousness, Amsterdam, 2001.

BEIERWALTES, W., Das Wahre *Selbst*, Frankfurt/M., 2001.

BEKENSTEIN, J.D., *Black Holes* and Entropy, Phys. Rev. D7 (1973) 2333.

BEKENSTEIN, J.D., Universal *upper bound* to entropy-to-energy ratio for bounded systems, Phys. Rev. D23 (1981) 278.

BEKENSTEIN, J.D., Das *holografische Universum,* Spektrum der Wissenschaft, 11 (2003), 34.

BENNETT, C.L./M. HALPERN/G. HINSHAW/N. JAROSIK/A. KOGUT/M. LIMON/S.S. MEYER/L. PAGE /D.N. SPERGEL/G.S. TUCKER/E. WOLLACK/E. L. WRIGHT/C. BARNES/M.R. GREASON/R.S. HILL /E. KOMATSU/M.R. NOLTA/N. ODEGARD/H.V. PEIRIS/L. VERDE/J.L. WEILAND, First-Year *Wilkinson* Microwave Anisotropy Probe (WMAP) Observations: Preliminary Maps and Basic Results, Astrophys J Suppl Ser, Bd. 148, 1–28 (2003).

BIERI, P., *Analytische* Philosophie des Geistes.

BIERI, P., Was macht *Bewusstsein* zu einem Rätsel, in: ZEIT-Magazin ›Leben‹ 36 (2007) 38–39.

BISCHOF, N., Das Kraftfeld der *Mythen*, München, 1996.

BISCHOF, N., Das Rätsel Ödipus, München, 1985.

BLOME, H.J./ZAUN, H., Der *Urknall*, München, 2004.

BÖHME, G., *Atmosphäre* – Essays zur neuen Ästhetik, Frankfurt/M., 1995.

BOHM, D., A Suggested Interpretation of the Quantum Theory in Terms of *Hidden Variables*, I, II, Phys. Rev. 85, (1952) 166, 180.

BONHOEFFER, D., *Widerstand* und Ergebung, Briefe und Aufzeichnungen aus der Haft, Berlin, 1961.

BRENTANO, F., *Psychologie* vom empirischen Standpunkt, Leipzig, 1874, Nachdruck, Hamburg, 1955.

BRÜCK, M. V., *Weisheit* der Leere, Wichtige Sutra-Texte des Mahayana-Buddhismus, München, 2000.

BRUNO, G., Von der *Ursache*, dem Princip und dem Einen, 2. Dialog, in: Philosophie von Platon bis Nietzsche, http://www.digitale-bibliothek.de/band2.htm.

BUCHHOLZ, M.B./GÖDDE, G. (Hg.), Das *Unbewusste*, Bd. 1–3, Gießen, 2005–2006.

BUCHHOLZ, M.B./GÖDDE, G. (Hg.), Bd. 2, Das Unbewusste in aktuellen Diskursen – *Anschlüsse*, Gießen, 2005.

BUCHHOLZ, M.B./GÖDDE, G. (Hg.), Bd. 3, Das Unbewusste in der *Praxis*, Erfahrungen verschiedener Professionen, Gießen, 2006.

BUCHHOLZ, M.B., Die Geburt der *Sprache* aus dem Geiste der Musik, in BUCHHOLZ, M.B. /GÖDDE, G. (Hg.), *Praxis*, 687ff.

CHAITIN, G., The *Unknowable*, Singapore, 1999.

CLAYTON, PH., Mind and *Emergence*, from quantum to consciousness, Oxford, 2004.

CUES, N. V., Von der Wissenschaft des *Nichtwissens*, in: Philosophie von Platon bis Nietzsche, http://www.digitale-bibliothek.de/band2.htm.

DALAI LAMA, *Interview*, in http://www.swr.de/kulturcafe/archiv/2007/07/28/beitrag2.html?navigid =199.

DAMASIO, A., Descartes' *Irrtum*: Fühlen, denken und das menschliche Gehirn, München, 1997.

DIRAC, P.A.M., Why we believe in the *Einstein* Theory, in: GRUBER, B. / MILLMAN, R.S., Symmetries in Science, New York, London, 1980, 1–11.

DONALD, M., *Origins* of the modern mind – three stages in the evolution of culture and cognition. Cambridge, MA, 1991.

DUBOIS-REYMOND, E., Über die *Grenzen* des Naturerkennens, Leipzig, 1872.

DUNKER, H.-R. (Hg.), Beiträge zu einer aktuellen Anthropologie, Stuttgart, 2006.

MEISTER ECKHART, *Predigten*, Traktate, Sprüche, Philosophie von Platon bis Nietzsche, http://www.digitale-bibliothek.de/band2.htm.

EDELMAN, G.M., Göttliche Luft, vernichtendes *Feuer*, Wie der Geist im Gehirn entsteht, München, 1995.

EIGEN, M., Was bleibt von der *Biologie* des 20. Jahrhunderts?, in: MURPHY, M.P. /O'NEILL, L. (Hg.), *Life*, 19–34.

EHRSSON, H.H., The Experimental Induction of *Out-of-Body* Experiences, science, Bd. 317 (2007) 1048.

EISENHARDT, P., Der *Webstuhl* der Zeit – Warum es die Welt gibt, Reinbek, 2006.

ELIAS, N., Über den Prozess der *Zivilisation*, Frankfurt, 1997.

ENGEL, A.K. /DEBENER, ST. /KRANCZIOCH, C., Good *Vibrations*, in KÖNNECKER, C. (Hg.), *Menschen*.

ENGEL, G.S. /CALHOUN, T.R. /READ, E.L. /AHN, T.-K. /MANCAL, T. /CHENG, Y.-C. /BLANKENSHIP, R.E. /FLEMING, G.R., Evidence for wavelike *Energy Transfer* through quantum Coherence in photosynthetic Systems, Nature, Bd. 446 (2007) 782–786.

ERDÖS, P. /RÉNYI, A., On the Evolution of *Random Graphs*, Publ. Math. Inst. Hungar. Acad. Sci. 5, (1960) 17–61.

EVERETT, H., »*Relative State*« Formulation of Quantum Mechanics, Rev. Mod. Phys. 29 (1957) 454–462.

FEYNMAN, R., *Lectures* on Physics, Bd. III, Reading, Mass., 1965.

FEYNMAN, R., The Character of *Physical Law*, Cambridge, MA, 1967.

FONAGY, P. /GERGELY, G. /JURIST, E.L. /TARGET, M., Affektregulierung, *Mentalisierung* und die Entwicklung des Selbst, Stuttgart, 2007.

FRANKL, V., Logotherapie und *Existenzanalyse*, München, 1987.

FRANKL, V., *Faksimile*, auf http://www.viktorfrankl.at/seite8.htm, Viktor Frankl Institut, Wien.

FRANZIUS, M. /SPREKELER, H. /WISKOTT, L., *Slowness* and Sparseness Lead to Place, Head-Direction, and Spatial-View Cells, *PLoS Computational Biology* Bd. 3, No. 8, e166 doi:10.1371 /journal. pcbi. 0030166.

FREUD, S., Gesammelte Werke, *GW*, TB, Frankfurt, 1999.

FREUD, S., *Abriß* der Psychoanalyse, 1940, S. 79.

FUNK, R.H.W. /MONSEES, TH.K., *Effects* of Electromagnetic Fields on Cells: Physiological and Therapeutical Approaches and Molecular Mechanisms of Interaction, Cells Tissues Organs 182 (2006) 59–78.

FUNK, R.H.W., *Zeit* – Facetten eines Phänomens, Wiss. Zeitschr. d. TU Dresden, 49 (2000) 4.

FUSTER, J., The Prefrontal *Cortex*, Anatomy, Physiology, and Neuropsychology of the Frontal Lobe, Philadelphia /New York, 1997, zitiert nach KUPKE, CH. /VOGELEY, K., *Zeitlichkeit*.

FUSTER, J., The Prefrontal *Cortex* – An Update, Time Is Of The Essence, in: Neuron 30 (2001) 319–333, zitiert nach KUPKE, CH. /VOGELEY, K., *Zeitlichkeit*.

FUSTER, J., *Cortex* and Mind. Unifying Cognition. Oxford/New York, 2003, zitiert nach KUPKE, CH./VOGELEY, K., *Zeitlichkeit.*

FUSZ, S.,/EISENFÜHR, A. /SRIVATSAN, S.G./HECKEL, A./FAMULOK, M.A., A *Ribozyme* for the Aldol Reaction, Chem. Biol. (2005) 12, 941–950.

GADDINI, E., Das *Ich* ist vor allem ein körperliches, Beiträge zur Psychoanalyse der ersten Strukturen, Tübingen, 1998.

GAUGLITZ, C.C., Direkte und nichtkompetitive Bestimmung von Bindungskonstanten mit fluoreszierenden *RNA-Liganden*, Dissertation, http://www.diss.fu-berlin.de/2000/1/summary.

GEBSER, J., *Ursprung* und Gegenwart, Textbd. T. 1/2, Die Fundamente der aperspektivischen Welt, Stuttgart, 1966.

GILBERT, W., *Origin* of live, the RNA World, Nature 319 (1986) 618.

GÖRNITZ, B., Leiden nicht meiden, sondern suchen – Destruktives und selbstdestruktives *Verhalten* beim Menschen, in: KESSLER, H. (Hg.), *Leben.*

GÖRNITZ, B./GÖRNITZ, TH., Das Unbewusste aus Sicht einer Quanten-Psycho-Physik – ein theoretischer Entwurf, in: BUCHHOLZ, M.B./GÖDDE, G. (Hg.), *Anschlüsse,* 757–804.

GÖRNITZ, B./GÖRNITZ, TH., Was kann die Quantenphysik zum Verstehen des *Selbst* beitragen?, Selbstpsychologie, 7 (2006) 156–184.

GÖRNITZ, TH., A *New Look* on the Large Numbers, Intern. Journ. Theoret. Phys. 25 (1986) 897f.

GÖRNITZ, TH./WEIZSÄCKER, C.F. V., *De-Sitter* Representations and the Particle Concept in an Ur-Theoretical Cosmological Model, in BARUT, A.O., DOEBNER, H.-D. (Hg.), *Conformal.*

GÖRNITZ, TH., *Abstract Quantum Theory* and Space-Time-Structure, Part I, Ur-Theory, Space Time Continuum and Bekenstein-Hawking-Entropy, Intern. Journ. Theoret. Phys. 27 (1988) 527–542.

GÖRNITZ, TH., On Connections between *Abstract Quantum Theory* and Space-Time-Structure, Part II, A Model of cosmological evolution, Intern. Journ. Theoret. Phys. 27 (1988) 659–666.

GÖRNITZ, TH./RUHNAU, E., Connections between Abstract Quantum Theory and Space-Time-Structure, Part III, Vacuum Structure and *Black Holes*, Intern. Journ. Theoret. Phys. 28 (1989) 651–657.

GÖRNITZ, TH., The Role of *Parabose*-Statistics in Making Abstract Quantum Theory Concrete; in B. GRUBER et al., 1991.

GÖRNITZ, TH./GRAUDENZ, D./WEIZSÄCKER, C.F. V., Quantum *Field Theory* of Binary Alternatives, Intern. J. Theoret. Phys. 31 (1992) 1929–1959.

GÖRNITZ, TH./RUHNAU, E./WEIZSÄCKER, C.F. V., Temporal Asymmetry as Precondition of Experience – the Foundation of the Arrow of Time, Intern. Journ. Theoret. Phys. 31 (1992) 37–46.

GÖRNITZ, TH./SCHOMÄCKER, U., Group theoretical *Aspects* of a Charge Operator in an ur-theoretical framework, talk given at: GROUP 21, Applications and Mathematical Aspects of Geometry, Groups, and Algebras, Goslar (1997).

GÖRNITZ, TH., *Auflösung* von Individualität und Gestalt physikalische Systeme als Voraussetzung des Lebens in: KESSLER, H. (Hg.), *Leben.*

GÖRNITZ, TH., *Quanten* sind anders, die verborgene Einheit der Welt, Heidelberg, 1999, Taschenbuch, 2006.

GÖRNITZ, TH., Zeit und *Ewigkeit* aus Sicht der Physik, in: O. REINKE: *Ewigkeit*?

GÖRNITZ, TH./GÖRNITZ B., Der kreative *Kosmos* – Geist und Materie aus Quanteninformation, Heidelberg, 2002, Taschenbuch, 2006.

GÖRNITZ, TH./GÖRNITZ B., Das Bild des Menschen im Lichte der Quantentheorie, in: BUCHHOLZ, M.B./GÖDDE, G. (Hg.), *Anschlüsse,* 720–745.

GÖRNITZ, TH./GÖRNITZ B., *Protyposis* – die naturwissenschaftliche Grundlage für die Freiheit des Willens, in: HEINZE, CH./FUCHS, TH./REISCHIES, F.M. (Hg.), *Willensfreiheit*, 2006.

GÖRNITZ, TH./LYRE, H. (Hg.), C.F. V. WEIZSÄCKER, The *Structure* of Physics, Berlin, 2006.

GÖRNITZ, TH., *Materie* und Bewußtsein aus abstrakter, bedeutungsfreier Quanteninformation (Protyposis), Philosophia naturalis, 42, (2006) 255–283.

GÖRNITZ, TH., *Cosmology* and Particle Physics, in: GÖRNITZ, TH./LYRE, H. (Hg.), C.F. V. WEIZSÄCKER, *Structure,* 149–178.

GÖRNITZ-RÜCKERT, S., Anders als es scheint, Matrix als Paradigma gegenwärtiger Jugendreligiosität; in: M. LAUBE (Hg.), Himmel – Hölle – Hollywood, Religiöse Valenzen im Film der Gegenwart, Münster, 2002, 143–172.

GÖRNITZ-RÜCKERT, S,, Die Macht der Matrix, Religiöse Inhalte der Jugendkultur als Gegenstand des Religionsunterrichts – grundsätzliche Überlegungen und Unterrichtsentwürfe zu »Matrix«, Erlangen, 2001.

GOETHE, J.W. V., Ges. Werke, Weimarer Ausgabe, 1887–1919.

GOETHE, J.W. V., *Faust,* Tragödie, Erster Teil, Ges. Werke, Abtl. I, Bd. 14.

GOETHE, J.W. V., *Brief an* Carl Cäsar v. *Leonhard*, 31. 10. 1821, Ges. Werke, Abtl. IV, Bd. 35, 163.

GOETHE, J.W. V., 24. April 1819, große *Abendgesellschaft* bei Goethe, die Gräfin Henckel, Line v. Egloffstein, Adele Schopenhauer, Coudray und Tieck anwesend, Ges. Werke, Abt. V, Bd. 4, 8.

GOULD, ST.J., *Illusion* Fortschritt, Die vielfältigen Wege der Evolution, Frankfurt/M., 1998.

GRUBER, CH., *Literatur*, Kultur, Quanten, Würzburg, 2005.

GRUBER, B./BIEDENHARN, L.C./DOEBNER, H.D. (Hg.), Symmetries in Science V; New York/London, 1991.

GUTMANN, W.F., Die *Evolution* hydraulischer Konstruktionen, Organismische Wandlung statt altdarwinistischer Anpassung, Frankfurt/M., 1995.

HAKEN, H., *Synergetik*, Die Lehre vom Zusammenwirken, Frankfurt/M., 1984.

HATTRUP, D., *Einstein* und der würfelnde Gott, An den Grenzen des Wissens in Naturwissenschaft und Theologie, Freiburg i. Br., 2001.

HATTRUP, D., Der Traum von der *Weltformel*, Freiburg i. Br., 2006.

HAWKING, S.W., Particle creation by *black holes*, Comm. Math. Phys. 43 (1975) 199–220.

HAWKING, S.W./ELLIS, G.F.R., The *Large Scale* Structure of the Universe, Cambridge, 1973.

HAWKS, J.J./WANG, E.T./COCHRAN, G.M./HARPENDING, H.C./MOYZIS, R.K., Recent acceleration of human adaptive *evolution*, doi: 10.1073/pnas.0707650104.

HEGEL, G.F.W., *Phänomenologie* des Geistes, Quellen Philosophie: Deutscher Idealismus, http://www.digitale-bibliothek.de/QP03.htm.

HEGEL, G.F.W., Wissenschaft der *Logik*, Philosophie von Platon bis Nietzsche, http://www. digitale-bibliothek.de/band2.htm.

HEGEL, G.F.W., *Enzyklopädie* der philosophischen Wissenschaften im Grundrisse, Quellen Philosophie: Deutscher Idealismus, http://www.digitale-bibliothek.de/QP03.htm.

HEINRICHS, H.-J., Der Mensch hat eine *Zukunft*, Kreuzlingen, 1999.

HEINZE, CH./FUCHS, TH./REISCHIES, F.M. (Hg.), *Willensfreiheit* – eine Illusion? Berlin, 2006.

HEISENBERG, W., Der *Teil* und das Ganze, München, 1969.

HELL, D., *Seelenhunger*, Der fühlende Mensch und die Wissenschaft, Bern, 2003.

HILL, L., Glauben oder Wissen? Der Mensch zwischen *Naturgesetz* und Gott, Stuttgart, 2006.

HIRSCHBERGER, J., *Geschichte* der Philosophie, Band I, Geschichte der Philosophie, http://www.digitale-bibliothek.de/band3.htm.

HIRSCHBERGER, J., *Geschichte* der Philosophie, Band II, Geschichte der Philosophie, http://www.digitale-bibliothek.de/band3.htm.

T'HOOFT, G., The *Holographic* Principle, hep-th/0003004 (2000).

HUBER, W., *Interview* in der ZEIT, 12. Mai (2005).

JÄGER, W., Wiederkehr der *Mystik*, Freiburg i.Br., 2005.

JAMES, W., Die *Wahrnehmung* der Zeit, 1890, in: Zimmerli, W.Ch./Sandbothe, M. (Hg.), Klassiker der modernen Zeitphilosophie, Darmstadt 1993, 31–66.

JAYNES, J., Der Ursprung des Bewußtseins durch den Zusammenbruch der bikameralen Psyche, Reinbek, 1988.

JOOS, E./ZEH, H.D./KIEFER, C./GIULINI, D. /KUPSCH, J./STAMATESCU, I.-O., *Decoherence* and the Appearance of a Classical World in Quantum Theory, Berlin, 2003.

KANDEL, E.R., Auf der Suche nach dem *Gedächtnis*, Die Entstehung einer neuen Wissenschaft des Geistes, München, 2006.

KAST, V., *Imagination* als Raum der Freiheit, Dialog zwischen Ich und Unbewußtem, München, 1995.

KAUFFMAN, ST.A., What is *life*? Was Schrödinger right?, in M.P. MURPHY/L.A.J. O'NEILL, *Life,* 83–114.

KESSLER, H. (Hg.), *Leben* durch Zerstörung? Über das Leiden in der Schöpfung, Ein Gespräch der Wissenschaften, Würzburg, 2000.

KIEFER, C., Quantum *gravity*, Oxford, 2007.

KLAUS, G./BUHR, M., Philosophisches *Wörterbuch*, Leipzig, 1966.

KLEIST, H., Über die allmähliche Verfertigung der *Gedanken* beim Reden, in: Sämtliche Werke, Leipzig, 1938.

KOCH, CH., *Kintopp* der Sinne, in KÖNNECKER, C. (Hg.), *Menschen*.

KÖNNECKER, C. (Hg.), Wer erklärt den *Menschen*? Hirnforscher, Psychologen und Philosophen im Dialog, Frankfurt/M., 2006.

KRAUSE, R., Allgemeine psychoanalytische *Krankheitslehre*, Bd. I und II, Stuttgart, 1998.

KUHN, TH., Die *Struktur* wissenschaftlicher Revolutionen, Frankfurt/M., 1967.

KUPKE, CH./VOGELEY, K., *Zeitlichkeit* der Freiheit, in HEINZE, CH./FUCHS, TH./REISCHIES, F.M., *Willensfreiheit,* 77–102.

LENGGENHAGER, B./T. TADI,/TH. METZINGER/O. BLANKE, *Video* Ergo Sum: Manipulating Bodily Self-Consciousness, science Bd. 317 (2007) 1096.

LIÄ DSÏ – Das wahre *Buch* vom quellenden Urgrund, Asiatische Philosophie – Indien und China, http://www.digitale-bibliothek.de/band94.htm.

LINHARD, F., Newtons »*spirits*« und der Leibnizsche Raum, Habilitationsschr., Frankfurt/M., 2007.

LINKE, D.B., *Einsteins* Doppelgänger, Das Gehirn und sein Ich, München, 2000.

LUTZ, A./GREISCHAR, L.L./RAWLINGS, N.B./RICARD, M./DAVIDSON, R.J., Long-term *meditators* self-induce high-amplitude gamma synchrony during mental practice, PNAS (2004), Bd. 101, Nr. 46, 16369–16373.

LYRE, H., *Quantentheorie* der Information, Wien, 1998.

LYRE, H., *Informationstheorie,* eine philosophisch-naturwissenschaftliche Einführung, München, 2002.

MADERT, K.-K., *Trauma* und Spiritualität, München, 2007.

Magazin der Dr. *Haunerschen Kinder-Klinik* der Uni München, Ausgabe 2 (2004).

MALSBURG, CH. VON DER, The *correlation* theory of Brain Function, 1981, in SCHULTEN, K. /HEMMEN, H.-J. (Hg.), Models of Neural networks, Berlin, 1994.

MALSBURG, CH. VON DER, *Gehirn* und Computer, in FEDROWITZ, J./MATEJOVSKI, D./KAISER, G. (Hg.), Neuroworlds, Frankfurt/M., 1994.

MANIFEST, Das, Elf führende Neurowissenschaftler über Gegenwart und Zukunft der Hirnforschung, Gehirn & Geist, H. 6 (2004), 30–37.

MCPHERSON SMITH, C., *Stein* des Bewusstseins, Gehirn&Geist, H. 4 (2007), 56–60.

MARC, F., *Aphorismus* 44 und 46, zitiert nach: HOBERG, A./FRIEDEL H. (Hg.), Die Retrospektive von Franz Marc, München et al. 2006, 55.

MARKL, H., Das *Menschenbild* als Palimpsest, in KÖNNECKER *Menschen*, 95–97.

MARX, D./TUCKERMAN, M.E./HUTTER, J./PARRINELLO, M., The nature of the hydrated excess proton in water, Nature 397 (1999) 601.

MAYR, E., The *Growth* of Biological Thought, Cambridge, Mass., 1982.

METZINGER, TH., Neuronal correlates of consciousness, Cambridge, Mass., 2000.

METZINGER, TH., *Niemand* sein, in KRÄMER, S. (Hg.), Bewusstsein, Frankfurt/M., 1996, 130–154.

METZINGER, TH., Der *Preis* der Selbsterkenntnis, Gehirn & Geist, H. 7–8 (2006) 42ff.

MEIER, H./PLOOG, D. (Hg.), Der *Mensch* und sein Gehirn, München 1997, 58.

MEIER, C.A., Wolfgang *Pauli* und C.G. Jung, Ein Briefwechsel Berlin, 1992.

MOLINIER, J./RIES, G./ZIPFEL, C./HOHN, B., *Transgeneration memory* of stress in plants, Nature 442 (2006) 1046–1049.

MURPHY, M.P./O'NEILL, L.A.J. (Hg.), Was ist *Leben*? Zukunft der Biologie, Heidelberg, 1997.

MURPHY, M.P./O'NEILL, L. (Hg.), What is *Life*, The Next Fifty Years: Speculations on the Future of Biology, Cambridge, MA, 1995.

NAGEL, TH., Der Blick von *Nirgendwo*, Frankfurt/M., 1992.

NEUMANN, E., *Ursprungsgeschichte* des Bewusstseins, Frankfurt/M., 1984.

NIMTZ, G./HAIBEL, A., *Tunneleffekt* – Räume ohne Zeit, Weinheim, 2004.

OBERTHÜR, J., Wiedergefundener Verlust – *Heidegger* und die radikale Selbstkritik des Denkens, in: BUCHHOLZ, M.B./GÖDDE, G. (Hg.), *Anschlüsse*, 525–557.

Operationalisierte Psychodynamische Diagnostik, *OPD*, Bern et al., 1996.

PANNENBERG W., Das *Verhältnis* unserer Begriffe von Raum und Zeit zum Gedanken der Ewigkeit, in: REINKE, O., *Ewigkeit*, 102–109.

PAPE, W., Handwörterbuch *Griechisch-Deutsch*, http://www.digitale-bibliothek.de/band117.htm.

PAUEN, M., *Mythen* des Materialismus, Dt. Zs. f. Philosophie 44 (1996) Heft 1.

PEARSON K.G./MCVEA, D.A., Stepping of the forelegs over obstacles establishes long-lasting memories in cats, Current Biology, Bd. 17, Issue 16, 21 August (2007) R621–R623.

PENROSE, R., The *Emperor's* New Mind, Oxford, 1989; Dt.: *Computerdenken*, Heidelberg, 1991.

PENROSE, R., *Schatten* des Geistes, Wege zu einer neuen Physik *des Bewusstseins*, Heidelberg, 1995.

PETERS, D.S., Biologische *Anmerkungen* zur Frage nach dem Sinn des Leidens in der Natur, in KESSLER, H., *Leben*, 2000.

PLOTIN, *Quellen* Philosophie, Griechisch-Römische Antike, http://www.digitale-bibliothek.de /QP01.htm.

PÖPPEL, E., *Grenzen* des Bewusstseins, Frankfurt/M./Leipzig, 1997.

POPP, F.A./CHANG, J.J./HERZOG, A./YAN, Z./YAN, Y., Evidence of non-classical (*squeezed*) *light* in biological systems, Physics Letters A 293 (2002) 98–102.

POPP, F.A./YAN, Y., *Delayed luminescence* of biological systems in terms of coherent states, Physics Letters A 293 (2002) 93–98.

PRIMAS, H., *Chemistry,* Quantum Mechanics and Reductionism, Berlin, 1981.

PRIMAS, H., *Contextual Quantum Objects and their Ontic Interpretation*, in LAHTI, P./MITTELSTAEDT, P. (Hg.), Proc. of the Symposium on the Foundations of Mod. Phys., Joensuu, 1987.

QUARCH, CH., Kein Blick in den offenen *Himmel*, Publik Forum, Zeitung kritischer Christen 13 (2006) 14. Juli.

QUECKELBERGHE, R., *Grundzüge* der spirituellen Psychotherapie, Eschborn, 2007.

RAHNER, K., *Frömmigkeit* früher und heute, Geist und Leben 39 (1966) 335.

REINKE, O. (Hg.), *Ewigkeit?* Klärungsversuche aus Natur- und Geisteswissenschaft, Göttingen, 2004.

REITER, A., Vorgeburtliche Wurzeln der *Individuation*, Heidelberg, 2005.

RENZ, M., Von der *Chance*, wesentlich zu werden, Reflexionen zu Spiritualität, Reifung und Sterben, Paderborn, 2007.

RIEDEL, I., Die Welt von innen sehen, Düsseldorf, 2005.

RIESS, A.G./STROLGER, L.-G./TONRY, J./CASERTANO, ST./FERGUSON, H.C./MOBASHER, B./CHALLIS, P./FILIPPENKO, A.V./JHA, S./WEIDONG LI/CHORNOCK, R./KIRSHNER, R.P./LEIBUNDGUT, B. /DICKINSON, M./LIVIO, M./GIAVALISCO, M./STEIDEL, CH.C./BENITEZ, N./TSVETANOV, Z., Type Ia Supernova Discoveries at $z > 1$ from the Hubble Space Telescope: Evidence for Past Deceleration and Constraints on Dark Energy Evolution, The Astrophysical Journal, 607 (2004) 665–687.

RÖSLER, F., Erwiderung zu Das *Manifest*, Gehirn & Geist, H. 6 (2004).

ROTH, G., *Denken*, Fühlen, Handeln, Frankfurt/M., 2001.

ROTH, G., Es geht ans *Eingemachte*, Interview in Spektrum der Wissenschaft, H.10 (2000).

RUDOLF, G. /HORN, H., Strukturbezogene *Psychotherapie*, Stuttgart, 2006.

SACKS, O., Der Tag, an dem mein *Bein* fortging, Reinbek, 1991.

SCHEIBE, E. /SUESSMANN, G. /WEIZSÄCKER C.F. V., *Mehrfache Quantelung*, Komplementarität und Logik III, Zeitschrift für Naturforschung, 13a (1958) 705.

SCHELLING, F.W., System des transzendenten *Idealismus*, Quellen Philosophie: Deutscher Idealismus, http://www.digitale-bibliothek.de/QP03.htm.

SCHELLING, F.W., *Bruno*, oder über das göttliche und natürliche Prinzip der Dinge, Quellen Philosophie: Deutscher Idealismus, http://www.digitale-bibliothek.de/QP03.htm.

SCHELLING, F.W., Ideen zu einer Philosophie der *Natur*, Quellen Philosophie: Deutscher Idealismus, http://www.digitale-bibliothek.de/QP03.htm.

SCHOMMERS, W., Formen des *Kosmos*, Physikalische und philosophische Formen der Wirklichkeit, Kusterdingen, 2002.

SCHMIDT, A., *Natur* und Geheimnis, Kritik des Naturalismus durch moderne Physik und scotische Metaphysik, Freiburg i. Br., 2003.

SCHRÖDINGER, E., Was ist *Leben*? Die lebende Zelle mit den Augen des Physikers betrachtet, Bern, 1951.

SCHUBOTZ, R., Wie uns das *Gehirn* bewegt, Max-Planck-Forschung 1 (2007) 33ff.

SCHULZ, H.J. (Hg.), Was ist das eigentlich – *Gott*?, München, 1969.

SEARLE, J., *Geist*, Eine Einführung, Frankfurt/M., 2006.

SIEMSEN, F., Der romantische *Ursprung* physikalischer Konzepte aus dem 19. und 20. Jahrhundert, in BEHRENDT, R. (Hg.), Zur Didaktik der Physik und Chemie, GDCP-Tagung Kiel 1994, Alsbach, 253–255.

SIEMSEN, F., Welch *Fluidum*!, in PITTON, A. (Hg.), Zur Didaktik der Physik und Chemie, GDCP-Tagung Flensburg 2002, Münster, 258–259.

SIEMSEN, F., *Achim* v. Arnim und die Physik in PITTON, A. (Hg.), Relevanz fachdidaktischer Forschungsergebnisse für die Lehrerbildung, GDCP-Tagung Heidelberg 2004, 253–255.

SIEMSEN, F. /STÜTZLE, N., *Goethe* und der Elektromagnetismus – Im Anfang war die Tat, in SCHMIDT, A. /GRÜN, K-J. (Hg.), Durchgeistete Natur, Frankfurt/M., 2000, 41–56 und 291–295.

SIEMSEN, F., Von den Unwägbarkeiten zur reinen Tätigkeit, in JÄCKEL, L. (Hg.), Der Wandel im Lehren und Lernen von Mathematik und Naturwissenschaften, Bd. II, Weinheim 1994, S.316–323.

SINGER, W. /ENGEL, A.K. /KREITER, A.K. /MUNK, H.J. /NEUENSCHWANDER, S. /ROELFSEMA, P.R., Neuronal *assemblies*, necessity, signature and detectability, Trends in Cognitive Sciences, 1 (1997) 252–261.

SINGER W., Der *Beobachter* im Gehirn, in MEIER, H. /PLOOG, D. (Hg.), Der Mensch und sein Gehirn, München, 1997.

SINGER, W., Das Bild im Kopf, in GANTEN, D. et al. (Hg.), Gene, Neurone, Qubits & Co, Unsere Welten der Information, Stuttgart, 1999.

SINGER, W., Phenomenal awareness and consciousness from a neurobiological perspective, in METZINGER, TH., Neuronal correlates of consciousness, Cambridge, Mass., 2000.

SINGER, W., *Selbsterfahrung* und neurobiologische Fremdbeschreibung, Zwei konfliktträchtige Erkenntnisquellen, in DUNKER, H.-R.(Hg.), Beiträge zu einer aktuellen Anthropologie, Stuttgart, 2006, 129–150.

SHELDRAKE, R., Das schöpferische Universum, Die Theorie des *morphogenetischen Feldes*, München, 1987.

SPINOZA, B., *Ethik*, Quellen Philosophie: Empirismus, Skeptizismus, Rationalismus, (vgl. Spinoza-Ethik) http://www.digitale-bibliothek.de/QP02.htm.

STEIN, H., Freud *spirituell*, Das Kreuz (mit) der Psychoanalyse, Leinfelden-Echterdingen, 1997.

STEIN, H., *Quantenphysik*, Neurowissenschaften und die Zukunft der Psychoanalyse, Auf dem Weg zu einem neuen Menschenbild, Gießen, 2006.

STEINDL-RAST, D., *Fülle* und Nichts, Freiburg i. Br., 1999.

STERN, D., Die Lebenserfahrung des *Säuglings*, Stuttgart, 1994.

STIERWALD, M., Von den Muskeln und Augen der *Medusen*, Basel, UNI NOVA 90 (2002).

TEILHARD DE CHARDIN, P., Der Mensch im *Kosmos*, München, 1999.

TEMBROCK, G., Akustische *Kommunikation* bei Säugetieren, Darmstadt, 1996.

TOMASELLO, M., Die kulturelle *Entwicklung* des menschlichen Denkens, Frankfurt/M., 2006.

TRINKS, H./SCHRÖDER, W./BIEBRICHER, CH.K., *Eis* und die Entstehung des Lebens, Aachen, 2003.

TÖMMEL, S.E., Wer hat Angst vor Siegmund *Freud*, Frankfurt/M., 2006.

UEXKÜLL, J. V., Theoretische *Biologie*, Berlin, 1928.

URSIN, R. /TIEFENBACHER, F./SCHMITT-MANDERBACH, T./WEIER, H./SCHEIDL, T./LINDENTHAL, M./BLAUENSTEINER, B./JENNEWEIN, T./PERDIGUES, J./TROJEK, P./OMER, B./URST, M. F./ MEYENBURG, M./RARITY, J./SODNIK, Z./BARBIERI, C./WEINFURTER,H./ZEILINGER, A., *Entanglement*-based quantum communication over 144 km, nature physics, 3 (2007) 481ff.

WEINBERG, ST., Die ersten drei *Minuten*, München, 1980.

WEIZSÄCKER, C.F. V., *Komplementarität* und Logik I, Naturwissenschaften, 42 (1955) 521–529, 545–555.

WEIZSÄCKER, C.F. V., *Komplementarität* und Logik II, Zeitschrift für Naturforschung, 13a (1958) 245ff.

WEIZSÄCKER, C.F. V., *Aufbau* der Physik, München, 1985.

WEIZSÄCKER, C.F. V., Die *Einheit* der Natur, München, 1972.

WEIZSÄCKER, C.F. V./GOPI KRISHNA, Die biologische *Basis* der religiösen Erfahrung, Frankfurt/M., 1988.

WEIZSÄCKER, C.F. V., Der *Garten* des Menschlichen, Beiträge zur geschichtlichen Anthropologie, München, 1977.

WEIZSÄCKER, C.F. V., *Wahrnehmung* der Neuzeit, München, 1983.

WEIZSÄCKER, V. V., Der *Gestaltkreis,* Theorie der Einheit von Wahrnehmen und Bewegen, Frankfurt/M., 1973.

WIEDENMANN, N., *Versprecher* und die Versuche zu ihrer Erklärung, Ein Literaturüberblick, Trier 1992.

Wilson, E., Die *Einheit* des Wissens, Berlin, 1998.

WILBER, K., Eros, *Kosmos*, Logos, Frankfurt/M., 1996.

WIENER, N., *Kybernetik,* Regelung und Nachrichtenübertragung im Lebewesen und der Maschine, Düsseldorf/Wien, 1963.

WINNICOTT, D.W., Das *Baby* und seine Mutter, Stuttgart, 1990.

WINNICOTT, D.W., Von der *Kinderheilkunde* zur Psychoanalyse, München, 1976.

ZEILINGER, A., *Einsteins* Schleier, Die neue Welt der Quantenphysik, München, 2003.

ZEH, H.D., The physical basis of the direction of *time*, Berlin, 2001.

ZUSE, K., Rechnender *Raum*, Elektronische Datenverarbeitung, 8 (1967) 336–344.

Abbildungsnachweis

Abb. 2: http://heasarc.gsfc.nasa.gov/Images/misc_missions/isee3_traj.gif, verändert.

Abb. 29: nach einer Idee von M.C. ESCHER, Ascending and Descending, stark verändert.

Abb. 22: RIESS, A.G. et al., TYPE Ia SUPERNOVA DISCOVERIES AT Z > 1 FROM THE HUBBLE SPACE TELESCOPE: EVIDENCE FOR PAST DECELERATION AND CONSTRAINTS ON DARK ENERGY EVOLUTION, The Astrophysical Journal, 607:665–687, 2004 June 1, Fig. 7, 667, verändert.

Abb. 31: BENNET, C.L. et al., ASTROPHYS J SUPPL SER, V. 148, 1–29 (2003), verändert.

Abb. 32: Inspiriert von R. MAGRITTE und A. DÜRER.

Abb. 38: http://de.wikipedia.org/wiki/Bild:Narziss_MKL1888.png#filelinks, verändert.

Register